普通高等教育机电工程类应用型本科规划教材

电子技术基础

范娟 张新建 鲁艳旻 主编

清华大学出版社
北 京

内 容 简 介

本书根据应用型本科教育要求和学生特点编写，内容包括：半导体器件基础及稳压电路、放大电路基础、集成运算放大器及其应用、数字电路基础、组合逻辑电路、触发器、时序逻辑电路、脉冲波形的产生与整形和大规模集成电路等。本书在阐明基本概念的基础上，突出基本内容和基础知识，突出结论和结论的应用，减少理论推导和分析过程，注重实际应用。

本书可作为机械类相关专业、其他非电类专业的教材，也可供相关专业的工程技术人员参考。

图书在版编目(CIP)数据

电子技术基础/范娟，张新建，鲁艳旻主编. —北京：清华大学出版社，2014(2021.8 重印)
普通高等教育机电工程类应用型本科规划教材
ISBN 978-7-302-35469-7

Ⅰ. ①电…　Ⅱ. ①范…　②张…　③鲁…　Ⅲ. ①电子技术－高等学校－教材　Ⅳ. ①TN

中国版本图书馆 CIP 数据核字(2014)第 022991 号

责任编辑：孙　坚　洪　英
封面设计：常雪影
责任校对：刘玉霞
责任印制：宋　林

出版发行：清华大学出版社
网　　址：http://www.tup.com.cn，http://www.wqbook.com
地　　址：北京清华大学学研大厦 A 座　　**邮　　编**：100084
社 总 机：010-62770175　　**邮　　购**：010-62786544
投稿与读者服务：010-62776969，c-service@tup.tsinghua.edu.cn
质量反馈：010-62772015，zhiliang@tup.tsinghua.edu.cn
印 装 者：三河市龙大印装有限公司
经　　销：全国新华书店
开　　本：185mm×260mm　　**印　　张**：18.25　　**字　　数**：442 千字
版　　次：2014 年 8 月第 1 版　　**印　　次**：2021 年 8 月第 7 次印刷
定　　价：52.00 元

产品编号：047947-03

普通高等教育机电工程类应用型本科规划教材编委会

序

当今世界，科技发展日新月异，业界需求千变万化。为了适应科学技术的发展、满足人才市场的需求，高等工程教育必须适时地进行调整和变化。专业的知识体系、教学内容在社会发展和科技进步的驱使下不断地伸展扩充，这是专业或课程边界变化的客观规律，而知识体系内容边界的再设计则是这种调整和变化的主观体现。为此，教育部高等学校机械设计制造及其自动化专业教学指导分委员会与中国机械工程学会、清华大学出版社合作出版了《中国机械工程学科教程》(2008年出版)，规划机械专业知识体系结构乃至相关课程的内容，为我们提供了一个平台，帮助我们持续、有效地开展专业的课程体系内容的改革。本套教材的编写出版就是在上述背景下为适应机电类应用型本科教育而进行的尝试。

本套教材在遵循机械专业知识体系基本要求的前提下，力求做到知识的系统性和实用性相结合，满足应用型人才培养的需要。

在组织编写时，我们根据《中国机械工程学科教程》的相关规范，按知识体系结构将知识单元模块化，并对应到各个课程及相关教材中。教材内容根据本专业对知识和技能的设置分成多个模块，既明确教材应包含的基本知识模块，又允许在满足基本知识模块的基础上增加特色模块，以求既满足基本要求又满足个性培养的需要。

教材的编写，坚持定位于培养应用型本科人才，立足于使学生既具有一定的理论水平，又具有较强的动手能力。

本套教材编写人员新老结合，在华中科技大学、武汉大学、武汉理工大学、江汉大学等学校老教师指导下，一批具有教学经验的年轻教师积极参与，分工协作，共同完成。

本套教材形成了以下特色：

(1) 理论与实践相结合，注重学生对知识的理解和应用。在理论知识讲授的同时，适当安排实践动手环节，培养学生的实践能力，帮助学生在理论知识和实际操作方面都得到很好的锻炼。

(2) 整合知识体系，由浅入深。对传统知识体系进行适当整合，从便于学生学习理解的角度入手，编排教材结构。

(3) 图文并茂，生动形象。图形语言作为机电行业的通用语言，在描述机械电气结构方面有其不可替代的优势，教材编写充分发挥这些优势，用图形说话，帮助学生掌握相应知识。

(4) 配套全面。在现代化教学手段不断发展的今天，多媒体技术已经广泛应用到教学中，本套教材编写过程中，也尽可能为教学提供方便，大部分教材有配套多媒体教学资源，以期构建立体化、全方位的教学体验。

本套教材以应用型本科教育为基本定位，同时适用于独立学院机电类专业教学。

作为机电类专业应用型本科教学的一种尝试，本套教材难免存在一些不足之处，衷心希望读者在使用过程中，提出宝贵的意见和建议，在此表示衷心的感谢。

2012年6月

前言

电子技术是高校理工科专业的一门专业技术基础课程。本书是针对应用型本科院校非电类理工科专业而编写的，在内容编排上充分考虑应用型人才的特点，对模拟电路和数字电路的内容进行有机组合，优化模拟电路的内容，增加数字电路的内容，在保留传统电子学理论的基础上，介绍了大量现代电子技术的实际应用，并增加了集成电路的应用。

本书内容包括模拟电子技术和数字电子技术两部分。其中，模拟电子技术内容以集成运算放大器的基本原理和应用为主线，为此，将差分放大器、功率放大器的内容提前，结合单管电压放大器内容，为理解集成运算放大器的基本原理奠定基础；结合反馈放大器知识，介绍集成运算放大器的各种实际应用，包括线性应用和非线性应用；将振荡电路内容作为正反馈放大器应用和集成运算放大器的非线性应用实例。数字电子技术内容以数字逻辑和集成电路应用为主线，为此，减少逻辑门内部复杂电路的内容，结合实际应用，介绍组合逻辑电路、时序逻辑电路、脉冲波形产生电路和大规模集成电路的分析方法。

本书内容覆盖面较广，但难度较浅，适用面宽，可作为非电类专业的教材，也可供相关专业的工程技术人员参考。在编写时，本书尽可能保持每章内容的独立性和完整性，便于依据不同学时的课程进行内容调节和删减。

本书共分 9 章。其中，第 1、2 章由华中科技大学文华学院张新建编写，第 3～5 章由华中科技大学文华学院鲁艳旻编写，第 6～9 章由华中科技大学文华学院范娟编写，全书由范娟统稿、修改和定稿。本书在编写过程中得到了华中科技大学文华学院的领导以及机电学部教务办的大力支持与帮助，华中科技大学的孙亲锡教授、李元科教授对本书提出了许多宝贵的意见，在此一并表示诚挚的谢意。

由于编者水平有限，书中难免存在错误和不妥之处，殷切希望读者批评指正，并将意见和建议反馈给我们，邮箱地址为 fanjuan_wenhua@163.com。

编　者

2014 年 5 月

目录

第1章

半导体器件基础及稳压电路

现在，大部分电子产品，如计算机、移动电话等的核心单元都与半导体有着极为密切的关联。常见的半导体材料有硅、锗、砷化镓等，而硅更是各种半导体材料中，在商业应用上最具有影响力的一种。本章主要讨论半导体材料的基本知识及常用的半导体器件结构、工作原理及使用方法，此外，也对由二极管及稳压管等构成的稳压电源进行分析和讨论。

1.1 PN 结

PN 结是分析半导体器件的基础，要想了解 PN 节的相关特性必须从掌握半导体的基本知识开始。

1.1.1 半导体基本知识

半导体材料是导电能力介于导体和绝缘体之间的一种材料，其常见的材料为硅(Si)、锗(Ge)等。用半导体材料制作半导体电子元器件，不是因为它的导电能力介于导体和绝缘体之间，而是由于其导电能力会随着温度的变化、光照或掺入杂质的多少发生显著的变化，这就是半导体不同于导体的特殊性质。

1. 本征半导体

将纯净的半导体经过一定的工艺过程制成单晶体，即成为本征半导体，其结构如图 1.1.1 所示。

图 1.1.1 中，+4 代表组成本征半导体的硅原子(或锗原子)最外层价电子数为 4，与邻近的硅原子最外层电子一一结合形成共价键结构。在绝对零度(即 $T=0\text{K}$)且没有外界激发时，每一个硅原子的最外层电子都被共价键束缚，没有载流子(运载电荷的粒子)，半导体不导电。但是在室温下(或光照下)，被共价键束缚的价电子有可能获得足够的随机热振动能量而脱离共价键的束缚，成为自由电子。自由电子脱离共价键束缚后，其留下来的空的位置被称为空穴。显然，自由电子和空穴是成对出现的。本征半导体在热或光照作用下，产生自由电子和空穴对的现象称为本征激发，如图 1.1.2 所示。

图 1.1.2 中，本征半导体在本征激发作用下，共价键中产生了空穴。若此时在本征半导体两侧施加一外加电场，则此时自由电子将产生定向移动，形成电子电流。由于自由电子与

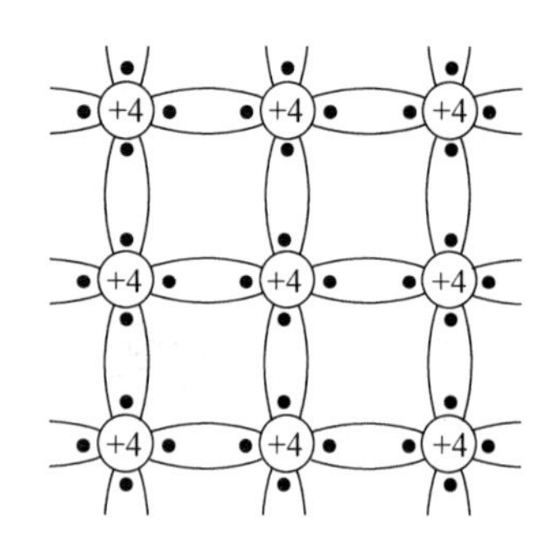
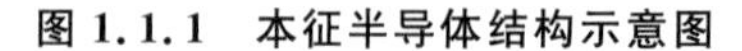

图 1.1.1 本征半导体结构示意图

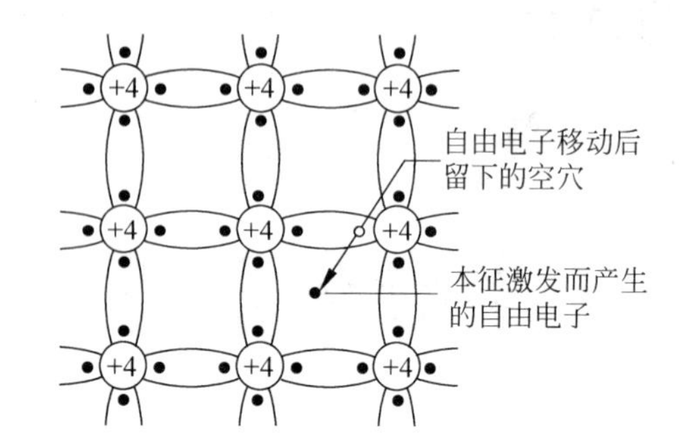

图 1.1.2 本征激发产生的自由电子-空穴对

空穴成对出现，在自由电子定向移动的同时，空穴也会按照一定的方向产生定向移动，形成空穴电流。这样一来，本征半导体中参与导电的载流子就有两种，即自由电子和空穴，本征半导体的电流也是这两种载流子的电流之和。

需要注意的是，自由电子和空穴在运动的过程中如果相遇，两者就会同时消失，这种现象称为复合。在一定温度作用下，由本征激发所产生的自由电子和空穴对的产生率，与复合的自由电子与空穴的复合率相等，达到动态平衡。当温度增加时，自由电子的浓度会上升，但同时空穴浓度也会上升，晶体导电能力增强，反之亦然。但应指出的是，本征半导体的导电性能很差，要想用半导体材料制作电子元件，需要通过扩散工艺，在本征半导体中掺入适量杂质元素才可以。

2. 杂质半导体

根据掺入杂质元素的不同，可形成 N(电子)型半导体和 P(空穴)型半导体。

(1) N 型半导体

在纯净的硅晶体内掺入五价杂质元素，如磷等，因磷原子周围有 5 个价电子，除了 4 个电子与周围相邻的硅原子最外层电子一一结合形成共价键外，还多出 1 个电子，如图 1.1.3 所示。多余的电子不受共价键束缚，只需要较低的能量就能够成为自由电子并使磷原子成为不能移动的正离子。这里要注意，掺入杂质元素形成自由电子的同时，并不产生新的空穴，但原来的本征激发依然会产生成对的自由电子-空穴对，只不过由于掺杂的原因，半导体中总的自由电子和空穴的数目已经不再相等，但整个半导体仍呈中性。掺入的杂质元素越多，自由电子的数目就越多，在这种杂质半导体中，自由电子占多数，为多数载流子(空穴为少数载流子)，对应的这种半导体就称为 N(电子)型半导体。

(2) P 型半导体

仿照 N 型半导体，在纯净的硅晶体内掺入三价杂质元素，如硼等，因硼原子周围有 3 个价电子，这 3 个价电子在与周围相邻的硅原子最外层电子一一结合形成共价键时，少了一个电子，形成空穴，如图 1.1.4 所示。当相邻共价键上的电子受到热激发或其他激发作用下填补这个空位时，掺入的杂质原子就变成不能移动的负离子。因掺入的杂质原子中空位吸收电子，因此也称其为受主杂质。而原来的硅原子的共价键则缺少一个电子，形成空穴，这样半导体中总的自由电子和空穴的数目已经不再相等，掺入的杂质元素越多，空穴的数目就越多，但整个半导体依然保持中性。在这种杂质半导体中，空穴占多数，为多数载流子(自由电子为少数载流子)，对应的这种半导体就称为 P(空穴)型半导体。

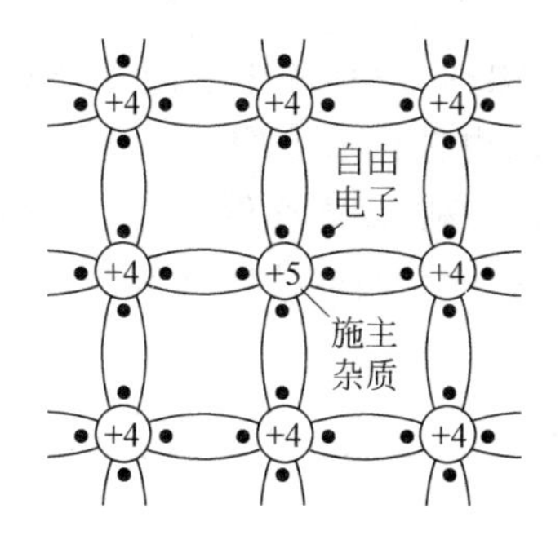

图 1.1.3　N 型半导体

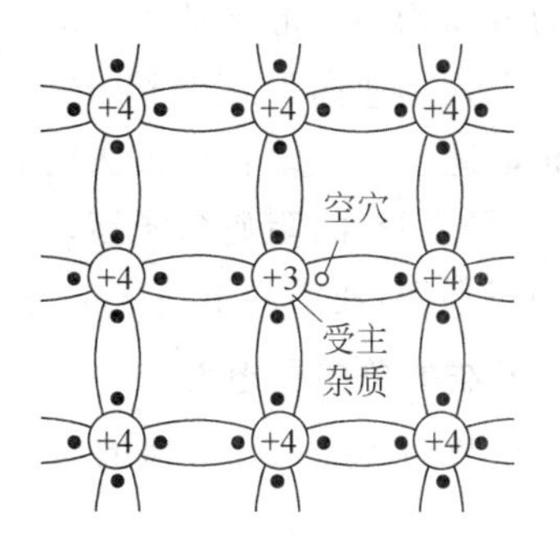

图 1.1.4　P 型半导体

1.1.2　PN 结

在一块完整的半导体中，一侧掺杂成 P 型半导体，另一侧掺杂成 N 型半导体，中间二者相连的接触面称为 PN 结(PN junction)。PN 结是电子技术中许多半导体元件，例如半导体二极管、双极性晶体管的物质基础。

1. PN 节的形成

由 1.1.1 节中半导体的基本知识可以看出，N 型半导体中含施主杂质，在室温下，施主杂质电离为带正电的施主离子和带负电的自由电子。同样，P 型半导体中含受主杂质，在室温下，受主杂质电离为带负电的受主离子和带正电的空穴。

若在本征半导体的两个相邻的不同区域分别掺入三价或五价杂质元素，就会分别形成 P 型区和 N 型区。不同的区域，载流子的浓度不同，在交界面处就会出现物质从浓度高的地方向浓度低的地方扩散的现象。P 区空穴向 N 区扩散，N 区自由电子向 P 区扩散，如图 1.1.5 所示。

扩散运动使交界面附近的自由电子与空穴首先发生复合，并使 P 区靠近交界面一侧只剩负离子，N 区靠近交界面一侧只剩正离子，如图 1.1.6 所示。

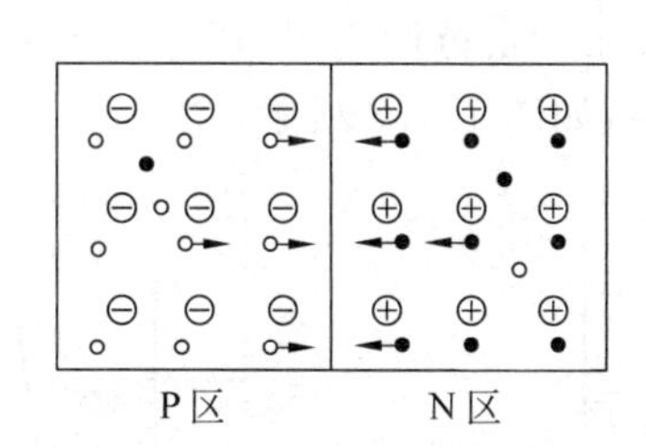

图 1.1.5　载流子的扩散示意图

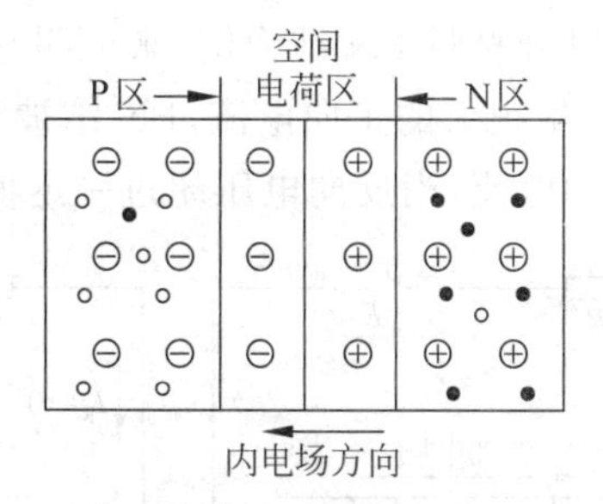

图 1.1.6　PN 结的形成

图 1.1.6 中，P 区出现的负离子带电区以及 N 区出现的正离子带电区是不能移动的，从而形成从正离子区域指向负离子区域的内电场，这个区域称为空间电荷区。在空间电荷区，多数载流子都已扩散到对方并被复合，因此空间电荷区也被称为耗尽区。随着扩散运动的进行，空间电荷区有变宽的趋势，其产生的内电场场强也会随之增强，增加的场强会阻碍空间电荷区两侧多子扩散运动的进行(左边多子——自由电子及右边多子——空穴所受到

内电场力方向均与扩散运动方向相反）。与此同时，空间电荷区产生的内电场将使 N 区的少子——空穴加速向 P 区漂移，P 区的电子加速向 N 区漂移，漂移的少子刚好补充了交界面由于扩散运动产生复合而失去的载流子，从而使得空间电荷区有变窄的趋势。扩散运动越强，内电场也越强，阻碍多子运动也越强，对少子漂移越有利，反之亦然。最终这两种运动会达到动态平衡，使空间电荷区的宽度趋于稳定，这个稳定的空间电荷区就是 PN 结。

2. PN 结的单向导电性

在 PN 节的两端外加电压时，就会破坏 PN 结原来的平衡状态。PN 结的单向导电性也在外加电压时显现出来。

(1) 外加正向电压

在 PN 结外施加正向电压，即 P 区接电源的正极，N 区接负极，称为 PN 结的正向接法，通常也称为正向偏置，如图 1.1.7(a)所示。此时 PN 结外电场与内电场方向相反，但由于内电场较为微弱，PN 结内的多数载流子的扩散运动将强于少数载流子的漂移运动，从而产生从 P 型半导体指向 N 型半导体的扩散电流，也称为正向电流 I_F。在外加电压升高时，正向电流随之增加，这时 PN 结表现为一个阻值很小的电阻，PN 结导通，其导通时的压降只有零点几伏。因此在正向接法时，电路的回路中必须要串联一个电阻，以防止 PN 结因正向电流过大而损坏。

(2) 外加反向电压

当在 PN 结外施加反向电压，即 N 区接电源的正极，P 区接负极，称为 PN 结的反向接法，通常也称为反向偏置，如图 1.1.7(b)所示。此时外加电场方向与内电场方向一致，阻碍多子的扩散运动，使空间电荷区变得更宽。虽然，此时外加的反向电场使少子的漂移运动更强，但由于少子的浓度仅由本征激发产生，当半导体器件制成后，其数值取决于温度，与外加反向电压基本无关。因此，在一定温度下，外加反向电压时，其反向的漂移运动所形成的反向电流 I_R 基本是定值，而且其值很小，基本可忽略不计。这时，PN 呈现出很大的阻值，可以认为其基本是不导电的，工作于截止状态。

(3) PN 结的伏安特性

现以硅材料 PN 结为例，来说明它的电压-电流(U-I)关系。当正向电压达到一定值时，PN 结产生很大的正向电流，PN 结被导通；当反向电压在一定范围内时，PN 结产生微弱的反向饱和电流；当反向电压超过一定值时，PN 结被击穿，如图 1.1.8 所示。

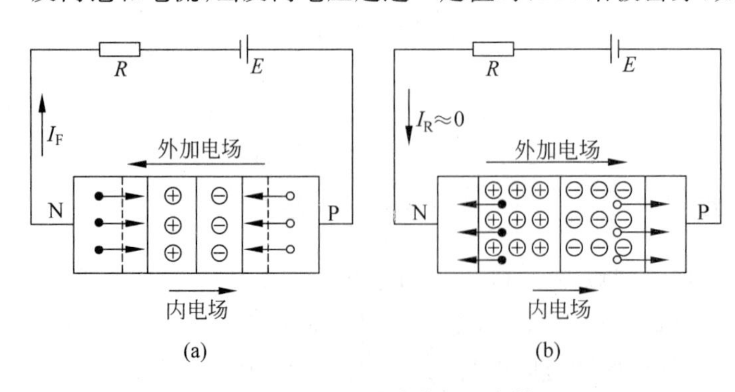

图 1.1.7 PN 结的单向导电性

(a) PN 结加正向电压；(b) PN 结加反向电压

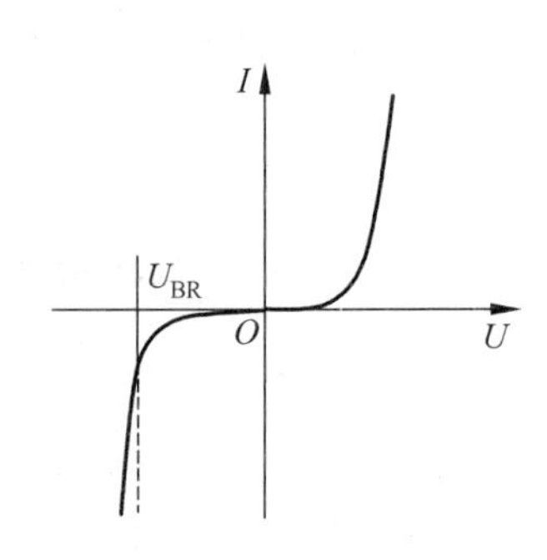

图 1.1.8 PN 结的伏安特性

1.2 半导体二极管

把 PN 结用外壳封装起来,并加上电极引线就构成了二极管,这是最简单也是最基本的半导体器件。为了更好地理解二极管,下面先介绍二极管的结构。

1.2.1 二极管的结构

半导体二极管根据其结构,可以分为面接触型、点接触型及平面型等。其中,面接触型的结构如图 1.2.1(a)所示,其 PN 结采用合金法扩散而成,结面积较大,能够通过较大的电流。这类器件适用于整流,不适用于高频电路中。二极管的符号如图 1.2.1(b)所示。

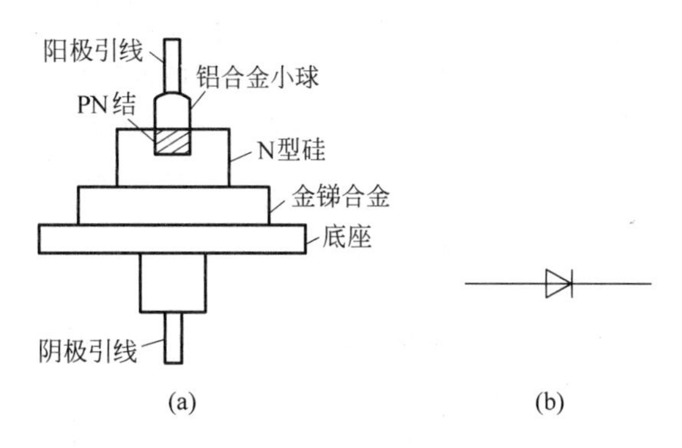

图 1.2.1　二极管结构及表示符号

(a) 面接触型二极管结构;(b) 二极管符号

1.2.2 二极管的特性

二极管是在 PN 结的基础上通过加封装和引线制作而成,因此二极管与 PN 结的特性基本一致,也具有单向导电性。但是由于二极管存在半导体体电阻及引线电阻,所以在其正向导通时,流过同样电流的情况下,二极管的电压降稍高于 PN 结。

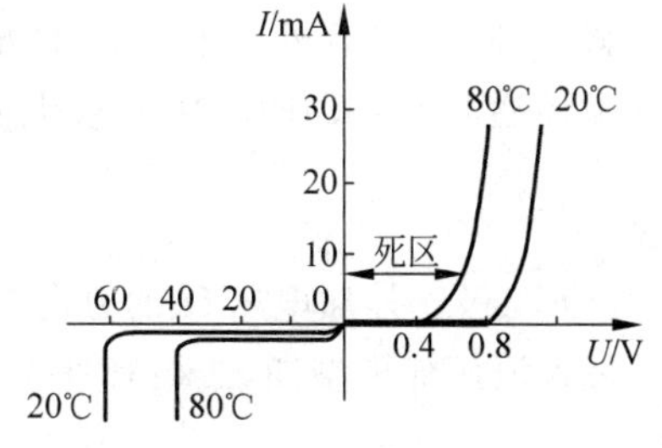

图 1.2.2　二极管的伏安特性

二极管实测的伏安特性如图 1.2.2 所示。由图可以看出,只有当二极管的正向电压足够大时,正向电流才开始增加。使二极管开始导通的电压称为开启电压或门槛电压,不同型号、不同材料二极管的门槛电压是不相同的。此外,二极管的伏安特性对温度很敏感,温度升高时,正向特性曲线向左移,如图 1.2.2 所示,这说明,对应同样大小的正向电流,正向压降随温升而减小。研究表明,温度每升高 1℃,正向压降约减小 2mV。

在二极管两端施加反向电压时,将形成很小的反向电流,数值的大小主要取决于温度。当反向电压在一定范围内增大时,反向电流的大小基本恒定,而与反向电压大小无关,故称为反向饱和电流。当温度升高时,少数载流子数目增加,使反向电流增大,特性曲线下移。

研究表明，温度每升高10℃，反向电流近似增大一倍。

当二极管的外加反向电压大于一定数值(反向击穿电压)时，反向电流突然急剧增加，称为二极管反向击穿。反向击穿电压一般在几十伏以上。

由图1.2.2可以看出，二极管是非线性器件，其工作特性如下：

(1) 当外加正向电压，且正向电压大于某一值时，二极管工作于导通状态；

(2) 当外加反向电压时，二极管中流过电流近似为零，这时其工作于截止状态。

根据这两条性质，为了电路分析的方便，本书把二极管的工作状态用两个简单有效的模型来描述，如图1.2.3所示。

图1.2.3(a)为二极管理想伏安特性及模型，图1.2.3(b)为二极管恒压降模型。在理想模型中，二极管正向电压大于零时，其处于导通状态，导通压降为零。在恒压降模型中，二极管正向电压大于或等于0.7V时，处于导通状态，导通压降一般定义为0.7V(硅材料、锗材料一般为0.2V)。这两个模型可以用来近似模拟二极管的特性，并用之取代电路中的二极管。用这两种模型分析二极管电路是非常简单有效的工程近似分析方法。此外，二极管还有折线模型及小信号模型，有兴趣的读者可自行查阅相关资料进行自学。

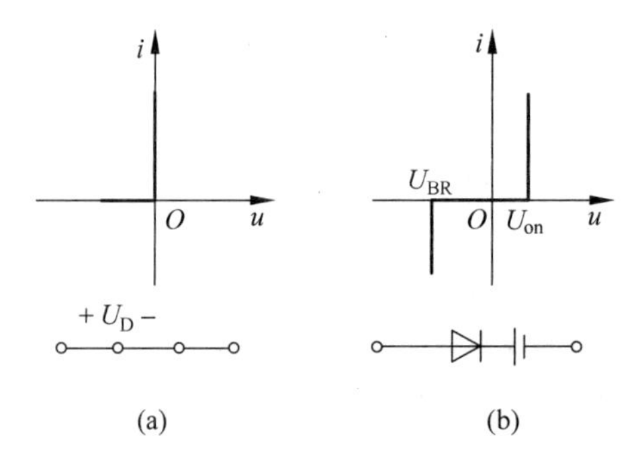

图1.2.3 二极管电路模型

(a) 理想伏安特性及模型；(b) 恒压降伏安特性及模型

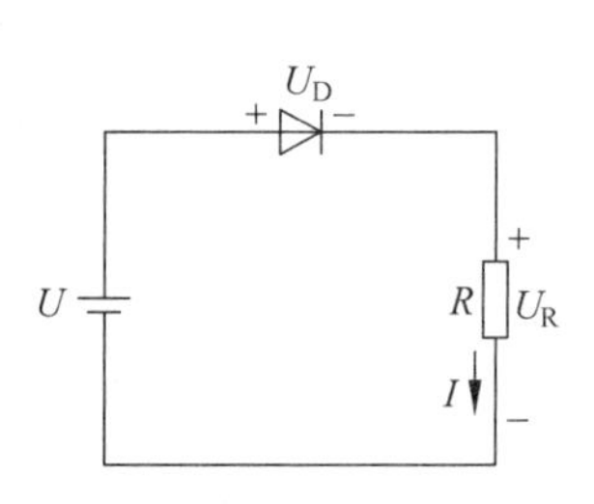

图1.2.4 例1.1电路图

例1.1 如图1.2.4所示，直流电源电压$U=10V$，$R=10\Omega$。试求流过10Ω电阻的电流I。

解 (1) 二极管外加电压U的方向与二极管导通方向一致，由二极管理想模型知，二极管处于导通状态，其压降为0，故电阻两端的压降$U_R=10V$，流过10Ω电阻的电流为$I=\frac{U-U_R}{R}=1A$。

(2) 二极管外加电压U的方向与二极管导通方向一致，且外界电压为10V，大于0.7V，由二极管恒压降模型知，二极管处于导通状态，其压降为0.7V，由KVL得电阻两端的压降$U_R=10V$，因此流过10Ω电阻的电流为$I=\frac{U-U_R}{R}=0.93A$。

例1.2 图1.2.5中，假设各图中二极管导通压降$U_D=0.7V$。求各电路输出电压。

解 (1) 假设二极管截止，则二极管的阳极电位为2V，阴极电位为0V，二极管阳极、阴极间的电位差为2V，大于0.7V，二极管导通，与假设相矛盾。因此，二极管必然导通，其导通压降$U_D=0.7V$，则输出电压$U_{o1}=1.3V$。

(2) 假设二极管截止，则二极管的阴极电位为2V，阳极电位为0V，二极管阳极、阴极间

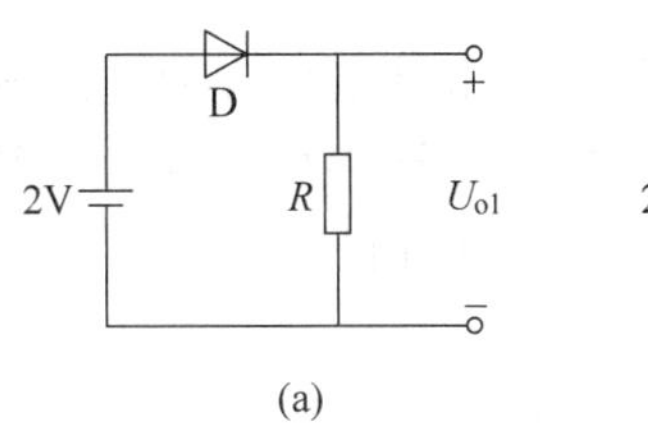

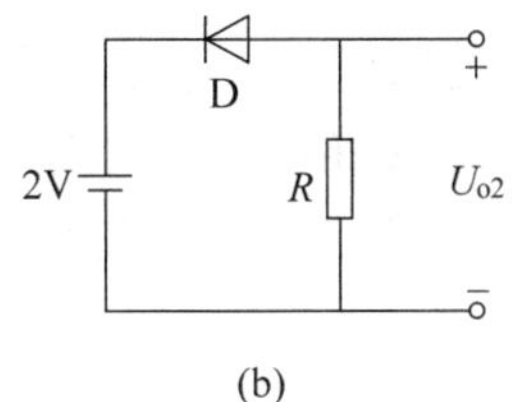

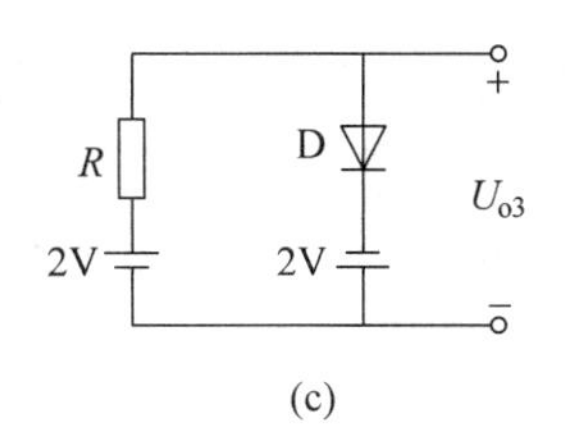

图 1.2.5　例 1.2 电路图

的电位差为−2V,小于 0.7V,工作于截止状态,与假设一致。因此,二极管工作于截止状态,则输出电压 $U_{o2}=0V$。

(3) 假设二极管截止,则二极管的阳极电位为 2V,阴极电位为−2V,二极管阳极、阴极间的电位差为 4V,大于 0.7V,工作于导通状态,与假设相矛盾。因此,二极管必然导通,其导通压降 $U_D=0.7V$,由 KVL 可得电路的输出电压 $U_{o3}=-1.3V$。

1.2.3　二极管的参数

选择二极管主要考虑两个参数:正向导通时能够承受多大电流,反向截止时能够承受多大电压而不被击穿。二极管的参数描述了二极管的性能,为选择使用二极管提供了依据。

(1) 额定电流

额定电流是指二极管正常连续工作时,能通过的最大正向电流值。在使用时电路的最大电流不能超过此值,否则二极管就会因过热而烧毁。

(2) 反向击穿电压

在二极管上加反向电压时,反向电流会很小。当反向电压增大到某一数值时,反向电流将突然增大,这种现象称为击穿。二极管反向击穿时,反向电流会剧增,此时二极管就失去了单向导电性。二极管产生击穿时的电压称为反向击穿电压。

(3) 额定电压

二极管的额定电压是指二极管在工作过程中不被击穿所能承受的反向重复施加的最大峰值电压。其值一般为反向击穿电压的一半。

(4) 最高工作频率

二极管在正常工作条件下允许的最高频率。如果加给二极管的信号频率高于该频率,二极管将不能很好地体现单向导电性,影响正常工作。

通常,还要标出二极管的最高工作温度。二极管的参数是在一定的测试条件下得出的,当使用条件与测试条件不同时,参数也会发生一定变化。

1.2.4　二极管的应用

二极管主要应用于整流、限幅、检波及各种类型的电力开关电路中。在分析含有二极管的电路时,要把握的一个基本原则是:首先要判断二极管的工作状态,即二极管是工作于导通状态还是截止状态,采用的具体方法是假设分析法。即先假设二极管断开,然后分析计算二极管阳极和阴极间是承受正向电压还是反向电压。承受正向电压时二极管导通,反之二极管截止。

(1) 整流

我们所使用的最广泛的电源就是 220V 的交流电，如何将电网所供应的交流电变为直流电？方法很多，但其基本思想是将正负相间的双向电流转换为单一方向，可以理解为把交流变为直流，这个过程称为整流。整流的应用将会在 1.6 节中详细讨论。

(2) 限幅电路

在电子电路中，经常会对信号的范围进行限制，使输出信号有选择地传输。在图 1.2.6(a)中，直流电源电压 $U_1=U_2$，交流信号 u_i 为正弦信号，其幅值大于直流电源电压。二极管为理想二极管。

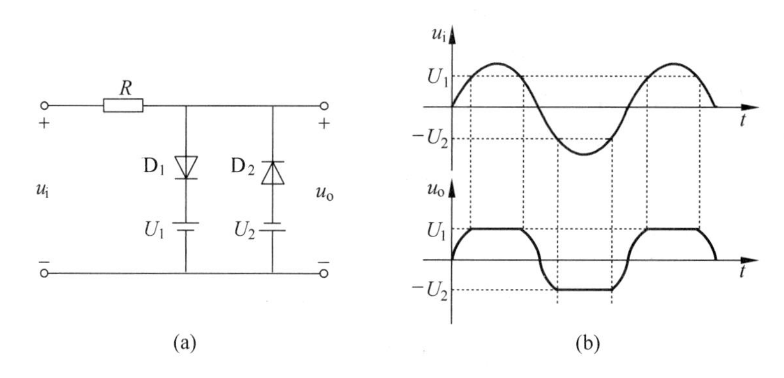

图 1.2.6 限幅电路

(a) 电路图；(b) 输出电压波形图

根据电路分析方法，对于图 1.2.6(a)所示电路，其输出电压 u_o 的表达式可能为 $u_o=u_i-u_R=U_{D_1}+U_1=U_{D_2}-U_2$。

当 $u_i \geqslant U_1$ 时，二极管 D_1 承受正向电压导通，二极管 D_2 承受反向电压截止，$U_{D_1}=0$，$u_o=U_1$。

当 $u_i \leqslant -U_2$ 时，二极管 D_2 承受正向电压导通，二极管 D_1 承受反向电压截止，$U_{D_2}=0$，$u_o=-U_2$。

综合以上情况，其输出电压波形如图 1.2.6(b)所示。

1.3 特殊二极管

除前面所讨论的普通二极管外，还有一些特殊二极管，如稳压二极管、发光二极管和光电二极管等，下面将分别介绍。

1.3.1 稳压二极管

大部分二极管在使用时要避免出现反向电压过大而导致电击穿，但稳压管是例外。稳压管是一种特殊工艺制造的面接触型硅半导体二极管，正常工作时基本都是处于反向击穿区，其伏安特性及表示符号如图 1.3.1 所示。

由图 1.3.1 可以看出，稳压管处于反向击穿区时，若流过的电流没有超出其最大允许电流，则其两端的电压基本保持不变。这样，当把稳压管接入电路以后，若由于电源电压发生

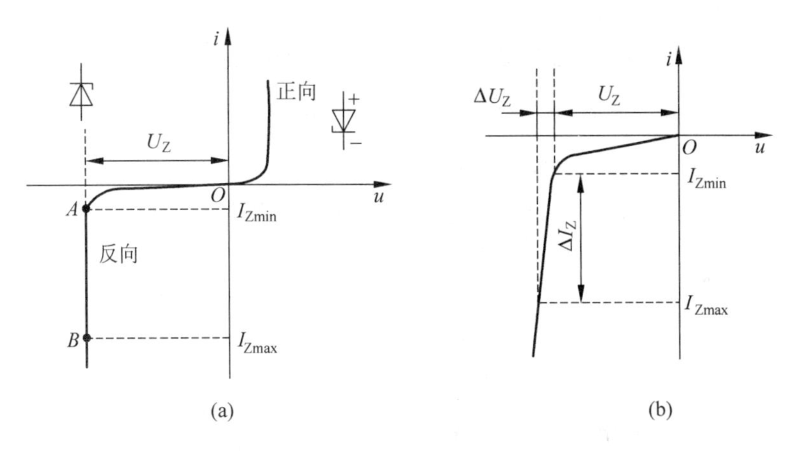

图 1.3.1　稳压管伏安特性及符号

(a) 稳压管的伏安特性及符号；(b) 稳压管动态电阻

波动，或其他原因造成电路中各点电压变动时，负载两端的电压将基本保持不变，起到稳压功能。

稳压管在直流稳压电源中得到广泛应用，其应用时应注意的主要参数如下。

(1) 稳定电压 U_Z：稳压管 PN 结的反向击穿电压，它随工作电流和温度的不同而略有变化。

(2) 稳定电流 I_Z：稳压管能够正常工作时的参考电流值。它通常有一定的范围，即 $I_{Zmin}\sim I_{Zmax}$。在稳压管正常工作时，电流越大，稳压效果越好。

(3) 动态电阻 r_Z：稳压管两端电压变化与电流变化的比值，如图 1.3.1 所示。通常动态电阻越小，稳压性能越好。

$$r_Z=\frac{\Delta U_Z}{\Delta I_Z} \tag{1.1}$$

(4) 温度系数：用来说明稳定电压值受温度变化影响的系数。不同型号的稳压管有不同的稳定电压的温度系数，且有正负之分。稳压值低于 4V 的稳压管，稳定电压的温度系数为负值；稳压值高于 7V 的稳压管，其稳定电压的温度系数为正值；介于 4～7V 的，可能为正，也可能为负。

(5) 额定功耗 P_{ZM}：稳压管额定功耗等于其额定工作电压与最大稳定工作电流的乘积，使用时要保证稳压管的工作功耗低于此值。

选择稳压管时应注意：流过稳压管的电流 I_Z 不能过大，应使 $I_Z\leqslant I_{Zmax}$，否则会超过稳压管的允许功耗；I_Z 也不能太小，应使 $I_Z\geqslant I_{Zmin}$，否则不能稳定输出电压，这样使输入电压和负载电流的变化范围都受到一定限制。

例 1.3　在图 1.3.2 所示的稳压电路中，已知稳压管的稳定电压 $U_Z=6$V，最小稳定电流 $I_{Zmin}=5$mA，最大稳定电流 $I_{Zmax}=40$mA，输入电压 $U_i=15$V，波动范围为 $\pm10\%$，限流电阻 R 为 200Ω。

(1) 电路是否能空载？为什么？

(2) 作为稳压电路的指标，负载电流 I_L 的范围为

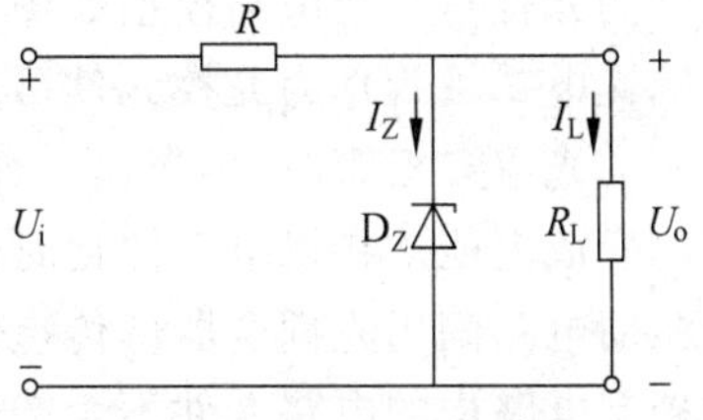

图 1.3.2　例 1.3 电路图

多少？

解 (1) 在电路空载时，若能够正常工作，则流过稳压管的电流为

$$I_{D_Z max} = I_{Rmax} = \frac{U_{imax} - U_Z}{R} = 52.5\text{mA} > I_{Zmax} = 40\text{mA}$$

流过稳压管的电流超出其最大允许值，所以电路不能空载。

(2) 在稳压管正常工作时，其工作电流必然介于最小值与最大值之间，由此可以计算出稳压电路正常工作情况下负载电流的范围：

$$I_{D_Z min} = \frac{U_{imin} - U_Z}{R} - I_{Lmax}, \quad I_{D_Z max} = \frac{U_{imax} - U_Z}{R} - I_{Lmin}$$

整理得

$$I_{Lmax} = \frac{U_{imin} - U_Z}{R} - I_{D_Z min} = 32.5\text{mA}, \quad I_{Lmin} = \frac{U_{imax} - U_Z}{R} - I_{D_Z max} = 12.5\text{mA}$$

因此，在稳压电路正常工作情况下，负载允许的工作电流范围为 12.5～32.5mA。

1.3.2 发光二极管

发光二极管(light-emitting diode，LED)是日常生活中常见的一种二极管，广泛应用于各种电子产品、设备的状态指示灯和交通、道路的指示灯等方面，其元件符号和外观如图 1.3.3 所示。发光二极管与普通二极管的相似之处是：正向导通，反向截止，同样具有单向导电性。不同之处是：普通二极管发热，发光二极管发光。此外，发光二极管的正向导通压降远高于普通二极管，以蓝光为例，其正向导通压降约为 3.5V。根据半导体中掺入的杂质，发光二极管可以发出红、橙、黄、绿、蓝、紫可见光，也可以发出红外、紫外不可见光。蓝色与其他颜色组合后可以发出各种颜色的光线，组成全彩 LED 显示屏。

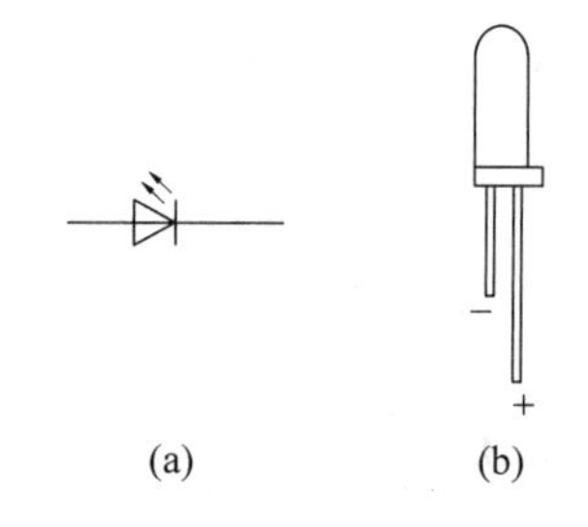

图 1.3.3 发光二极管符号及外观

(a) 元件符号；(b) 外观

在使用发光二极管时，要注意不要超过最大功耗、最大正向电流和反向击穿电压等极限参数。

1.3.3 光电二极管

光电二极管(photo-diode)是与发光二极管互补的一种电子元件，是光能与电能进行转换的器件。光电二极管和普通二极管一样，是由一个 PN 结组成的半导体器件，在没有光照条件下，具有单向导电特性。它与 LED 的不同之处在于，在光线照射条件下，光电二极管即使承受反向电压，也能够有一定的反向电流通过，照度越大，流过的反向电流越大。光电二极管的元件符号及电路模型如图 1.3.4 所示。

光电二极管作为光控元件可用于各种物体检测、光电控制、自动报警等方面。当制成大面积的光电二极管时，可当作一种能源而称为光电池。此时它不需要外加电源，能够直接把光能变成电能。在机电一体化时代，它成为一种非常重要的元件。在图 1.3.5 中，控制电路与驱动电路间用光耦合器件传递信号，控制电路与主电路没有导线相连接，完全绝缘，这样对控制电路中的电路元件不会产生干扰。此外，如果主电路发生短路或接触不良，对控制电路也不会产生任何破坏。因此，当主电路功率较高时，光耦是不可或缺的保护元件。

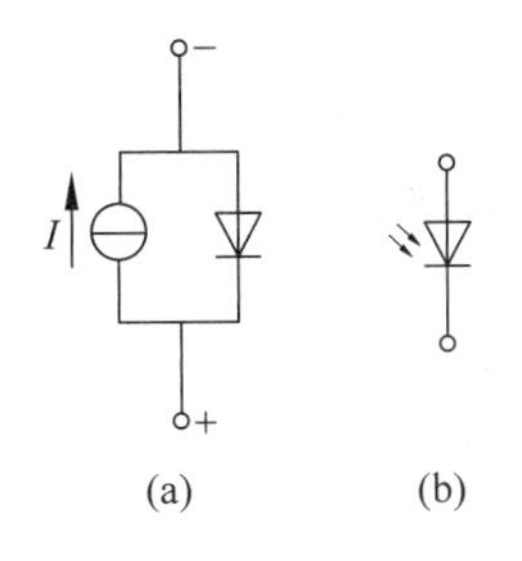

图 1.3.4　光电二极管

(a) 电路模型；(b) 元件符号

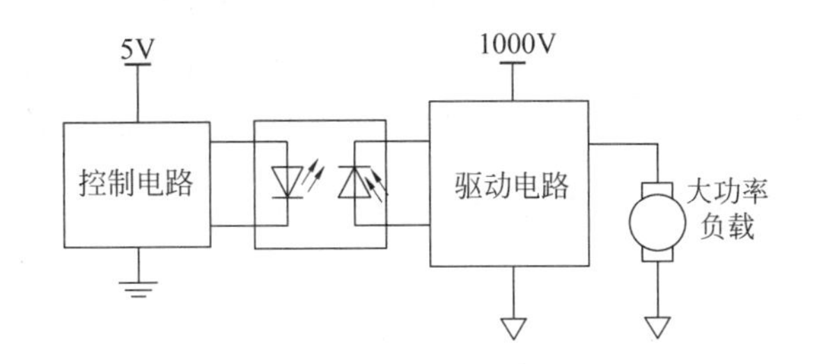

图 1.3.5　光耦隔离控制与驱动电路

1.4　双极型三极管

1947 年 12 月，贝尔实验室的约翰·巴丁、沃尔特·布喇顿在肖克利的指导下共同发明了点接触形式的双极性晶体管(bipolar junction transistor，BJT)。1948 年，肖克利发明了采用结型构造的双极性晶体管。在其后的大约 30 年时间内，这种器件是制造分立元件电路和集成电路的不二选择。1956 年，约翰·巴丁、沃尔特·布拉顿和威廉·肖克利共同荣获诺贝尔物理学奖。三极管是一种电流控制器件，可以用于产生、控制及放大电的信号。双极型晶体管具有体积小、质量轻、耗电少、寿命长等特点，广泛用于广播、电视、通信、雷达、计算机、自控装置、电子仪器、家用电器等领域。

1.4.1　三极管的结构

BJT 具有 3 个电极端子(三极管)，电流流入端、电流流出端、电流大小控制端，其电路结构、符号及实物图片如图 1.4.1 所示。

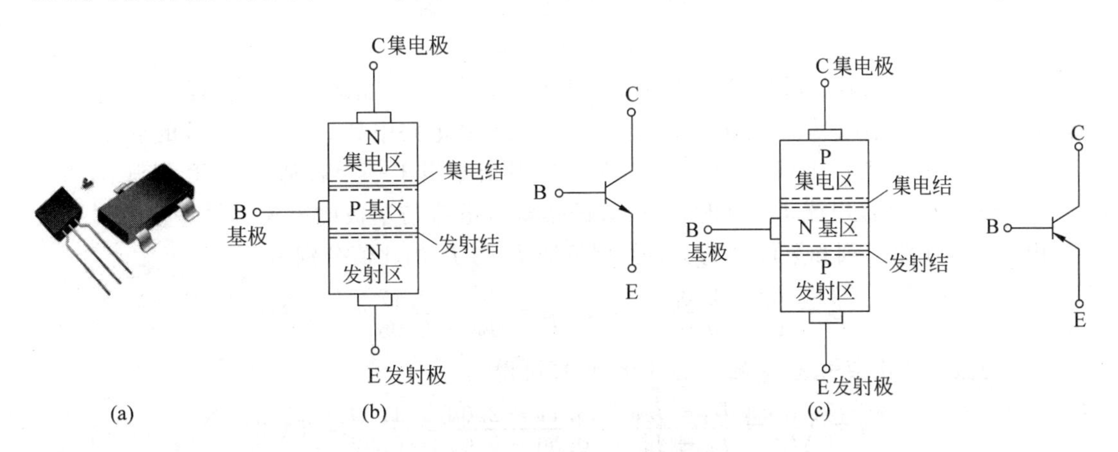

图 1.4.1　三极管实物、结构及符号

(a) 三极管实物；(b) NPN 型三极管结构及符号；(c) PNP 型三极管结构及符号

下面以 NPN 型三极管为例进行讨论。NPN 型三极管结构中位于下层的 N 区为发射区，面积不大，但掺杂浓度较高；中间为 P 型区，也称为基区，基区很薄，且掺杂浓度较低；位于上层的N区是集电区，收集电子，面积很大。由此3个区域引出的3个电极分别称为发射极（emitter，E极）、基极（base，B极）、集电极（collector，C极），形成的两个PN结分别称为发射结和集电结，发射结中箭头的方向代表了晶体管正常工作过程中工作电流的流向。

1.4.2 三极管的特性

三极管共有3种工作状态，分别是放大、截止、饱和。要实现三极管的放大功能还必须使其满足一定的外部条件：给三极管的发射结加上正向电压，集电结加上反向电压。如图1.4.2所示，V_{BB}为基极电源，与基极电阻R_B及三极管的基极B、发射极E组成基极-发射极回路（称做输入回路）；V_{BB}使发射结正偏，V_{CC}为集电极电源，集电极电阻R_C及三极管的集电极C、发射极E组成集电极-发射极回路（称做输出回路），V_{CC}使集电结反偏。电路图1.4.2中两个回路共用了发射极E，因此称其为共发射极（common emitter，CE）放大电路。同理，还有共基极（CB）放大电路和共集电极（CC）放大电路。

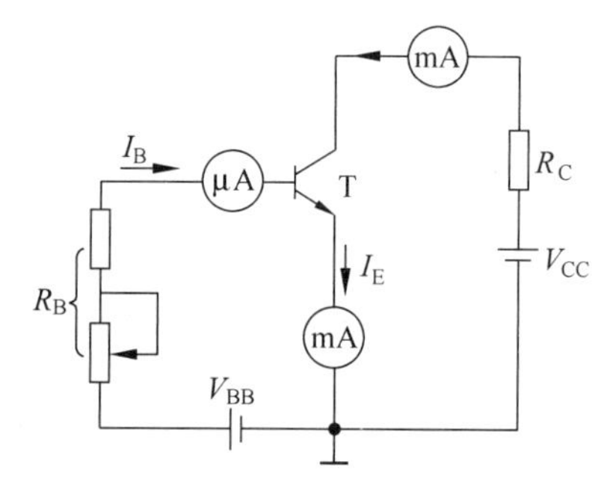

图1.4.2 CE放大实验电路

对于图1.4.2所示电路，通过改变可变电阻R_B，可以测得基极电流I_B、集电极电流I_C和发射结电流I_E，如表1.4.1所示。

表1.4.1 三极管电流测试数据

$I_B/\mu A$	0	20	40	60	80	100
I_C/mA	0.005	0.99	2.08	3.17	4.26	5.40
I_E/mA	0.005	1.01	2.12	3.23	4.34	5.50

对三极管应用KCL，则3个电极之间的电流关系应满足：

$$I_E = I_B + I_C \tag{1.2}$$

由表1.4.1的测试数据验证可以看出，其满足式(1.2)。由表1.4.1发现，实际工作过程中I_B一般都很小，这就使得$I_E \approx I_C$，这在分析三极管电路中是一个非常有效的近似。

此外，在一定条件下($U_B - U_E \geqslant 0.7V$)，发射结相当于一个普通二极管，其压降约为0.7V（硅材料），基极电流$I_B>0$时，三极管的集电极电流与基极的电流遵循一定的对应关系，由表1.4.1第三列和第四列的实验数据可知I_C与I_B的比值分别为

$$\bar{\beta} = \frac{I_C}{I_B} = \frac{2.08}{0.04} = 52, \quad \bar{\beta} = \frac{I_C}{I_B} = \frac{3.17}{0.06} = 52.8$$

I_B的微小变化会引起I_C较大的变化，计算可得

$$\beta = \frac{\Delta I_C}{\Delta I_B} = \frac{I_{C4} - I_{C3}}{I_{B4} - I_{B3}} = \frac{3.17 - 2.08}{0.06 - 0.04} = \frac{1.09}{0.02} = 54.5$$

计算结果表明，微小的基极电流变化，可以控制比之大数十倍至数百倍的集电极电流的变化，这就是三极管的电流放大作用。$\bar{\beta}$、β称为电流放大系数，二者近似相等。

假若将一个信号叠加到基极，引起基极电流的变化，就可以从集电极得到β倍的输出信号。这是三极管放大的关键，利用较小的基极电流I_B得到数十倍甚至数百倍的集电极电流

I_C。此外，通过三极管内部载流子的微观运动分析，也可以得到晶体管外在宏观电流的放大原理，但限于篇幅，不再进行深入讨论，有兴趣的同学可以自行查阅相关资料。

由表 1.4.1 可知，在三极管发射结已经正偏时，其工作特性可由以下 4 条规则来说明：

(1) 当 $U_C > U_E$ 时，三极管工作于放大状态，$I_C = \beta I_B$（β 一般为 30～300）；

(2) 若 $U_C < U_E$ 时，则晶体管截止；

(3) 当 $U_C \approx U_E$ 时，晶体管工作于饱和状态；

(4) 在 $U_C > U_E$ 时，发射结相当于一个普通二极管，其压降约为 0.7V（硅材料）。

根据这 4 条规则，就可以对三极管进行初步的定性分析，但要对其进行定量的计算，还必须要了解三极管的特性曲线。三极管的特性曲线用来表示各电极间电压和电流之间的关系，它反映出三极管的性能，是分析放大电路的重要依据。特性曲线可由实验测得，也可在晶体管图示仪上直观地显示出来。

1. 输入特性曲线

三极管的输入特性曲线描述的是，在 U_{CE} 为定值时 I_B 和 U_{BE} 的关系，即

$$I_B = f(U_{BE})\Big|_{U_{CE}=\text{常数}} \tag{1.3}$$

图 1.4.3 是三极管的输入特性曲线。

由图 1.4.3 可见，输入特性有以下几个特点。

(1) 输入特性也有一个“死区”。在“死区”内，U_{BE} 虽已大于零，但 I_B 几乎仍为零。当 U_{BE} 大于某一值后，I_B 才随 U_{BE} 增加而明显增大。和二极管一样，硅晶体管的死区电压 U_T（或称为门槛电压）约为 0.5V，发射结导通电压 U_{BE} = 0.6～0.7V；锗晶体管的死区电压 U_T 约为 0.2V，导通电压约为 0.2～0.3V。

(2) 当 U_{CE} > 1V 以后，输入特性几乎与 U_{CE} = 1V 时的特性重合，因为 U_{CE} > 1V 后，I_B 无明显改变了。晶体管工作在放大状态时，U_{CE} 总是大于 1V 的（集电结反偏），因此常用 $U_{CE} \geqslant 1$V 的一条曲线来代表所有输入特性曲线。

2. 输出特性曲线

晶体管的输出特性曲线描述的是，在基极电流 I_B 为定值时 I_C 和 U_{CE} 的关系，即

$$I_C = f(U_{CE})\Big|_{I_B=\text{常数}} \tag{1.4}$$

图 1.4.4 是三极管的输出特性曲线，当 I_B 改变时，可得一组曲线族。由图可以看出，输出特性曲线可分饱和、放大和截止 3 个区域。

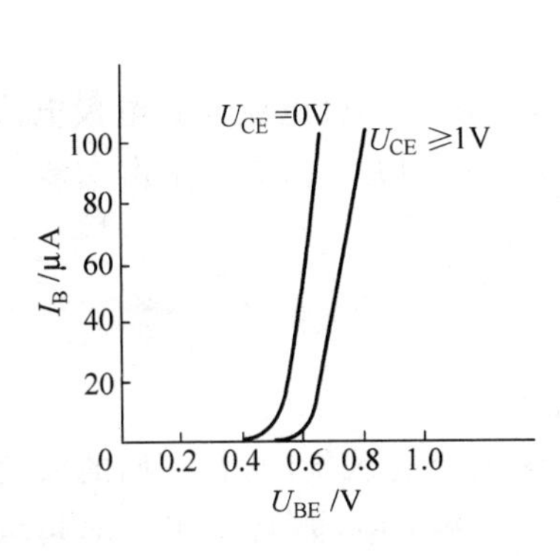

图 1.4.3　三极管的输入特性曲线

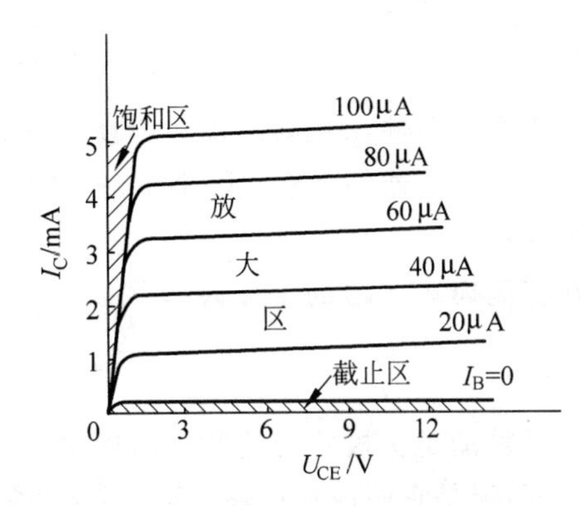

图 1.4.4　三极管输出特性曲线

(1) 截止区

$I_B=0$ 的特性曲线以下区域称为截止区。其基本特征是发射结电压小于死区电压。在这个区域中,集电结处于反偏,发射结反偏或零偏,即 $U_C>U_E\geqslant U_B$。电流 I_C 很小,近似为0(等于反向穿透电流 I_{CEO})。工作在截止区时,三极管在电路中犹如一个断开的开关。

(2) 饱和区

特性曲线靠近纵轴的区域是饱和区,其基本特征是:发射结、集电结均处于正偏,即 $U_B>U_C>U_E$。在饱和区,I_B 增大,I_C 几乎不再增大,三极管失去放大作用。规定 $U_{CE}=U_{BE}$ 时的状态称为临界饱和状态,此时,三极管的集电极与发射极之间的压降基本为某一定值,用 U_{CES} 表示(一般情况下为0.2~0.3V,理想情况下认为其值为0),此时集电极临界饱和电流为

$$I_{CS}=\frac{V_{CC}-U_{CES}}{R_C}\approx\frac{V_{CC}}{R_C} \tag{1.5}$$

基极临界饱和电流为

$$I_{BS}=\frac{I_{CS}}{\beta} \tag{1.6}$$

当集电极电流 $I_C>I_{CS}$ 时,认为管子已处于饱和状态。$I_C<I_{CS}$ 时,管子处于放大状态。

三极管工作在饱和状态时,可以认为其在电路中犹如一个闭合的开关。

(3) 放大区

特性曲线近似水平直线的区域为放大区。其基本特征是:发射结正偏,集电结反偏,即 $U_C>U_B>U_E$。三极管工作在这一区域时,集电极-发射极电流与基极电流近似呈线性关系,即 I_C 的大小受 I_B 的控制,$\Delta I_C=\beta\Delta I_B$。由于电流增益的缘故,当基极电流发生微小的扰动时,集电极-发射极电流将产生较为显著的变化。由于 I_C 只受 I_B 的控制,几乎与 U_{CE} 的大小无关。特性曲线反映出恒流源的特点,即三极管可看作受基极电流控制的受控恒流源。

1.4.3 三极管的参数

在实际电路设计中,必须要根据一些条件要求选择三极管,这些条件要求对应的就是三极管的参数,这是合理选择和正确使用三极管的依据。

(1) 共发射极电流放大系数 β

β 参数分为直流和交流两种共射极电流放大系数,直流模式下有

$$\beta_{dc}=\frac{I_C}{I_B} \tag{1.7}$$

对于实际器件,β 的典型值一般在30~300之间,其反映了基极电流与集电极电流之间的大小关系。在器件规格说明书中,β_{dc} 通常含在参数 h_{FE} 中,其中 h_{FE} 参数是由交流混合等效模型确定的。

在交流模式下,β 的定义为

$$\beta_{ac}=\left.\frac{\Delta I_C}{\Delta I_B}\right|_{U_{CE}=\text{常数}} \tag{1.8}$$

β_{ac} 反映的是三极管交流状态时的电流放大特性,与 β_{dc} 是有区别的,且它们的数值也不完全相等,但是它们通常足够接近,因此经常相互使用。在本书中,如无专门指出,可以认为 $\beta_{ac}=\beta_{dc}=\beta$。

(2) 共基极交流电流放大系数 α

α 参数分为直流和交流两种共射极电流放大系数，直流模式下有

$$\alpha_{dc} = \frac{I_C}{I_E} \tag{1.9}$$

对于实际器件，α 的典型值一般在 0.90～0.998 之间，其反映了基极电流与集电极电流之间的大小关系，反映了集电极收集电子的能力。

在交流模式下，α 的定义为

$$\alpha_{ac} = \left.\frac{\Delta I_C}{\Delta I_E}\right|_{U_{CB}=\text{常数}} \tag{1.10}$$

α_{ac} 表示当集电极与基极之间电压 U_{CB} 保持为常数时，集电极电流的变化量与发射极电流的变化量的对应关系。在大多数情况下，交流参数 α_{ac} 和直流参数 α_{dc} 是非常接近的，可以相互使用。在本书中，如无专门指出，可以认为 $\alpha_{ac}=\alpha_{dc}=\alpha$。

(3) 集电极最大允许电流 I_{CM}

在三极管使用过程中，当集电极电流增大时，会导致晶体管的电流放大倍数 β 下降，当 β 降至低频电流放大倍数 β 的额定倍数(通常规定为 1/2 或 1/3)时，此时的集电极电流称为集电极最大允许电流 I_{CM}。当晶体管的集电极电流达到 I_{CM} 时，晶体管虽不致损坏，但电流放大倍数已大幅度下降，放大能力会变得很差。

(4) 集电极最大允许耗散功率 P_{CM}

三极管工作时，集电结上将承受较大的电流与电压的乘积，即耗散功率。耗散功率在集电结上以发热的形式表现出来。当其温度超过最高规定值时，三极管的工作性能将下降，甚至烧毁。为此，在三极管实际工作过程中，其集电结功耗不得超过 P_{CM}。

需要注意的是，大功率三极管给出的最大允许耗散功率都是在配有一定规格散热器情况下的参数。

(5) 反向击穿电压

反向击穿电压是指三极管的两个 PN 结承受的反向电压超过规定时，会发生电击，其击穿机理与二极管类似。

例 1.4　电路如图 1.4.5 所示，晶体管导通时 $U_{BE}=0.7V$，$\beta=50$。试分析 u_i 为 12V 时，BJT 的工作状态及输出电压 u_o 的值。

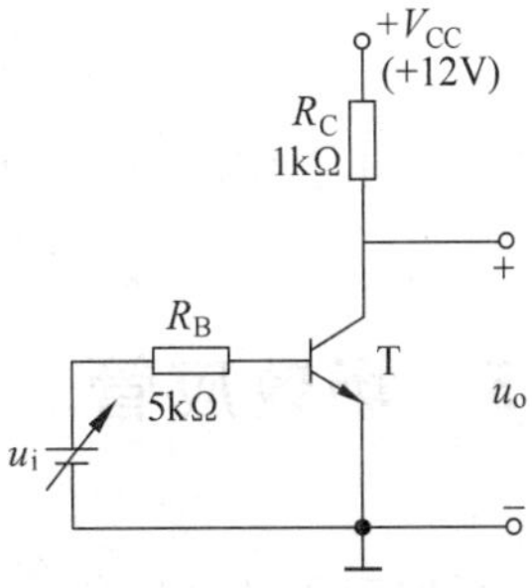

图 1.4.5　例 1.4 电路图

解　$u_i=12V>0.7V$，BJT 发射极必然导通，则 $U_{BE}=0.7V$。假设 BJT 工作于放大状态，则

$$I_B = \frac{u_i - U_{BE}}{R_B} = \frac{12-0.7}{5} = 2.26(\text{mA})$$

$$I_C = \beta I_B = 113(\text{mA})$$

$$u_o = U_{CE} = V_{CC} - I_C R_C < 0$$

这与假设 BJT 处于放大状态条件不符，因此 BJT 处于饱和状态，$u_o=U_{CE}\approx 0$。

$$I_C = \frac{V_{CC}-U_{CES}}{R_C} \approx \frac{V_{CC}}{R_C} = 12(\text{mA})$$

例 1.5　图 1.4.6 所示的电路中，BJT 均为硅管，$\beta=30$，试判断各 BJT 的工作状态。

解　(1) 因为基极偏置电源为 +6V，大于管子的导通电压 0.7V，故管子的发射结正

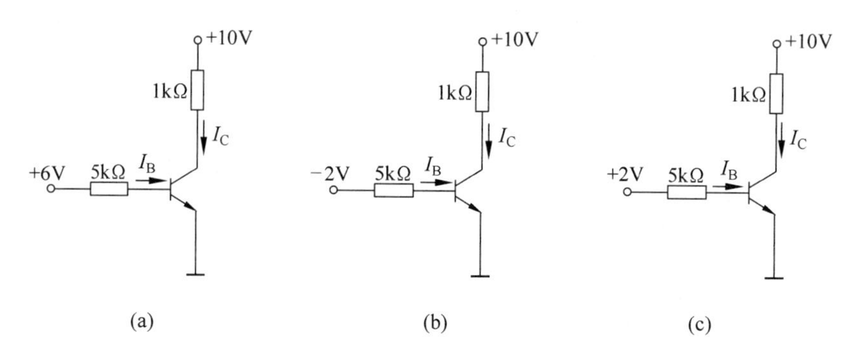

图 1.4.6 例 1.5 电路图

偏，管子导通，基极电流为

$$I_B = \frac{6-0.7}{5} = \frac{5.3}{5} = 1.06(\text{mA})$$

假设三极管工作于放大状态，则

$$I_C = \beta I_B = 30 \times 1.06 = 31.8(\text{mA})$$

$$U_{CE} = V_{CC} - I_C R_C = 10 - 31.8 \times 1 = -21.8(\text{V})$$

显然，这与假设条件不一致。因此，三极管工作于饱和状态。

(2) 因为基极偏置电源为−2V，小于管子的导通电压，管子的发射结反偏，管子截止，所以管子工作在截止区。

(3) 因为基极偏置电源为+2V，大于管子的导通电压，故管子的发射结正偏，管子导通，基极电流为

$$I_B = \frac{2-0.7}{5} = \frac{0.3}{5} = 0.26(\text{mA})$$

$$I_C = \beta I_B = 30 \times 0.26 = 7.8(\text{mA})$$

临界饱和电流为

$$I_{CS} = \frac{10 - U_{CES}}{1} = 10 - 0.3 = 9.7(\text{mA})$$

因为 $I_C < I_{CS}$，所以管子工作在放大区。

1.5 场效应管

场效应管(field effect transistor，FET)是一种通过电场效应控制电流的电子元件。它依靠电场去控制导电沟道形状，进而控制半导体材料中某种类型载流子的沟道的导电性。场效应晶体管只依靠多子参与导电，因此一般也被称为单极型器件。场效应晶体管由 Julius Edgar Lilienfeld 于 1925 年和 Oskar Heil 于 1934 年分别发明，但是实用的器件一直到 1952 年才被制造出来(结型场效应管)。1960 年 Dawan Kahng 发明了金属氧化物半导体场效应晶体管，从而大部分代替了结型场效应管，对电子行业的发展有着深远的意义。

场效应管的种类很多，按结构可分为两大类：结型场效应管(JFET)和绝缘栅型场效应管

(IGFET)。结型场效应管又分为N沟道和P沟道两种。绝缘栅型场效应管主要指金属-氧化物-半导体场效应(metal oxide semiconductor,MOS)管。同结型场效应管一样,MOS管也分为N沟道和P沟道,但每一类又分为耗尽型和增强型两种。本书着重对MOS管进行讨论。

1.5.1　场效应管的结构与特性

绝缘栅型场效应管共有4种结构:N沟道增强型管、N沟道耗尽型管、P沟道增强型管和P沟道耗尽型管。本节重点讨论N沟道增强型MOS管。

1. N沟道增强型MOS管的结构

图1.5.1是N沟道增强型MOS管的示意图。该管以一块掺杂浓度较低的P型硅片做衬底,在衬底上通过扩散工艺形成两个高掺杂的N型区,并引出两个极作为源极S和漏极D;在P型硅表面制作一层很薄的二氧化硅(SiO_2)绝缘层,在二氧化硅表面再喷上一层金属铝,引出栅极G。这种场效应管栅极、源极、漏极之间都是绝缘的,所以称为绝缘栅型场效应管。衬底b的箭头方向是区别N沟道和P沟道的标志,当箭头指向内侧时代表为N沟道,反之为P沟道,如图1.5.1(b)、(c)所示。

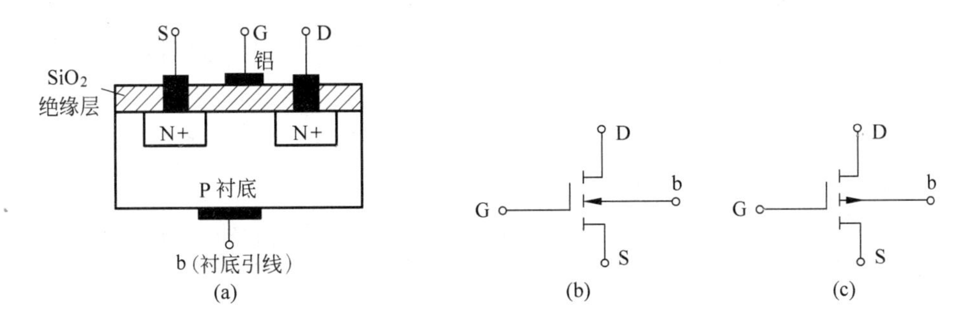

图1.5.1　N沟道增强型MOS管的结构和符号

(a) N沟道增强型MOS管结构示意图;(b) N沟道增强型MOS管符号;(c) P沟道增强型MOS管符号

图1.5.2是N沟道增强型MOS管的相应的工作电路图。工作时栅源之间加正向电源电压U_{GS},漏源之间加正向电源电压U_{DS},并且源极与衬底连接,衬底是电路中最低的电位点。

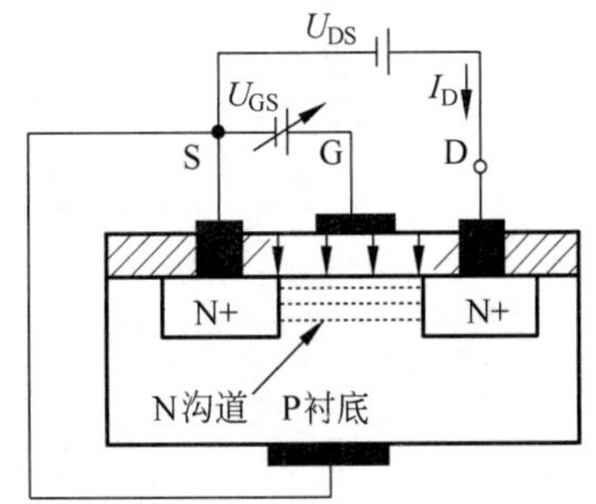

图1.5.2　N沟道增强型MOS管的工作电路图

当$U_{GS}=0$时,漏极和衬底以及源极之间形成了两个反向串联的PN结,且漏极与源极之间没有原始的导电沟道,漏极电流$I_D=0$。当U_{DS}为正向电压时,漏极与源极之间依然没有导电沟道形成,漏极电流依然为0,管子工作于截止状态。

当$U_{GS}>0$时,栅极与衬底之间产生了一个垂直于半导体表面、由栅极G指向衬底的电场。这个电场的作用是排斥P型衬底中的空穴而吸引电子到SiO_2绝缘层下表面。当U_{GS}增大到一定程度时,绝缘体和P型衬底的交界面附近积累了较多的电子,形成了N型薄层,称为N型反型层。反型层使漏极与源极之间有了一条由多子(电子)构成的导电沟道,当加上漏源电压U_{DS}之后,就会有电流I_D流过导电沟道。通常将刚刚出现漏极电

流 I_D 时所对应的栅源电压称为开启电压，用 $U_{GS(th)}$ 表示。

当 $U_{GS}>U_{GS(th)}$ 时，U_{GS} 增大，电场增强，沟道变宽，沟道电阻减小，I_D 增大；反之，U_{GS} 减小，沟道变窄，沟道电阻增大，I_D 减小。可见改变 U_{GS} 的大小，就可以控制沟道电阻的大小，从而达到控制电流 I_D 的大小。随着 U_{GS} 的增加，导电性能也跟着增强，故称为增强型。

这里应该注意的是，当 $U_{GS}<U_{GS(th)}$ 时，反型层(导电沟道)消失，$I_D=0$。只有当 $U_{GS}\geqslant U_{GS(th)}$ 时，才能形成导电沟道，并产生漏极电流 I_D。

如图 1.5.3 所示，当 $U_{GS}>U_{GS(th)}$ 且为一确定值时，漏-源电压 U_{DS} 对导电沟道产生的电压降使沟道内各点与栅极间的电压不再相等，靠近源极一端的电压最大，因此这里沟道最宽；而漏极一端电压最小，其值为 $U_{GD}=U_{GS}-U_{DS}$，因而这里沟道最薄；整个导电沟道成楔形。但当 U_{DS} 较小($U_{GD}=U_{GS}-U_{DS}>U_{GS(th)}$)时，它对沟道的影响不大，这时只要 U_{GS} 一定，沟道电阻几乎也是一定的，所以 I_D 随 U_{DS} 增加而增加。随着 U_{DS} 的增大，靠近漏极的沟道越来越薄，当 U_{DS} 增加到使 $U_{GD}=U_{GS}-U_{DS}\leqslant U_{GS(th)}$ 时，沟道在漏极一端出现预夹断。再继续增大 U_{DS}，夹断点将向源极方向延伸。此时，U_{DS} 的增加部分几乎全部降落在夹断区，电流 I_D 不再随 U_{DS} 增大而增加，管子进入饱和区，I_D 几乎仅由 U_{GS} 决定。

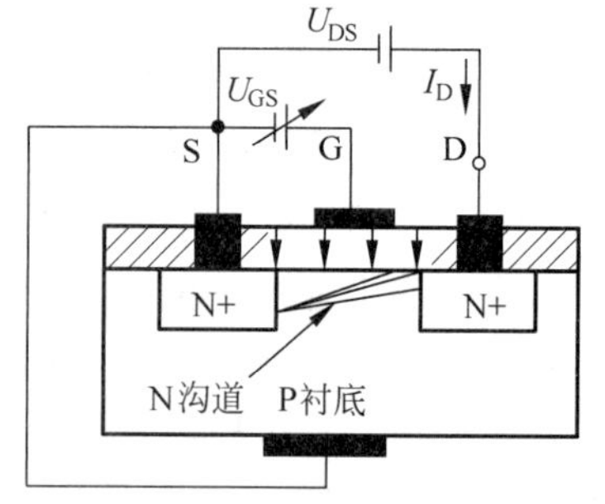

图 1.5.3 U_{GS} 对导电沟道的影响

2. N 沟道增强型 MOS 管的特性

图 1.5.4 为某一型号的 N 沟道增强型场效应管的输出特性和转移特性曲线。与三极管一样，MOS 管输出特性可分为 3 个区：可变电阻区、恒流区和截止区。

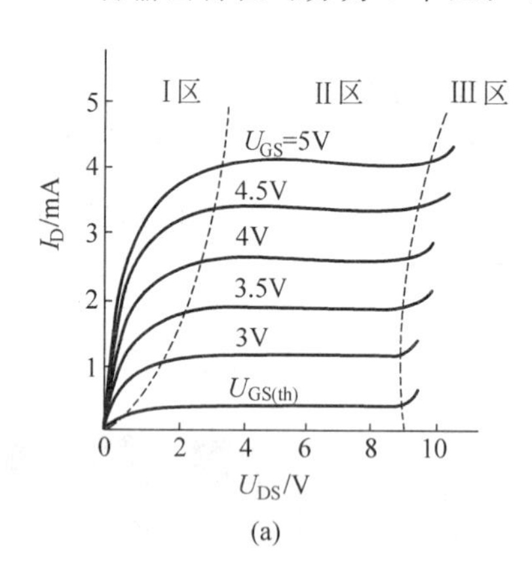

(a)

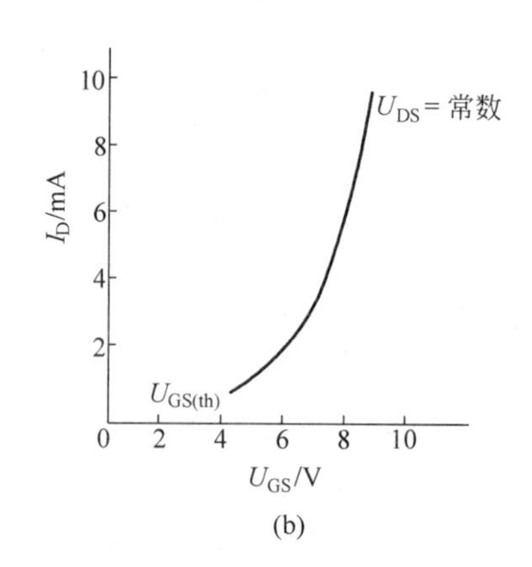

(b)

图 1.5.4 N 沟道增强型 MOS 管的特性曲线

(a) 输出特性；(b) 转移特性

(1) 可变电阻区

图 1.5.4(a)中的 Ⅰ 区为可变电阻区。该区对应 $U_{GS}>U_{GS(th)}$，U_{DS} 很小，$U_{GD}=U_{GS}-U_{DS}>U_{GS(th)}$ 的情况。其基本特点是：若 U_{GS} 固定，I_D 随着 U_{DS} 的增大而线性增加，可以看成是一个电阻，对应不同的 U_{GS} 值，各条特性曲线直线部分的斜率不同，即阻值发生改变。因此该区是一个受 U_{GS} 控制的可变电阻区，工作在这个区的场效应管相当于一个压控电阻。

（2）恒流区（亦称饱和区，放大区）

图1.5.4(a)中的Ⅱ区为恒流区。该区对应$U_{GS}>U_{GS(th)}$，U_{DS}较大，$U_{GD}=U_{GS}-U_{DS}<U_{GS(th)}$的情况。其基本特点是：若$U_{GS}$为某一定值时，随着$U_{DS}$的增大，$I_D$不变，特性曲线近似为水平线，因此称为恒流区，对应于三极管放大区。

在恒流区，I_D与U_{GS}的关系可以近似地表示为

$$I_D = I_{DO}\left(1-\frac{U_{GS}}{U_{GS(th)}}\right)^2,\quad U_{GS}>U_{GS(th)} \tag{1.11}$$

式中，I_{DO}是$U_{GS}=2U_{GS(th)}$时的I_D值。

（3）截止区（夹断区）

截止区对应$U_{GS}<U_{GS(th)}$的情况，如图1.5.4(a)中的Ⅲ区。其基本特点是：由于没有产生沟道，电流$I_D=0$，管子工作于截止状态。

此外，当U_{DS}增大到某一值时，漏极电流I_D急剧增加，管子将被击穿。

1.5.2　场效应管的参数

1. 直流参数

（1）开启电压$U_{GS(th)}$

$U_{GS(th)}$为增强型MOS管参数，是指在某一固定值U_{DS}情况下，使产生漏极电流所需要的最小栅源电压值。

（2）夹断电压$U_{GS(off)}$

$U_{GS(off)}$为耗尽型MOS及结型场效应管参数，指在某一固定值U_{DS}情况下，漏极电流为规定的微小电流（如5μA）时栅源之间电压值。

（3）饱和漏极电流I_{DSS}

I_{DSS}为耗尽型MOS及结型场效应管参数，指在$U_{GS}=0$且$|U_{DS}|>|U_P|$情况下的漏极电流。一般令$|U_{DS}|=10$V、$U_{GS}=0$时测出的电流就是I_{DSS}。

2. 交流参数

（1）低频跨导g_m

低频跨导g_m反映了U_{GS}对I_D控制的强弱，g_m定义为

$$g_m = \left.\frac{\Delta I_D}{\Delta U_{GS}}\right|_{U_{DS}=常数} \tag{1.12}$$

（2）极间电容

场效应管3个电极之间的等效电容为极间电容，包括栅、源间电容C_{GS}，栅、漏间电容C_{GD}和漏源电容C_{DS}，这些电容一般为几pF，结电容小的管子，高频性能好。极间电容的存在决定了管子的最高工作频率和工作速度。

3. 极限参数

（1）最大漏极电流I_{DM}

I_{DM}是指在管子正常工作时允许的漏极电流最大值。

（2）最大耗散功率P_{DM}

最大耗散功率$P_{DM}=U_{DS}I_D$，耗散功率在工作中以热的形式表现出来，使管子的温度迅速上

升，如果不加以限制，很容易导致管子发生热击穿，P_{DM}的值显然受管子最高工作温度的限制。

(3) 栅源击穿电压 $U_{(BR)GS}$

栅源击穿电压是指栅源间所能承受的最大反向电压。U_{GS}值超过此值时，栅源间发生雪崩击穿，漏极电流 I_D 由零开始急剧增加，造成管子损坏。

(4) 漏源击穿电压 $U_{(BR)DS}$

漏源击穿电压是指漏源间能承受的最大电压。当 U_{DS}值超过 $U_{(BR)DS}$时，栅漏间发生雪崩击穿，漏极电流 I_D 开始急剧增加，造成管子损坏。

4. 其他注意事项

(1) 使用场效应管时，要注意漏源电压 U_{DS}、漏源电流 I_D、栅源电压 U_{GS}及耗散功率等不能超过最大允许值。

(2) 各类型场效应管在使用时，都要严格按要求接入偏置电路，要遵守场效应管偏置的极性。如结型场效应管栅源漏之间是 PN 结，N 沟道管栅极不能加正偏压，P 沟道管栅极不能加负偏压等。

(3) MOS 场效应管由于输入阻抗极高，所以在运输、储藏中必须将引出脚短路，要用金属屏蔽包装，以防止外来感应电压将栅极绝缘层击穿。尤其要注意，不能将 MOS 场效应管放入塑料盒子内，保存时最好放在金属盒内，同时用金属导线将 3 个电极短接起来。

(4) 在测试焊接过程中，要求一切测试仪器、工作台、电烙铁、线路本身都必须有良好的接地，并在烙铁断开电源后再焊接栅极，以避免交流感应将栅极击穿，并按 S、D、G 极的顺序焊好之后，再去掉各极的金属短接线。

(5) 从结构上看，场效应管的漏源两极是对称的，可以互相调用，但有些产品制作时已将衬底和源极在内部连在一起，因此漏源两极一般不能对换使用。

(6) 注意各极电压的极性不能接错。

5. 各种场效应管特性的比较

表 1.5.1 总结列举了 6 种类型场效应管在电路中的符号、偏置电压的极性和特性曲线，读者可以通过比较予以区别。

表 1.5.1 各种场效应管的符号、转移特性及输出特性

结构类型		工作方式	图形符号	工作时所需电压极性		转移特性	输出特性
				U_{DS}	U_{GS}		
结型	N 沟道		G D S	+	−	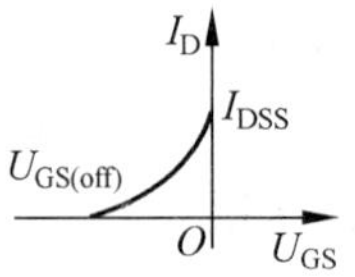 I_D I_{DSS} $U_{GS(off)}$ O U_{GS}	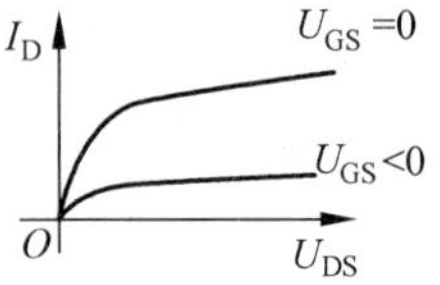 I_D $U_{GS}=0$ $U_{GS}<0$ O U_{DS}
	P 沟道		G D S	−	+	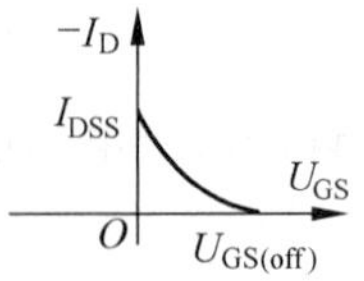 $-I_D$ I_{DSS} U_{GS} O $U_{GS(off)}$	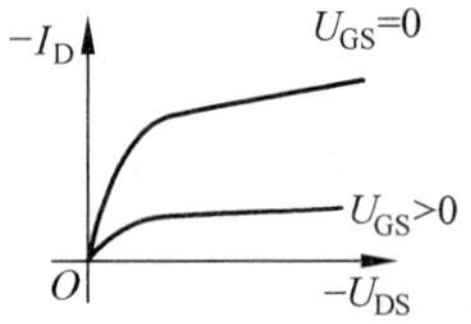 $-I_D$ $U_{GS}=0$ $U_{GS}>0$ O $-U_{DS}$

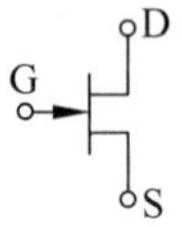

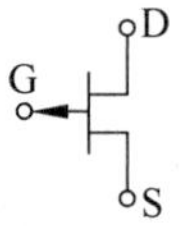

续表

结构类型		工作方式	图形符号	工作时所需电压极性		转移特性	输出特性
				U_{DS}	U_{GS}		
绝缘栅型	N沟道	增强型	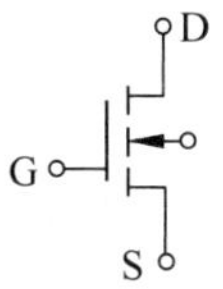 D G S	+	+	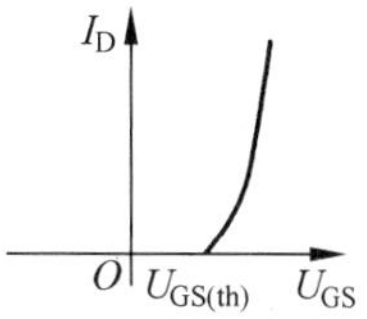 I_D O $U_{GS(th)}$ U_{GS}	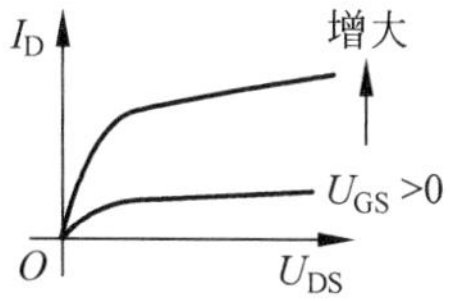 I_D 增大 $U_{GS}>0$ O U_{DS}
绝缘栅型	P沟道	增强型	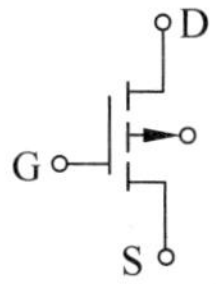 D G S	−	−	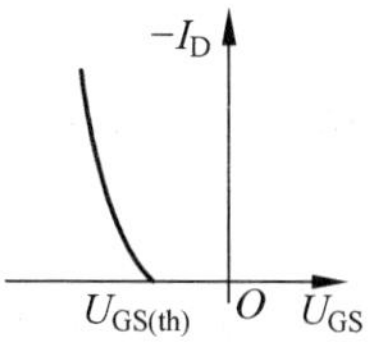 $-I_D$ $U_{GS(th)}$ O U_{GS}	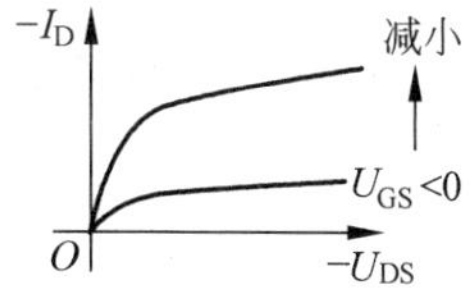 $-I_D$ 减小 $U_{GS}<0$ O $-U_{DS}$
绝缘栅型	N沟道	耗尽型	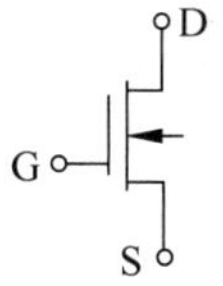 D G S	+	−、+	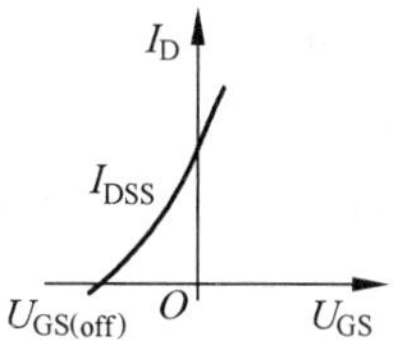 I_D I_{DSS} $U_{GS(off)}$ O U_{GS}	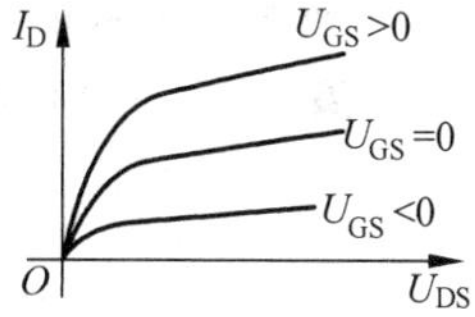 I_D $U_{GS}>0$ $U_{GS}=0$ $U_{GS}<0$ O U_{DS}
绝缘栅型	P沟道	耗尽型	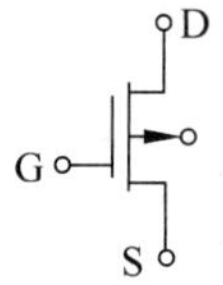 D G S	−	+、−	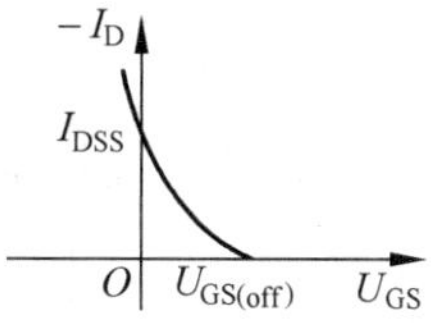 $-I_D$ I_{DSS} O $U_{GS(off)}$ U_{GS}	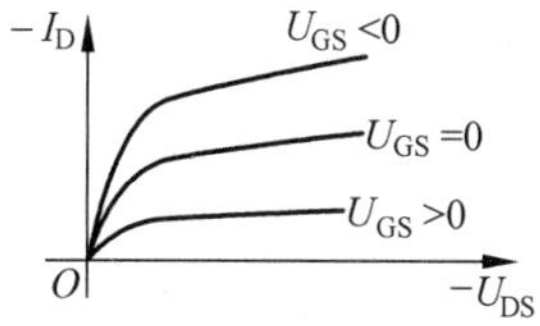 $-I_D$ $U_{GS}<0$ $U_{GS}=0$ $U_{GS}>0$ O $-U_{DS}$

6. 场效应管和三极管性能比较

场效应管中多子参与导电，又称为单极型三极管。三极管参与导电的既有多子，又有少子，故称为双极型三极管。由于少数载流子的浓度容易受温度的影响，因此在温度稳定性、低噪声方面场效应管优于三极管。

场效应管是电压控制器件，其输出电流取决于栅源极之间的电压，栅极基本上没有电流，因此它的输入阻抗很高，可以达到 $10^9 \sim 10^{14}\,\Omega$。双极型三极管是电流控制器件，通过控制基极电流达到控制电流的目的，因此基极总有一定的电流，故三极管的输入电阻较低。场效应管相对于三极管，具有输入电阻高、噪声小、功耗低、没有二次击穿现象、安全工作区域宽、受温度和辐射影响小等优点，特别适用于高灵敏度和低噪声的电路。

1.6　直流稳压电源

在本书所讲的各种电路中，都需要由电压稳定的直流稳压电源供电。小功率稳压电源的组成可以用图 1.6.1 表示，其一般由电源变压器、整流、滤波和稳压电路 4 部分组成。

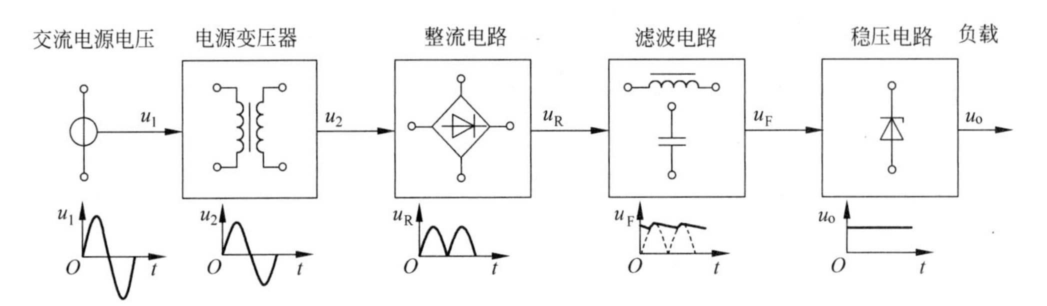

图 1.6.1 直流稳压电源结构图和稳压过程

1.6.1 单相桥式整流电路

整流电路的任务是将双向变化的交流电变成单一方向的直流电，利用二极管的单向导电性可以完成这一任务。由二极管构成的整流电路结构很多，本节以其中应用最为广泛的单向桥式整流电路来进行分析和讨论。

图 1.6.2(a)为单相桥式整流电路的结构，图 1.6.2(b)为其简易画法。下面简要分析其工作原理。注意：本节中所涉及的二极管均假设为理想二极管。

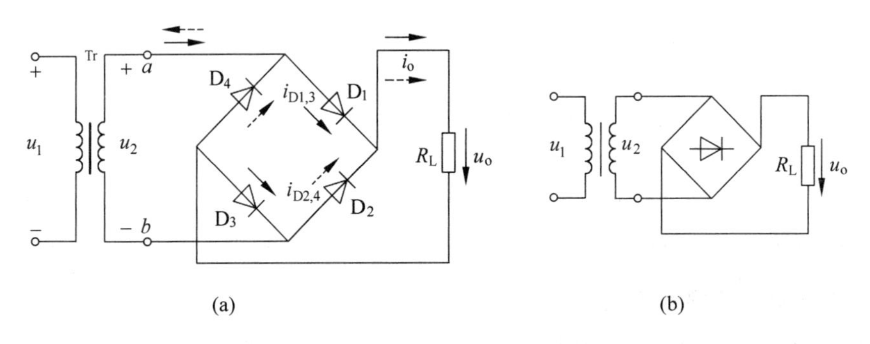

图 1.6.2 单相桥式整流电路图

(a) 单相桥式整流电路；(b) 简易画法

假设变压器副边电压为$\sqrt{2}U_2\sin\omega t$，当变压器副边电压处于正半周时，二极管 D_1、D_3 所在支路承受正向电压，D_2、D_4 承受反向电压(承受的最大反向电压为$\sqrt{2}U_2$)，等效电路如图 1.6.3 所示，此时输出电压 $u_o=u_2$。

当变压器副边处于负半周时，二极管 D_2、D_4 所在支路承受正向电压，D_1、D_3 承受反向电压(承受的最大反向电压为$\sqrt{2}U_2$)，等效电路如图 1.6.4 所示，此时输出电压 u_o 等于$-u_2$。

综合以上分析，可以画出输出电压波形及电流波形如图 1.6.5 所示。

由图 1.6.5 的输出电压波形可知，输出电压的平均值为

$$U_o=\frac{1}{\pi}\int_0^{\pi}\sqrt{2}U_2\sin\omega t\,\mathrm{d}\omega t=\frac{2\sqrt{2}}{\pi}U_2\approx 0.9U_2 \tag{1.13}$$

由式(1.13)可得负载的平均电流为

$$I_o=\frac{0.9U_2}{R_L} \tag{1.14}$$

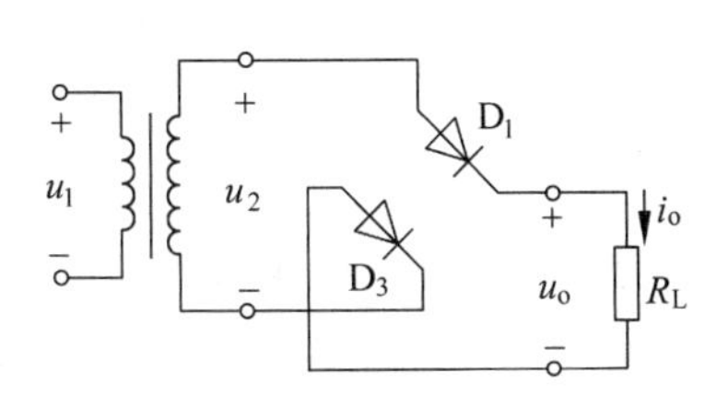

图 1.6.3　单相桥式整流电路电压正半周等效图

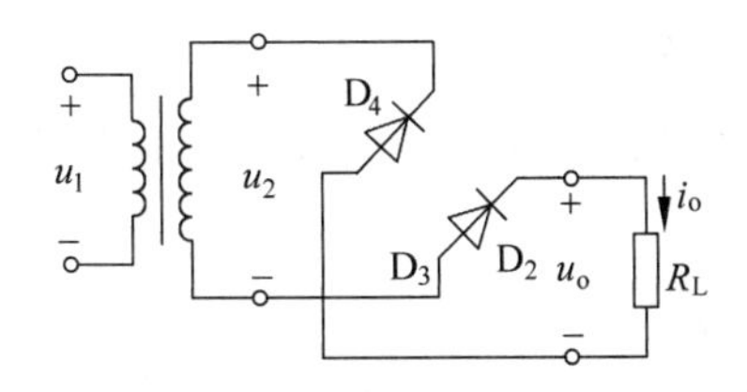

图 1.6.4　单相桥式整流电路电压负半周等效图

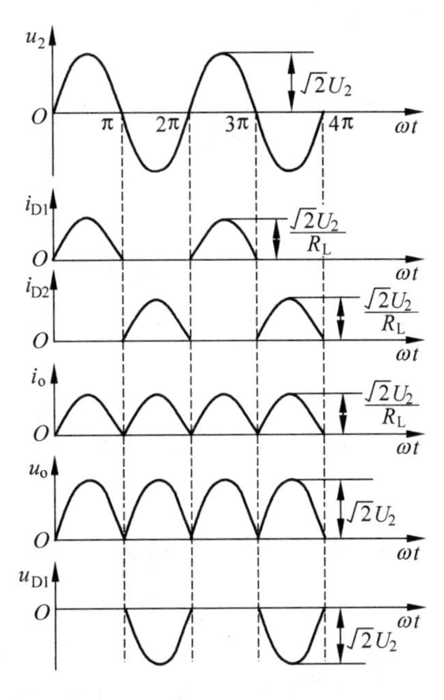

图 1.6.5　单相桥式整流电路的相关输出波形

1.6.2　滤波电路

由图 1.6.5 可以发现，单相桥式整流电路输出的电压虽然是单一方向，但其与理想的直流还有很大差距，含有较高的谐波成分，脉动较大。因此，在实际应用中一般在单相桥式整流电路输出端，即负载 R_L 两端并联一个电容，构成一个 RC 平滑滤波电路，如图 1.6.6(a)所示。RC 滤波是利用电容器的端电压在电路状态改变时不能跃变的原理实现滤波，使输出电压较为平滑。

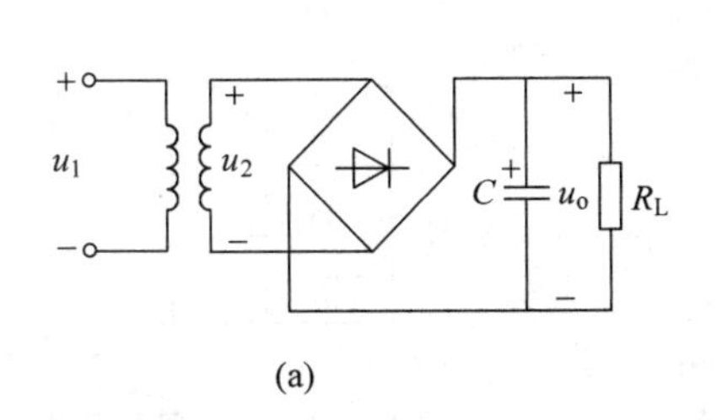

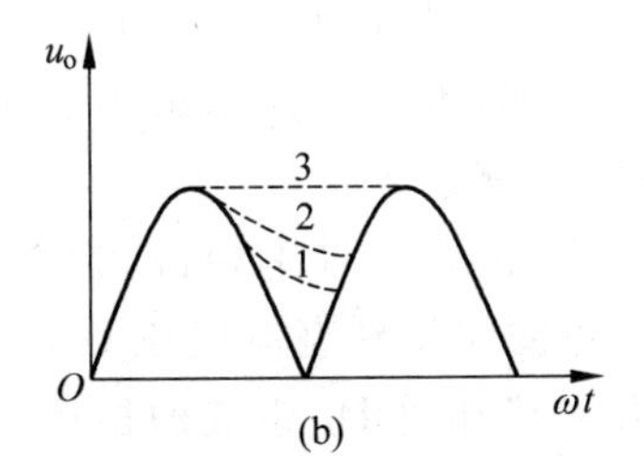

图 1.6.6　单相桥式整流滤波电路及输出波形

(a) 滤波电路结构；(b) 输出波形

在图 1.6.6(a)中，整流电路输出的电压在向负载供电的同时，也给电容器充电。当充电电压达到最大值($\sqrt{2}U_2$)后，U_2 开始下降，电容器开始向负载电阻放电。如果滤波电容足够大，而负载的电阻值又不太小的情况下，不但使输出电压的波形变得平滑，而且输出电压 U_o 的平均值增大。

只要选择合适电容器容量 C 和负载电阻 R_L 阻值就可得到良好的滤波效果。图 1.6.6(b)中曲线 3、2、1 是对应不同容量滤波电容的曲线。

当负载电阻 R_L 及滤波电容 C 的值满足

$$R_L C \geqslant (3 \sim 5)\frac{T}{2} \tag{1.15}$$

式中，T 为市电电源周期。

此时负载两端电压的平均值估算可按下式来估算：

$$U_o = 1.2U_2 \tag{1.16}$$

例 1.6 图 1.6.6(a)所示的电容滤波桥式整流电路中，已知 $R_L=40\Omega$，$C=1000\mu F$，用交流表量得 $U_2=20V$(有效值)，现在用直流电压测量 R_L 两端的电压，在以下几种情况下，测得的值各为多少？

(1) C 断开；(2) R_L 断开；(3) 电路完好；

解 (1) 断开 C，电路为单相桥式整流电路，由式(1.13)得

$$U_o = 0.9U_2 = 18V$$

(2) R_L 断开，相当于负载电阻无穷大，当滤波电容充电到$\sqrt{2}U_2$ 后，由于电容没有放电回路，C 上电压将一直维持和保持这个峰值电压，即

$$U_o = \sqrt{2}U_2 = 20\sqrt{2}V$$

(3) 当电路完好，C 起滤波作用，负载电阻及滤波电容满足式(1.16)，因此得

$$U_o = 1.2U_2 = 24V$$

1.6.3 直流稳压电路

经过整流和滤波后的直流电压虽然已经比较平滑，但其输出电压也往往会随交流电源的波动和负载的变化而变化。电压的不稳定有时会产生测量和计算的误差，引起控制装置的工作不稳定，甚至根本无法正常工作。特别是精密电子测量仪器、自动控制、计算装置等都要求有很稳定的直流电源供电。这时可以通过开关稳压电源或线性稳压电源进行稳压，有兴趣的读者可以查阅开关电源方面的相关书籍进行了解，本书仅介绍采用稳压管的简单直流稳压电源。

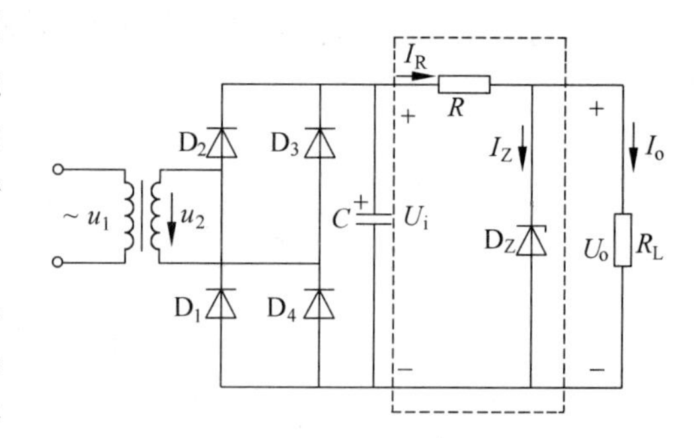

图 1.6.7 稳压管稳压电路

如图 1.6.7 所示，经过单相桥式整流电路和电容滤波器滤波得到直流电压 U_i，再经过限流电阻 R 和稳压管 D_Z 组成的稳压电路接到负载电阻 R_L 上。这样，负载上得到的就是一个简单的相对比较稳定的直流电压。

稳压过程就是利用稳压管上电压的微小变化，会引起稳压管电流的较大变化，电阻 R 感应这个电流变化，并调整使输出电压基本维持不变。引起电压不稳定的原因是交流电源电压的波动和负载电流的变化。下面分析在这两种情况下稳压电路的作用。

当负载不变，输入电压 U_i 波动使得输出电压 U_o 升高，其稳压过程为

$$U_i\uparrow \rightarrow U_o(U_Z)\uparrow \rightarrow I_Z\uparrow \rightarrow I_R\uparrow \rightarrow U_R\uparrow$$

$$\rightarrow U_o\downarrow$$

若输入电压 U_i 不变，负载发生变化，如 R_L 减小，其稳压过程为

$$R_L\downarrow\rightarrow U_o(U_Z)\downarrow\rightarrow I_Z\downarrow\rightarrow I_R\downarrow\rightarrow U_R\downarrow\rightarrow U_o\uparrow$$

这种稳压电路的缺点是：输出电压不能调节，负载电流变化范围小，稳压效果一般，但其电路结构简单，故在要求不高的小功率电子设备中应用广泛。

本章小结

半导体电子器件是电子技术的基础，本章首先介绍了半导体的基本知识，然后对二极管、三极管、场效应管等半导体电子器件的工作原理、特性及主要参数等做了阐述。此外，本章也对电子电路的低压直流电源进行了简要的介绍。各部分内容总结如下。

(1) 本征半导体具有热敏性、掺杂性两大特点。由热敏性可制作一些光敏或热敏元件，由掺杂性可制作二极管、三极管及场效应管等半导体器件，构成了电子技术的基础。

(2) 二极管具有单向导电性，正偏导通、反偏截止。由于其成本低、不需要控制电路、使用简单等优点，广泛地应用于各类电力电子电路中。

(3) 三极管是由两个 PN 结构成的双极型三端有源器件，其在放大电路中有共射极、共集电极、共基极三种组态，无论处于哪一种放大组态都要求其发射结正偏、集电结反偏。

(4) 场效应管分为结型和绝缘栅型，每种类型又分为 N 沟道和 P 沟道，同一沟道的 MOS 管又分为增强型和耗尽型两种形式。场效应管为单极性导电器件，其热稳定性优于三极管，目前广泛应用于各种集成电路中。

(5) 低压直流稳压电源是集成电路正常工作的基础，其一般由整流、滤波及稳压电路组成。

习　　题

1.1　判断题(下列各题是否正确，对者打“√”，错者打“×”)

(1) 半导体中的空穴带正电。　(　　)

(2) 本征半导体温度升高后两种载流子浓度仍然相等。　(　　)

(3) N 型半导体带正电，P 型半导体带负电。　(　　)

(4) 未加外部电压时，PN 结中电流从 P 区流向 N 区。　(　　)

(5) 稳压管工作在反向击穿状态时，其两端电压不变。　(　　)

(6) 若晶体管将集电极和发射极互换，则仍有较大的电流放大作用。　(　　)

(7) 增强型场效应管当其栅-源电压为 0 时，存在导电沟道。　(　　)

(8) MOS 管的直流输入电阻比结型场效应管的大。　(　　)

(9) 直流稳压电源是将交流能量转换成直流能量。　(　　)

(10) 在电网电压波动和负载电阻变化时，稳压电路的输出电压绝对不变。　(　　)

1.2 选择填空题

(1) P型半导体中的多数载流子是________，N型半导体中的多数载流子是________。

A. 电子　　B. 空穴　　C. 正离子　　D. 负离子

(2) 杂质半导体中少数载流子的浓度________本征半导体中载流子浓度。

A. 大于　　B. 等于　　C. 小于

(3) 室温范围内，当温度升高时，杂质半导体中________浓度明显增加。

A. 载流子　　B. 多数载流子　　C. 少数载流子

(4) 硅材料二极管的正向导通压降比锗二极管________，反向饱和电流比锗二极管________。

A. 大　　B. 小　　C. 相等

(5) 温度升高时，二极管在正向电流不变的情况下的正向电压________，反向电流________。

A. 增大　　B. 减小　　C. 不变

(6) 工作在放大状态的晶体管，流过发射结的是________电流，流过集电结的是________电流。

A. 扩散　　B. 漂移

(7) 当三极管工作在放大状态时，各极电位关系为：NPN管的 u_C ________ u_B ________ u_E，PNP管的 u_C ________ u_B ________ u_E；工作在饱和区时，i_C ________ βi_B；工作在截止区时，若忽略 I_{CBO} 和 I_{CEO}，则 i_B ________ 0，i_C ________ 0。

A. ＞　　B. ＜　　C. ＝

(8) 晶体管是通过改变________来控制________，是一种________控制器件；而场效应管是通过改变________控制________，是一种________控制器件。

A. 基极电流　　B. 栅-源电压　　C. 集电极电流　　D. 漏极电流

E. 电压　　F. 电流

(9) 晶体管电流由________形成，而场效应管的电流由________形成。因此晶体管电流受温度的影响比场效应管________。

A. 一种载流子　　B. 两种载流子　　C. 大　　D. 小

(10) JFET和耗尽型MOS管在栅-源电压为零时________导电沟道，而增强型MOS管则________导电沟道。

A. 存在　　B. 不存在

(11) 直流稳压电源中滤波电路的目的是________。

A. 将交流变为直流　　B. 将高频变为低频

C. 将交、直流混合量中的交流成分滤掉

(12) 直流稳压电源的滤波电路应选用________。

A. 高通滤波电路　B. 低通滤波电路　C. 带通滤波电路

(13) 当输出电压平均值相等时，单相桥式整流电路中的二极管所承受的最高反向电压为12V，则单相半波整流电路中的二极管所承受的最高反向电压为________。

A. 12V　　B. 6V　　C. 24V　　D. 8V

(14) 已知整流二极管的反向击穿电压为 20V，按通常规定，此二极管的最大整流电压为________。

A. 20V　　B. 15V　　C. 10V　　D. 5V

(15) 稳压二极管稳压时，其工作在________；发光二极管发光时，其工作在________。

A. 正向导通区　　B. 反向截止区　　C. 反向击穿区

1.3　二极管电路如题图 1.3 所示，D_1、D_2 为理想二极管，判断图中的二极管是导通还是截止，并求 AO 两端电压。

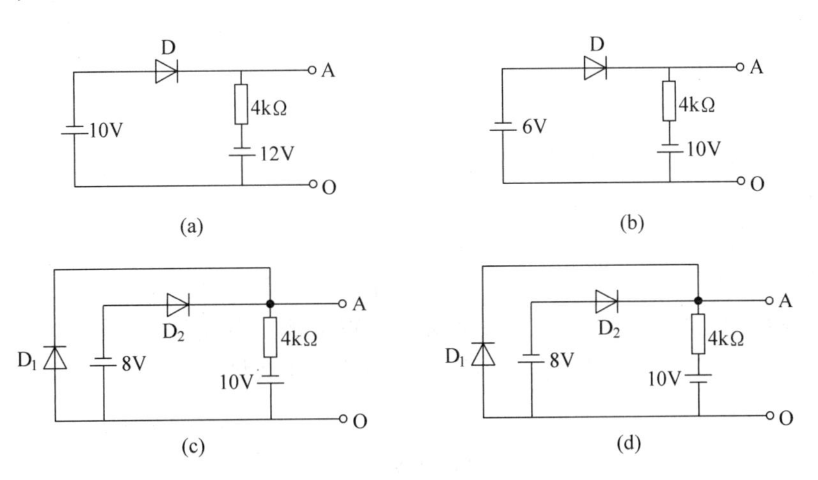

题图 1.3

1.4　在题图 1.4 中，试求下列几种情况下输出端 Y 的电位 U_Y 及各元件(R、VD_A、VD_B)中通过的电流(二极管为理想二极管)。

(1) $U_A = U_B = 0V$；

(2) $U_A = 0V, U_B = 3V$。

1.5　用直流电压表测得放大电路中晶体管 T_1 各电极的对地电位分别为 $U_x = +10V$，$U_y = 0V$，$U_z = +0.7V$，如题图 1.5(a)所示，T_2 管各电极电位 $U_x = +0V$，$U_y = -0.3V$，$U_z = -5V$，如题图 1.5(b)所示。试判断 T_1 和 T_2 各是何类型、何材料的管子，x、y、z 各是何电极。

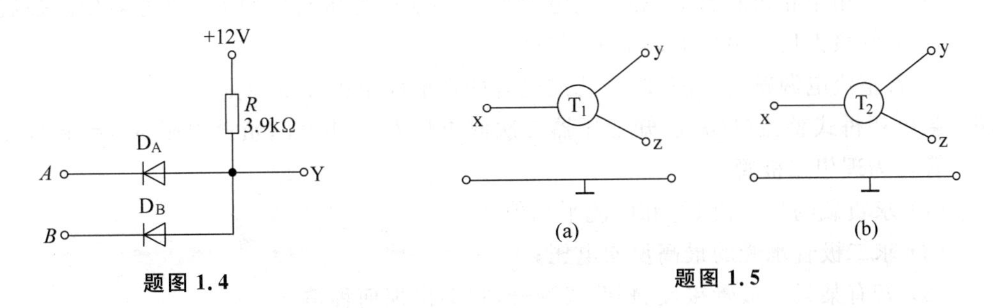

题图 1.4　　题图 1.5

1.6　题图 1.6 所示的电路中，晶体管均为硅管，$\beta = 30$。试分析各晶体管的工作状态。

1.7　测得放大电路中几只晶体三极管的各极对地电压值 U_1、U_2、U_3 分别如下所示：

(1) $U_1 = 3.5V$，$U_2 = 2.8V$，$U_3 = 12V$；

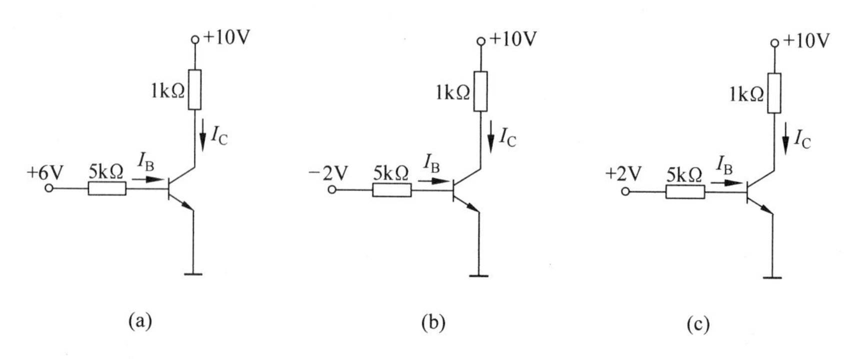

题图 1.6

(2) $U_1=3\text{V}$，$U_2=2.8\text{V}$，$U_3=12\text{V}$

(3) $U_1=6\text{V}$，$U_2=11.3\text{V}$，$U_3=12\text{V}$；

(4) $U_1=6\text{V}$，$U_2=11.8\text{V}$，$U_3=12\text{V}$。

试判断它们是 NPN 型还是 PNP 型，是硅管还是锗管。确定 E、B、C 极。

1.8 MOS 管的输出特性如题图 1.8(a)所示，MOS 管组成的电路如题图 1.8(b)所示。试分析当 U_i= 4V、8V、12V 时，这个管子分别处于什么状态。

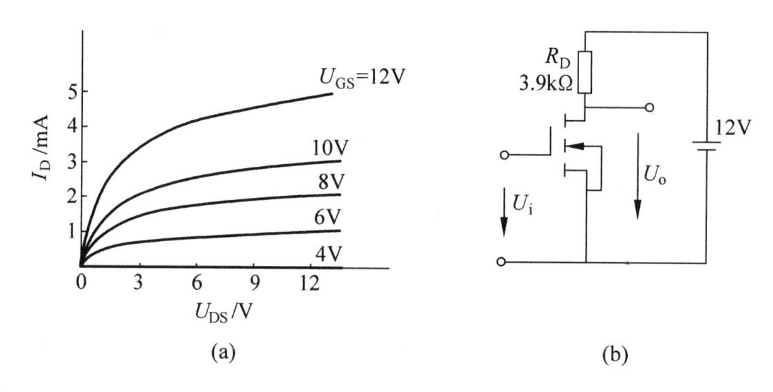

题图 1.8

1.9 某电子设备要求 15V 直流电压，负载电阻 $R_L=50\Omega$。试问：

(1) 若选用单相桥式整流电路，则电源变压器副边电压有效值 U_2 应为多少？整流二极管最大反向电压 U_{RM}应为多少？

(2) 若整流电源输出带滤波，则滤波电容的选取应依据什么原则？

1.10 某单相桥式整流电路，已知变压器二次侧电压 $U_2=100\text{V}$，负载电阻 $R_L=2\text{k}\Omega$，二极管均为理想二极管。

(1) 求负载的平均值 U_o 和电流平均值 I_o；

(2) 求二极管承受的最高反向电压；

(3) 若有某只二极管接反、短路或断开，将会出现何种情况？

第2章

放大电路基础

本章将对放大电路的概念、组成及放大的过程等进行介绍和分析。放大是电子技术信号处理中的重要一环，几乎所有的电子系统中都要用到放大电路，我们首先讨论放大电路的基本概念。

2.1 放大电路的基本概念

把微弱的电信号放大为较强信号的电路称为放大电路。根据放大电路的放大元件构成，可以分为三极管基本放大电路和场效应管基本放大电路。基本放大电路的放大倍数都是有限的，为了得到更高的放大倍数，常采用串联的方式组成多级放大电路对信号进行放大。放大电路的基本组成框图如图 2.1.1 所示。

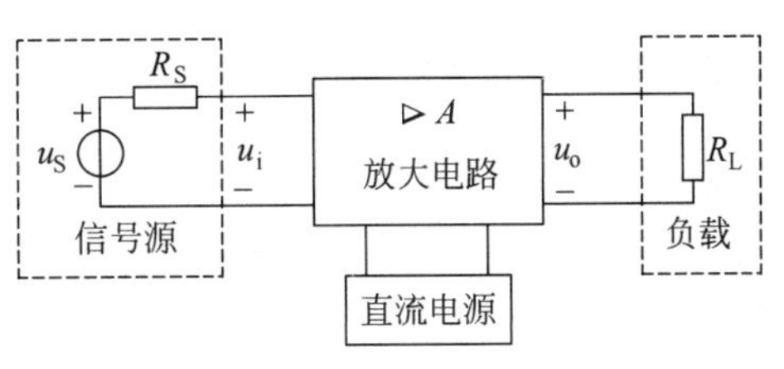

图 2.1.1 放大电路技术指标测试示意图

要想分析和设计一个放大电路，必须对放大电路的相关评价指标进行了解，这些指标是衡量放大品质优劣的标准。但是这里要注意的是，这些评价指标都是在正弦信号下的交流参数，只有在放大电路处于放大状态且输出不失真的条件下才有意义。

(1) 放大倍数

放大倍数是放大电路输出变化量幅值与输入变化量幅值之比，用以衡量电路的放大能力。

根据放大电路输入量和输出量为电压或电流的不同，有 4 种不同的放大倍数：电压放大倍数、电流放大倍数、互阻放大倍数和互导放大倍数。

电压放大倍数定义为

$$A_u = \frac{u_o}{u_i} \tag{2.1}$$

电流放大倍数定义为

$$A_i = \frac{i_o}{i_i} \tag{2.2}$$

互阻放大倍数定义为

$$A_r = \frac{u_o}{i_i} \tag{2.3}$$

互导放大倍数定义为

$$A_g = \frac{i_o}{u_i} \tag{2.4}$$

(2) 输入电阻

输入电阻是指从输入端看进去的等效电阻，其反映了放大电路从信号源索取电流的大小。当定量计算放大电路输入电阻时，可以将放大电路视为一无源网络，采用电路理论的相关分析方法进行求解，这里一般采用加压求流法，如图 2.1.2 所示。

输入电阻的计算公式为

$$R_i = \frac{u_t}{i_t} \tag{2.5}$$

(3) 输出电阻

输出电阻是指从放大电路输出端看进去的等效输出信号源的内阻，其反映了放大电路带负载能力的大小。

当定量计算放大电路的输出电阻时，要在负载开路及信号源置零的条件下，在放大电路输出端采用加压求流法来进行，如图 2.1.3 所示。

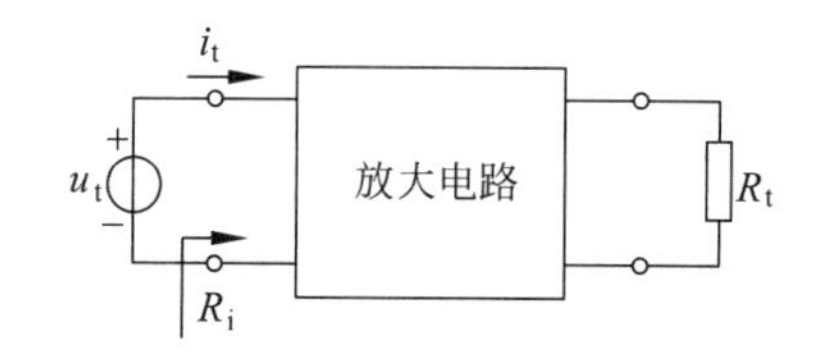

图 2.1.2 求放大电路的输入电阻示意图

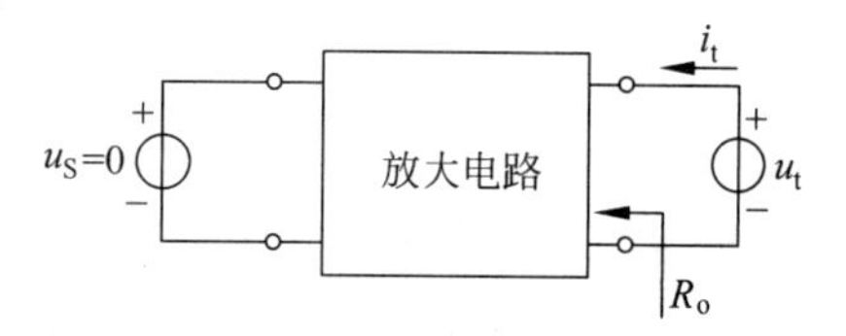

图 2.1.3 求放大电路输入电阻示意图

输出电阻的公式为

$$R_o = \frac{u_t}{i_t} \tag{2.6}$$

(4) 最大不失真输出电压

最大不失真输出电压是指放大电路输出信号未产生截止失真和饱和失真时，最大输出信号的正弦有效值或峰值，一般用有效值 U_{om} 表示，也可以用峰-峰值 U_{opp} 表示。

(5) 通频带

在放大电路信号放大过程中，随输入信号频率的变化，放大电路输出信号从最大值衰减3dB 的信号频率为截止频率，上下截止频率之间的频带称为通频带，用 BW 表示。通频带反映了放大电路对不同频率信号的适应能力，如图 2.1.4 所示。

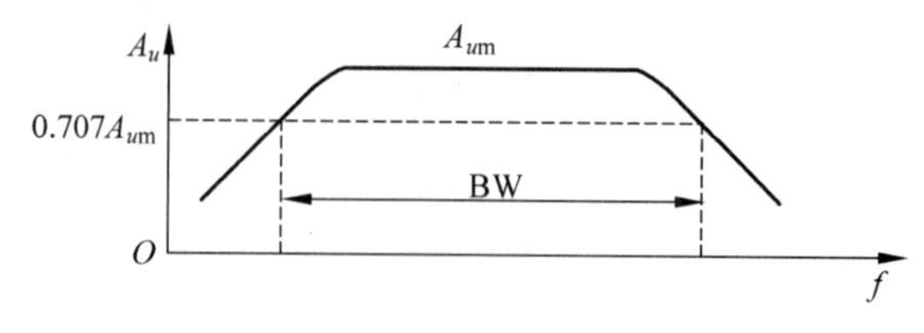

图 2.1.4 放大电路通频带

(6) 最大输出功率 P_{om}

P_{om}是放大电路在输出信号基本不失真的情况下，负载能够从放大电路获得的最大功率。

2.2　共射极基本放大电路

在第1章中，我们已经指出，三极管具有电流放大的作用，利用这一特性可以构成3种基本放大电路，其中，共射极放大电路是放大电路中应用最广泛的三极管接法，信号从基极和发射极输入，从集电极和发射极输出。因发射极为共同接地端，故命名为共射极放大电路。

2.2.1　共射极基本放大电路概述

图2.2.1所示为基本共射极放大电路原理图，其基本功能是将输入信号 u_S 放大为一定倍数的 u_o 后输出，BJT为放大核心元件，起放大作用。

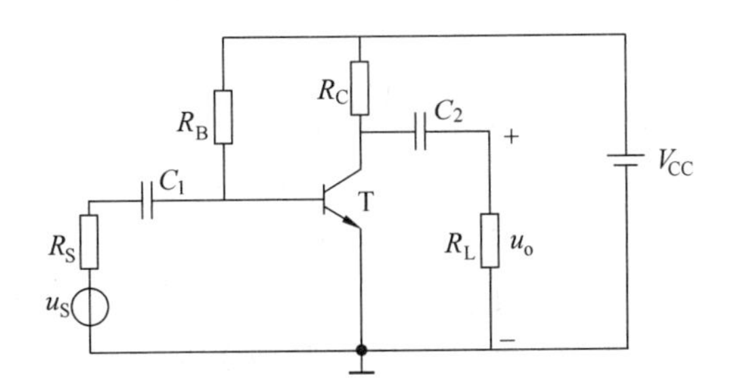

图2.2.1　共射极放大电路原理图

对应图2.2.1，设输入信号为正弦信号，则很明显电路中既有直流信号又有交流信号，交直流信号共存。输入交流信号 u_S 可能为正，也可能为负，两个方向波动，但三极管正常工作的电流方向只有一个。为了使三极管能够对交流信号进行放大，必须要使交流信号驮载在直流的基础之上。这里要注意的是，放大电路中直流信号是必须要的，是保证三极管处于放大状态所需要的外部条件，有时也称为偏置(bias)条件。只有在外部直流偏置条件下，才使晶体管的集电极电流与基极电流满足 $I_C=\beta I_B$ 这一线性比例条件，从而使三极管工作于放大状态。分析计算时，可用叠加定理把直流与交流分开进行计算。

2.2.2　放大电路的静态分析

当输入正弦信号 $u_S=0$ 时，放大电路工作于直流电源下，常称为直流工作状态。此时，电路中各支路电压或电流均为直流量不再变化，因此也常简称此时直流工作状态为静态。

在静态工作条件下，三极管各电极的电流、电压值(I_{BQ}，I_{CQ}，U_{BEQ}，U_{CEQ})在BJT的特性曲线上为一个固定的点，该点习惯上被称为静态工作点 Q。静态工作点的计算可以由放大电路的直流通路(直流电源工作下,直流电流流通的路径)近似计算分析得到。图 2.2.1 的直流通路简化电路如图 2.2.2 所示。

在图 2.2.2 中,电阻 R_B 连接三极管基极 B 和电源 V_{CC},被称为偏置电阻,为基极提供合适的偏置电流。电阻 R_C 连接集电极 C 和电源 V_{CC},被称为集电极负载电阻或上拉电阻。由于 R_B 的偏置作用,图 2.2.2 中三极管工作状态只可能为饱和或放大状态,无论哪一种状态,其 U_{BEQ} 的值常被认为是已知量,硅管常取 0.7V,锗管常取 0.2V。

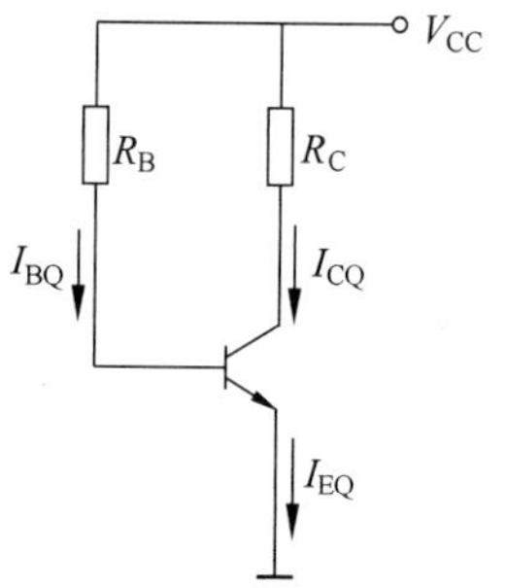

图 2.2.2 图 2.2.1 电路直流通路简化电路

由基极发射极回路及集电极发射极回路可得

$$\begin{cases} I_{BQ} = \dfrac{V_{CC} - U_{BEQ}}{R_B} \\ I_{CQ} = \beta I_{BQ} \\ U_{CEQ} = V_{CC} - I_{CQ}R_C = V_{CC} - \beta I_{BQ}R_C \end{cases} \tag{2.7}$$

注意:式(2.7)的相关公式计算是假设三极管工作于放大状态的条件下得出的,如果由式(2.7)计算的 $U_{CEQ}<0$,则说明三极管处于饱和状态,此时 U_{CEQ} 等于饱和压降 U_{CES},通常取一定值 $U_{CES}=0.2V$,有时也直接按理想情况 $U_{CES}=0V$ 来处理。当其处于饱和状态时,三极管的相关静态计算公式为

$$\begin{cases} I_{BQ} = \dfrac{V_{CC} - U_{BEQ}}{R_B} \\ I_{CQ} = \dfrac{V_{CC} - U_{CES}}{R_C} \\ U_{CEQ} = U_{CES} \end{cases} \tag{2.8}$$

例 2.1 图 2.2.2 中,已知 $V_{CC}=12V$,$R_B=565k\Omega$,$R_C=3k\Omega$,$\beta=100$。试判断三极管(硅材料)的工作状态,并求出其静态工作点。

解 由图 2.2.2 可知,三极管基极处于正向偏置状态,其工作状态可能为放大状态和饱和状态,假设三极管处于放大状态,则有

$$\begin{cases} I_{BQ} = \dfrac{V_{CC} - U_{BEQ}}{R_B} = \dfrac{12 - 0.7}{565} \approx 20(\mu A) \\ I_{CQ} = \beta I_{BQ} = 100 \times 20 = 2000\mu A = 2mA \\ U_{CEQ} = V_{CC} - I_{CQ}R_C = 12 - 2 \times 3 = 6(V) \end{cases}$$

由 $U_{BEQ}=0.7V$、$U_{CEQ}=6V$ 可知,三极管发射结正偏,集电结反偏,满足放大条件所需外部条件,其实际处于放大区,与假设一致。

2.2.3 放大电路的动态分析

在 2.2.2 节中,已经分析了放大电路仅在直流电源作用下的情况,本节将对交流情况下的放大电路进行分析。交流作用下的放大电路与直流有很大不同,电容 C 通交流隔直流,在交流情况下一般视为短路处理。此外,根据前面叠加定理,仅考虑交流时,直流电压源(考虑为理想电源)要置零,即短路处理,视为交流地。

图 2.2.1 的交流通路如图 2.2.3 所示。

分析图 2.2.1 的工作原理一般采用图解分析法,包含直流和交流两种情况,直流下分析

即静态分析，见式(2.7)；交流下分析即动态分析，等效电路如图 2.2.4 所示。其放大信号的过程如图 2.2.5 所示。

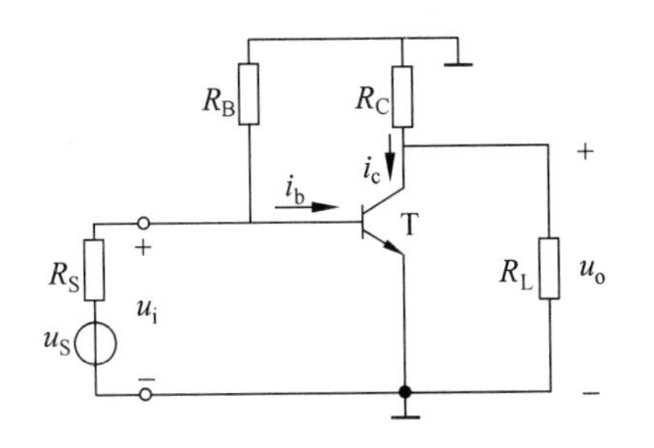

图 2.2.3　图 2.2.1 的交流通路

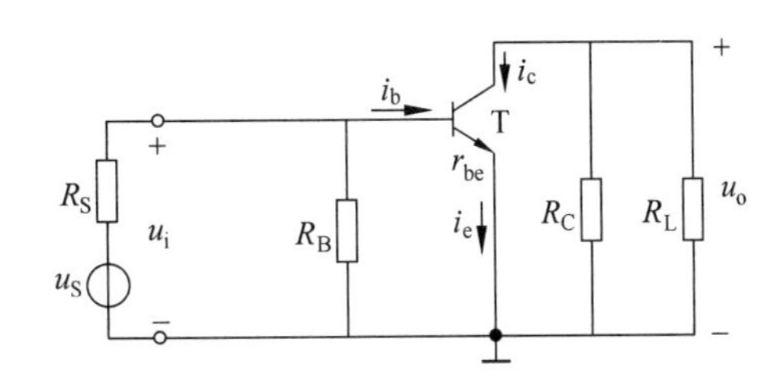

图 2.2.4　图 2.2.3 交流通路等效电路

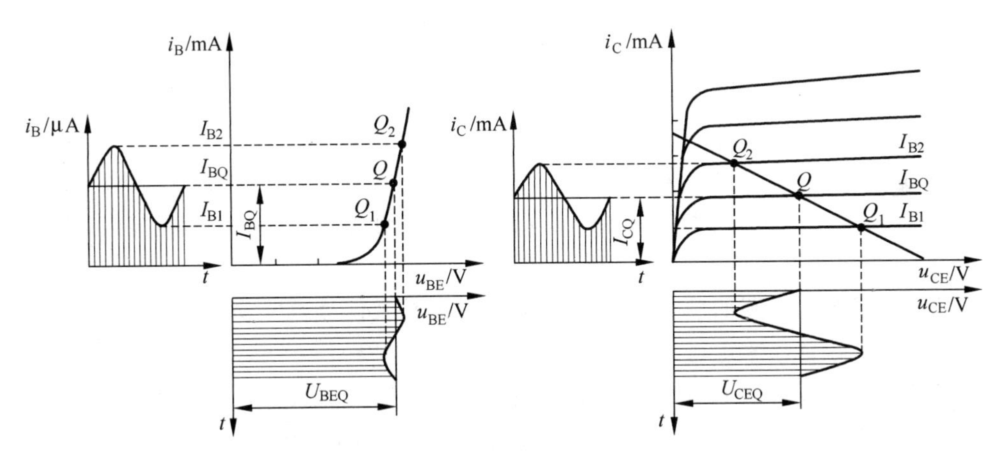

图 2.2.5　放大电路工作过程图解分析

在静态时，三极管的 Q 点(I_{BQ}，I_{CQ}，U_{BEQ}，U_{CEQ})固定，在输入信号 u_i 有微小变化时，会引起基极电流 i_b 的变化(I_{BQ}点在输入特性曲线的 Q_1 和 Q_2 之间移动)。由于三极管工作于线性放大状态，集电极电流与基极电流为线性放大关系，$i_c=\beta i_b$，较小的 i_b 的变化会引起 i_c 的较大变化(I_{CQ}点在输出特性曲线的 Q_1 和 Q_2 之间移动)，引起 u_{ce} 即输出电压 u_o 的变化，u_o 与 u_i 反相，各点的波形具体见图 2.2.5。由图可以看出，静态工作点 Q 的高低非常重要，当 Q 点过高时，若放大倍数不变，则输出的波形很容易进入饱和区，形成饱和失真。同理，当 Q 点过低时，输出的波形很容易进入截止区，形成截止失真。若输入信号的幅值过大，即使 Q 点适中，也有可能使输出信号同时进入截止区和饱和区，形成非线性失真。

对放大电路进行动态分析的目的在于评价放大电路的性能是否达到设计的指标，而其性能指标在前面已经介绍，即放大倍数、输入电阻、输出电阻等，下面以图 2.2.4 为例，逐一进行分析。

(1) 放大倍数

放大倍数反映放大电路的放大能力，对于 CE 放大电路，其放大能力即输出电压与输入电压的比值 u_o/u_i。

对于图 2.2.4 所示电路，其输出电压显然为发射极 E 上的电压，输入电压为基极 B 的电压，因此，图 2.2.4 的电压放大倍数(放大增益)为

$$A_u = \frac{-i_c(R_C // R_L)}{i_b r_{be}} = -\frac{\beta i_b(R_C // R_L)}{i_b r_{be}} = -\frac{\beta(R_C // R_L)}{r_{be}} \tag{2.9}$$

式中，r_{be}为低频小功率晶体管的输入电阻，一般都会给出，为已知量，当没有给出具体值时，其电阻大小估值为

$$r_{be} = 200\Omega + (1+\beta)\frac{26(\text{mV})}{I_{EQ}(\text{mA})} = 200\Omega + \beta\frac{26(\text{mV})}{I_{CQ}(\text{mA})} \tag{2.10}$$

(2) 输入电阻

输入电阻反映了放大电路从信号源索取信号的能力。对于图 2.2.4 所示的 CE 电路，放大电路可视为信号源 u_S 的一个负载，可以用一个电阻 R_i 来等效，这个电阻就是信号源的负载电阻，显然输入电阻越大，其从信号源索取信号的能力越强。

对应图 2.2.4 的放大电路，其输入电阻为

$$R_i = \frac{u_t}{i_t} = \frac{u_i}{\dfrac{u_i}{R_B} + \dfrac{u_i}{r_{be}}} = R_B // r_{be} \tag{2.11}$$

(3) 输出电阻

输出电阻反映了放大电路驱动负载的能力。对于图 2.2.4 所示的 CE 放大电路，负载电阻 R_L 的变化对输出电压影响越小或没有影响，则表明放大电路的带负载能力越强，电路性能越好，显然这里要求 R_o 越小越好。

当定量计算放大电路的输出电阻时，要在负载开路及信号源置零的条件下，在放大电路输出端采用加压求流法来进行。

对于图 2.2.4 的输入电阻计算的等效电路如图 2.2.6 所示。

由于信号源 u_S 置零，显然输入端口交流电流 i_b 为 0，则 i_c 也为 0。因此放大电路的输出电阻为

$$R_o = \frac{u_t}{i_t} = \frac{u_o}{\dfrac{u_o}{R_C}} = R_C \tag{2.12}$$

这里要注意的是，以上计算出的放大电路输入电阻和输出电阻不是直流电阻，而是在线性运用情况下的交流电阻。

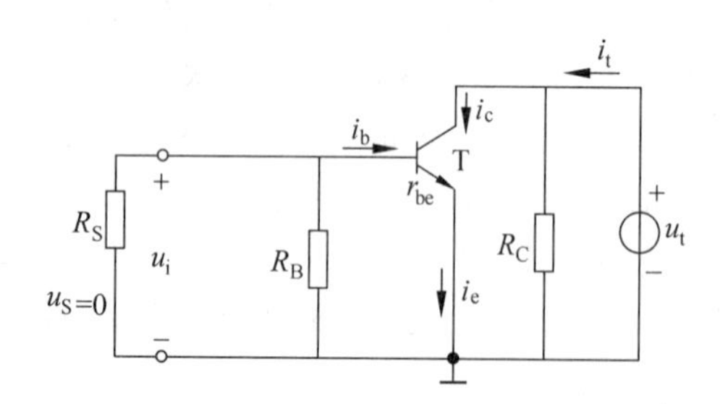

图 2.2.6 输出电阻计算等效电路

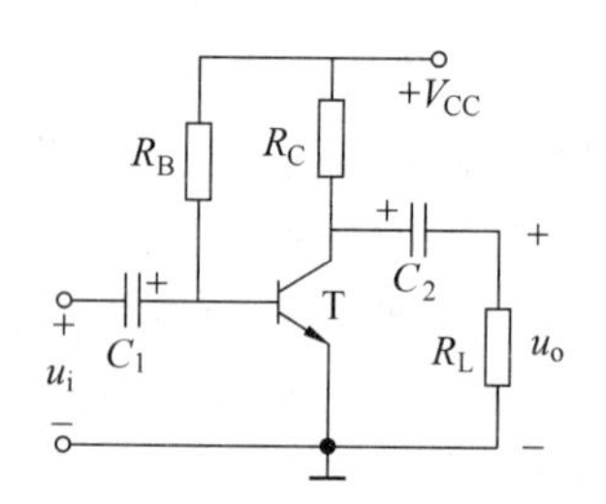

图 2.2.7 例 2.2 电路图

例 2.2 对于图 2.2.7 所示的电路，当 $V_{CC}=12\text{V}$，$R_B=500\text{k}\Omega$，$R_C=R_L=8\text{k}\Omega$，$\beta=50$，$U_{BE}=0.7\text{V}$ 时，试计算放大电路的电压放大倍数、输入电阻和输出电阻。

分析：要计算电路中的 3 个交流参数，首先要判断电路中三极管在静态条件下是否满

足放大条件，只有在满足放大条件后，其交流通路计算的电路放大倍数、输入电阻及输出电阻 3 个参数才有意义。

解　画出图 2.2.7 所示电路的直流通路，如图 2.2.8 所示，则有

$$\begin{cases} I_{BQ}=\dfrac{V_{CC}-U_{BEQ}}{R_B}=\dfrac{12-0.7}{500}=22.6(\mu A) \\ I_{CQ}=\beta I_{BQ}=50\times 22.6=1.13(mA) \\ U_{CEQ}=V_{CC}-I_{CQ}R_C=12-1.13\times 8\approx 3(V) \end{cases}$$

由静态条件判断可知，三极管在静态时处于放大状态。因此，有

$$r_{be}\approx 200\Omega+\beta\frac{26(mV)}{I_{CQ}(mA)}\approx 1.35(k\Omega)$$

其交流通路如图 2.2.9 所示。

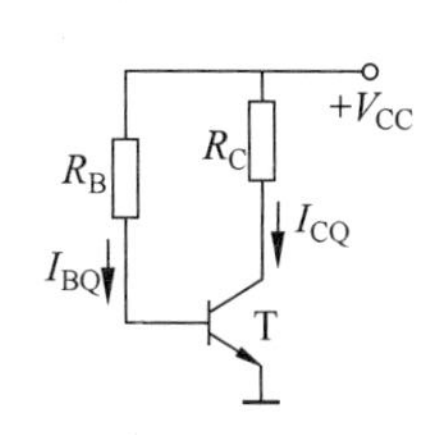

图 2.2.8　直流通路

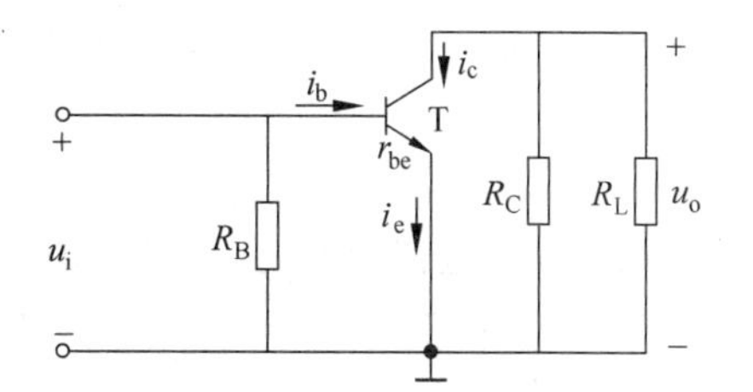

图 2.2.9　图 2.2.7 电路等效交流通路

则其放大倍数为

$$A_u=-\frac{\beta(R_C\ /\!/\ R_L)}{r_{be}}=-\frac{50\times(8\ /\!/\ 8)}{1.35}=-148$$

输入电阻为

$$R_i=R_B\ /\!/\ r_{be}\approx 1.35(k\Omega)$$

输出电阻为

$$R_o=R_C=8(k\Omega)$$

2.2.4　分压式偏置稳定共射极放大电路

由 2.2.3 节的相关分析可以看出，静态工作点 Q 不但影响电路的动态性能，还决定着电路是否失真。由于制造三极管的半导体材料具有热敏性，且在其实际使用过程中受到电源波动、元器件老化等诸多因素影响，都会使静态工作点发生变化，从而导致电路设计的动态参数不稳定，甚至不能正常工作。在引起静态工作点变化的诸多因素中，温度对三极管的影响尤为重要，如图 2.2.10 所示。

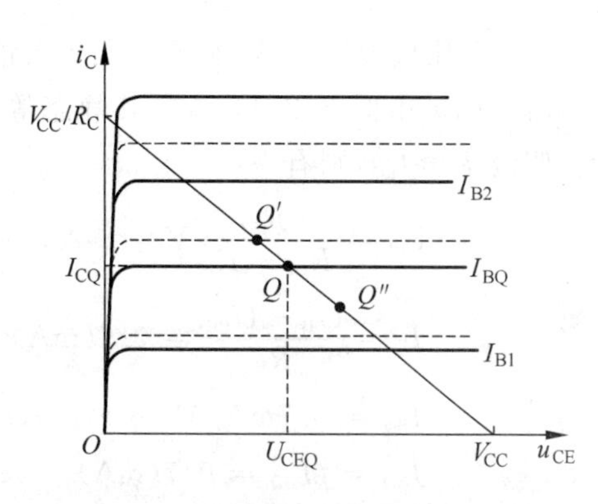

图 2.2.10　三极管在不同温度下 Q 点在输出特性曲线上的变化情况

在三极管所处环境温度升高时，I_{BQ} 将增大，由于输出特性曲线不变，因此，Q 点将延输出特

性曲线上移至Q'或更高的位置，这样很有可能使输出波形提前进入饱和区。若环境温度下降，则I_{BQ}减小，Q点将延输出特性曲线下移至Q''或更低的位置，这样很有可能使输出波形提前进入截止区。Q点的变化很有可能使原本正常放大的三极管无法正常工作，因此在实际工作电路中，必须要稳定Q点，即在环境温度变化时要使晶体管静态的集电极电流I_{CQ}和管压降U_{CEQ}保持不变。保持Q点稳定的方法很多，分压式偏置稳定共射极放大电路就是常用的一种方法。

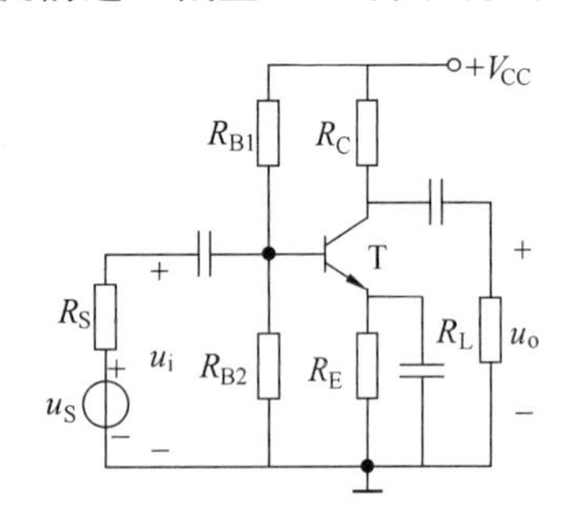

图 2.2.11 典型静态工作点稳定电路

分压式偏置稳定共射极放大电路如图 2.2.11 所示，其直流通路如图 2.2.12 所示。

由图 2.2.12，基极所在节点满足的 KCL 方程为

$$I_1 = I_2 + I_{BQ}$$

要使Q点稳定，一般采取的方法是使电阻的选择参数满足

$$I_2 \gg I_{BQ} \tag{2.13}$$

这样，$I_1 \approx I_2$，R_{B1}和R_{B2}近似串联，因此基极 B 点的电位近似为

$$U_{B2} = \frac{V_{CC}}{R_{B1} + R_{B2}} R_{B2} \tag{2.14}$$

由式(2.14)可以看出，基极电位仅取决于R_{B1}和R_{B2}的大小对电源V_{CC}的分压，与外界的环境温度无关，即当温度变化时，U_{BQ}基本保持不变。

由$U_{BE} = U_B - U_E = U_B - I_E R_E$，可实现自动调整过程如下：

$$T(℃)\downarrow \to I_C\downarrow \ (I_E\downarrow) \to U_E = I_E R_E\downarrow \ (\text{因为 } U_{BQ} \text{ 基本不变}) \to U_{BE}\uparrow \to I_B\uparrow \to I_C\uparrow$$

当温度升高时，各物理量也会相应变化，读者可自行定性分析。

例 2.3 电路如图 2.2.11 所示，已知：$V_{CC} = 12\text{V}$，$R_{B1} = 33\text{k}\Omega$，$R_{B2} = 10\text{k}\Omega$，$R_C = R_E = R_L = R_S = 3\text{k}\Omega$，$U_{BE} = 0.7\text{V}$，BJT 的$\beta = 50$。试求：

(1) 静态工作点(I_{BQ}，I_{CQ}，U_{CEQ})；

(2) 输入电阻和输出电阻；

(3) 电压放大倍数A_u和源电压放大倍数A_{uS}。

解 (1) 由图 2.2.11 画出其静态等效电路，如图 2.2.12 所示。假设$I_2 \gg I_{BQ}$，则有

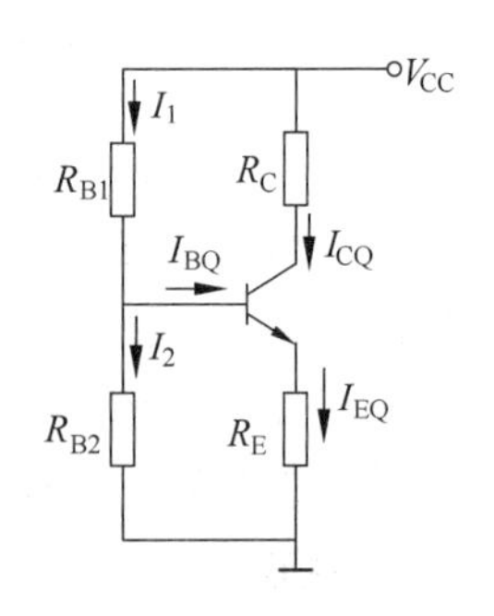

图 2.2.12 图 2.2.11 电路直流通路

$$U_B = \frac{R_{B2}}{R_{B1} + R_{B2}} V_{CC} \approx 2.8(\text{V})$$

$$I_E = \frac{U_B - U_{BE}}{R_E} = 0.7(\text{mA})$$

$$I_{BQ} = 0.7\text{mA}/51 \approx 14(\mu\text{A})$$

$$I_{CQ} = \beta I_{BQ} = 0.7(\text{mA})$$

$$U_{CEQ} = V_{CC} - I_{CQ}(R_C + R_E) = 7.8(\text{V})$$

因此，静态工作点$Q(14\mu\text{A}, 0.7\text{mA}, 7.8\text{V})$。

(2) 图 2.2.11 电路的交流通路如图 2.2.13 所示。

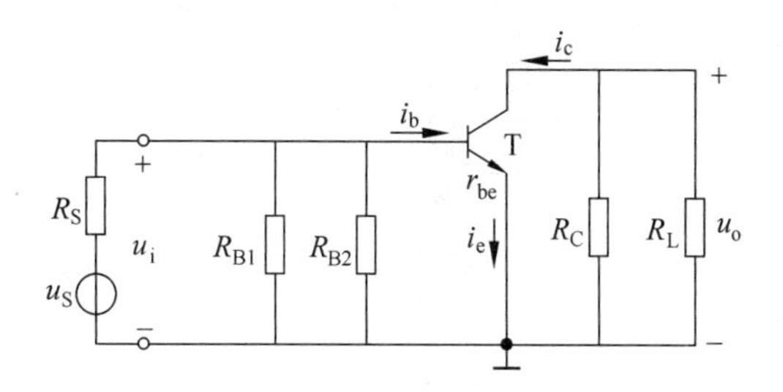

图 2.2.13 图 2.2.11 电路交流通路

因为

$$r_{be} \approx 200 + (1+\beta)\frac{26(\text{mV})}{I_C(\text{mA})} \approx 2.1(\text{k}\Omega)$$

其输入电阻为

$$R_i = R_{B1} /\!/ R_{B2} /\!/ r_{be} = 33 /\!/ 10 /\!/ 2.1 = 1.6(\text{k}\Omega)$$

输出电阻为

$$R_o = R_C = 3(\text{k}\Omega)$$

(3) 由图 2.2.13 可得电压放大倍数及源电压放大倍数为

$$A_u = -\frac{\beta(R_C /\!/ R_L)}{r_{be}} = -\frac{\beta R'_L}{r_{be}} \approx -36$$

$$A_{uS} = \frac{u_o}{u_S} = \frac{u_i}{u_S} \times \frac{u_o}{u_i} = \frac{R_i}{R_i + R_S} A_u \approx -13$$

2.3 共集电极放大电路和共基极放大电路

由第 1 章的相关知识可知,根据 BJT 输入输出回路公共端的不同,由 BJT 构成的放大电路共有 3 种接法,分别为共发射极(CE)、共集电极(CC)和共基极(CB)。在 2.2 节讨论了三极管的 CE 放大电路,本节将讨论另外两种接法。

2.3.1 共集电极放大电路

共集电极(CC)放大电路如图 2.3.1(a)所示,图 2.3.1(b)、(c)分别为其直流通路和交流通路。

由原理图及交流通路都可以看出,其输出电压 u_o 仅比 u_i 低一个发射结压降,基本可以忽略不计,因此在 CC 放大电路中,$u_o \approx u_i$。由交流通路可以看出,集电极为输入回路和输出回路的共同端,且 u_o 从发射极输出,因此 CC 放大电路又称为射极输出器。

1. 静态分析

由图 2.3.1(b)所示直流通路,列 KVL 方程如下:

$$\begin{cases} U_{BEQ} + I_{BQ}R_B + I_{EQ}R_E = U_{BEQ} + I_{BQ}R_B + (1+\beta)I_{BQ}R_E = V_{CC} \\ U_{CEQ} + I_{EQ}R_E = V_{CC} \end{cases}$$

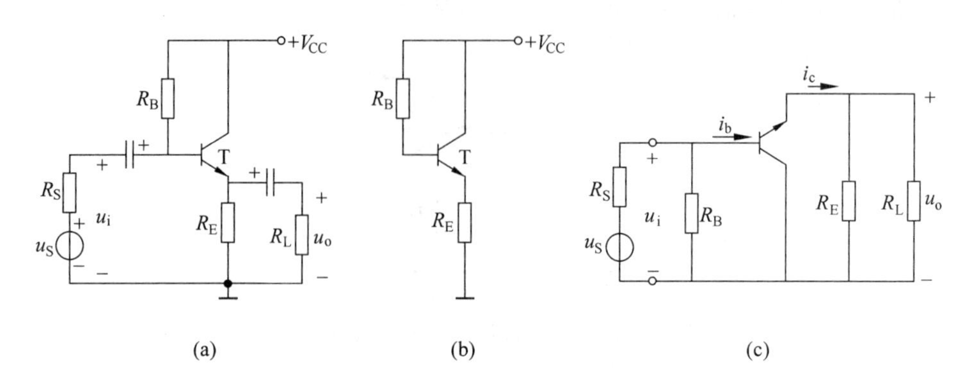

图 2.3.1 共集电极放大电路

(a) 原理图；(b) 直流通路；(c) 交流通路

整理可得静态工作点 I_{BQ}、I_{EQ}及 BJT 管压降 U_{CEQ}等参数如下：

$$\begin{cases} I_{BQ} = \dfrac{V_{CC} - U_{BEQ}}{R_B + (1+\beta)R_E} \\ I_{EQ} = (1+\beta)I_{BQ} \\ U_{CEQ} = V_{CC} - I_{EQ}R_E \end{cases} \tag{2.15}$$

2. 动态分析

由图 2.3.1(c)所示交流通路，根据 2.2 节的相关知识可得电压放大倍数为

$$A_u = \frac{u_o}{u_i} = \frac{i_e(R_E \mathbin{/\!/} R_L)}{i_b r_{be} + i_e(R_E \mathbin{/\!/} R_L)} = \frac{(1+\beta)R'_L}{r_{be} + (1+\beta)R'_L} \tag{2.16}$$

式(2.16)中，$R'_L = R_E /\!/ R_L$，由此式可以看出 CC 放大电路的放大倍数为正值且约等于 1，即 u_o 与 u_i 同相，且 $u_o < u_i$，在 $r_{be} \ll (1+\beta)R'_L$时，$u_o \approx u_i$，因此常称 CC 放大电路为电压跟随器。虽然 CC 放大电路没有电压放大能力，但其输出电流 i_e 远大于输入电流 i_b，因此电路仍具有功率放大作用。

根据式(2.11)可得图 2.3.1(c)的输入电阻为

$$\begin{aligned} R_i &= \frac{u_t}{i_t} = \frac{u_i}{i_i} = \frac{u_i}{\dfrac{u_i}{R_B} + \dfrac{u_i}{r_{be} + (1+\beta)(R_E \mathbin{/\!/} R_L)}} \\ &= R_B \mathbin{/\!/} [r_{be} + (1+\beta)R'_L] \end{aligned} \tag{2.17}$$

由式(2.17)可以看出，CC 放大电路的输入电阻较高，且与其负载电阻或后一级放大电路的输入电阻有关。

CC 放大电路输出电阻计算电路如图 2.3.2 所示。

注意：图 2.3.2 为交流通路，各电极电流可双向流动，此时测试电源加在右侧，为计算方便，可以把 BJT 各电极电流同时反向。输出电阻的计算按式(2.10)的定义可得

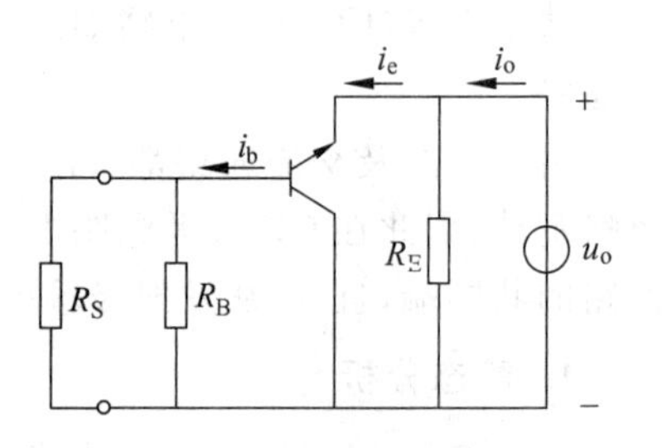

图 2.3.2 CC 放大电路输出电阻计算等效电路

$$R_o = \frac{u_o}{i_o} = \frac{u_o}{\frac{u_o}{R_E} + i_e} = \frac{u_o}{\frac{u_o}{R_E} + (1+\beta)i_b}$$

$$= \frac{u_o}{\frac{u_o}{R_E} + (1+\beta)\frac{u_o}{(R_S \mathbin{/\!/} R_B) + r_{be}}}$$

$$= R_E \mathbin{/\!/} \frac{(R_S \mathbin{/\!/} R_B) + r_{be}}{1+\beta} \tag{2.18}$$

由于 BJT 的 β 较大，信号源内阻 R_S 较小，且 r_{be} 一般在几百欧姆至几千欧姆范围之内，阻值也比较小，因此式(2.18)中，CC 放大电路的输出电阻较小。

综合前面的各种参数分析可以看出，CC 放大电路不具备电压放大能力，但具备电流放大能力，具有输出电压与输入同相、输入电阻高、输出电阻较小等特点。根据这些特点，可将 CC 放大电路用在不同的场合，以适应电路的要求。

2.3.2　共基极放大电路

共基极(CB)放大电路原理图如图 2.3.3(a)所示，其直流通路及交流通路如图 2.3.3(b)、(c)所示。

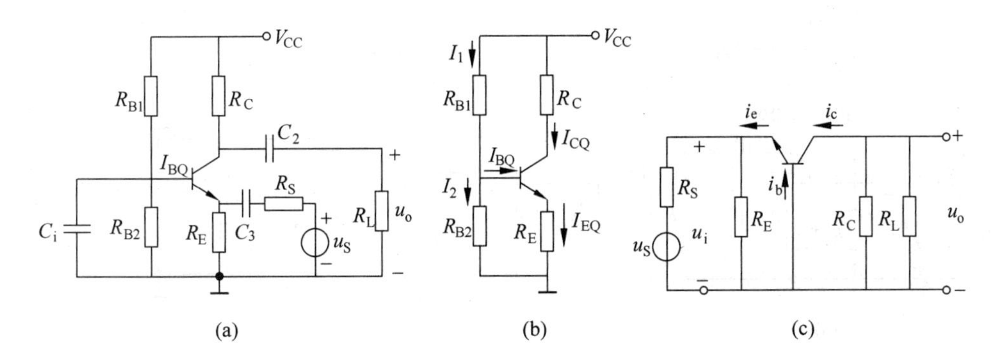

图 2.3.3　共集电极放大电路

(a) 原理图；(b) 直流通路；(c) 交流通路

1. 静态分析

由图 2.3.3(b)所示直流通路可以看出，其电路和图 2.2.12 分压式偏置稳定电路直流通路一样，因此静态工作点的相关计算相同，由式(2.14)等即可求出，这里不再一一阐述。

2. 动态分析

由图 2.3.3(c)所示交流通路可以很容易计算出电压放大倍数为

$$A_u = \frac{u_o}{u_i} = \frac{-i_c(R_C \mathbin{/\!/} R_L)}{-i_b r_{be}} = \frac{\beta(R_C \mathbin{/\!/} R_L)}{r_{be}} \tag{2.19}$$

输入电阻为

$$R_i = \frac{u_i}{i_i} = \frac{u_i}{i_{RE} - i_e} = \frac{u_i}{\frac{u_i}{R_E} - \frac{-u_i}{r_{be}}(1+\beta)} = R_E \mathbin{/\!/} \frac{r_{be}}{1+\beta} \tag{2.20}$$

输出电阻计算电路如图 2.3.4 所示。

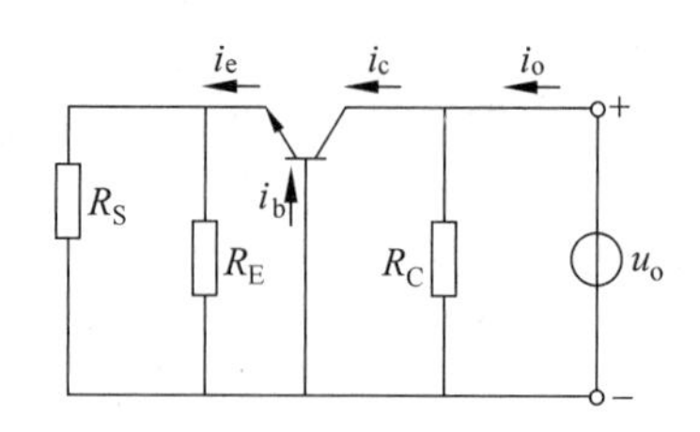

图 2.3.4　CC 放大电路输出电阻计算电路图

由图 2.3.4 可知，CC 放大电路和 CE 放大电路一样，其输出电阻 $R_o \approx R_C$。

2.4　场效应管放大电路

同 BJT 一样，场效应管构成的放大电路也有 3 种，分别为共源极放大电路、共漏极放大电路及共栅极放大电路，由于篇幅所限，本节仅以 N 沟道增强型场效应管共源极放大电路为例进行分析。

场效应管放大电路原理图、直流通路、交流通路分别如图 2.4.1(a)、(b)、(c)所示。

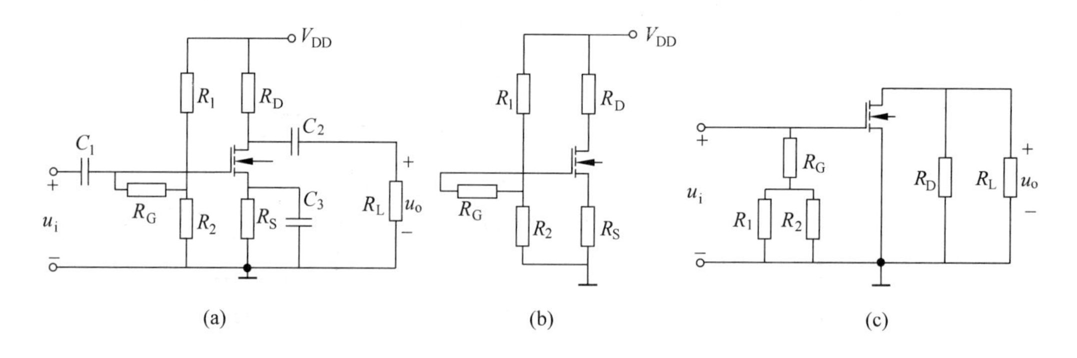

图 2.4.1　共源极场效应管放大电路

(a) 原理图；(b) 直流通路；(c) 交流通路

图 2.4.1 为场效应管放大电路常见的分压式偏置接法，由其直流通路可得 G 极电位为

$$U_G = \frac{R_2}{R_1 + R_2} V_{DD} \tag{2.21}$$

因此，可得

$$U_{GS} = U_G - U_S = \frac{R_2}{R_1 + R_2} V_{DD} - I_D R_S \tag{2.22}$$

由式(2.22)可以看出，根据参数的不同，U_{GS}的取值可正可负。对于增强型 MOS 管，要求 $U_{GS}>0$；对于结型 MOS 管，要求 $U_{GS}<0$；对于耗尽型 MOS 管，U_{GS}可正可负。图 2.4.1 中 R_G 为增大输入电阻之用，一般取值为几兆欧。

1. 静态分析

静态直流通路如图 2.4.1(b)所示，由此可得其静态工作点计算公式为

$$
\begin{cases}
U_{\mathrm{GSQ}} = U_{\mathrm{GQ}} - U_{\mathrm{SQ}} = \dfrac{R_2}{R_1 + R_2}V_{\mathrm{DD}} - I_{\mathrm{DQ}}R_{\mathrm{S}} \\
I_{\mathrm{DQ}} = I_{\mathrm{DO}}\left(\dfrac{U_{\mathrm{GSQ}}}{U_{\mathrm{GS(th)}}} - 1\right) \\
U_{\mathrm{DSQ}} = V_{\mathrm{DD}} - I_{\mathrm{DQ}}(R_{\mathrm{D}} + R_{\mathrm{S}})
\end{cases}
\tag{2.23}
$$

由式(2.23)联立方程即可求得场效应管静态工作点。

2. 动态分析

由图 2.4.1(c)交流通路很容易求得电压放大倍数为

$$
A_u = \frac{u_{\mathrm{o}}}{u_{\mathrm{i}}} = \frac{-g_{\mathrm{m}}u_{\mathrm{gs}}(R_{\mathrm{D}} /\!/ R_{\mathrm{L}})}{u_{\mathrm{gs}}} = -g_{\mathrm{m}}(R_{\mathrm{D}} /\!/ R_{\mathrm{L}}) \tag{2.24}
$$

由 2.1 节可求出输入电阻和输出电阻。

输入电阻为

$$
R_i = \frac{u_{\mathrm{t}}}{i_{\mathrm{t}}} = R_{\mathrm{G}} /\!/ (R_1 /\!/ R_2)
$$

输出电阻为

$$
R_{\mathrm{o}} = R_{\mathrm{D}}
$$

2.5 多级放大电路

前面已经讨论了各种单管放大电路,这些放大电路在实际应用中都有一定的局限性,如实际应用中经常要求放大倍数很高,而单管放大电路放大倍数只有几十,无法满足实际的需求。为此,需要把前面讲的基本单管放大电路进行合理连接,构成多级放大电路来满足实际应用。

组成放大电路的每一级都称为一级,级与级之间的连接称为耦合。多级放大电路常见的耦合方式有直接耦合、阻容耦合、变压器耦合和光电耦合,其组成一般如图 2.5.1 所示。

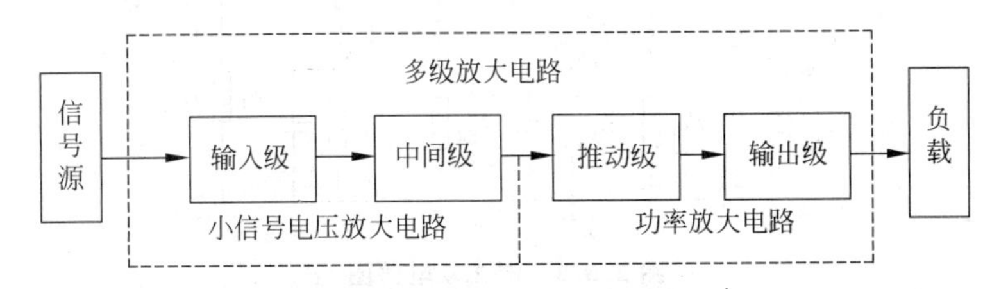

图 2.5.1　多级放大电路的组成

其分析依然包括静态分析和动态分析。静态分析和前文分析方法相同,首先是画出直流通路,然后求解静态工作点。动态分析也和前面几节的讨论一样,画出交流通路,求出输入电阻、输出电阻及电压放大倍数。其中,输入电阻及输出电阻依然按照式(2.5)和式(2.6)来进行。这里要特别注意的是,当 CC 放大电路作为输入级时,其输入电阻与第二级的输入电阻有关;当 CC 放大电路作为输出级时,其输出电阻与倒数第二级的输出电阻有关,具体还需要读者进一步查阅相关资料进行详细分析和了解,这里不再一一阐述。

对于多级放大电路的放大倍数，其求解过程可以用图 2.5.2 的方框图来描述。

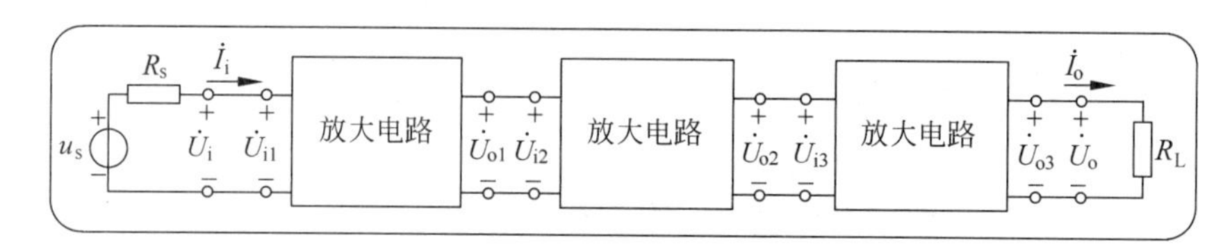

图 2.5.2　多级放大电路组成方框图

由图 2.5.2 可以看出，多级放大电路的放大倍数为

$$\dot{A}_u = \frac{U_o}{U_i} = \frac{U_{o1}}{U_{i1}} \cdot \frac{U_{o2}}{U_{i2}} \cdot \frac{U_{o3}}{U_{i3}} = \dot{A}_{u1} \times \dot{A}_{u2} \times \dot{A}_{u3} \tag{2.25}$$

例 2.4　两级阻容耦合放大电路如图 2.5.3 所示，已知：$R_{B1}=100\text{k}\Omega$，$R_{B2}=47\text{k}\Omega$，$R_{C1}=1\text{k}\Omega$，$R_{E1}=1.1\text{k}\Omega$，$R_{B3}=39\text{k}\Omega$，$R_{B4}=10\text{k}\Omega$，$R_{C2}=2\text{k}\Omega$，$R_{E2}=1\text{k}\Omega$，$R_L=3\text{k}\Omega$，两管的输入电阻均为 $r_{be}=1.0\text{k}\Omega$，电流放大系数 $\beta_1=100$，$\beta_2=60$。求：

（1）多级放大电路的输入电阻和输出电阻；

（2）各级放大电路的电压放大倍数和总的电压放大倍数；

（3）信号源电压有效值 $u_S=10\mu\text{V}$，内阻 $R_S=1\text{k}\Omega$ 时，放大电路的输出电压。

解　首先进行静态分析，画出直流通路，由于电容对于直流电容视为断开，因此图 2.5.3 可以分解为两个单级放大电路的直流通路分别求出即可，这里不再一一画出直流通路，也不再进行详细的计算。

（1）由前面的分析基础很容易得出

$$R_i = R_{B1} /\!/ R_{B2} /\!/ r_{be1} = 100 /\!/ 74 /\!/ 1.0 = 0.977(\text{k}\Omega)$$
$$R_o = R_{C2} = 2(\text{k}\Omega)$$

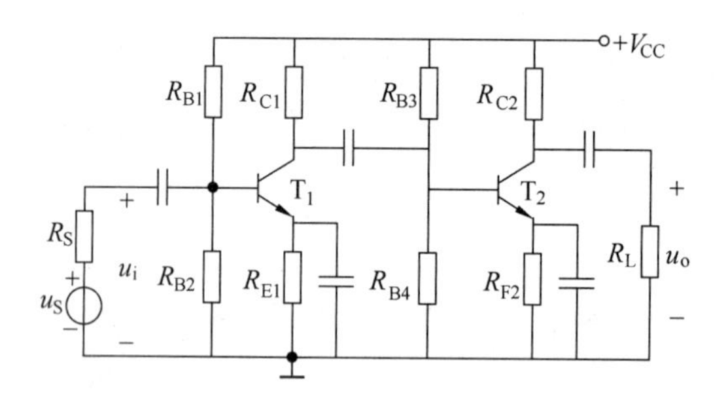

图 2.5.3　例 2.4 电路图

（2）各级放大电路的电压放大倍数为

$$A_{u1} = \frac{U_{o1}}{U_i} = \frac{-\beta_1(R_{C1} /\!/ R_{i2})}{r_{be1}} \approx -47$$

$$A_{u2} = \frac{U_o}{U_{i2}} = \frac{-\beta_2(R_{C2} /\!/ R_L)}{r_{be2}} \approx -72$$

由式(2.25)可得总的电压放大倍数为

$$A_u = \frac{U_o}{U_i} = \frac{U_o}{U_{i2}} \cdot \frac{U_{o1}}{U_i} = A_{u1}A_{u2} = 3384$$

(3) 因为

$$A_{uS}=\frac{U_o}{U_S}=\frac{U_o}{U_i}\cdot\frac{U_i}{U_S}=A_u\frac{R_i}{R_i+R_S}=3384\times(0.977/1.977)\approx1672$$

因而得输出电压为

$$U_o=A_{uS}U_S=1672\times10\times10^{-6}=16.72(\text{mV})$$

2.6　差动放大电路

差动放大电路在集成运算放大电路中应用非常普遍,常作为集成运算放大电路的输入端。顾名思义,差动放大电路就是对加入到两个输入端大小相等、极性相反的差模信号具有很高的放大倍数,而对加入到两个输入端大小相等、极性相同的共模信号却只有很低的放大倍数。总体而言,差动放大电路能够放大差模信号而抑制共模信号。由于噪声(如温度)通常对两个输入端是完全相同的,因此差动放大电路有利于削弱这些噪声信号的影响,同时为两个输入端的差模信号,即有用信号提供一个较大的输出。

集成运算放大电路的放大倍数非常高,其内部为多级放大电路直接耦合组成(在第3章将进行详细介绍,本节不再讨论)。人们在实验中发现,将直接耦合的多级放大电路在输入端短路(即没有输入信号输入时)时,用灵敏的直流表测量输出端,一般都会有变化缓慢的输出电压产生。这种输入电压为零而输出电压不为零且缓慢变化的现象,称为零点漂移现象,如图2.6.1所示。

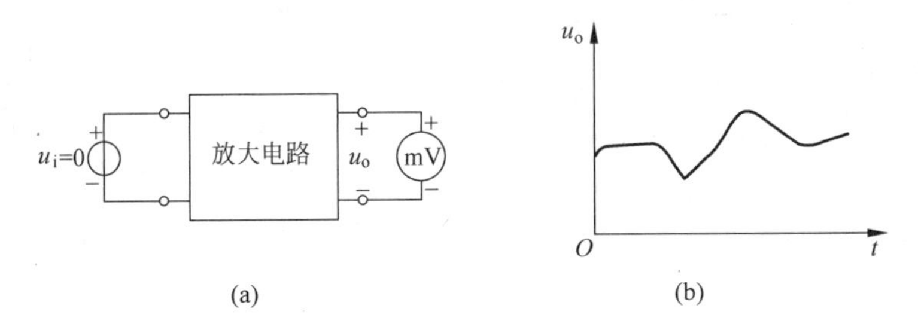

图2.6.1　零点漂移现象

(a) 测试电路;(b) 输出电压漂移现象

零点漂移的信号会在各级放大的电路间逐级传递,经过多级放大后,在输出端成为较大的信号。如果有用信号较弱,那么在存在零点漂移现象的直接耦合放大电路中,漂移电压和有效信号电压混杂在一起被逐级放大,当漂移电压大小可以和有效信号电压相比时,是很难在输出端分辨出有效信号的电压;在漂移现象严重时,往往会使有效信号"淹没",使放大电路不能正常工作。因此,必须找出产生零漂的原因和抑制零漂的方法。

产生零点漂移现象的原因很多,如电源电压不稳、元器件参数变化、环境温度变化等。其中最主要的因素是环境温度的变化,因为晶体管是热敏感器件,当温度变化时,其参数U_{BE}、β、I_{CBO}都将发生变化,最终导致放大电路静态工作点产生偏移,产生零点漂移。了解了产生零点漂移的原因,那么在设计放大电路时就可以通过精选元件、对元件进行老化处理、选用高稳定度电源等方法抑制由此而产生的漂移。此外,也可以用2.2.4节中讨论的方法稳定静态工作点。在诸多因素中，最难控制的也是温度的变化。实际处理中，一般多采用特性相同的管子，使其温漂相互抵消，构成“差动放大电路”。

差动放大电路的结构很多，根据其输入端及输出端的接地不同，一般分为：双端输入、双端输出，双端输入、单端输出，单端输入、单端输出，单端输入、双端输出，如图 2.6.2 所示。

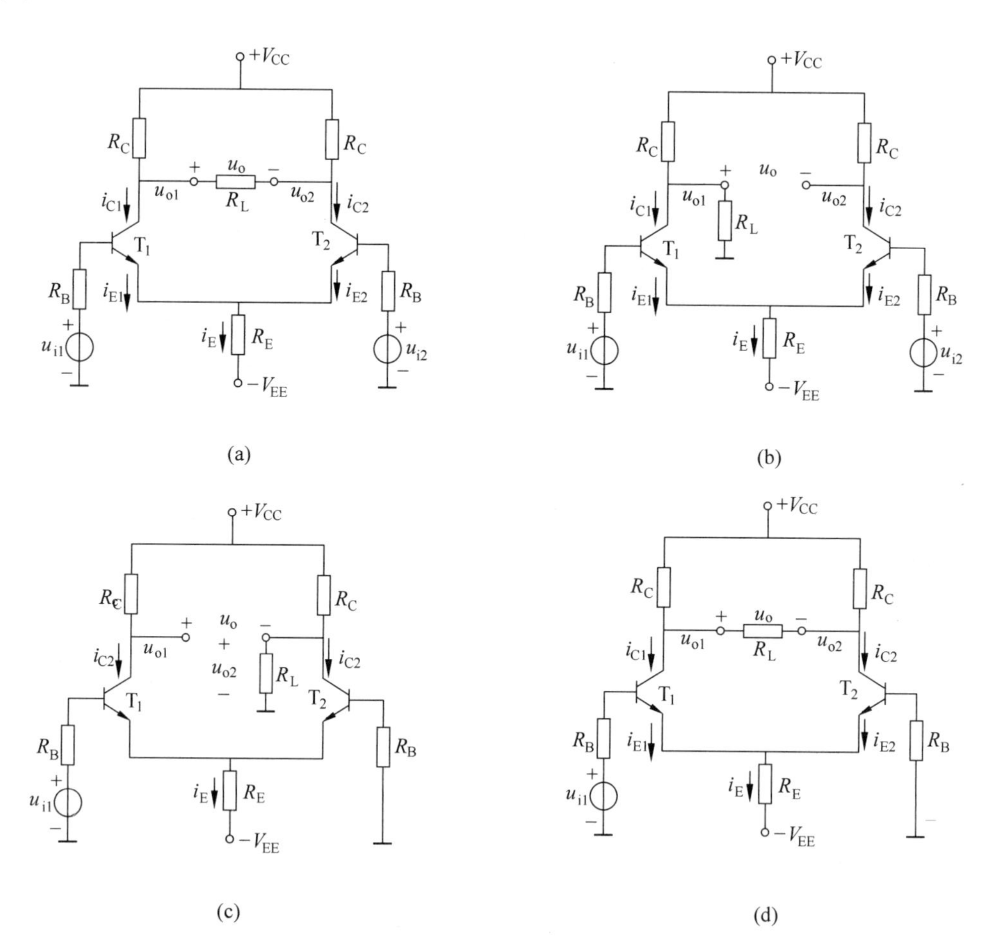

图 2.6.2 差动放大电路四种接法

(a) 双端输入、双端输出；(b) 双端输入、单端输出；(c) 单端输入，单端输出；(d) 单端输入、双端输出

由图 2.6.2 可以看出，忽略负载和信号源，差动放大电路的结构呈现如下特点：

(1) 电路对称，要求电路左右两边的元件特性及参数要尽量一致；

(2) 双电源供电，除正电源 V_{CC} 外，一般还有一个负值电源(也可以单电源供电)；

(3) 发射极连接在一起，接一个电阻 R_E 及负电源，拖一个长尾巴(长尾式电路)。

1. 直流偏置

当输入信号 $u_{i1}=u_{i2}=0$ 时，图 2.6.1(a)中电阻 R_E 中流过的电流为两个 BJT 发射极电流之和，即

$$I_{R_E}=I_{EQ1}=I_{EQ2}=2I_{EQ} \tag{2.26}$$

根据基极回路的 KVL 方程可得

$$
\begin{cases}
I_{BQ2}=I_{BQ1}=I_{BQ}=\dfrac{0-U_{BEQ}-(-V_{EE})}{R_B+(1+\beta)2R_E}\approx\dfrac{V_{EE}-U_{BEQ}}{(1+\beta)2R_E}\\
I_{CQ2}=I_{CQ1}=\beta I_{BQ}\approx I_{EQ2}=I_{EQ1}=\dfrac{V_{EE}-U_{BEQ}}{2R_E}\\
U_{CEQ1}=U_{CEQ2}=U_{CQ}-U_{EQ}\approx V_{CC}-I_{CQ1}R_C+U_{BEQ}
\end{cases}
\tag{2.27}
$$

由式(2.27)可以看出，在 $R_B \ll (1+\beta)2R_E$ 时，基极的静态电位可以近似为0，即

$$
U_{EQ}\approx -U_{BEQ} \tag{2.28}
$$

由于 R_B 的阻值很小(很多情况下，R_B 为信号源内阻)，因此式(2.28)的近似条件在大多数情况下都是满足的。

选择合理的电源及 R_E 的阻值，图2.6.1的所有差动电路都可以配置合理的静态工作点，且由于 $U_{CQ1}=U_{CQ2}$，因此无论环境温度如何变化，其直流 $U_O=U_{CQ1}-U_{CQ2}$ 输出均为0。

2. 共模输入分析

从图2.6.1(a)差动放大电路的结构可以看出，当输入 $u_{i1}=u_{i2}=u_{ic}$ 时，电路各点的工作波形如图2.6.3所示(注：u_{ic} 下标的c为共模英文common的首写字母)。

由图2.6.3可以看出，在电路结构对称及参数一致的情况下，差动放大电路对共模信号具有较好的抑制作用，共模输出 $u_{oc}=0$，其共模放大倍数为

$$
A_c=\frac{u_{oc}}{u_{ic}}=0 \tag{2.29}
$$

如图2.6.2(b)所示，当电路为双端输入、单端输出时，在共模输入 $u_{i1}=u_{i2}=u_{ic}$ 作用下，两个发射极电流变量都相同，设为 Δi_E，则发射极电阻 R_E 上的电流变量为 $2\Delta i_E$，发射极电位变化量为 $\Delta u_E=2\Delta i_E R_E$。若把电阻 R_E 等效到单只BJT，显然其阻值 R_E 变为 $2R_E$ 时，才满足等效变换要求，其共模等效电路如图2.6.4所示。

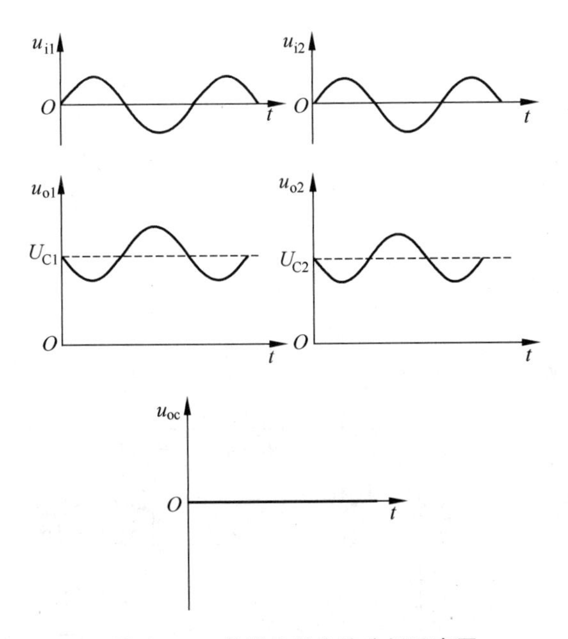

图2.6.3　共模信号交流分析示意图

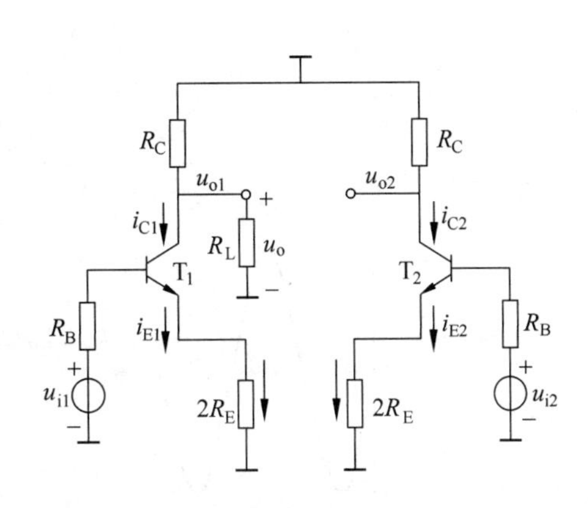

图2.6.4　共模信号作用下双端输入、单端输出交流通路

图 2.6.4 的共模放大倍数为

$$A_c = \frac{u_{oc}}{u_{ic}} = \frac{u_{o1}}{u_{i1}} = A_{u1} = -\frac{\beta(R_C \ /\!/ \ R_L)}{R_B + r_{be} + (1+\beta)2R_E} \tag{2.30}$$

共模输入电阻可由图 2.6.4 求得。在输入相同时，输入端相当于并联，由输入电阻为单管放大电路输入电阻的一半，即

$$R_{iC} = \frac{1}{2}[R_B + r_{be} + (1+\beta)2R_E] \tag{2.31}$$

在双端输出时，其输出电阻为

$$R_o = 2R_C \tag{2.32}$$

在单端输出时，其输出电阻为

$$R_o = R_C \tag{2.33}$$

3. 差模输入分析

从图 2.6.1(a)所示电路结构可以看出，当输入 $u_{i1} = -u_{i2} = u_{id}$时，电路各点的工作波形如图 2.6.5 所示(注：u_{id}下标的 d 为差模英文 differential 的首写字母)。

由图 2.6.5 差模信号交流分析示意图可以看出，差动电路两边的 BJT 的发射极电流一个增加，一个减小，发射极 E 所在节点的交流电位保持不变，对交流相当于接地，因此图 2.6.2(a)的交流通路如图 2.6.6 所示。

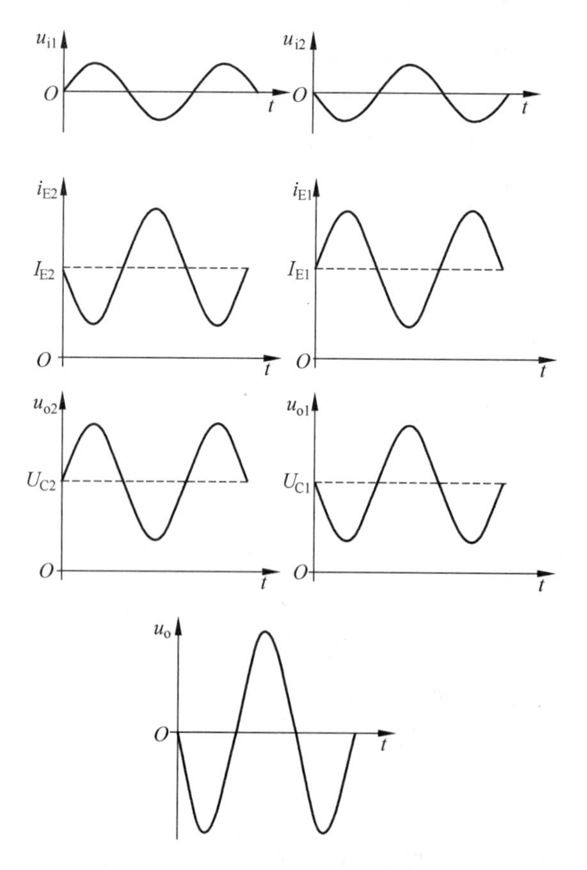

图 2.6.5 差模信号交流分析示意图

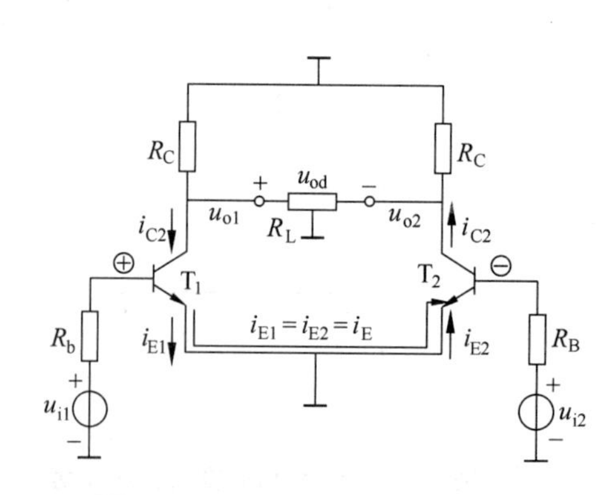

图 2.6.6 图 2.6.2(a)的交流通路

在图 2.6.6 中,两个 BJT 的基极的"+"、"−"代表两个输入端在差模信号输入时,一个输入信号增加,另外一个输入必然减弱相同的量。由此图也可以看出,负载电阻 R_L 的中间点相当于接地。

输入差模信号时的放大倍数称为差模放大倍数,记为 A_d,定义为

$$A_d = \frac{u_{od}}{u_{id}} = \frac{u_{o1} - u_{o2}}{u_{i1} - u_{i2}} = \frac{2u_{o1}}{2u_{i1}} = A_{u1} \tag{2.34}$$

由式(2.34)可以看出,双端输入、双端输出放大电路的放大倍数与单管放大电路的放大倍数是一样的。由此可见,差动放大电路是牺牲一只管子的放大倍数换来抑制温漂的效果。由本章前面几节的知识很容易求出图 2.6.4 左边或右边单管放大电路的放大倍数,即差模放大倍数为

$$A_d = -\frac{\beta\left(R_C \mathbin{/\!/} \frac{1}{2}R_L\right)}{R_B + r_{be}} \tag{2.35}$$

由输入、输出电阻的定义,可得图 2.6.4 输入、输出电阻分别为

$$R_{id} = \frac{U_{id}}{I_i} == \frac{U_{i1} - U_{i2}}{I_{B1}} = \frac{2U_{i1}}{I_{B1}} = 2R_{i1} = 2(R_B + r_{be}) \tag{2.36}$$

$$R_{od} = 2R_C \tag{2.37}$$

同理可求得双端输入、单端输出(左边)时的差模放大倍数为

$$A_d = \frac{u_o}{u_{id}} = \frac{u_{o1}}{u_{i1} - u_{i2}} = \frac{u_{o1}}{2u_{i1}} = \frac{1}{2}A_{u1} = -\frac{\beta(R_C \mathbin{/\!/} R_L)}{2(R_B + r_{be})} \tag{2.38}$$

式(2.38)表明：单端输出为左边输出时,放大倍数为负值,表明输出与输入反相;单端输出为右边输出时,差模放大倍数与左边输出时大小相同,但其值为正,输出与输入同相。这也是第 3 章定义同相输入端与反相输入端的根据所在。

以上的共模输入与差模分析都仅分析了双端输入情况且输入信号为标准共模或标准差模情况。对于单端输入情况,其分析基本原理一样,但因为一个输入信号为 0,导致其输入信号不再保持对称,而呈现一般输入信号特点,即 $u_{i1} \neq u_{i2}$。在这种情况下,可考虑信号的分解叠加,有如下定义：

$$\begin{cases} u_{id} = u_{i1} - u_{i2} \\ u_{ic} = \dfrac{u_{i1} + u_{i2}}{2} \end{cases} \tag{2.39}$$

对式(2.39)求解可得

$$\begin{cases} u_{i1} = u_{ic} + \dfrac{u_{id}}{2} \\ u_{i2} = u_{ic} - \dfrac{u_{id}}{2} \end{cases} \tag{2.40}$$

由式(2.40)可知,任何一般输入信号都可以分解为标准的差模与共模输入,如对于图 2.6.1(c),在单端输入时,可等效为左边输入端,大小均为 $u_{i1/2}$;而对于右输入端为 0 的情况,可等效为反极性方向串联的两个相同信号源,计算与双端输入相同,这里不再展开一一阐述。在信号分解情况下,每一种运算均按照前面的相关计算方法进行定量分析,根据叠加定理,最后总的输入为

$$u_o = A_d u_{id} + A_c u_{ic} \tag{2.41}$$

除了前面分析中提到的相关指标外，为了综合评价差动放大电路对差模信号放大能力及共模信号的抑制能力，这里要引入一个新的评价参数，即共模抑制比，其定义为

$$K_{CMR} = \left|\frac{A_d}{A_c}\right| \tag{2.42}$$

K_{CMR}数值越大，表明电路的抗干扰性能越好。对于图2.6.2(a)所示的电路，在参数对称时，其共模抑制比$K_{CMR}=\infty$。对于图2.6.2(b)所示的电路，其共模抑制比为

$$K_{CMR} = \left|\frac{A_d}{A_c}\right| = \frac{R_B + r_{be} + (1+\beta)2R_E}{2(R_B + r_{be})} \tag{2.43}$$

可以看出，共模抑制比$K_{CMR}\neq\infty$，若要减小A_c，提高K_{CMR}，只有提高射极电阻R_E。但是，在集成电路中制作大电阻很不容易，且很容易带来静态工作点偏置问题。因此，在实际应用中，一般多采用恒流源来替代R_E，如图2.6.7所示，这里不再展开讨论。

2.7 功率放大电路

在实际电路应用中，往往要求放大电路的输出级能够输出一定的功率，以驱动负载。能够向负载提供足够信号功率的放大电路称为功率放大电路，简称功放。功率放大电路与前面几节讲的放大电路有所区别，其输入是放大后的大信号，在进行相关分析时，前面讨论的各种定量分析方法均不再适用，功率放大电路的相关计算须用图解分析法。

1. 主要技术指标

功率放大电路的主要技术指标主要有最大输出功率及转换效率。

(1) 最大输出功率 P_{om}

功率放大电路的电路输出功率$P_o=U_oI_o$，要获得大的输出功率，不仅要求输出电压高，而且要求输出电流大。因此，晶体管工作在大信号极限运用状态，应用时要考虑管子的极限参数，注意管子的安全。

(2) 转换效率 η

若电路输出功率为P_o，直流电源提供的总功率为P_V，则其转换效率为

$$\eta = \frac{P_o}{P_V} \tag{2.44}$$

这里要注意的是，功放管在信号作用下向负载提供的输出功率是由直流电源供给的直流功率转换而来的，在转换的同时，功放管和电路中的耗能元件都要消耗功率。所以，要求尽量减小电路的损耗，以提高功率转换效率。

2. 功率放大器的分类

(1) 甲类

在输入正弦信号的一个周期内，都有电流流过放大器件，这类放大电路被称为甲类放大。功放中BJT在整个周期内(导通角$\theta=360°$)其集电极都有电流，其Q点和电流波形如图2.7.1(a)所示。工作于甲类时，由于功放输入信号峰值很大，要保证功放在整个周期内

都能输出，必须要使管子的静态电流 I_C 较大，而且，无论有没有信号，电源都要始终不断地输出功率。在没有信号时，电源提供的功率全部消耗在管子上；有信号输入时，随着信号的增大，输出的功率也增大。甲类功率放大器的缺点是损耗大、效率低，即使在理想情况下，效率也仅为 50%。

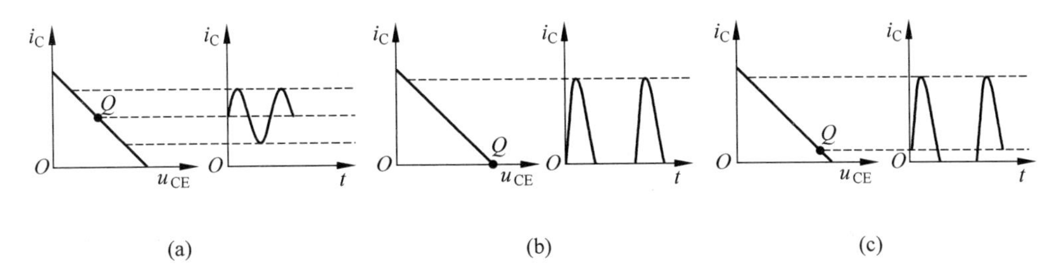

图 2.7.1 Q 点设置与 3 种工作状态

(2) 乙类

在输入正弦信号的一个周期内，只有半个周期（导通角 $\theta=180°$），三极管的 $i_C>0$，称为乙类放大，其 Q 点和电流波形如图 2.7.1(b)所示。在乙类状态下，信号等于零时，电源输出的功率也为零。信号增大时，电源供给的功率也随着增大，从而提高了效率。

(3) 甲乙类

在输入正弦信号的一个周期内，有半个周期以上（$180°<\theta<360°$），三极管的 $i_C>0$，称为甲乙类放大，其 Q 点和电流波形如图 2.7.1(c)所示。在甲乙类状态下，由于 $i_C\approx 0$，因此，甲乙类的工作状态接近乙类工作状态，但其可有效改善乙类的失真问题。

3. 功率放大电路的结构与相关计算

功率放大电路一般采用互补对称式形式，采用单电源及大容量电容器与负载和前级耦合，而不用变压器耦合的互补对称电路，称为 OTL(output transformer less)；采用双电源不需要耦合电容的直接耦合互补对称电路，称为 OCL(output capacitor less)，两者工作原理基本相同。由于耦合电容影响低频特性和难以实现电路的集成化，因此 OCL 电路广泛应用于集成电路的直接耦合式功率输出级，本书将重点讨论 OCL 电路。

常见的 OCL 功率放大电路如图 2.7.2 所示，两只 BJT 管对称，采用正负双电源供电。在输入信号为 0，即静态条件下，两只 BJT 管均截止，输出为 0。假设 BJT 管的 B、E 间发射

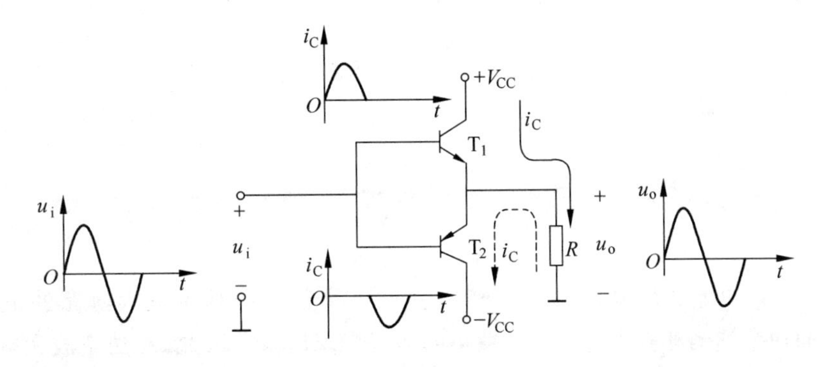

图 2.7.2 OCL 乙类互补功率放大电路结构与工作过程波形图

结开启导通，电压忽略不计，输入信号为正弦波。当输入信号 $u_i>0$ 时，对称 BJT 中的 NPN 管(T_1)导通，PNP 管(T_2)截止，正电源供电，电流如图 2.7.2 实线所示，等效电路如图 2.7.3(a)所示，此时电路为电压跟随器，$u_o \approx u_i$。当输入信号 $u_i<0$ 时，对称 BJT 中的 PNP 管(T_2)导通，NPN 管(T_1)截止，负电源供电，电流如图 2.7.2 的虚线所示，等效电路如图 2.7.3(b)所示，此时电路为电压跟随器，$u_o \approx u_i$。由电路的工作过程及图 2.7.2 的工作过程波形也可以看出，电路实现了两只 BJT 管轮番交替工作，在一个周期内，每只 BJT 导通 180°，因此称为乙类互补功率对称放大电路。

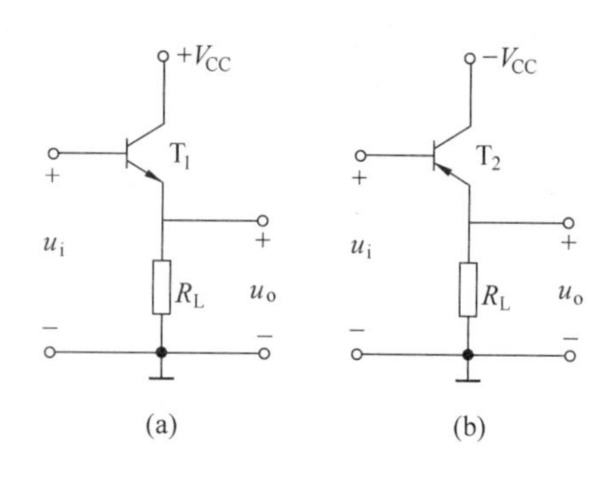

图 2.7.3 乙类互补功率放大电路分解等效电路

(a) $u_i>0$；(b) $u_i<0$

下面将针对图 2.7.2 涉及的功率放大电路的两个重要指标进行计算。

(1) 最大输出功率

假设输入信号为正弦波，由前文相关分析及图 2.7.2 的工作过程波形可以看出，其输出也为正弦波，若输出正弦波的幅值为 U_{om}，则其输出功率为

$$P_o = \left(\frac{U_{om}}{\sqrt{2}}\right)^2 \frac{1}{R_L} = \frac{U_{om}^2}{2R_L} \tag{2.45}$$

由于 $U_{om}=V_{CC}-U_{ce}$，显然在 U_{ce} 有最小值，即临界饱和时，输出取得最大值 $(V_{CC}-U_{CES}) \approx V_{CC}$。此时，图 2.7.2 的最大输出功率为

$$P_o = \left(\frac{V_{CC}}{\sqrt{2}}\right)^2 \frac{1}{R_L} = \frac{1}{2}\frac{V_{CC}^2}{R_L} \tag{2.46}$$

(2) 转换效率

在输入信号假设为正弦波，输出正弦波幅值为 U_{om} 时，输出信号的波形为

$$u_o = U_{om}\sin\omega t \tag{2.47}$$

则直流电源的消耗的平均功率为

$$P_V = \frac{1}{\pi}\int_0^{\pi} V_{CC}\frac{U_{om}\sin\omega t}{R_L}\mathrm{d}\omega t \tag{2.48}$$

整理可得电源在一个周期内输出的平均功率为

$$P_V = \frac{2}{\pi}\cdot\frac{U_{om}V_{CC}}{R_L} \tag{2.49}$$

由此可得转换效率为

$$\eta = \frac{P_o}{P_V} = \frac{\dfrac{U_{om}^2}{2R_L}}{\dfrac{2}{\pi}\cdot\dfrac{U_{om}V_{CC}}{R_L}} = \frac{\pi}{4}\cdot\frac{U_{om}}{V_{CC}} \tag{2.50}$$

当忽略 BJT 的饱和压降时，$U_{om}=V_{CC}$，此时可求得乙类功率放大电路的最高效率为 75%，其余的功率均消耗在 BJT 上，以发热的形式表现出来。因此，在功率放大电路中选择功率放大管时一定要根据相关计算选择 BJT，保留一定余量，并按手册要求安装散热片。这

就要求要计算出功率放大电路中 BJT 的功耗，由前面的分析可得到两个管子的总管耗为

$$P_T = P_V - P_o = \frac{2}{\pi} \cdot \frac{U_{om}}{R_L} V_{CC} - \frac{1}{2} \frac{U_{om}^2}{R_L} \tag{2.51}$$

由式(2.51)可以看出，管耗 P_T 与 U_{om} 有关，实际进行设计时，必须找出对管子最不利的情况，即最大管耗 P_{Tm}。将 P_T 对 U_{om} 求导，并令导数为零，即令

$$\frac{dP_C}{dU_{om}} = \frac{2}{\pi} \cdot \frac{V_{CC}}{R_L} - \frac{U_{om}}{R_L} = 0$$

即管耗最大时，有

$$U_{om} = \frac{2}{\pi} V_{CC}$$

因而最大管耗为

$$P_{Cm} = \frac{2}{\pi} \cdot \frac{\frac{2}{\pi}V_{CC}}{R_L} V_{CC} - \frac{1}{2} \frac{\left(\frac{2}{\pi}V_{CC}\right)^2}{R_L} = \frac{2}{\pi^2} \cdot \frac{V_{CC}^2}{R_L} = \frac{4}{\pi^2} P_{om} \approx 0.4 P_{om}$$

$$P_{C1m} = P_{C2m} = \frac{1}{\pi^2} \cdot \frac{V_{CC}^2}{R_L} \approx 0.2 P_{om} \tag{2.52}$$

选择功放管应注意满足其极限参数要求，这里根据前面的相关分析计算确定功率管 BJT 的极限参数 P_{Cm}、$U_{(BR)CEO}$、I_{Cm} 的选取应满足以下要求：

$$\begin{cases} I_{Cm} \geqslant \dfrac{V_{CC}}{R_L} \\ U_{(BR)CEO} \geqslant 2V_{CC} \\ P_{Cm} \geqslant 0.2 P_{om} \end{cases} \tag{2.53}$$

4. 交越失真问题

在前面电路分析时把 BJT 的发射结导通电压近似为零，但实际的发射结存在“死区”。由于乙类功率放大电路中 BJT 没有直流偏置，管子中的电流只有在 u_{be} 大于死区电压 U_T 后才会有明显的变化，当 $|u_{be}| < U_T$ 时，T_1、T_2 都截止，此时负载电阻上电流为零，出现一段死区，使输出波形在正、负半周交接处出现失真，如图 2.7.4 所示，这种失真称为交越失真。消除交越失真的方法是设置合适的静态工作点，使得电路中两 BJT 管均处于微导通状态，使功率放大电路工作在甲乙类工作状态，即甲乙类互补对称电路，如图 2.7.5 所示。

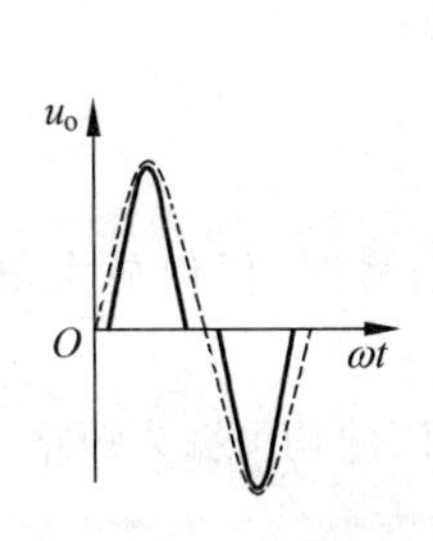

图 2.7.4　交越失真

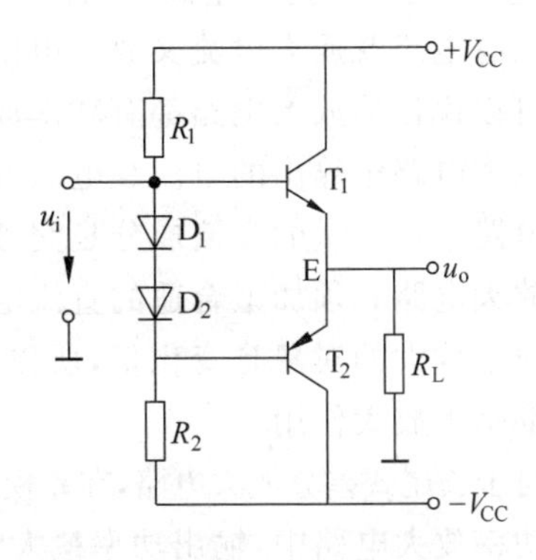

图 2.7.5　甲乙类互补对称电路

本 章 小 结

信号的放大是电子技术的重要研究内容,是本书学习的重点内容之一。本章的主要内容如下。

(1) 放大电路的基本概念及评价指标,是设计及评价一个放大电路的基本要求。放大电路的组成、放大条件的判定及放大电路的静态、动态分析是要求掌握的重点内容。在对放大电路进行分析时,首先要看放大电路组成是否满足放大条件,然后再遵循先静态再动态的步骤进行分析。

(2) 三极管共有 3 种组态的放大电路。共射极放大电路既能放大电压又能放大电流,输入电阻较大,输出电阻最大。共集电极放大电路不能放大电压,只能放大电流,因电压放大倍数约等于 1,常被称为电压跟随器,用于信号的跟随,又因其输入电阻高、输出电阻低的特点,常作为多级放大电路的输入端或输出端。共基极放大电路只能放大电压,不放大电流,高频特性好,常用于宽频带放大电路。

(3) 场效应管放大电路有 3 种组态放大电路,即共漏极、共源极、共栅极,其接法与三极管放大电路中的共射极、共集电极、共基极类似,与三极管放大电路相比,具有输入电阻高、热稳定性好、抗辐射能力强等优点,适用于做放大电路的输入级。

(4) 多级放大电路的放大倍数等于组成它的各级放大电路的倍数之积,其输入电阻为第一级输入电阻,输出电阻为末级输出电阻。

(5) 差动放大电路具有较好的抑制零点漂移的作用,对共模信号具有较强的抑制作用,根据输入端与输出端的接地情况不同,共有 4 种接法。

(6) 功率放大电路主要阐述了其分类、性能指标等。功率放大电路的输入信号幅值较大,其分析方法不宜采用动态分析法,而是要采用图解分析法。要掌握功率放大电路最大输出功率及转换效率的计算方法,并了解功放管的选择方法。

习 题

2.1 判断题(下列各题是否正确,对者打"√",错者打"×")

(1) 只有电路既放大电流又放大电压,才称其有放大作用。 ( )

(2) 可以说任何放大电路都有功率放大作用。 ( )

(3) 放大电路中输出的电流和电压都是由有源元件提供的。 ( )

(4) 电路中各电量的交流成分是交流信号源提供的。 ( )

(5) 放大电路必须加上合适的直流电源才能正常工作。 ( )

(6) 由于放大的对象是变化量,所以当输入信号为直流信号时,任何放大电路的输出都毫无放大作用。 ( )

(7) 对于长尾式差分放大电路,在差模交流通路中,射极电阻 R_E 均可视为短路。 ( )

(8) 功率放大电路中,输出功率最大时功放管的管耗也最大。 ( )

(9) 零点漂移就是静态工作点的漂移。 ( )

(10) 只有直接耦合放大电路才有温漂。(　　)

(11) 差模信号是差分放大电路两个输入端电位之差。(　　)

(12) 共模信号是差分放大电路两个输入端电位之和。(　　)

(13) 在差分放大电路中采用恒流源作集电极负载电阻能够增大差模放大倍数。(　　)

2.2　选择题

(1) 直接耦合放大电路的放大倍数越大，在输出端出现的零点漂移现象就越________。

A. 严重　　B. 轻微　　C. 和放大倍数无关

(2) 电路的 A_d 越大表示________，A_c 越大表示________，K_{CMR} 越大表示________。

A. 温漂越大　　B. 抑制温漂能力越强

C. 对差模信号的放大能力越强

(3) 直接耦合放大电路输入级采用差分放大电路是为了________。

A. 放大变化缓慢信号　　B. 放大共模信号　　C. 抑制温漂

(4) 对于长尾式差分放大电路，在差模交流通路中，射极电阻 R_E 可视为________。

A. 开路　　B. 短路　　C. $2R_E$

(5) OCL 电路中，输出功率最大时________。

A. 输出电压幅值最大　　B. 功放管管耗最大　　C. 电源提供的功率最大

(6) 通用型集成运放的输入级多采用________，中间级多采用________，输出级多采用________。

A. 共射放大电路　　B. 差分放大电路

C. OCL 电路　　D. OTL 电路

2.3　试分析题图 2.3 所示各电路是否能够放大正弦交流信号，简述理由。设图中所有电容对交流信号均可视为短路。

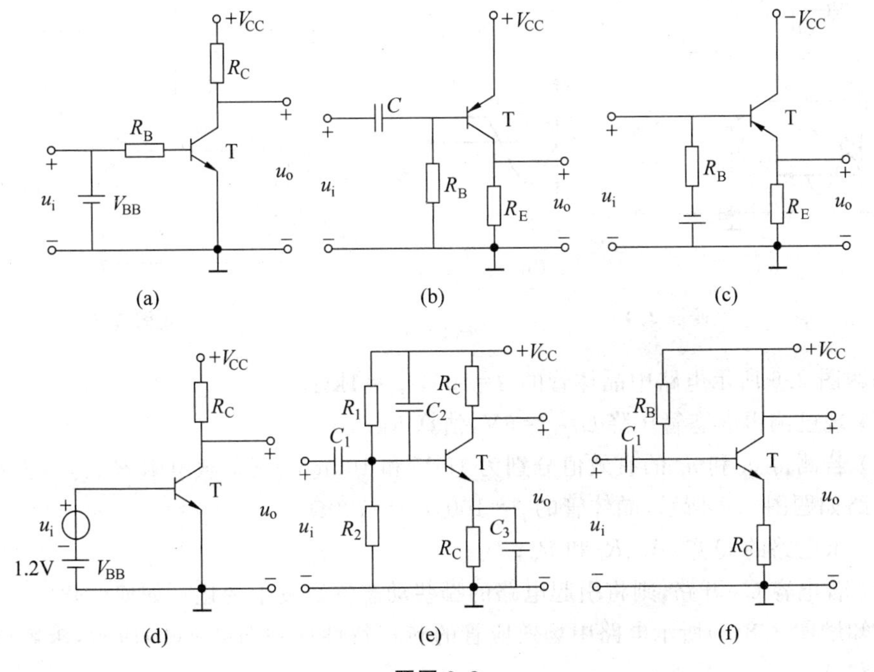

题图 2.3

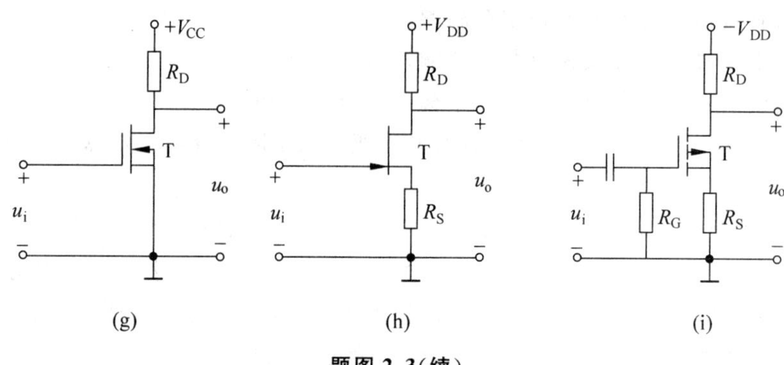

题图 2.3(续)

2.4 在题图 2.4(a)所示电路中,输入为正弦信号,输出端得到题图 2.4(b)的信号波形。试判断放大电路产生何种失真,是何原因,应采用什么措施消除这种失真。

2.5 电路如题图 2.5 所示。若:$R_B=560\text{k}\Omega$,$R_C=4\text{k}\Omega$,$\beta=50$,$R_L=4\text{k}\Omega$,$R_S=1\text{k}\Omega$,$V_{CC}=12\text{V}$,$U_S=20\text{mV}$,你认为下面的结论正确吗?

(1) 直流电源表测出 $U_{CE}=8\text{V}$,$U_{BE}=0.7\text{V}$, $I_B=20\mu\text{A}$,所以 $A_u=\dfrac{8}{0.7}\approx 11.4$。

(2) 输入电阻 $r_i=\dfrac{20\text{mV}}{20\mu\text{A}}=10^3\Omega=1\text{k}\Omega$。

(3) $A_{uS}=-\dfrac{\beta R_L}{r_i}-\dfrac{50\times 4}{1}=-200$。

(4) $r_o=R_C /\!/ R_L=4 /\!/ 4=2\text{k}\Omega$。

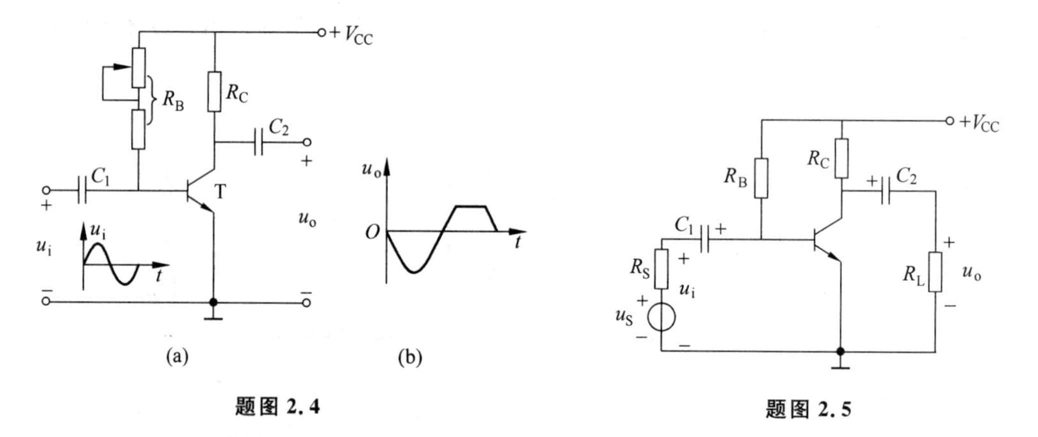

题图 2.4

题图 2.5

2.6 如题图 2.6 所示电路中晶体管的 $\beta=100$,$r_{be}=1\text{k}\Omega$。

(1) 现已测得静态管压降 $U_{CEQ}=6\text{V}$,估算 R_B;

(2) 若测得 u_i 和 u_o 的有效值分别为 1mV 和 100mV,则负载电阻 R_L 为多少?

2.7 电路如题图 2.7 所示,晶体管的 $\beta=100$,$r_{bb'}=100\Omega$。

(1) 求电路的 Q 点、A_u、R_i 和 R_o;

(2) 若电容 C_E 开路,则将引起电路的哪些动态参数发生变化? 如何变化?

2.8 已知题图 2.8(a)所示电路中场效应管的转移特性如题图 2.8(b)所示,求解电路的 Q 点和 A_u。

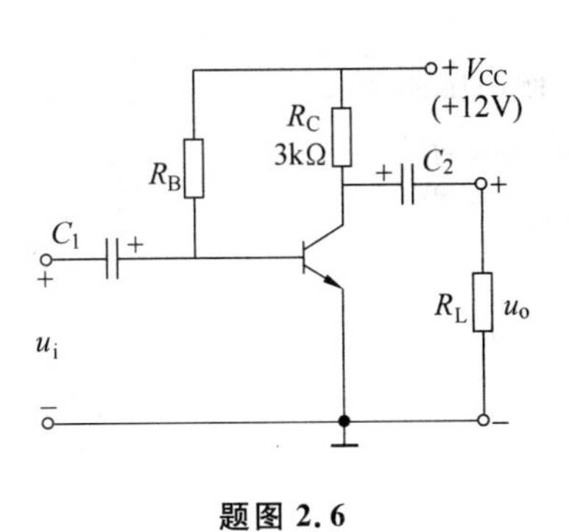

题图 2.6

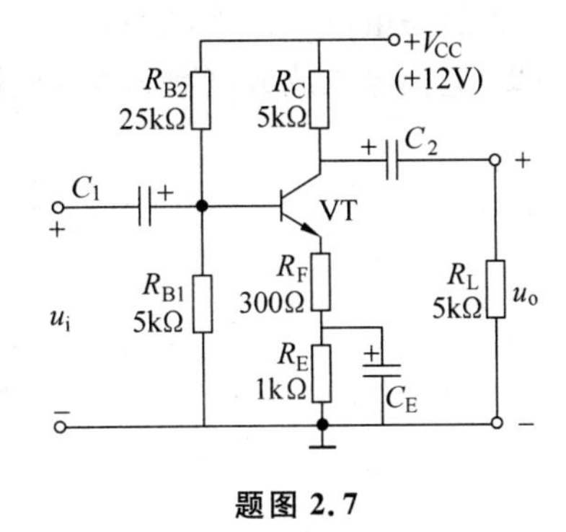

题图 2.7

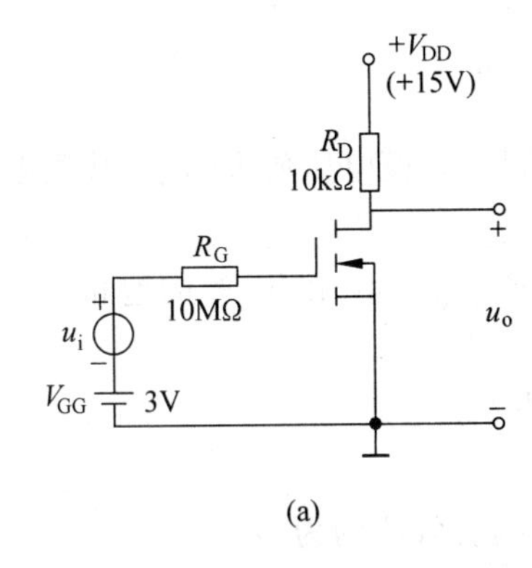

(a)

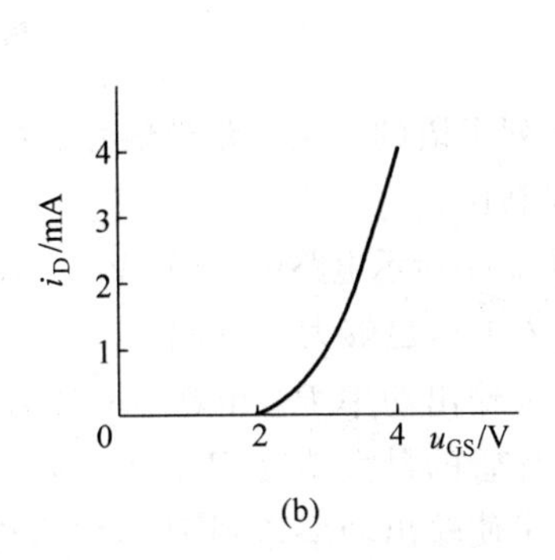

(b)

题图 2.8

2.9　两级阻容耦合放大电路如题图 2.9 所示，已知：$R_{B1}=100\text{k}\Omega$，$R_{B2}=47\text{k}\Omega$，$R_{C1}=1\text{k}\Omega$，$R_{E1}=1.1\text{k}\Omega$，$R_{B3}=39\text{k}\Omega$，$R_{B4}=10\text{k}\Omega$，$R_{C2}=2\text{k}\Omega$，$R_{E2}=1\text{k}\Omega$，$R_L=3\text{k}\Omega$，两管的输入电阻均为 $r_{be}=1.0\text{k}\Omega$，电流放大系数 $\beta_1=100$，$\beta_2=60$。画出放大电路的小信号模型，并求：

(1) 放大电路的输入电阻和输出电阻；

(2) 各级放大电路的电压放大倍数和总的电压放大倍数；

(3) 信号源电压有效值 $U_S=10\mu\text{V}$，内阻 $R_S=1\text{k}\Omega$ 时，放大电路的输出电压。

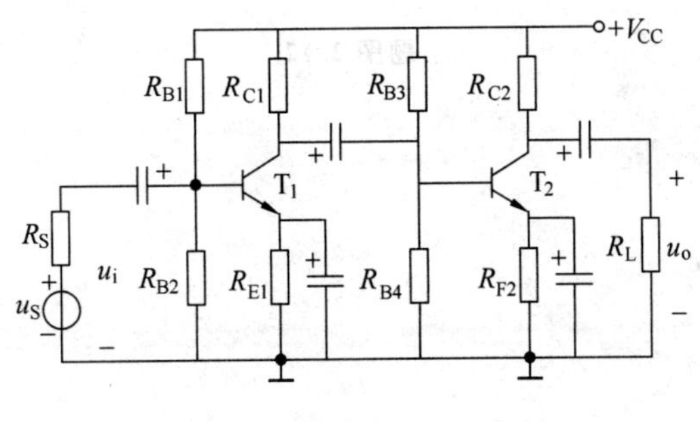

题图 2.9

2.10　双端输出的差动式放大电路如题图 2.10 所示，已知 $R_{C1}=R_{C2}=3\text{k}\Omega$，$R_E=5.1\text{k}\Omega$，每个三极管的 $U_{BE}=0.7\text{V}$，$\beta=50$，$r_{be}=2\text{k}\Omega$，$R_{S1}=R_{S2}=0.2\text{k}\Omega$。求：

(1) 静态电流 I_{CQ1} 及 U_{C1}；

(2) 差模电压放大倍数 A_d，差模输入电阻 R_{id}、输出电阻 R_o。

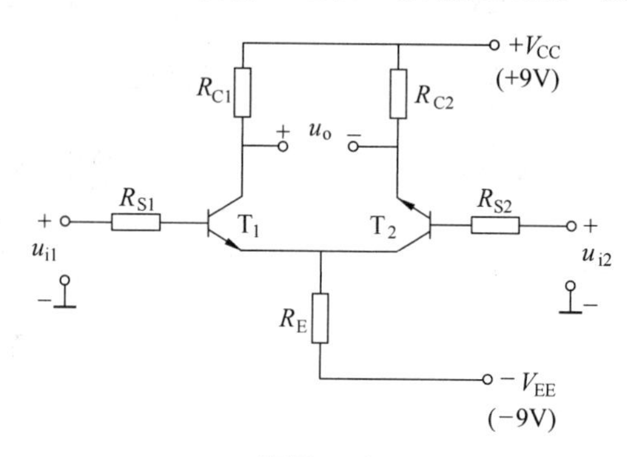

题图 2.10

2.11 解释下列术语的含义：差模信号、共模信号、差模电压放大倍数、共模电压放大倍数、共模抑制比。

2.12 在题图 2.12 所示电路中，已知 $V_{CC}=16V$，$R_L=4\Omega$，T_1 和 T_2 管的饱和管压降 $|U_{CES}|=2V$，输入电压足够大。试问：

(1) 最大输出功率 P_{om} 和效率 η 各为多少？

(2) 晶体管的最大功耗 P_{Tm} 为多少？

(3) 为了使输出功率达到 P_{om}，输入电压的有效值约为多少？

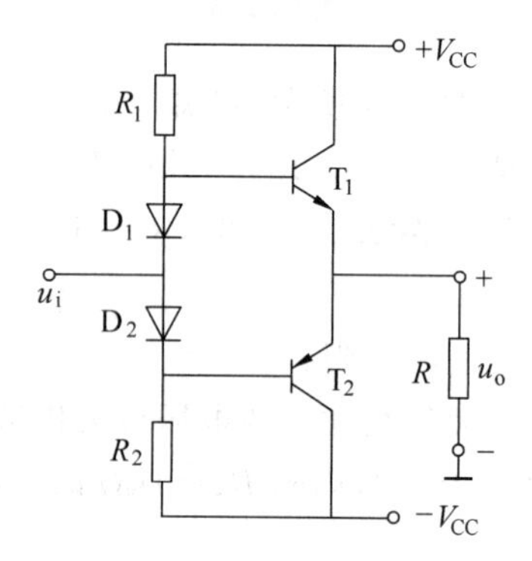

题图 2.12

第3章

集成运算放大器及其应用

20 世纪 60 年代，用半导体制造工艺把整个电路的元器件制作在一块硅基片上，构成特定功能的电子电路，称为集成电路(integrated circuits，IC)。集成电路体积小、质量轻，而性能却很好，价格也较便宜，因此得到了快速的发展和广泛的应用。

经过了几十年的发展，现在集成电路的产品种类和型号很多。按照性能指标来分，有通用型和专用型；按照集成度来分，有小规模、中规模、大规模和超大规模等；按照导电类型来分，有双极型、单极型(场效应管)和两者兼容的；按照功能来分，有数字集成电路和模拟集成电路。

其中，模拟集成电路的种类也很繁多，有集成运算放大器、集成功率放大器、集成稳压电源、集成乘法器、集成锁相环，以及电视机、音响等电子设备中的某些专用集成电路等。集成运算放大器是模拟集成电路中应用最为广泛的一种。

本章主要介绍集成运算放大器的基本工作原理及其各类应用。

3.1 集成运算放大器

3.1.1 集成运算放大器的组成

集成运算放大器(简称集成运放或运放)是一种具有很高的开环差模放大倍数、多级的直接耦合、集成制作的放大电路。

因为在集成电路中电容和电感的制造比较困难，电容常用 PN 结的结电容构成，一般为 200pF 以下，并且基本上不采用电感。所以集成运算放大器各级之间采用直接耦合。集成电路中的电阻元件则一般由半导体的体电阻构成，阻值范围一般为 20kΩ 以下，高阻值的电阻多用三极管或场效应管等组成的电流源替代。

在同一硅片上的元器件采用同一标准工艺流程，温度的一致性好，容易制成特性相同的管子或阻值相等的电阻。为了克服直接耦合电路的温度漂移，集成电路常采用结构对称的差动放大电路。

典型的集成运算放大器的内部结构如图 3.1.1 所示，一般由 4 个部分组成。

输入级电路一般由差分放大电路组成，利用电路的对称性来提高电路的性能；中间级电路一般由一级或多级共发射极或共源极电压放大电路组成，其主要作用是提高电压放大倍

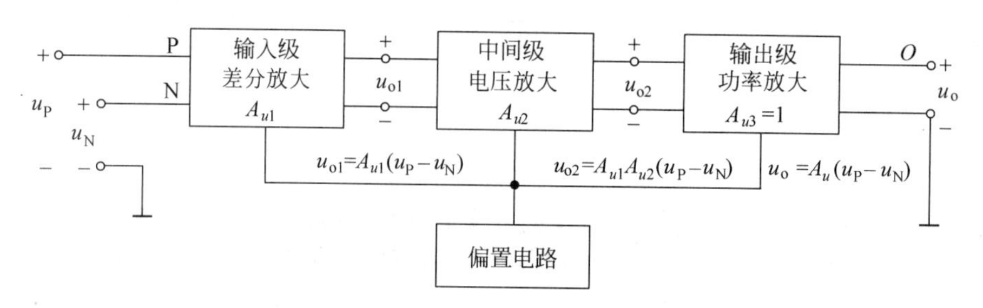

图 3.1.1 集成运算放大器的内部结构框图

数；输出级电路一般采用功率放大电路，其主要作用是为负载提供一定的功率，输出电阻小，输出电压线性范围宽，非线性失真小；偏置电路一般采用电流源电路，为各级电路提供合适的工作电流，确定合适的工作点。此外还有一些保护电路和高频补偿等辅助环节。

在集成运算放大器的实际应用中，集成运放被看做是一个整体、独立的元器件，在保证集成运放能够正常工作的前提下，在电路中常常忽略集成运放的内部结构，将其抽象为一个方框(国家标准符号)或三角框(国际常用符号)，如图 3.1.2 所示，集成运放简化为一个 3 端元件。

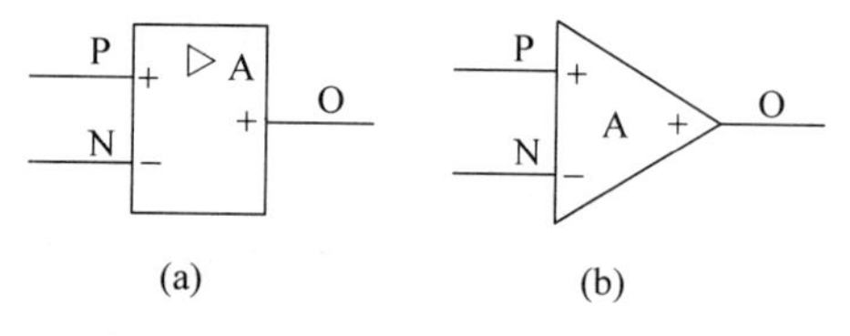

图 3.1.2 集成运算放大器的电路符号

(a) 国家标准符号；(b) 国际常用符号

图中，集成运放有两个输入端和一个输出端，P 端称为同相输入端，在图中标有“+”号，当在同相输入端加入信号时，在输出端得到的输出信号与之同相；N 端称为反相输入端，在图中标有“－”号，当在反相输入端加入信号时，在输出端得到的输出信号与之反相；O 端为输出端(P、N、O 分别为 positive、negative 和 output 的首字母)。图 3.1.2(a)为国家标准符号，图 3.1.2(b)为国际常用符号，本书采用图 3.1.2(a)的符号。

3.1.2 集成运算放大器的技术指标

评价集成运算放大器的技术指标很多，为了合理地选择和正确地使用集成运放，必须了解主要的技术指标的意义。

1. 开环差模电压放大倍数 A_{uod}

开环差模电压放大倍数是指集成运放在无外接反馈电路时的差模信号(differential mode signals)电压放大倍数，即有

$$A_{uod}=\frac{U_O}{U_{id}}=\frac{U_O}{U_+-U_-} \tag{3.1}$$

A_{uod}的数值一般约为 10^4～10^7，即 80～140dB。

2. 最大输出电压 U_{OPP}

最大输出电压是指集成运放在一定负载条件下能够使输出电压和输入电压之间保持不失真关系的输出电压最大值。U_{OPP}一般与供电电源的大小有关，其值略低于电源电压 1～2V。

3. 差模输入电阻 r_{id} 和差模输出电阻 r_o

差模输入电阻是指集成运放的反相输入端与同相输入端对于差模信号呈现出的等效输入电阻。一般希望 r_{id} 越大越好，约为 $10^5 \sim 10^7\Omega$。以场效应管作为输入级的集成运放，可达 $10^9\Omega$ 以上。差模输出电阻 r_o 是指集成运放对于差模信号呈现出的输出端的等效输出电阻，一般希望越小越好。

4. 共模抑制比 K_{CMRR}

共模抑制比是指集成运放的开环差模电压放大倍数和开环共模电压放大倍数之比的绝对值，即

$$K_{CMRR} = \left| \frac{A_{uod}}{A_{uoc}} \right| \tag{3.2}$$

共模抑制比是用来衡量输入级差分放大电路的对称程度和表征集成运放的抑制共模信号(common mode signals)能力的参数。其值越大越好，通用型的集成运放在 65～110dB 之间，高质量的集成运放可达 160dB 以上。

5. 输入失调电压 U_{IO} 及其温漂 $\frac{dU_{IO}}{dT}$

由于集成运放的输入级电路的参数不可能绝对对称，所以当输入电压为零时，输出电压并不为零。

输入失调电压是指集成运放使输出电压为零时在输入端所加的补偿电压。U_{IO} 值越小，表明集成运放的电路参数对称性越好。一般约为 1～10mV，高质量的集成运放在 1mV 以下。$\frac{dU_{IO}}{dT}$ 是 U_{IO} 的温度系数，其值越小，表明集成运放的温漂越小。高质量的集成运放其值小于 0.5μV/℃。

6. 输入失调电流 I_{IO} 及其温漂 $\frac{dI_{IO}}{dT}$

输入失调电流是指集成运放在输入电压为零时的输入级差分放大电路中三极管(或场效应管)的输入电流之差，即

$$I_{IO} = | I_{B+} - I_{B-} | \tag{3.3}$$

I_{IO} 的大小反映了输入级差放管输入电流的不对称程度，其值越小越好。$\frac{dI_{IO}}{dT}$ 是 I_{IO} 的温度系数，其值越小，表明集成运放的质量越好。

7. 输入偏置电流 I_{IB}

输入偏置电流是指集成运放在输出电压为零时，两输入端静态基极(栅极)电流的平均值，即

$$I_{IB} = (I_{B+} + I_{B-})/2 \tag{3.4}$$

I_{IB} 越小，信号源内阻对集成运放静态工作点的影响也就越小，I_{IO} 往往也越小。以场效应管做输入级的集成运放的输入偏置电流一般在 1nA 以下。

8. 最大差模输入电压 U_{idmax}

最大差模输入电压是指集成运放的两输入端间所能承受的最大差模电压值。超过该

值，输入级某一侧的晶体管将出现反向击穿现象。

9. 最大共模输入电压 U_{icmax}

最大共模输入电压是指集成运放的输入级能正常工作的情况下允许输入的最大共模电压值。当共模输入电压超过该值时，集成运算放大器便不能对差模信号进行放大。

除了上述参数外，还有其他参数，可查阅有关文献，这里不再赘述。

3.1.3 理想集成运算放大器

在分析含有集成运算放大器的各种实际电路时，为了方便分析，一般将它看做理想的集成运算放大器，其理想化的条件为：

(1) 开环差模电压放大倍数 $A_{uod}\to\infty$；

(2) 差模输入电阻 $r_{id}\to\infty$；

(3) 共模抑制比 $K_{CMRR}\to\infty$；

(4) 输出电阻 $r_o\to 0$。

由于实际集成运放采用上述技术指标的理想化后，在分析中所引起的误差并不严重，在工程上是允许的，而且分析计算过程也被大大简化了。图 3.1.3 所示为实际集成运算放大器和理想集成运算放大器的图形符号。

实际集成运放的 A_{uod} 为有限值，图 3.1.3(a)中用 A 表示 A_{uod}；理想集成运放的 A_{uod} 为无穷大，图 3.1.3(b)中用∞表示 $A_{uod}\to\infty$，符号"▷"表示信号的传输方向。后面的分析都是根据集成运放的理想化条件来分析的。

1. 理想运算放大器的电压传输特性

表示输出电压与输入电压之间关系的曲线称为电压传输特性，从图 3.1.4 所示的集成运算放大器的电压传输特性可以看出，当 $|u_+ - u_-|$ 较小时，输出电压与输入电压呈线性关系；当 $|u_+ - u_-|$ 增加时，集成运放的输出会达到饱和状态(saturation)，输出分别为正饱和值 $+U_{o(sat)}$ 和负饱和值 $-U_{o(sat)}$。

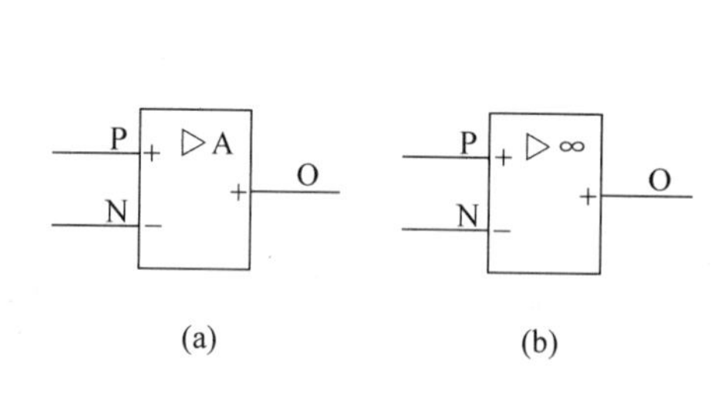

图 3.1.3 实际集成运算放大器和理想集成运算放大器的图形符号

(a) 实际集成运算放大器；(b) 理想集成运算放大器

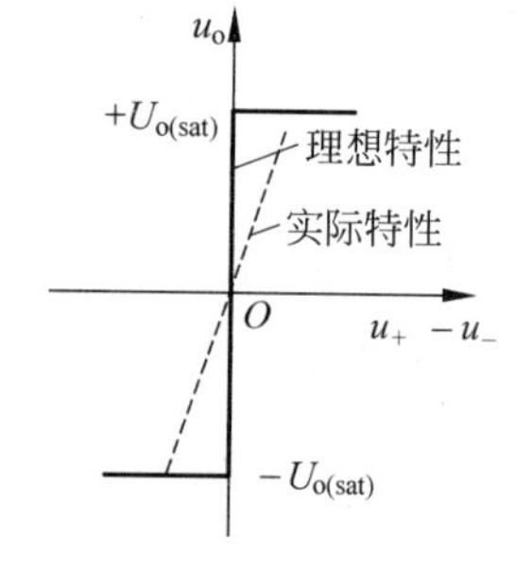

图 3.1.4 集成运算放大器的电压传输特性曲线

由图 3.1.4 可知，电压传输特性可分为线性区和非线性区(或饱和区)，集成运算放大器可以工作在线性区，也可以工作在非线性区，但分析方法有所不同。

2. 理想运算放大器工作在线性区的特点

(1) 在线性区存在"虚短"

理想运算放大器的开环差模电压放大倍数 $A_{uod} \to \infty$，输出电阻 $r_o \to 0$。因为输出电压 u_o 为有限值，故

$$u_{id} = u_+ - u_- = \frac{u_{od}}{A_{uod}} \to 0 \tag{3.5}$$

由此可得

$$u_+ \approx u_- \tag{3.6}$$

这表明理想集成运算放大器的两个输入端的电位近似相等，相当于短路，但又不是真正的短路，所以称为"虚短"。

(2) 在线性区存在"虚断"

理想运算放大器的差模输入电阻 $r_{id} \to \infty$，即

$$i_+ = i_- = \frac{u_+ - u_-}{r_{id}} = \frac{u_{id}}{r_{id}} \to 0 \tag{3.7}$$

由此可得

$$i_+ = i_- \approx 0 \tag{3.8}$$

这表明理想集成运算放大器的两个输入端的电流近似为零，相当于断路，但又不是真正的断路，所以称为"虚断"。

应用"虚短"和"虚断"两个重要的概念，是分析各种集成运放构成的线性电路的基本依据。另外，由于集成运放的 $A_{uod} \to \infty$ 容易导致电路性能不稳定，必须引入深度负反馈。

3. 理想集成运算放大器工作在非线性区的特点

由于集成运放的线性区极小，当集成运放电路处于开环(未引入反馈)或引入正反馈时，集成运放工作在非线性区。

(1) 在非线性区"虚短"不成立

理想运算放大器的两个输入端只要有很小的差值电压，输出电压的变化范围就扩展为正、负饱和值，即

$$u_o = +U_{o(sat)}, \quad u_+ > u_- \tag{3.9}$$

$$u_o = -U_{o(sat)}, \quad u_+ < u_- \tag{3.10}$$

(2) 在非线性区"虚断"仍然成立

理想运算放大器的两个输入端由于差模输入电阻 $r_{id} \to \infty$，电流近似为零。

以上两个特点是分析集成运放非线性应用电路的主要依据。

例 3.1　UA741 集成运算放大器的正、负电源电压为 ± 22V，开环电压放大倍数 $A_{uod} = 2 \times 10^5$(输出电压为 ± 10V，负载为 2kΩ)，输出最大电压为 ± 13V，在图 3.1.3(a)中分别输入下列电压：

(1) $u_+ = 15\mu$V，$u_- = -10\mu$V；

(2) $u_+ = -5\mu$V，$u_- = 10\mu$V；

(3) $u_+ = 15$mV，$u_- = -10$mV；

(4) $u_+ = -5$mV，$u_- = 10$mV。

试求输出电压及其极性。

解 $u_+ - u_- = \frac{u_{od}}{A_{uod}} = \frac{\pm 13}{200000} = \pm 65\mu V$，则两输入端之间的电压差值超过$\pm 65\mu V$，输出电压会得到正或负的饱和值。

(1) $u_{id} = [15-(-10)]\mu V = 25\mu V$，电压差值没有超过$\pm 65\mu V$，集成运放工作在线性区，则 $u_{od} = 2\times 10^5 \times 25\times 10^{-6} V = +5V$；

(2) $u_{id} = [(-5)-10]\mu V = -15\mu V$，电压差值没有超过$\pm 65\mu V$，集成运放工作在线性区，则 $u_{od} = 2\times 10^5 \times (-15)\times 10^{-6} V = -3V$；

(3) $u_{id} = [15-(-10)] mV = 25mV$，电压差值超过$\pm 65\mu V$，集成运放工作在非线性区，则 $u_{od} = +U_{o(sat)} = +13V$；

(4) $u_{id} = [(-5)-10] mV = -15mV$，电压差值超过$\pm 65\mu V$，集成运放工作在非线性区，则 $u_{od} = -U_{o(sat)} = -13V$。

3.2 反馈放大电路

3.2.1 反馈的基本概念

在电子电路中，反馈的应用极为普遍。在放大电路中引入适当的负反馈，可以改善放大电路的一些重要性能指标。

1. 反馈的概念

将放大器的输出信号的一部分或全部经反馈网络送回到输入端，与外部所加输入信号共同形成放大器的输入信号，以影响输出信号的过程称为反馈。

按照反馈放大电路中电路的功能及作用，可将反馈放大电路分为基本放大电路 A 和反馈电路 F（或反馈网络），其功能框图如图 3.2.1 所示。

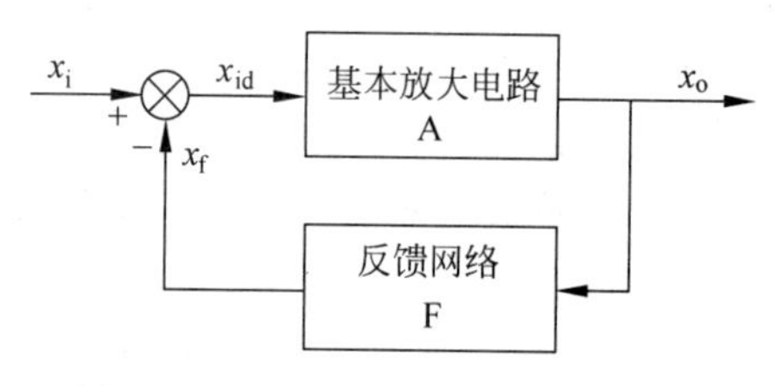

图 3.2.1 反馈放大电路的功能框图

其中基本放大电路的主要功能是放大信号，可以为任意组态的单级或多级的放大电路，也可以是集成运放。本节主要采用集成运放作为基本放大电路。

反馈网络是信号的反向传输通路，主要功能是对放大电路的输出信号进行采样并反馈到输入端，可以是电阻、电感、电容、晶体管等单个元器件或它们的组合，也可以是较复杂的网络。

基本放大电路 A 和反馈网络 F 组成了一个闭合回路，称为闭环放大电路；无反馈通路的放大电路称为开环放大电路。

在图 3.2.1 中，x_i 为闭环放大电路总的输入信号；x_o 为输出信号；x_f 为反馈信号；x_{id} 为净输入信号，即 x_i 与 x_f 进行比较后产生的输入信号。以上信号可以是电压，也可以是电流，故用 x 表示。

在图 3.2.1 中，⊗是比较环节的符号，实现输入信号和反馈信号的比较；箭头表示信号传递方向，放大环节中信号为正向传输，反馈环节中信号为反向传输。

2. 反馈放大电路的分类及判别

(1) 直流反馈与交流反馈

放大电路通常都是信号的交、直流共存的，且交、直流信号在放大电路中的作用各不相同，在放大电路的分析中，交流和直流信号通常是通过交流通路和直流通路分别讨论，则反馈也存在交流反馈和直流反馈。

仅在直流通路中存在的反馈称为直流反馈，即反馈量中只有直流成分；仅在交流通路中存在的反馈称为交流反馈，即反馈量中只有交流成分。在很多放大电路中，直流反馈和交流反馈常常兼而有之，即反馈量中既有直流成分又有交流成分，称为交、直流反馈。

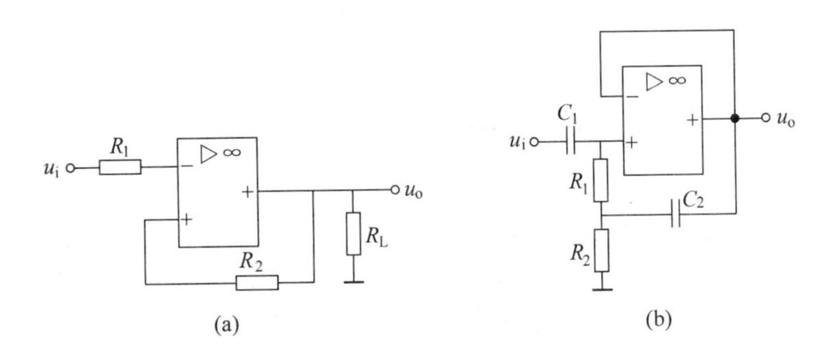

图 3.2.2　集成运放电路的交、直流反馈

(a) 交、直流反馈；(b) 交流反馈

如图 3.2.2(a)所示，R_2 既在输入回路又在输出回路，构成反馈通路。R_2 引入的反馈信号既有直流成分又有交流成分，是交、直流反馈。如图 3.2.2(b)所示，R_1、R_2 和 C_2 组成的网络既在输入回路又在输出回路，构成反馈通路，其引入的反馈信号只有交流成分，没有直流成分(直流反馈中电容相当于开路)，是交流反馈。

(2) 正反馈与负反馈

在图 3.2.1 所示反馈放大电路的组成框图中，输出信号 x_o 通过反馈网络产生的反馈信号 x_f 送回到输入回路与原输入信号共同作用于基本放大电路，得到净输入信号 x_{id}。反馈信号 x_f 对净输入信号 x_{id} 的影响有两种效果：一种是使净输入信号量 x_{id} 减小，这种反馈称为负反馈；一种是使净输入信号量 x_{id} 增大，这种反馈称为正反馈。

引入反馈的目的是通过控制净输入信号引起输出量的变化，所以可以根据输出量的变化来区分反馈的正负。反馈结果使输出量变化增大的，引入的是正反馈；使输出量变化减小的，引入的是负反馈。

正、负反馈的判别可以采用瞬时极性法：对于电压输入信号的反馈放大电路，先假设输入信号 u_i 在某一瞬间变化的极性为正(电位瞬时增加的趋势)，用“＋”号标出；沿着信号的传输方向，根据各种基本放大电路的输入信号与输出信号之间的相位关系，从输入到输出逐级标出放大电路中各个有关点的电位的瞬时极性；再由输出端，根据支路电流的瞬时流向，确定输出回路反送回输入回路的反馈信号的瞬时极性；最后判别有反馈信号时减小还是增大了净输入信号，若减小则为负反馈，若增大则为正反馈。

如图 3.2.3(a)所示，设输入信号 u_i 在某一瞬间变化的极性为(＋)，沿着输入到输出的信号的传输方向，由于电阻元件不改变相位，集成运放的反相输入端的瞬间变化的极性为

(＋),集成运放的输出端与反相输入端的信号反相,输出端的瞬间变化的极性为(－),再由输出端返回到输入端,电阻元件不改变相位,返回到集成运放的同相输入端的瞬间变化的极性为(－)。该电路的净输入信号 $u_{id}=u_i-(-u_f)$,比没有反馈时增大了,所以判断为正反馈。

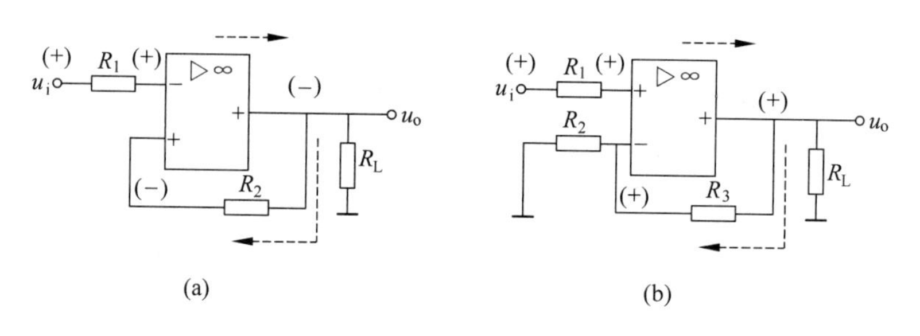

图 3.2.3 集成运放电路的正负反馈

(a) 正反馈;(b) 负反馈

如图 3.2.3(b)所示,设输入信号 u_i 在某一瞬间变化的极性为(＋),沿着输入到输出的信号传输方向,集成运放同相输入端的瞬间变化极性为(＋),输出端与同相输入端的信号同相,输出端的瞬间变化极性为(＋),再由输出端返回到集成运放的反相输入端的瞬间变化的极性为(＋),净输入信号 $u_{id}=u_i-u_f$,比没有反馈时减小了,所以判断为负反馈。

(3) 电压反馈与电流反馈

反馈放大电路按照输出量采样方式的不同,可分为电压反馈和电流反馈。反馈信号的采样对象是输出电压,反馈信号与输出电压成正比,则称反馈为电压反馈;反馈信号的采样对象是输出电流,反馈信号与输出电流成正比,则称反馈为电流反馈。

如图 3.2.4(a)所示,反馈信号 x_f 取自输出电压 u_o,且 $x_f=F_{u_o}$,为电压反馈;如图 3.2.4(b)所示,反馈信号 x_f 取自输出电流 i_o,且 $x_f=F_{i_o}$,为电流反馈。

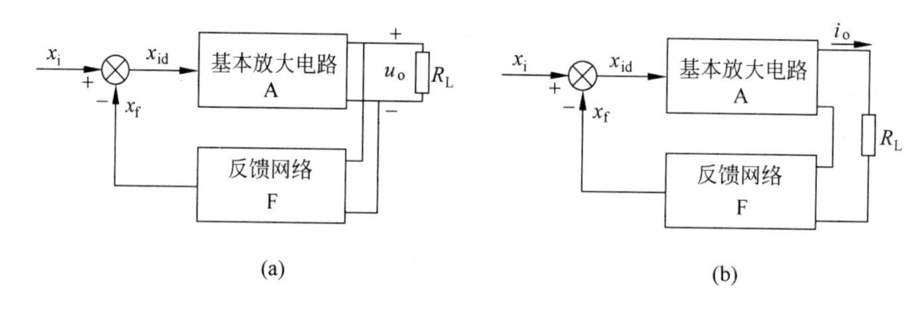

图 3.2.4 电压反馈和电流反馈框图

(a) 电压反馈;(b) 电流反馈

电压、电流反馈的判别可以采用输出短路法:假设输出电压 $u_o=0$(即令负载短路),观察反馈信号是否为零。若反馈信号为零,则为电压反馈;若不为零,则为电流反馈。

如图 3.2.5(a)所示,电阻 R_2、R_3 构成反馈网络,反馈电压 u_f,用输出短路法,令 $u_o=0$,则 $u_f=\frac{R_2}{R_2+R_3}u_o=0$,所以该反馈是电压反馈。如图 3.2.5(b)所示,电阻 R_2 构成反馈网络,反馈电压 u_f,用输出短路法,令 $u_o=0$,则 $u_f=i_oR_2\neq0$,所以该反馈是电流反馈。

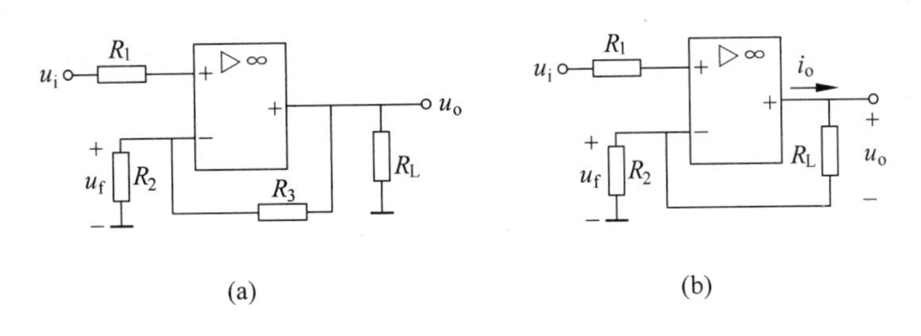

图 3.2.5　集成运放电路的电压、电流反馈

(a) 电压反馈；(b) 电流反馈

(4) 串联反馈与并联反馈

按照基本放大电路和反馈网络在输入端的连接方式不同，可以分为串联反馈和并联反馈。

反馈信号与输入信号串联在输入回路，以电压的形式叠加确定净输入电压信号，该反馈称为串联反馈；反馈信号与输入信号并联在输入回路，以电流的形式叠加确定净输入电流信号，该反馈称为并联反馈。

如图 3.2.6(a)所示，反馈信号 x_f 与输入信号 x_i 串联，以电压形式叠加，有 $u_{id}=u_i-u_f$，从电路上看，反馈信号 u_f 与输入信号 u_i 不接在基本放大电路的同一个输入端，为串联反馈。

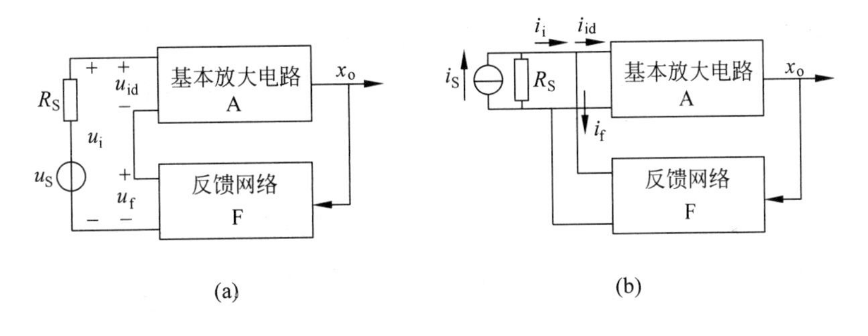

图 3.2.6　串联反馈和并联反馈框图

(a) 串联反馈；(b) 并联反馈

如图 3.2.6(b)所示，反馈信号 x_f 与输入信号 x_i 并联，以电流形式叠加，有 $i_{id}=i_i-i_f$，从电路上看，反馈信号 i_f 与输入信号 i_i 均接在基本放大电路的同一个输入端，为并联反馈。

根据与输入端的连接方式，判断图 3.2.7(a)为串联反馈，图 3.2.7(b)为并联反馈。

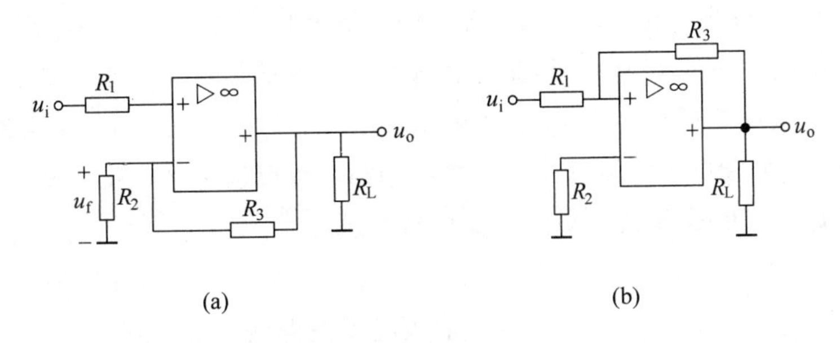

图 3.2.7　集成运放电路的串联、并联反馈

(a) 串联反馈；(b) 并联反馈

例 3.2 试判断图 3.2.8 所示电路中是否存在反馈，哪些元件引入直流反馈，哪些元件引入交流反馈，反馈是正反馈还是负反馈。并进一步判断反馈是电压反馈还是电流反馈，是串联反馈还是并联反馈。

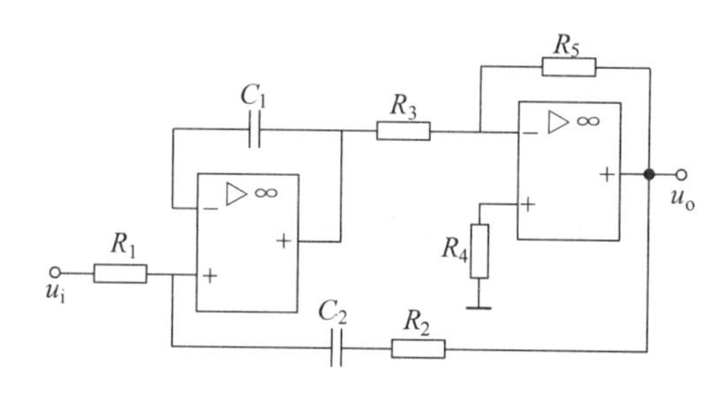

图 3.2.8 集成运放电路

解 如图 3.2.8 所示的集成运放电路为二级反馈放大电路，其中 C_1 构成第一级反馈通路，R_5 是第二级反馈通路，每级各自存在的反馈称为局部反馈（或本级反馈），因此 C_1 和 R_5 反馈分别为第一级的本级反馈与第二级的本级反馈。输出端信号由 C_2 和 R_2 连接回输入回路，C_2 和 R_2 一同构成反馈通路，这种跨级的反馈称为级间反馈。

直流通路时，电容断路；交流通路时，电容短路。所以 C_1 构成的第一级反馈是交流反馈，R_5 是第二级的交、直流反馈，C_2 和 R_2 是级间交流反馈。

由瞬时极性法判断反馈的极性（假设集成运放电路处于中频段，电容不改变相位），根据信号的流向，标注其相关点的瞬时极性如图 3.2.9 所示。

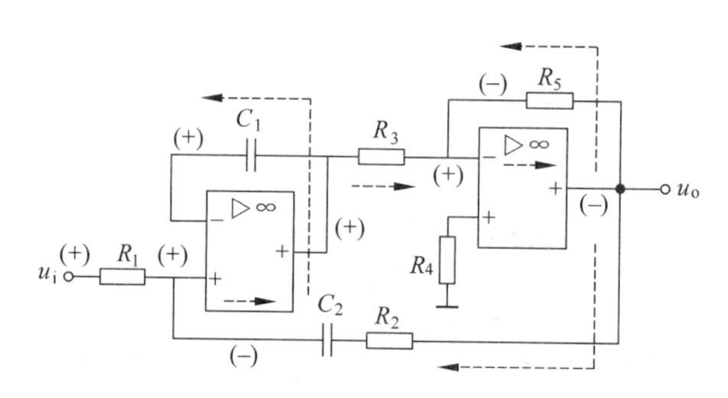

图 3.2.9 集成运放电路的瞬时极性图

由图 3.2.10 所示的集成运放电路净输入信号的分析图可以判断：C_1 构成的第一级反馈的净输入信号 $u_{id1}=u_i-u_{f1}$ 减小了，是负反馈；R_5 构成的第二级反馈的净输入信号 $i_{id2}=i_{i2}-i_{f2}$ 减小了，是负反馈；C_2 和 R_2 构成的级间反馈 $i_{id}=i_i-i_f$ 减小了，是负反馈。

用输出短路法判断电压电流反馈：C_1 构成的第一级反馈是电压反馈，R_5 构成的第二级反馈是电压反馈，C_2 和 R_2 构成的级间反馈也是电压反馈。

由与输入端的连接方式判断串联、并联反馈：C_1 构成的第一级反馈是串联反馈，R_5 构成的第二级反馈是并联反馈，C_2 和 R_2 构成的级间反馈也是并联反馈。

综上所述，C_1 构成的第一级反馈是交流电压串联负反馈，R_5 构成的第二级反馈是交、直流电压并联负反馈，C_2 和 R_2 构成的级间反馈是交流电压并联负反馈。

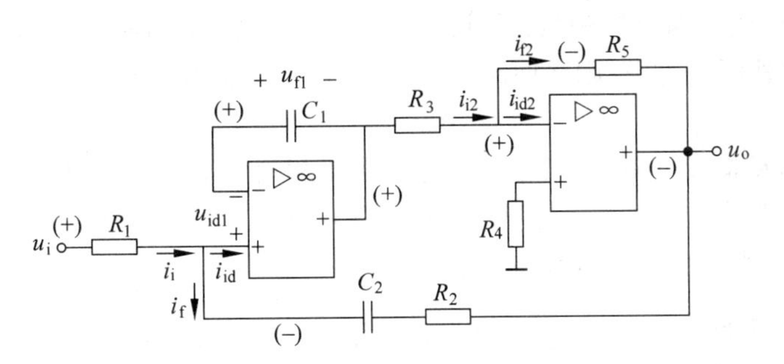

图 3.2.10　集成运放电路的净输入信号的分析图

3.2.2　负反馈放大电路的基本组态

通常，负反馈可以改善反馈放大电路的性能，直流负反馈可以稳定静态工作点，交流负反馈可以改善动态性能。

由 3.2.1 节可知，反馈网络在放大电路的输出回路有电压和电流两种采样方式，在输入回路有串联和并联两种连接方式，因此负反馈放大电路有 4 种基本组态：电压串联负反馈、电压并联负反馈、电流串联负反馈和电流并联负反馈。

下面结合图 3.2.11 所示集成运放电路逐一进行介绍。

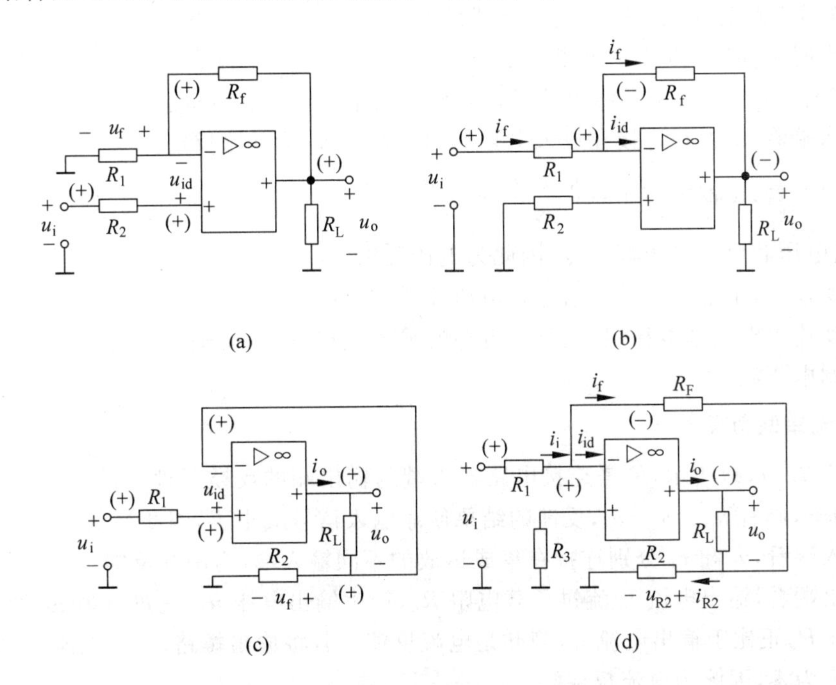

图 3.2.11　负反馈放大电路的 4 种基本组态

(a) 电压串联负反馈；(b) 电压并联负反馈；(c) 电流串联负反馈；(d) 电流并联负反馈

1. 电压串联负反馈

图 3.2.11(a)所示的是由集成运放构成的反馈放大电路。集成运放就是基本放大电路，R_f 是连接电路输入端与输出端的反馈元件。

采用瞬时极性法判断反馈的极性：设 u_i 为+，输入信号接在同相输入端，则 u_o 也为+，反馈信号 u_f 的极性同样为+，则在回路中有 $u_{id}=u_i-u_f$，反馈的结果使净输入信号减小了，因此是负反馈。

从输入端看，反馈元件 R_f 连接在集成运放的反相输入端，输入电压 u_i 接在集成运放的同相输入端，两者没有连接在同一输入端，所以输入电压 u_i 与反馈电路的输出电压 u_f 在输入端以电压的形式串联相加，为串联反馈。

从输出端看，反馈电压 $u_f=\dfrac{R_1}{R_1+R_f}u_o$，正比于 u_o，因此是电压反馈。采用输出短路法，假设输出端短路时，$u_o=0$，u_f 也为0，因此是电压反馈。

综上所述，这个电路的反馈组态是电压串联负反馈。

电压负反馈的特点是稳定输出电压，当输入信号大小一定时，由于负载减小或其他因素导致输出电压下降，该电路能自动进行调节：

$$R_L\downarrow\rightarrow u_o\downarrow\rightarrow u_f\downarrow\rightarrow u_{id}\uparrow\rightarrow u_o\uparrow$$

反馈的结果牵制了输出电压的下降，从而使输出电压基本稳定。由于该电路的输出端电压 u_o 受输入电压 u_i 控制，可以看做是电压控制电压源。

2. 电压并联负反馈

图3.2.11(b)所示的是由集成运放构成的反馈放大电路。集成运放就是基本放大电路，R_f 是连接电路输入端与输出端的反馈元件。

采用瞬时极性法判断反馈的极性：设 u_i 为+，则 u_o 为−，i_i、i_f 和 i_{id} 的瞬时极性同参考方向，则有 $i_{id}=i_i-i_f$，反馈的结果使净输入信号减小了，因此是负反馈。

从输入端看，i_i 和 i_f 连接在放大电路的同一输入端，为并联反馈。

从输出端看，反馈电流 $i_f=\dfrac{u_+-u_o}{R_f}\approx\dfrac{-u_o}{R_f}$，正比于 u_o，因此是电压反馈。若将输出短路，则输出电压和反馈电压都为零，因此为电压反馈。

综上所述，这个电路的反馈组态是电压并联负反馈。

反馈使输出电压基本稳定，而且该电路的输出端电压 u_o 受输入电流 i_i 控制，可以看做是电流控制电压源。

3. 电流串联负反馈

如图3.2.11(c)所示，R 是连接电路输入端与输出端的反馈元件。设 u_i 为+，则 u_o 为+，u_f 也为+，则有 $u_{id}=u_i-u_f$，反馈的结果使净输入信号减小了，因此是负反馈。

从输入端看，u_i 和 u_f 分别连接在集成运放的不同输入端，为串联反馈。

从输出端看，输出电流 i_o 流过负载电阻 R_L，产生输出电压 u_o，流过电阻 R，产生反馈电压 u_f，$u_f=i_oR$，正比于输出电流 i_o，因此是电流反馈。若将输出短路，输出电流 i_o 仍然存在，反馈电压不为零，因此为电流反馈。

综上所述，这个电路的反馈组态是电流串联负反馈。

反馈使输出电流基本稳定，而且该电路的输出端电流 i_o 受输入电压 u_i 控制，可以看做是电压控制电流源。

4. 电流并联负反馈

如图3.2.11(d)所示，R_f 是连接电路输入端与输出端的反馈元件。设 u_i 为+，则 u_o 为−，

i_i、i_f 和 i_{id} 的瞬时极性同参考方向，则有 $i_{id}=i_i-i_f$，反馈的结果使净输入信号减小了，因此是负反馈。

从输入端看，i_i 和 i_f 连接在放大电路的同一输入端，为并联反馈。

从输出端看，反馈电流 $i_f\approx-\dfrac{R}{R+R_f}i_o$，正比于输出电流 i_o，因此是电流反馈。若将负载短路，输出电流 i_o 仍然存在，因此为电流反馈。

电流负反馈的特点是稳定输出电流。当输入电流大小一定时，由于某种因素导致输出电流下降，该电路能自动进行调节：

$$i_o\downarrow\rightarrow i_f\downarrow\rightarrow i_{id}\uparrow\rightarrow i_o\uparrow$$

反馈的结果牵制了输出电流的下降，从而使输出电流基本稳定。由于该电路的输出端电流 i_o 受输入电流 i_i 控制，可以看做是电流控制电流源。

以上是负反馈的 4 种基本组态，在负反馈放大电路的分析中，正确判断反馈的基本组态十分重要，因为反馈组态不同，放大电路的性能就不同。

3.2.3　负反馈放大电路的增益

负反馈放大电路的 4 种基本组态表现出 4 种不同的连接方式。为讨论负反馈放大电路的共同规律，下面推论负反馈放大电路的增益的一般表达式。

由图 3.2.1 所示的反馈放大电路的功能框图可知：

基本放大电路的净输入信号为

$$x_{id}=x_i-x_f \tag{3.11}$$

基本放大电路的增益(也称开环增益)为

$$A=\frac{x_o}{x_{id}} \tag{3.12}$$

反馈网络的反馈系数(或反馈增益)为

$$F=\frac{x_f}{x_o} \tag{3.13}$$

根据式(3.12)和式(3.13)可得

$$AF=\frac{x_f}{x_{id}} \tag{3.14}$$

AF 称为负反馈放大电路的环路(或回路)的放大倍数。

负反馈放大电路的增益(也称闭环增益)为

$$A_f=\frac{x_o}{x_i} \tag{3.15}$$

将式(3.11)、式(3.12)和式(3.14)代入式(3.15)，可得负反馈放大电路的增益的一般表达式为

$$A_f=\frac{x_o}{x_i}=\frac{x_o}{x_{id}+x_f}=\frac{Ax_{id}}{x_{id}+AFx_{id}}=\frac{A}{1+AF} \tag{3.16}$$

由式(3.16)可知，引入负反馈后，放大电路的原开环增益由 A 变成了闭环增益 A_f，且闭环增益为开环增益的 $\dfrac{1}{1+AF}$。因为 $1+AF$ 是反映反馈深度的重要指标，负反馈放大电路的

所有性能的改变几乎都和其大小有关，所以 $1+AF$ 称为反馈深度。

一般情况下，负反馈放大电路的输入信号为正弦信号，而正弦信号的稳态响应可用相量法分析，当电路中所有物理量都用相量表示后，A_f、A 和 F 也分别用复数$\dot{A}_f$、$\dot{A}$和$\dot{F}$表示，它们的幅值和相位都是频率的函数。

所以负反馈放大电路的增益为

$$\dot{A}_f=\frac{\dot{A}}{1+\dot{A}\dot{F}} \tag{3.17}$$

下面分几种情况讨论反馈深度$|1+\dot{A}\dot{F}|$的值对放大电路的影响。

(1) 当$|1+\dot{A}\dot{F}|>1$ 时，则$|\dot{A}_f|<|\dot{A}|$，引入反馈后，增益减小了，这种反馈称为负反馈。当$|1+\dot{A}\dot{F}|\gg 1$ 时，则有$\dot{A}_f\approx\frac{1}{\dot{F}}$，称为深度负反馈。在深度负反馈条件下，闭环增益仅仅取决于反馈系数，几乎与基本放大电路的增益无关。

(2) 当$|1+\dot{A}\dot{F}|<1$ 时，则$|\dot{A}_f|>|\dot{A}|$，引入反馈后，增益增大了，这种反馈称为正反馈。

(3) 当$|1+\dot{A}\dot{F}|=0$ 时，则$\dot{A}\dot{F}=-1$，$|\dot{A}_f|\to\infty$，这种情况称为自激振荡，说明放大电路在没有信号输入的情况下，也会有输出信号，这在负反馈放大电路中是应避免出现的情况。

上面是对于不同反馈组态的共同规律，要注意的是，不同反馈组态中$\dot{A}_f$、$\dot{A}$和$\dot{F}$的物理意义不同，量纲也会不同，在分析时要区分清楚。

3.2.4 负反馈对放大电路性能的影响

放大电路中引入交流负反馈，除了使闭环增益下降以外，还会影响放大电路的许多性能。负反馈可以提高放大倍数的稳定性，可以展宽通频带，可以进行非线性失真，可以改变输入和输出电阻。引入负反馈对各个参数影响的程度都与反馈深度有关，反馈深度越大，对放大电路性能的改善程度也越大。

1. 提高放大倍数的稳定性

放大电路中，由于内部元器件、环境温度、电源电压及负载大小等发生变化时，会导致放大倍数的不稳定。当引入适当的负反馈时，可以使放大电路的输出信号得到稳定。通常用相对变化率来衡量放大倍数的稳定性。

当放大电路工作在中频段时，$\dot{A}_f$、$\dot{A}$和$\dot{F}$均为实数，因此计算时用 A_f、A 和 F 表示，将式(3.16)对 A 求导，则有

$$\frac{dA_f}{dA}=\frac{(1+AF)-AF}{(1+AF)^2}=\frac{1}{(1+AF)^2} \tag{3.18}$$

对式(3.18)变形可得

$$dA_f=\frac{1}{(1+AF)^2}dA \tag{3.19}$$

对式(3.19)等式两边分别除以 A_f，则有

$$\frac{dA_f}{A_f}=\frac{1}{1+AF}\cdot\frac{dA}{A} \tag{3.20}$$

由式(3.20)可知，闭环增益的相对变化率是开环增益的相对变化率的$\frac{1}{1+AF}$，因此放大倍数的稳定性提高了 $1+AF$ 倍，使放大倍数受外界因素的影响大大减小。

2. 展宽通频带

通频带是放大电路的重要的性能指标之一，在某些场合，往往要求有较宽的通频带。开环放大电路的通频带是有限的，引入负反馈可以扩展放大电路的通频带。可以证明，负反馈使通频带扩展了 $1+AF$ 倍。

3. 减小非线性失真

多级放大电路中的半导体元器件，如晶体三极管、场效应管等，均有非线性特性，所以，实际放大电路中存在着非线性失真。引入负反馈后，可使这种非线性失真减小。

某电压放大电路的开环传输特性如图 3.2.12 中曲线 1 所示，该曲线斜率的变化反映了增益随着输入信号的大小而变化。u_o 与 u_i 之间的非线性关系，说明输入信号幅度较大时，输出会出现非线性失真。引入深度负反馈后，闭环增益近似为 $1/F$，为一条直线，如图 3.2.13 中曲线 2 所示。与曲线 1 相比，在输出电压幅度相同的情况下，斜率(或增益)减小了，但增益因为输入信号的大小而改变的程度也减小了，u_o 与 u_i 之间几乎呈线性关系，减小了非线性失真。

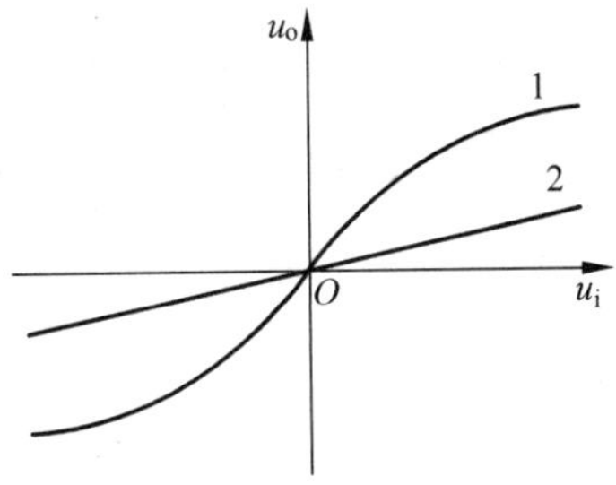

图 3.2.12 放大电路的开环和闭环的电压传输特性比较图

1—开环特性；2—闭环特性

负反馈减小非线性失真的程度与反馈深度有关，要注意的是，负反馈减小的非线性失真指的是反馈环内的失真。

4. 对输入电阻和输出电阻的影响

反馈网络连接在输入回路和输出回路之间，必然对输入电阻和输出电阻产生影响，而且，不同组态的交流负反馈对放大电路的输入电阻和输出电阻的影响也不同。

(1) 对输入电阻的影响

负反馈对输入电阻的影响，仅仅取决于是串联反馈还是并联反馈。

由图 3.2.11(a)和(c)可见，引入串联负反馈，使净输入电压 u_{id}减小，因而输入电流也减小，故引入串联负反馈会增大输入电阻。

由图 3.2.11(b)和(d)可见，引入并联负反馈，使输入电流 i_i 增大，故引入并联负反馈会减小输入电阻。

(2) 对输出电阻的影响

负反馈对输出电阻的影响，仅仅取决于是电压反馈还是电流反馈。

引入电压负反馈会减小输出电阻，引入电流负反馈会增大输出电阻。

3.3 集成运算放大器的线性应用

实际中，集成运算放大器经常用作基本放大电路，引入各种组态的负反馈，可以改善单独的集成运放电路的性能。这种负反馈放大电路一般工作在线性区，而且在深度负反馈条件下，可以简化其运算。

本节讨论理想集成运算放大器引入负反馈工作在线性区的情况，需要按照“虚短”和“虚断”的概念进行分析。

3.3.1 比例运算电路

1. 反相比例

如图 3.3.1 所示为反相比例运算电路。输入信号 u_i 经过输入端电阻 R_1 送到反相输入端，而同相输入端通过 R_2 接地。反馈电阻 R_f 连接在输出端和反相输入端之间。

根据理想运算放大器工作在线性区的两条特性可知：$i_1 \approx i_f$，$u_- \approx u_+ = 0$，所以可列出

$$i_1 = \frac{u_i - u_-}{R_1} = \frac{u_i}{R_1} \approx i_f = \frac{u_- - u_o}{R_f} = \frac{-u_o}{R_f}$$

简化可得

$$\frac{u_i}{R_1} = \frac{-u_o}{R_f} \tag{3.21}$$

闭环电压放大倍数为

$$A_{uf} = \frac{u_o}{u_i} = \frac{-R_f}{R_1} \tag{3.22}$$

由式(3.22)可知，输出电压与输入电压之间是比例运算关系，式中的负号表示输入电压和输出电压之间是反相的，或者说是反相比例关系。

如果设置相应的 R_1 和 R_f 的值，则运算放大电路的开环电压放大倍数可以设置得很大，可以认为输入电压和输出电压之间的关系只取决于电阻 R_1 和 R_f 的值，与运算放大电路本身参数无关。这就保证了比例运算的稳定性和精度。

图 3.3.1 中的电阻 R_2 称为平衡电阻，$R_2 = R_1 /\!/ R_f$，用来消除运算放大电路的零点漂移。若 $R_1 = R_f$，则有 $u_o = -u_i$，$A_{uf} = u_o/u_i = -1$，此时的反相比例运算电路可以称为反相器。

2. 同相比例

如图 3.3.2 所示为同相比例运算电路。输入信号 u_i 经过输入端电阻 R_2 送到同相输入端。

根据理想运算放大器工作在线性区的两条特性可知：$i_1 \approx i_f$，$u_- \approx u_+ = u_i$，所以可列出

$$i_1 = \frac{0 - u_-}{R_1} = \frac{-u_i}{R_1} \approx i_f = \frac{u_- - u_o}{R_f} = \frac{u_i - u_o}{R_f}$$

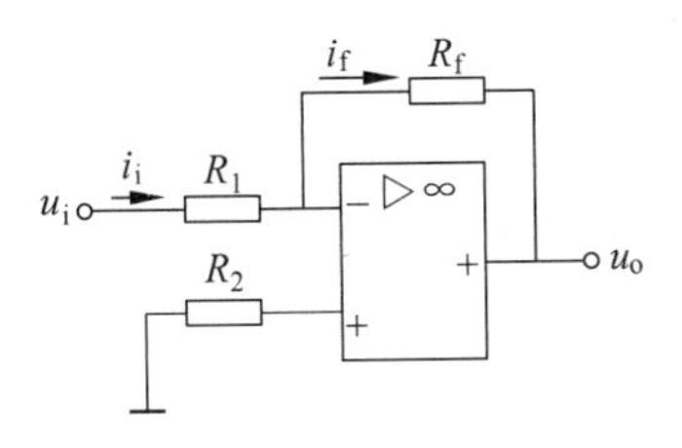

图 3.3.1　反相比例运算电路

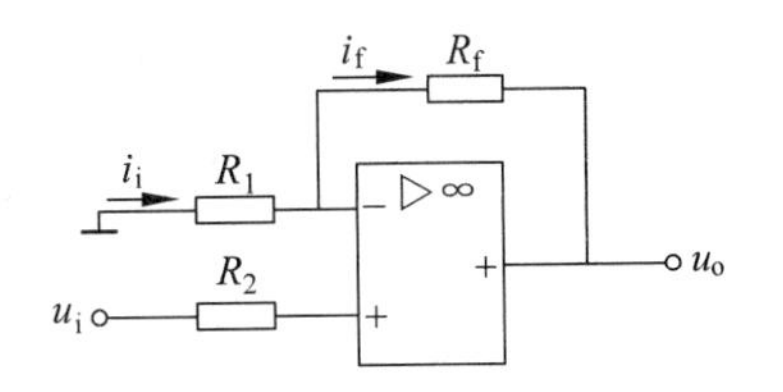

图 3.3.2　同相比例运算电路

简化可得

$$\left(\frac{1}{R_1}+\frac{1}{R_f}\right)u_i=\frac{1}{R_f}u_o \tag{3.23}$$

闭环电压放大倍数为

$$A_{uf}=\frac{u_o}{u_i}=1+\frac{R_f}{R_1} \tag{3.24}$$

由式(3.24)可知,输出电压与输入电压之间是同相比例运算关系。输入电压和输出电压之间的关系只取决于电阻 R_1 和 R_f 的值,与运算放大电路本身参数无关,可以保证比例运算的稳定性和精度。而且 A_{uf} 总是大于或等于 1,不会小于 1。

若 R_1 断开或 $R_f=0$,则有 $A_{uf}=1$,此时的同相比例运算电路称为电压跟随器。

3.3.2　加法和减法运算电路

1. 加法运算

若在反相输入端加入多个输入电路,则可以构成反相加法运算电路,如图 3.3.3 所示。

由理想运算放大器工作在线性区的两条特性可知:$i_1+i_2\approx i_f$,$u_-\approx u_+=0$,所以可列出

$$i_1+i_2=\frac{u_{i1}-u_-}{R_1}+\frac{u_{i2}-u_-}{R_2}=\frac{u_{i1}}{R_1}+\frac{u_{i2}}{R_2}\approx i_f=\frac{u_- - u_o}{R_f}=\frac{-u_o}{R_f}$$

简化后,输出电压可以表示为

$$u_o=-\left(\frac{R_f}{R_1}u_{i1}+\frac{R_f}{R_2}u_{i2}\right) \tag{3.25}$$

当 $R_1=R_2=R_f=R$ 时,则有

$$u_o=-(u_{i1}+u_{i2}) \tag{3.26}$$

由式(3.25)和式(3.26)可知,反相加法运算电路也与运算放大电路本身参数无关,只要选择合适的电阻,就可保证加法运算的稳定和精确。平衡电阻 $R_3=R_1/\!/R_2/\!/R_f$。

若在同相输入端加入多个输入电路,则可以构成同相加法运算电路,如图 3.3.4 所示。

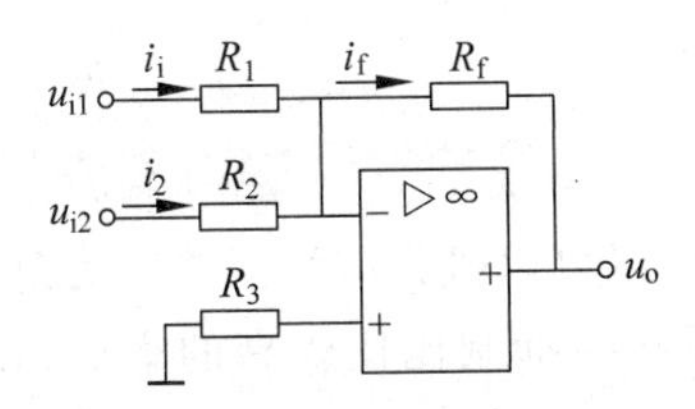

图 3.3.3　反相加法运算电路

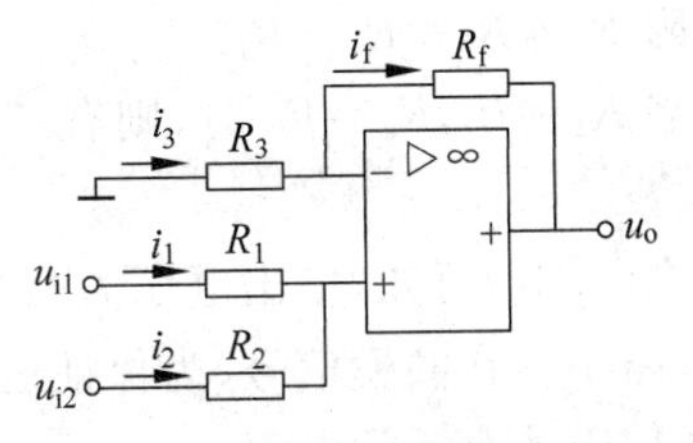

图 3.3.4　同相加法运算电路

由理想运算放大器工作在线性区的两条特性可知：$i_1 \approx -i_2$，$i_3 \approx i_f$，$u_- \approx u_+$，所以可列出

$$i_1 = \frac{u_{i1} - u_+}{R_1} = -i_2 = \frac{u_{i2} - u_+}{R_2},$$

$$i_3 = \frac{0 - u_-}{R_3} \approx i_f = \frac{u_- - u_o}{R_f}$$

简化后，输出电压可以表示为

$$u_o = \left(1 + \frac{R_f}{R_3}\right)\left(\frac{R_2}{R_1 + R_2}u_{i1} + \frac{R_1}{R_1 + R_2}u_{i2}\right) \tag{3.27}$$

当 $R_1 = R_2$，$R_3 = R_f$ 时，则有

$$u_o = u_{i1} + u_{i2} \tag{3.28}$$

由式(3.27)和式(3.28)可知，同相加法运算电路与运算放大电路本身参数无关，只要选择合适的电阻，就可保证加法运算的稳定和精确。平衡电阻 $R_1 /\!/ R_2 = R_3 /\!/ R_f$。

2. 减法运算

若在两个输入端都加入输入信号，则为差动输入，可以构成差动运算电路，如图 3.3.5 所示。

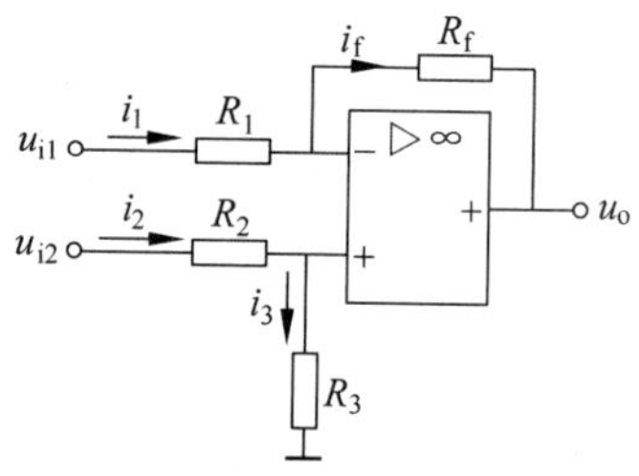

图 3.3.5 减法运算电路

这种差动运算电路可以看做同相比例运算电路和反相比例运算电路的合成，利用叠加原理进行分析。

设反相输入端信号 u_{i1} 单独作用，同相输入端信号 u_{i2} 为 0，产生输出信号 u_o'，则由反相比例运算关系式(3.21)可得

$$u_o' = \frac{-R_f}{R_1}u_{i1} \tag{3.29}$$

设同相输入端信号 u_{i2} 单独作用，反相输入端信号 u_{i1} 为 0，产生输出信号 u_o''，考虑到同相输入端电压 u_+ 与输入信号 u_{i2} 之间的关系：$u_+ = \frac{R_3}{R_2 + R_3}u_{i2}$，则由同相比例运算关系式(3.23)可得

$$u_o'' = \left(1 + \frac{R_f}{R_1}\right)u_+ = \left(1 + \frac{R_f}{R_1}\right)\left(\frac{R_3}{R_2 + R_3}\right)u_{i2} \tag{3.30}$$

由于集成运算放大电路存在深度负反馈，处于线性工作状态，可用线性叠加原理计算两个输出分量的代数和。当输入信号 u_{i1} 和 u_{i2} 同时作用时，输出电压为

$$u_o = u_o' + u_o'' = \frac{-R_f}{R_1}u_{i1} + \left(1 + \frac{R_f}{R_1}\right)\left(\frac{R_3}{R_2 + R_3}\right)u_{i2} \tag{3.31}$$

平衡电阻 $R_2 /\!/ R_3 = R_1 /\!/ R_f$。

若当 $R_1 = R_f$，$R_2 = R_3$ 时，则有

$$u_o = u_{i2} - u_{i1} \tag{3.32}$$

由式(3.32)可知，输出电压为两个输入电压之差，所以可以进行减法运算。另外要注意的是，电路中存在共模信号，为保证运算精度，应当选用共模抑制比比较高的集成运算放大器，或选用阻值合适的电阻。

3.3.3　积分和微分电路

1. 积分运算

在图 3.3.1 的反相比例运算电路中，把反馈电阻 R_f 替换为电容 C，则电路构成积分运算电路，如图 3.3.6 所示。

由理想运算放大器工作在线性区的两条特性可知：$i_1 \approx i_C$，$u_- \approx u_+ = 0$，所以可列出

$$i_1 = \frac{u_i - u_-}{R_1} = \frac{u_i}{R_1} = i_C = C\frac{du_C}{dt}$$

$$= C\frac{d(u_- - u_o)}{dt} = -C\frac{du_o}{dt}$$

简化可得

$$\frac{u_i}{R_1} = -C\frac{du_o}{dt} \tag{3.33}$$

所以运算电路的输出电压为

$$u_o = -\frac{1}{R_1 C}\int u_i dt \tag{3.34}$$

由式(3.34)可知，输出电压与输入电压的积分成比例，式中负号表示两者反相。$R_1 C$ 称为积分时间常数，若考虑积分的初始时间都是从 0 开始，$t=0$ 时输出电压的初始值为 $u_o(0)$。

则式(3.34)还可以写成

$$u_o = -\frac{1}{R_1 C}\int_0^t u_i dt + u_o(0) \tag{3.35}$$

2. 微分运算

微分运算是积分运算的逆运算，在图 3.3.1 的反相比例运算电路中，把输入端电阻 R_1 替换为电容 C，则电路构成微分运算电路，如图 3.3.7 所示。

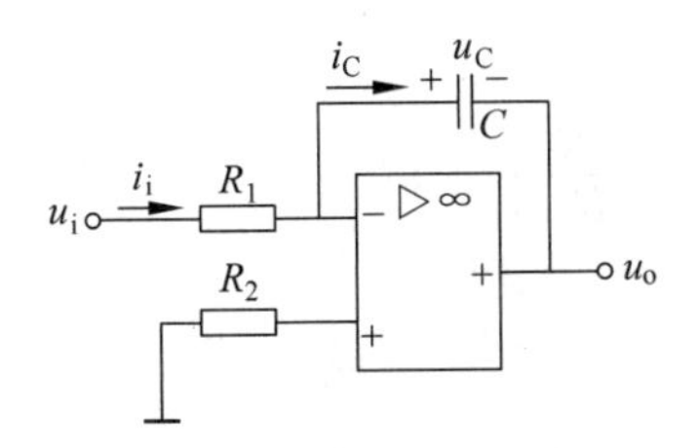

图 3.3.6　积分运算电路

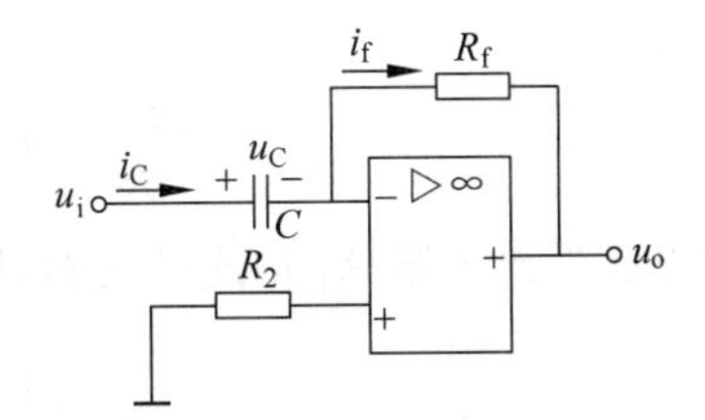

图 3.3.7　微分运算电路

由理想运算放大器工作在线性区的两条特性可知：$i_C \approx i_f$，$u_- \approx u_+ = 0$，所以可列出

$$i_C = C\frac{du_C}{dt} = C\frac{d(u_i - u_-)}{dt} = C\frac{du_i}{dt} = i_f = \frac{u_- - u_o}{R_f} = \frac{-u_o}{R_f}$$

简化后，输出电压的表达式为

$$u_o = -R_f C\frac{du_i}{dt} \tag{3.36}$$

由式(3.36)可知，输出电压与输入电压的一次微分成正比，可以进行微分运算。

集成运算放大器的线性应用还有很多，比如指数运算电路、对数运算电路等，读者可以自行查阅其他书籍，这里篇幅有限，就不再介绍了。

例 3.3 如图 3.3.8 所示的专用的测量放大器的电路图，u_i 为有效输入信号，u_C 为干扰信号，$R_1=R_2$，$R_3=R_4=R_5=R_6$。试分析输出电压 u_o 的值是否与干扰信号 u_C 有关。若有关，则计算两者的关系式；若无关，则说明理由。

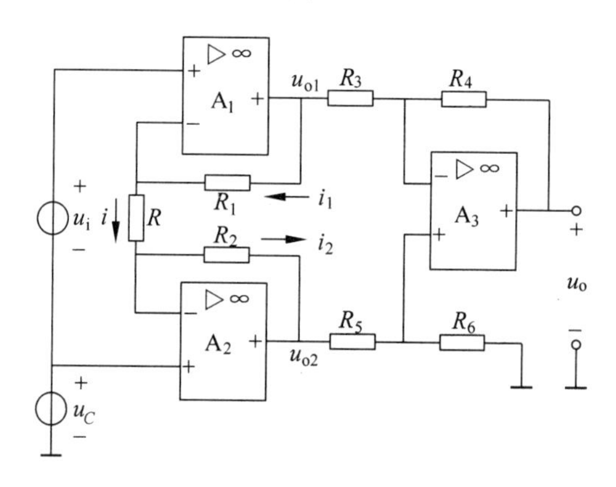

图 3.3.8 测量放大器的电路图

解 理想运算放大器 A_1、A_2 采用同相输入，则有

$$u_{1+}=u_{1-}=u_i+u_C,\quad u_{2+}=u_{2-}=u_C$$

由图 3.3.8 中所标注的电流参考方向，则有

$$i_1=i=i_2$$

所以可以表示为

$$i_1=\frac{u_{o1}-u_{1-}}{R_1}=\frac{u_{o1}-u_i-u_C}{R_1}=i=\frac{u_{1-}-u_{2-}}{R}$$

$$=\frac{u_i}{R}=i_2=\frac{u_{2-}-u_{o2}}{R_2}=\frac{u_C-u_{o2}}{R_2}$$

整理可得

$$u_{o1}=\left(\frac{R_1}{R}+1\right)u_i+u_C,\quad u_{o2}=\frac{-R_2}{R}u_i+u_C$$

理想运算放大器 A_3 构成减法器，则有

$$u_{3+}=\frac{R_6}{R_5+R_6}u_{o2}$$

u_{o1} 单独作用时的输出电压为

$$u_o'=\frac{-R_4}{R_3}u_{o1}$$

u_{o2} 单独作用时的输出电压为

$$u_o''=\left(1+\frac{R_4}{R_3}\right)u_{3+}$$

总的输出电压为

$$u_o=\frac{-R_4}{R_3}u_{o1}+\left(1+\frac{R_4}{R_3}\right)\left(\frac{R_6}{R_5+R_6}\right)u_{o2}$$

已知 $R_3=R_4=R_5=R_6$，所以

$$u_o=-u_{o1}+u_{o2}$$

将 u_{o1}、u_{o2} 代入，则输出电压为

$$u_o=-\left(\frac{R_1}{R}+1\right)u_i-u_C-\frac{R_2}{R}u_i+u_C=-\left(1+\frac{R_1+R_2}{R}\right)u_i$$

由此可得结论：输出电压 u_o 的值只与有效输入信号 u_i 有关，与干扰信号 u_C 无关。已知 $R_1=R_2$，选择合适的电阻 R 的阻值，可以方便地调整测量放大器的放大倍数。

3.4 集成运算放大器的非线性应用

集成运算放大器除了线性工作区的应用，还有非线性工作区的应用。一般为开环和正反馈的接线方式，需要按照理想集成运算放大器的非线性特性进行分析。

3.4.1 电压比较器

1. 电压比较器

电压比较器可以对两个电压的数值大小进行比较，其中一个电压为参考电压或基准电压 U_R，另一个为被比较的电压信号 u_i，如图 3.4.1 所示。

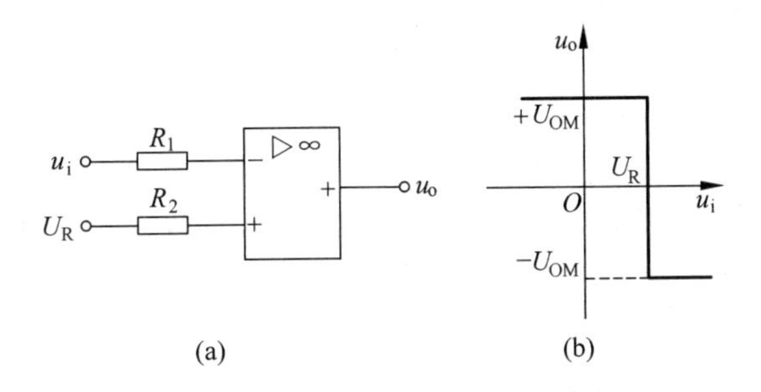

图 3.4.1 反相输入的电压比较器

(a) 电路图；(b) 电压传输特性

图 3.4.1(a)为反相输入的电压比较器电路图，参考电压 U_R 由同相输入端接入，被比较电压 u_i 由反相输入端接入，集成运算放大器处于开环状态。由于理想集成运算放大器的电压放大倍数 $A_u\to\infty$，两个输入端的电压只要有微小的偏差，运算放大器的输出端输出电压 u_o 就有极高的线性倍数关系，快速得到最大值 U_{OM}。电压输出特性如图 3.4.1(b)所示，当 $u_i<U_R$ 时，$u_o=+U_{OM}$，当 $u_i>U_R$ 时，$u_o=-U_{OM}$。所以可以根据输出电压的状态，来判断输入电压相对于参考电压的大小关系。

将输入电压和参考电压的接入端子相互调换，参考电压 U_R 由反相输入端接入，被比较电压 u_i 由同相输入端接入，可以得到相反的电压传输特性。图 3.4.2(a)所示为同相输入的电压比较器的电路图，图 3.4.2(b)所示为电压传输特性。当 $u_i<U_R$ 时，$u_o=-U_{OM}$；当 $u_i>U_R$ 时，$u_o=+U_{OM}$。

当参考电压 $U_R=0$ 时，称为过零比较器。每当输入电压过零时，输出电压改变状态。

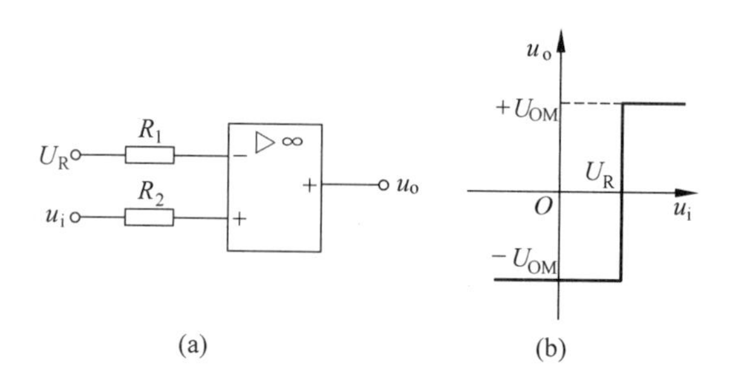

图 3.4.2 同相输入的电压比较器

(a) 电路图；(b) 电压传输特性

为了限制和稳定输出电压的幅值，以便和连接的负载相匹配，常在比较器的输出端加稳压二极管进行限幅。通常为两个稳压二极管反向串联，电压比较器的输出电压限定在稳压二极管的稳定电压$\pm U_Z$之间。

但要注意的是，接入稳压二极管时，必须串入限流电阻，以保证稳压管工作在合适的电流范围内；选择的稳压二极管的工作电压必须小于集成运算放大器的最大输出电压值，以保证稳压管处于正常工作状态，即反向击穿状态，达到限幅的作用。

分析电压比较器的方法如下。

(1) 输出电压的跃变条件的确定。电压比较器输出电压从高电平跃变到低电平或从低电平跃变到高电平的临界条件是集成运算放大器两个输入端的电位相等，即$u_+=u_-$。

输出电压跃变时所对应的输入电压，称为门限电压或阈值电压U_{TH}。过零比较器的门限电压$U_{TH}=0$，一般电压比较器的门限电压等于参考电压，即$U_{TH}=U_R$。

(2) 电压比较器的电压传输特性的确定。集成运算放大器的连线为开环状态时，输出与输入之间为非线性关系，所以输出电压或者是正饱和值，或者是负饱和值。当$u_+<u_-$时，$u_o=-U_{OM}$；当$u_+>u_-$时，$u_o=+U_{OM}$。

电压比较器可用于波形变换，可以将任意波形变换为矩形波。

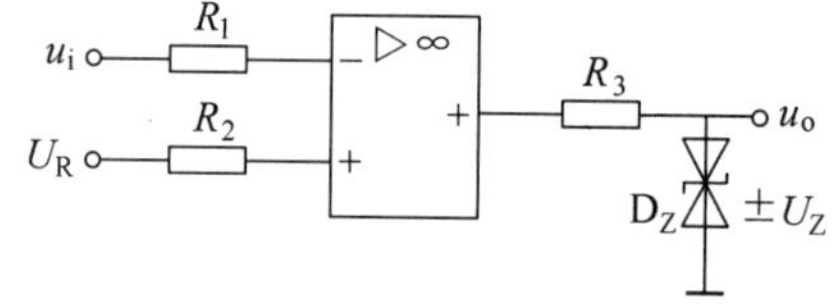

图 3.4.3 加稳压二极管的电压比较器

例 3.4 图 3.4.3 所示为加稳压二极管的电压比较器的电路图，双向稳压二极管 D_Z 的工作电压$U_Z=\pm 9V$。当输入信号$u_i=5\sin 4t$，$U_R=3V$时，分析电压比较器的电压传输特性，并画出其输出电压u_o的波形。

解 由电压比较器的电压传输特性和双向稳压管二极管的限幅电压可得，当$u_i<U_R(3V)$时，$u_o=+U_Z(9V)$；当$u_i>U_R(3V)$时，$u_o=-U_Z(-9V)$。

电压传输特性如图 3.4.4(a)所示。输出电压信号为矩形波，信号如图 3.4.4(b)所示。

2. 滞回比较器

图 3.4.1 和图 3.4.2 所讨论的电压比较器，无论是同相输入还是反相输入，其灵敏度都非常高，但是抗干扰的能力就比较差了。若输入信号u_i在门限电压U_T附近波动，就会造成输出电压u_o进行不断的跃变。

为了增加电压比较器的抗干扰性，可以在电路中引入正反馈，形成具有滞回特性的电压比较器，如图 3.4.5 所示。

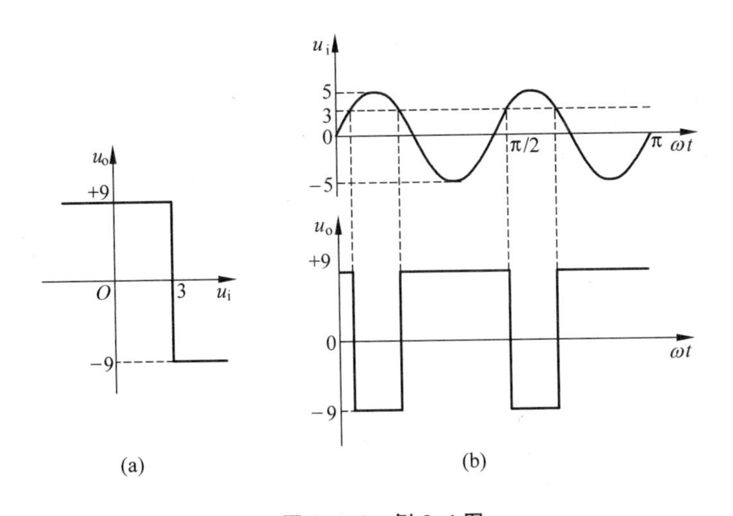

图 3.4.4 例 3.4 图

(a) 电压传输特性；(b) 电压比较器输入输出波形

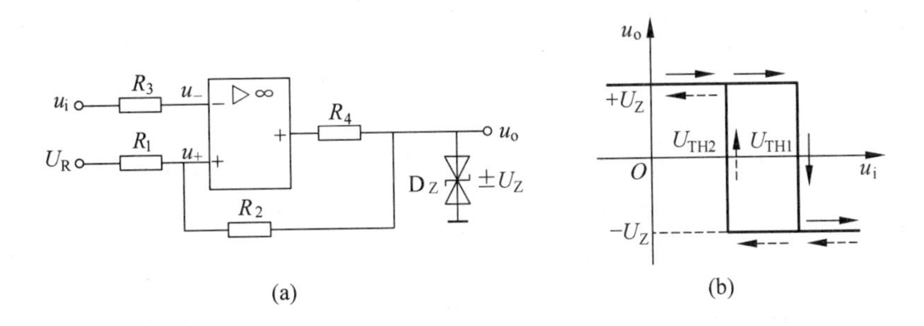

图 3.4.5 反相输入的滞回比较器

(a) 电路图；(b) 电压传输特性

图 3.4.5(a)为反相输入的滞回电压比较器的电路图，输入信号由反相输入端接入，参考电压由同相输入端接入，反馈电阻 R_2 接在输出端与同相输入端之间，构成了电压串联正反馈。输出端还接入了双向稳压二极管 D_Z 和限流电阻 R_4。正反馈的主要目的是加速电压比较器的翻转过程，使集成运算放大器快速经过线性区的过渡进入非线性饱和区，使得电压传输特性更加陡直、更加理想化，如图 3.4.5(b)所示。

分析滞回电压比较器的方法如下。

(1) 输出电压的跃变条件的确定

电压比较器输出电压跃变的临界条件始终不变的是：集成运算放大器两个输入端的电位相等，即 $u_+=u_-$。

根据“虚断”的分析原则，跃变条件为

$$u_- = u_i = u_+ = U_{TH} \tag{3.37}$$

u_+ 由 U_R、u_o 共同决定，由叠加原理得

$$u_+ = \frac{R_2}{R_1+R_2}U_R + \frac{R_1}{R_1+R_2}u_o \tag{3.38}$$

由式(3.37)和式(3.38)可得电压比较器的门限电压 U_{TH} 为

$$U_{TH}=\frac{R_2}{R_1+R_2}U_R+\frac{R_1}{R_1+R_2}u_o \tag{3.39}$$

电路中接入稳压二极管进行限幅，u_o 只有 $\pm U_Z$ 两种取值，所以滞回电压比较器有两个门限电压。

当 $u_o=+U_Z$ 时，可得上门限电压 U_{TH1} 为

$$U_{TH1}=\frac{R_2}{R_1+R_2}U_R+\frac{R_1}{R_1+R_2}U_Z \tag{3.40}$$

当 $u_o=-U_Z$ 时，可得下门限电压 U_{TH2} 为

$$U_{TH2}=\frac{R_2}{R_1+R_2}U_R-\frac{R_1}{R_1+R_2}U_Z \tag{3.41}$$

(2) 电压比较器的电压传输特性的确定

集成运算放大器的连线为正反馈连接，输出与输入之间为非线性关系，输出电压或者是正饱和值，或者是负饱和值。因此始终不变的是：当 $u_+<u_-$ 时，$u_o=-U_Z$；当 $u_+>u_-$ 时，$u_o=+U_Z$。

由于滞回电压比较器有两个门限电压：

① 当 $u_o=+U_Z$ 时，电压比较器工作在正饱和状态，门限电压为上门限 U_{TH1}，此时若保持 $u_+>u_-$，即 $U_{TH1}>u_i$，则始终输出正饱和值；若输入信号 u_i 上升，使得 $u_i\geqslant U_{TH1}$，这时 $u_+<u_-$，输出电压会发生跃变，从 $u_o=+U_Z$ 跃变为 $u_o=-U_Z$。

② 当 $u_o=-U_Z$ 时，电压比较器工作在负饱和状态，门限电压为下门限 U_{TH2}，此时若保持 $u_+<u_-$，即 $U_{TH2}<u_i$，则始终输出负饱和值；若输入信号 u_i 下降，使得 $u_i\leqslant U_{TH2}$，这时 $u_+>u_-$，输出电压会发生跃变，从 $u_o=-U_Z$ 跃变为 $u_o=+U_Z$。

综上所述，反相输入的滞回电压比较器的电压传输特性如图 3.4.5(b)所示。根据参考电压 U_R 的大小，上门限 U_{TH1} 和下门限 U_{TH2} 可正可负。当 $U_R=0$ 时，滞回电压比较器称为过零滞回电压比较器，上门限 U_{TH1} 和下门限 U_{TH2} 是大小相等、符号相反的两个数值。

滞回电压比较器的门限宽度或回差电压 ΔU_{TH} 的大小为上门限 U_{TH1} 和下门限 U_{TH2} 之差，可表示为

$$\Delta U_{TH}=U_{TH1}-U_{TH2}=\frac{2R_1}{R_1+R_2}U_Z \tag{3.42}$$

回差电压越大，滞回电压比较器的抗干扰能力越强，但是灵敏度也会降低。灵敏度是电压比较器所能鉴别的输入电压的最小变化量。两者相互制约，应根据电压比较器的应用场合来综合考虑。

单门限电压比较器和滞回电压比较器在输入电压信号为单一方向变化时，输出电压只会跃变一次，若要检测输出电压是否在两个给定电压之间，则要采用窗口电压比较器，请读者自行查阅其他书籍。

例 3.5 电压比较器的电路图如图 3.4.6(a)所示，已知 $R_1=20\text{k}\Omega$，$R_2=20\text{k}\Omega$，$R_3=10\text{k}\Omega$，$R_4=1\text{k}\Omega$，$U_Z=\pm 9\text{V}$，$U_R=0\text{V}$。输入信号 u_i 为幅值为 $\pm 8\text{V}$ 的三角波，如图 3.4.6(b)所示，实线表示有干扰的实际波形，虚线表示未受干扰的输入波形。分析电压比较器的电压传输特性，并画出输出电压 u_o 的波形。

解 由已知可得 $u_o=\pm 9\text{V}$，$U_R=0\text{V}$，则门限电压为

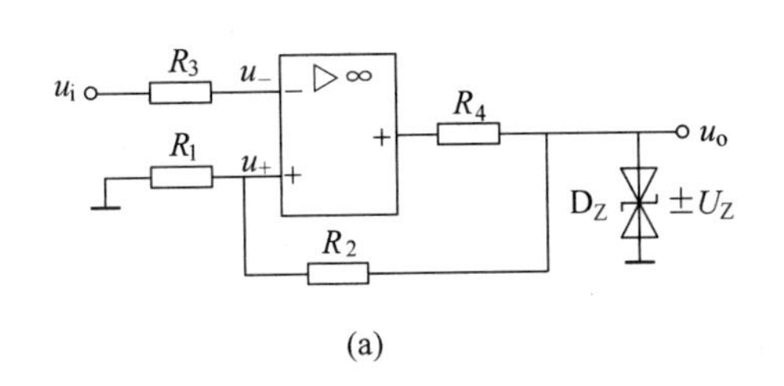

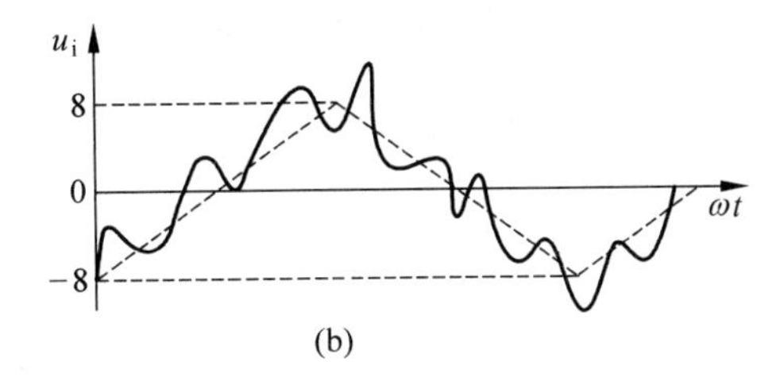

图 3.4.6　过零滞回电压比较器

(a) 电路图；(b) 输入信号的波形

$$U_{TH1}=\frac{R_1}{R_1+R_2}U_Z=\frac{20\times 9}{20+20}=4.5(\mathrm{V})$$

$$U_{TH2}=\frac{-R_1}{R_1+R_2}U_Z=\frac{-20\times 9}{20+20}=-4.5(\mathrm{V})$$

当 $u_o=+9\mathrm{V}$ 时，$U_{TH1}=4.5\mathrm{V}$，保持 $u_i<4.5\mathrm{V}$，始终输出正饱和值；若输入信号 u_i 上升，直到 $u_i\geqslant 4.5\mathrm{V}$，输出电压会发生跃变，$u_o=-9\mathrm{V}$。

当 $u_o=-9\mathrm{V}$ 时，$U_{TH2}=-4.5\mathrm{V}$，保持 $u_i>-4.5\mathrm{V}$，始终输出负饱和值；若输入信号 u_i 下降，直到 $u_i\leqslant -4.5\mathrm{V}$，输出电压会发生跃变，$u_o=+9\mathrm{V}$。

电压传输特性如图 3.4.7(a)所示。输出信号的波形如图 3.4.7(b)所示。

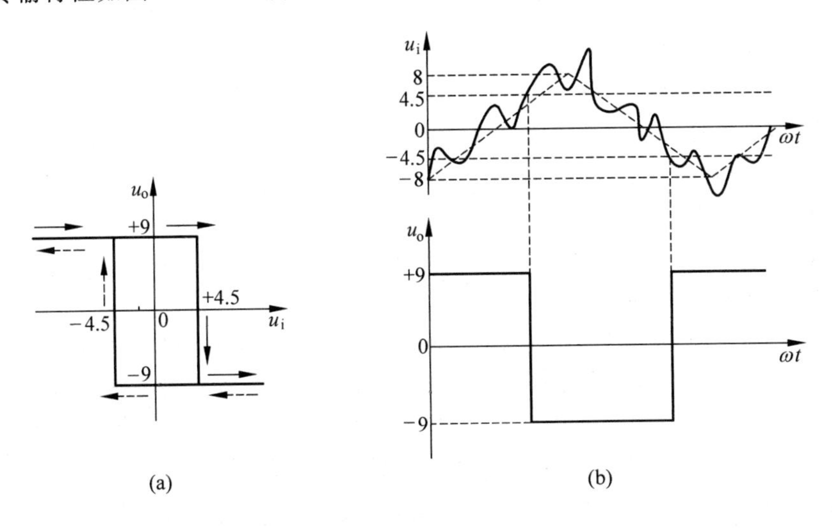

图 3.4.7　例 3.5 图

(a) 电压传输特性；(b)输入信号和输出信号的波形

3.4.2　波形产生电路

在放大电路中引入负反馈可以改善其性能指标，但也会造成一些不好的影响。在讨论反馈深度 $|1+\dot{A}\dot{F}|$ 的值对放大电路的影响时(详见 3.2.3 节)，若 $|1+\dot{A}\dot{F}|=0$，负反馈放大电路会发生自激振荡，影响放大电路的正常工作。这种现象对于负反馈放大电路来说是不好的影响，但它也构成了一种新的电路——波形产生电路。

波形产生电路是用来产生具有一定频率和幅值的交流信号的，它包括正弦波产生电路和非正弦波产生电路两大类。电路在无外加输入信号的情况下，也会自动产生各种周期性的输出信号，通常也称为振荡电路。下面介绍 3 种常用的波形，正弦波、矩形波和三角波的产生电路。

1. 正弦波产生电路

(1) 正弦波产生电路的振荡条件

正弦波信号常作为信号源，被广泛地应用于无线电通信、自动测量和自动控制等系统中，其频率从零点几 Hz 到几百 MHz，输出功率从几 mW 到几十 MW。

正弦波产生电路是利用自激振荡的原理产生正弦波，不需外接信号源。从 3.2.3 节可知，使负反馈放大电路产生振荡的条件为$|1+\dot{A}\dot{F}|=0$。由于负反馈放大电路中附加相位移的影响，负反馈有可能转变为正反馈，此时产生振荡的条件为

$$|1-\dot{A}\dot{F}|=0 \tag{3.43}$$

于是自激振荡的条件可以分别表示为幅值平衡条件和相位平衡条件，即

$$|A|\cdot|F|=1 \tag{3.44}$$

$$\varphi_A+\varphi_F=2n\pi(n\text{ 为任意整数}) \tag{3.45}$$

因此，对于正弦波产生电路，就是在放大电路的基础上加上正反馈，并创造振荡条件，使之产生自激振荡。

自激振荡的条件是平衡条件，是电路已进入稳态时维持振荡的条件，实际的振荡电路一般无激励信号，那么起始信号从何而来呢？我们可以利用放大电路中存在的噪声和干扰，比如振荡电路接通电源时输入端的微小的扰动信号，它经过基本放大电路的放大，得到一个幅值较大的信号，若此时$|A|\cdot|F|>1$，正反馈网络则可以形成增幅振荡，输出电压不断增大，并快速稳定在某一幅值上建立振荡。

因此，正弦波产生电路的起振条件是

$$|A|\cdot|F|>1 \tag{3.46}$$

(2) 正弦波产生电路的构成

正弦波产生电路一般由 4 个部分构成，除了基本放大电路和正反馈网络，实际振荡电路中频谱分布很广，为了获得特定频率的正弦波，还需要添加选频网络。选频网络确定振荡电路的振荡频率 f_0，只有包含振荡频率 f_0 的信号分量，才能满足振荡条件，对其他频率的信号都不满足振荡条件，从而振荡电路会产生单一频率的正弦波信号。

一般选频网络和正反馈网络是合二为一的，而且为了获得稳定的等幅振荡信号，正弦波产生电路还需要添加稳幅环节。

在正弦波产生电路中，根据选频网络的类型不同，有 RC 正弦波产生电路、LC 正弦波产生电路和石英晶体正弦波产生电路。本节主要介绍 RC 正弦波产生电路，如图 3.4.8 所示 RC 选频网络和 RC 正弦波产生电路。

RC 选频网络的频率特性为

$$\dot{F}=\frac{\dot{U}_2}{\dot{U}_1}=\frac{1}{3+\mathrm{j}\left(\omega RC-\dfrac{1}{\omega RC}\right)} \tag{3.47}$$

当 $\omega=\omega_0=\dfrac{1}{RC}$时，即有选频频率为

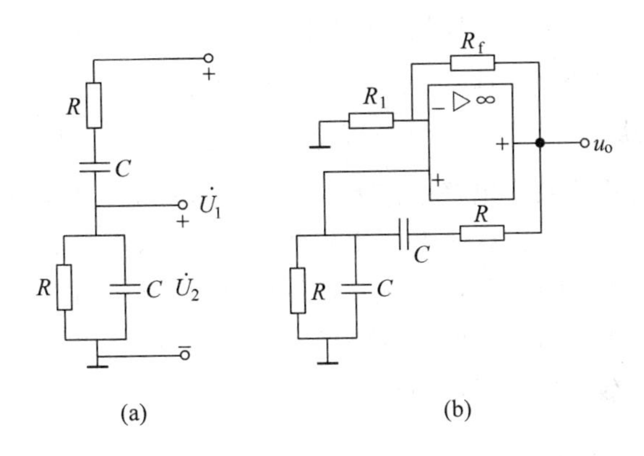

图 3.4.8 RC 选频网络和 RC 正弦波产生电路

(a) RC 选频网络；(b) RC 正弦波产生电路

$$f_0 = \frac{\omega_0}{2\pi} = \frac{1}{2\pi RC} \tag{3.48}$$

选频网络的幅频特性达到最大值，$|F|=1/3$，输出电压与输入电压同相位，$\varphi_F=0°$，只要满足$|A|\cdot|F|=1$的幅值平衡条件，就能够建立振荡频率为 f_0 的正弦振荡。如图 3.4.8(b)所示正弦波产生电路，为了顺利起振，要求$|A|\cdot|F|>1$，即$|A|>3$，由集成运算放大器、电阻 R_1 和电阻 R_f 构成的基本放大电路结构的放大倍数大于 3。

选择电阻 R_f 为一个具有负温度系数的热敏电阻，且 $R_f>2R_1$。当输出电压的幅值增加时，流过电阻的电流也增加，产生较多的热量，使其阻值减小，使放大倍数下降，输出电压的幅值随之下降，限制了输出的幅值，达到稳幅的目的。

也可以选择并接两个二极管来达到稳幅的目的，如图 3.4.9 所示。当振荡幅度较小时，流过二极管的电流较小，二极管等效电阻增大，如图 3.4.9(b)中 A、B 点，放大倍数增大；当振荡幅度较大时，流过二极管的电流较大，二极管等效电阻减小，如图 3.4.9(b)中 C、D 点，放大倍数减小。

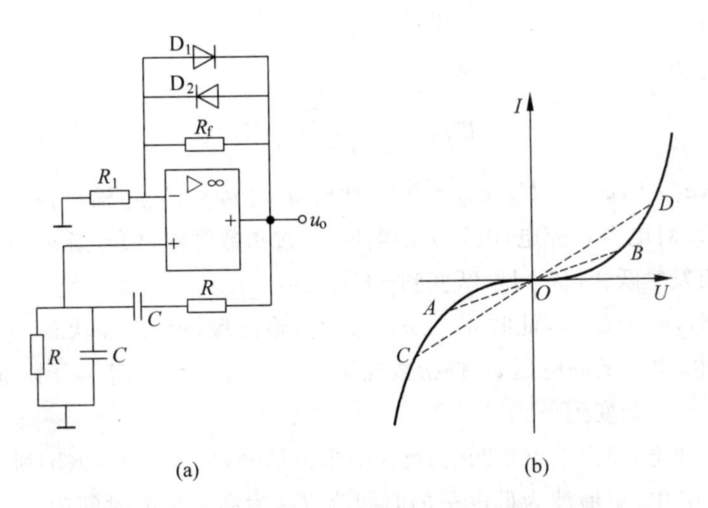

图 3.4.9 加二极管稳幅的 RC 正弦波产生电路和稳幅分析

(a) 电路图；(b) 稳幅分析图

这种 RC 正弦波产生电路，频率调节范围可从几 Hz 到 1MHz 的声频和超声频信号，调节方便，波形失真小，应用非常广泛。

2. 矩形波产生电路

矩形波电压信号常用于数字电路中作为信号源。如图 3.4.10(a)所示是一种矩形波产生电路，由两部分组成。集成运算放大器用作电压比较器，电阻 R_1 和电容 C 组成积分运算，提供比较电压，电阻 R_2 和电阻 R_3 组成正反馈电路，提供反相滞回电压比较器的门限电压。电压比较器的输出由电阻 R_4 和双向稳压管 D_Z 限幅，电压比较器的输出电压的跃变取决于积分电容 C 上的比较电压和门限电压的比较。

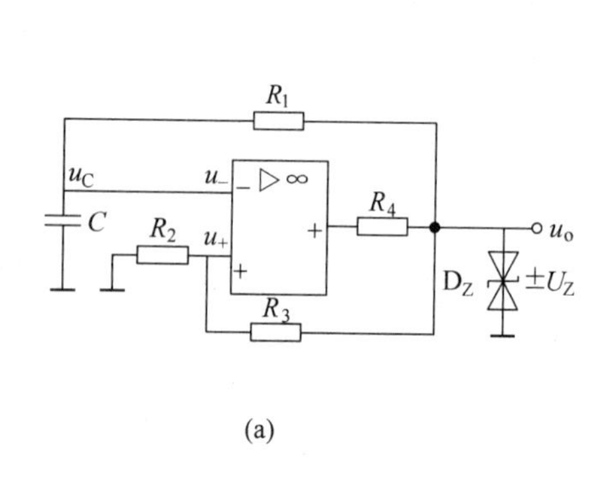

(a)

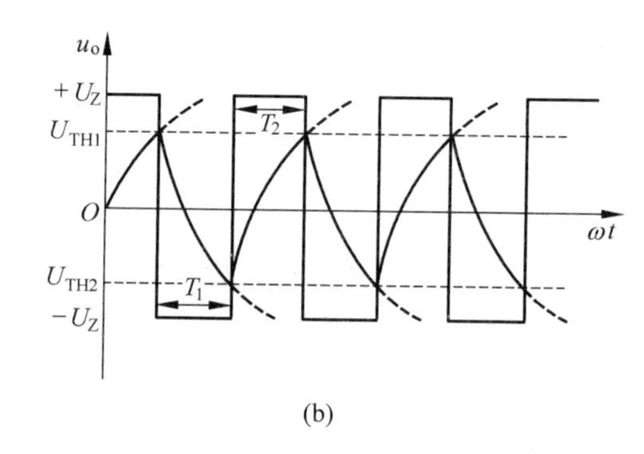

(b)

图 3.4.10 矩形波产生电路

(a) 电路图；(b) 输出信号波形

门限电压为

$$U_{\mathrm{TH}} = u_+ = \frac{R_2}{R_2 + R_3} u_o$$

可得上门限电压为

$$U_{\mathrm{TH1}} = + \frac{R_2}{R_2 + R_3} U_Z \tag{3.49}$$

可得下门限电压为

$$U_{\mathrm{TH2}} = - \frac{R_2}{R_2 + R_3} U_Z \tag{3.50}$$

设 $t=0$ 时，$u_C=0$，$u_o=+U_Z$，$u_+=U_{\mathrm{TH1}}$，此时 $u_-=u_C<U_{\mathrm{TH1}}$，输出保持正饱和状态，输出端经过电阻 R_1 对电容 C 充电，电容上的电压 u_C 按指数规律上升，当 $u_-=u_C\geqslant U_{\mathrm{TH1}}$ 时，电压比较器的输出发生跃变，从 $+U_Z$ 跃变到 $-U_Z$。

当 $u_o=-U_Z$，$u_+=U_{\mathrm{TH2}}$，此时 $u_-=u_C>U_{\mathrm{TH2}}$，输出保持负饱和状态，电容 C 经过电阻 R_1 对输出端放电，电容上的电压 u_C 按指数规律下降；当 $u_-=u_C\leqslant U_{\mathrm{TH2}}$ 时，电压比较器的输出发生跃变，从 $-U_Z$ 跃变到 $+U_Z$。

如此重复充放电，输出端重复跃变，可得矩形波信号，如图 3.4.10(b)所示。

图 3.4.10(b)中，矩形波为低电平的时间为 T_1，为高电平的时间为 T_2，则矩形波的周期为

$$T = T_1 + T_2 \tag{3.51}$$

矩形波的占空比为

$$D=\frac{T_2}{T} \tag{3.52}$$

将矩形波产生电路的电容器的充放电回路分开，可以提高或改变充电和放电的时间常数来调整输出矩形波的占空比。

3. 三角波产生电路

由前文对矩形波产生电路的分析可知，电容两端的电压波形按指数规律上升和下降，可以近似看做三角波，但电容充放电的电流不是恒流，而是会随着电容电压 u_C 的增大而有所减小，这样就造成了输出的三角波的线性度不太好。为了得到理想的三角波，必须使电容充放电的电流恒定。

如图 3.4.11(a)所示的三角波产生电路，由两级集成运算放大电路组成，前一级 A_1 构成同相滞回比较器电路，后一级 A_2 构成反相积分运算电路。同相滞回比较器的输出作为积分器的输入，积分器的输出反馈到比较器的同相输入端(分析过程略)。

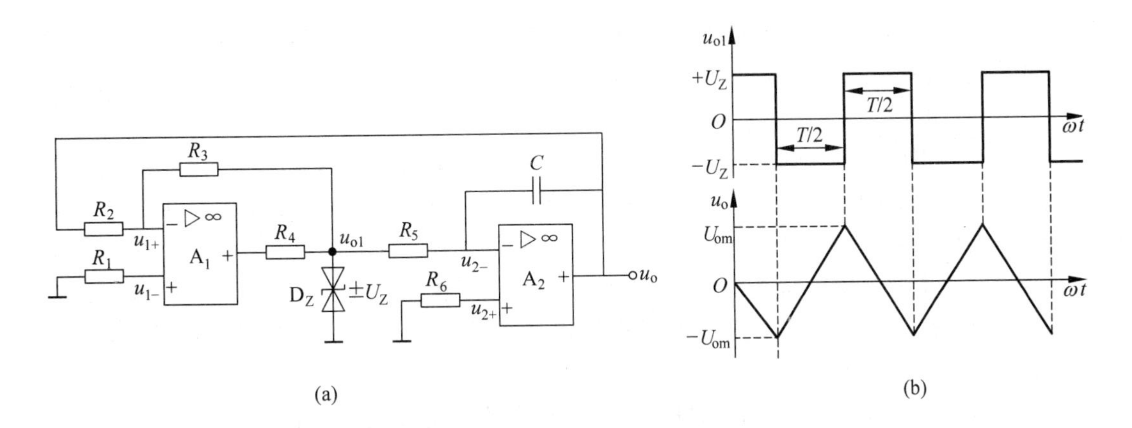

图 3.4.11　三角波产生电路

(a) 电路图；(b) 输出信号的波形

3.5 集成运放使用中常见的问题

目前集成运算放大器的应用很广泛，在选用型号、使用和调试时，应注意下列一些问题，以达到使用要求及精度，并避免调试过程中损坏器件。

1. 合理选用集成运放型号

集成运放的种类很多，除了通用型集成运放外，主要还有高精度、低功耗、高速、高输入阻抗、宽带和大功率等专用集成运放。通常是根据实际要求来选用运算放大器。

例如，测量放大器的输入信号一般很微弱，因此它的第一级应选用高输入电阻、高共模抑制比、高开环电压放大倍数、低失调电压及低温度漂移的集成运算放大器。

选择型号时除了满足主要技术性能以外，还应考虑必要的经济性。

2. 要了解集成运放的指标参数和使用方法

目前集成运算放大器的类型很多，而每一种集成运放的引脚数、每一引脚的功能和作用都不相同。因此，在使用前必须充分查阅该型号器件的资料，了解其指标参数和使用方法。

而且，实际集成运放的某些参数有时并不能满足实际电路中的要求，如有时需要有较高的输入电阻，有时需要有较大的输出功率，有时需要高速低漂移等，这就需要在现有集成运放的基础上，增加适当的外部电路进行功能改善。选好集成运放的型号后，再根据引脚图和符号图连接外部电路，包括电源、外接偏置电阻、消振电路及调零电路等。

3. 集成运放的消振、调零和保护

(1) 电路的消振

由于运算放大器内部晶体管的极间电容和其他寄生参数的影响，很容易产生自激振荡，破坏正常工作。

为此，在使用时要注意消振。通常是外接 RC 消振电路或消振电容，用它来破坏产生自激振荡的条件。

是否已消振，可将输入端接地，用示波器观察输出端有无自激振荡。目前由于集成工艺水平的提高，运算放大器内部已有消振元件，无须外部消振。

(2) 电路的调零

集成运放电路在使用时，总是要求输入信号为零时，输出信号也应为零。但在实际中往往做不到，主要原因是集成运放中第一级差动放大电路存在着失调电压和失调电流，以及使用过程中电路上某些不合理之处引起的。为此，除了要求运放的同相和反相两个输入端的外接直流通路等效电阻保持平衡之外，还再加调零电位器进行调节。这里要注意偏差调整电路(调零电路)仅能人为做到零输入时零输出，而温度变化产生的失调温漂并不能通过调零电路来消除。

为了减小偏差电压，就要求：失调电压、失调电流尽可能地小；两个输入端的直流电阻一定要相等；输入端总串联电阻不能过大；偏流应尽可能地减小。这几条减小偏差的要点是使用运放中十分重要的问题。

实际集成运放都有偏差调整的端子，例如 F007 中的 1 号、5 号端子，它的调零电路可以由 -15V 电源、$1\text{k}\Omega$ 电阻和 $10\text{k}\Omega$ 调零电位器 R_P 组成。先消振，再调零，调零时应将电路接成闭环。一种是在无输入时调零，即将两个输入端接地，调节调零电位器，使输出电压为零。另一种是在有输入时调零，即按照已知输入电压信号计算输出电压，而后将实际值调整到计算值。

若在调零过程中，输出端电压始终偏向电源某一端电压，这样无法调零。其原因可能是接线有错或有虚焊，集成运放成为开环工作状态。若在外部因素均排除后，仍不能调零，可能是元器件损坏。

(3) 集成运放的保护

集成运放由于电源电压极性接反或电源电压突变、输入电压过大、输出端负载短路、过载或碰到外部高压造成电流过大等，都可能引起元器件损坏。因此，必须在电路中加保护措施。如电源端保护、输入端保护和输出端保护等。

为了防止电源反接造成故障，可在电源引线上串入保护二极管，使得当电源极性接反时，二极管处于截止状态。

为了防止差模或共模输入电压过高，而产生自锁故障（信号或干扰过大导致输出电压突然增高，接近于电源电压，此时不能调零，但集成运放不一定损坏），可在输入端加一限幅保护电路，使过大的信号或干扰不能进入电路。

为了防止输出端碰到高压而击穿或输出端短路造成电流过大，可在输出端增加过压保护电路和限流保护电路。

4. 集成运放电路在调试过程中应注意的问题

在调试过程中处理不当，极易损坏集成运放等元器件，应注意以下几点：

(1) 电极接地端子应有良好的接地；

(2) 应在切断电源的情况下更换元器件；

(3) 加信号前应先进行消振和调零；

(4) 输出端信号出现干扰时，应采用抗干扰措施或加有源滤波消除。

本章小结

本章主要讲述集成运算放大器的基本组成、主要技术指标、理想集成运算放大器的特点以及由集成运算放大器构成的基本应用电路——各种反馈对集成运算放大电路的改善、集成运算放大器的线性特性的应用和非线性特性的应用。

(1) 集成运放是一种高性能的直接耦合放大电路。通常由输入级、中间级、输出级和偏置电路组成。集成运放的输入级多用差分放大电路，中间级为共发射极或共源极电压放大电路，输出级多用甲乙类互补对称的功率放大电路，偏置电路多用电流源电路。

(2) 集成运放的主要性能指标有 A_{uod}、U_{OPP}、r_{id}、r_o、K_{CMRR}、U_{IO}、I_{IO}、$\frac{dU_{IO}}{dT}$、$\frac{dI_{IO}}{dT}$、I_{IB}、U_{idmax}和 U_{icmax} 等。

(3) 集成运放理想化的条件：$A_{uod}\to\infty$；$r_{id}\to\infty$；$K_{CMRR}\to\infty$；$r_o\to 0$。由理想集成运放的电压传输特性的划分，线性特性的分析依据为“虚短”和“虚断”，非线性特性的分析依据为跃变条件和“虚断”。

(4) 集成运放引入负反馈组成反馈放大电路。

反馈可以分为交流反馈、直流反馈，正反馈、负反馈，电压反馈、电流反馈，串联反馈、并联反馈等。交流负反馈影响放大电路的交流性能指标，直流负反馈能稳定放大电路的静态工作点。电压负反馈能稳定输出电压，减小输出电阻；电流负反馈能稳定输出电流，增大输出电阻。串联负反馈增大输入电阻，并联负反馈减小输入电阻。

(5) 交流负反馈放大电路有 4 种基本组态：电压串联负反馈、电压并联负反馈、电流串联负反馈、电流并联负反馈，它们的性能各不相同。串联负反馈要获取电压信号，用内阻较小的电压源提供信号；并联负反馈要获取电流信号，用内阻较大的电流源提供信号。电压负反馈能稳定输出电压，对负载可等效为电压源；电流负反馈能稳定输出电流，对负载可等效为电流源。因此，上述 4 种组态的负反馈放大电路又常被分别称为电压控制电压源、电流控制电压源、电压控制电流源和电流控制电流源。

（6）集成运放工作在线性区的应用有：比例运算电路、加法运算电路、减法运算电路、积分运算电路和微分运算电路等。运用“虚短”和“虚断”两个分析依据可以很简单地得到输入电压和输出电压之间的关系。

（7）集成运放工作在非线性区的应用有：电压比较器、滞回比较器、正弦波产生电路、矩形波产生电路和三角波产生电路。运用非线性特性的分析依据：“虚短”不成立和“虚断”成立，由跃变条件分析电压传输特性，由电压传输特性得到输入电压和输出电压之间的关系。

习　题

3.1 集成运算放大器由哪几部分组成？各个部分的作用分别是什么？

3.2 集成运算放大器理想化的条件是什么？理想集成运放工作在线性区和非线性区时各有什么特点？

3.3 反馈有哪几种类型？是如何分类的？怎样判别反馈的类型？

3.4 什么是反馈深度？它对放大电路的性能有何影响？

3.5 集成运放应用于信号运算时工作在什么区域？应用于电压比较器时又工作在什么区域？

3.6 电压比较器的基准电压 U_R 接在同相输入端和反相输入端，其电压传输特性有何不同？

3.7 正弦波产生电路和非正弦波产生电路都分别由哪几部分组成？各个部分的作用分别是什么？

3.8 正弦波振荡电路产生自激振荡的条件是什么？它与负反馈放大电路产生自激振荡的条件有何不同？

3.9 有关反馈的单项选择：

（1）对于放大电路，所谓开环是指（　　）。

A. 无信号源　　B. 无反馈通路　　C. 无电源　　D. 无负载

所谓闭环是指（　　）。

A. 考虑信号源内阻　　B. 存在反馈通路

C. 接入电源　　D. 接入负载

（2）在输入量不变的情况下，若引入反馈后（　　），则说明引入的反馈是负反馈。

A. 输入电阻增大　　B. 输出量增大

C. 净输入量增大　　D. 净输入量减小

（3）直流负反馈是指（　　）。

A. 直接耦合放大电路中所引入的负反馈

B. 只有放大直流信号时才有的负反馈

C. 在直流通路中存在的负反馈

D. 在交流通路中存在的负反馈

（4）交流负反馈是指（　　）。

A. 阻容耦合放大电路中所引入的负反馈

B. 只有放大交流信号时才有的负反馈

C. 在直流通路中存在的负反馈

D. 在交流通路中存在的负反馈

(5) 为了实现下列目的,应引入哪种反馈?

① 为了稳定静态工作点,应引入(　　);

② 为了稳定放大倍数,应引入(　　);

③ 为了改变输入电阻和输出电阻,应引入(　　);

④ 为了抑制温漂,应引入(　　);

⑤ 为了展宽频带,应引入(　　)。

A. 直流负反馈　　B. 交流负反馈

(6) 为了实现下列目的,应引入哪种反馈?

① 为了稳定放大电路的输出电压,应引入(　　)负反馈;

② 为了稳定放大电路的输出电流,应引入(　　)负反馈;

③ 为了增大放大电路的输入电阻,应引入(　　)负反馈;

④ 为了减小放大电路的输入电阻,应引入(　　)负反馈;

⑤ 为了增大放大电路的输出电阻,应引入(　　)负反馈;

⑥ 为了减小放大电路的输出电阻,应引入(　　)负反馈。

A. 电压　　B. 电流　　C. 串联　　D. 并联

(7) 负反馈所能抑制的干扰和噪声是(　　)。

A. 输入信号所包含的干扰和噪声

B. 输出信号所包含的干扰和噪声

C. 反馈环内的干扰和噪声

D. 反馈环外的干扰和噪声

(8) 为了实现下列目的,应引入哪种反馈?

① 某放大电路要求输入电阻大,输出电流稳定,应选用(　　);

② 某传感器产生的是电压信号(几乎不能提供电流),经放大后要求输出电压与信号电压成正比,希望得到稳定的输出信号,该放大电路应选用(　　);

③ 希望获得一个电流控制的电流源,应选用(　　);

④ 要得到一个由电流控制的电压源,应选用(　　);

⑤ 需要一个阻抗变换电路,要求输入电阻大,输出电阻小,应选用(　　);

⑥ 需要一个输入电阻小、输出电阻大的阻抗变换电路,应选用(　　)。

A. 串联电压负反馈　　B. 并联电压负反馈

C. 串联电流负反馈　　D. 并联电流负反馈

3.10　有关集成运放的单项选择:

(1) 在题图3.10(a)所示的由理想运算放大器组成的运算电路中,若运算放大器所接电源为±12V,且 $R_1=10\text{k}\Omega$,$R_f=100\text{k}\Omega$,则当输入电压 $u_i=2\text{V}$ 时,输出电压 u_o 最接近于(　　)。

A. 20V　　B. −12V　　C. −20V　　D. 12V。

(2) 电路如题图3.10(b)所示,若 u_i 一定,当可变电阻 R_P 的电阻值由大适当减小时,

输出电压 u_o 的变化情况为(　　)。

A. 由大变小　　B. 由小变大　　C. 基本不变　　D. 不能确定

(3) 电路如题图 3.10(c)所示,若输入电压 $u_i=-0.5$V 时,则输出端电流 i 为(　　)。

A. 10mA　　B. -5mA　　C. 5mA　　D. -10mA

(4) 电路如题图 3.10(d)所示,负载电流 i_L 与输入电压 u_i 的关系为(　　)。

A. $-u_i/(R_L+R_o)$　　B. u_i/R_L　　C. u_i/R_o　　D. $-u_i/R_o$

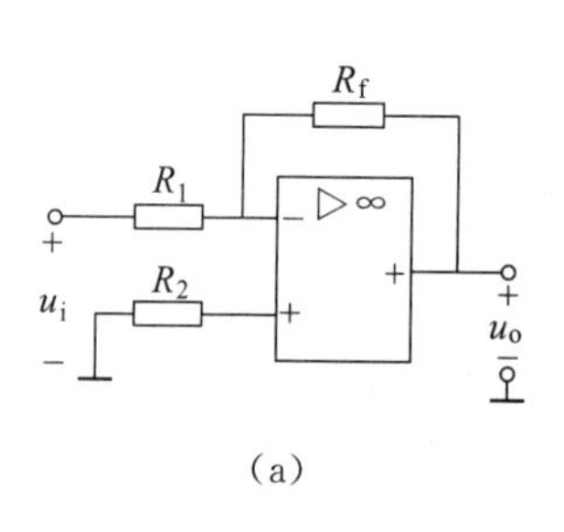

(a)

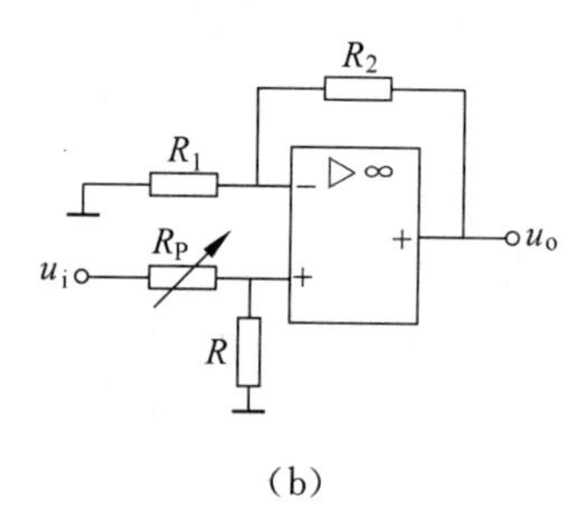

(b)

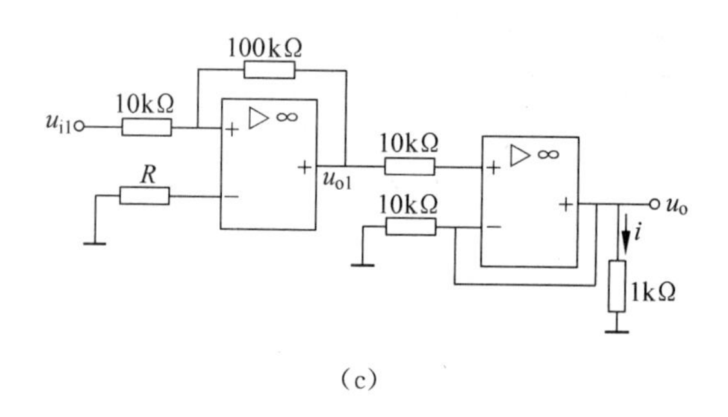

(c)

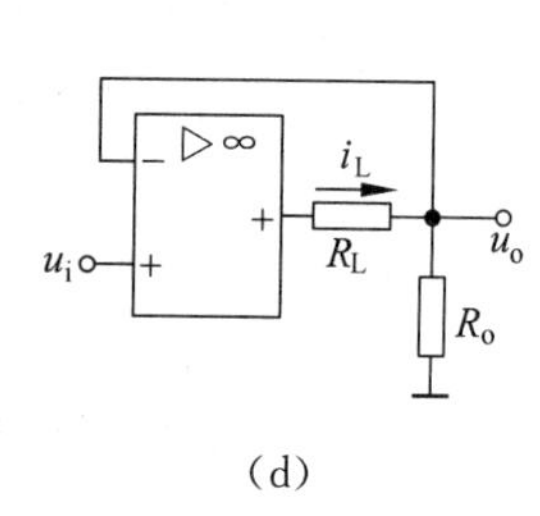

(d)

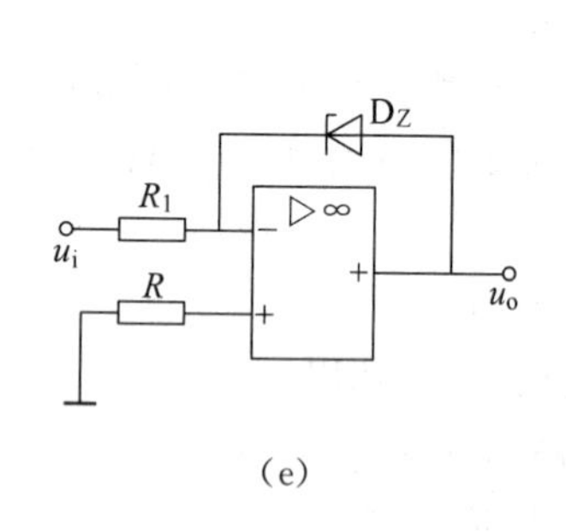

(e)

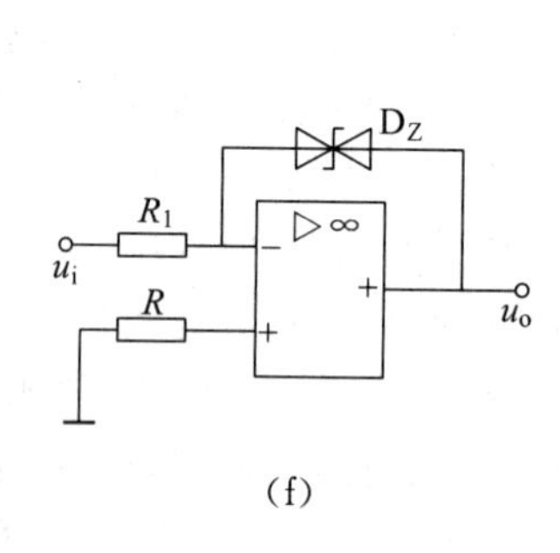

(f)

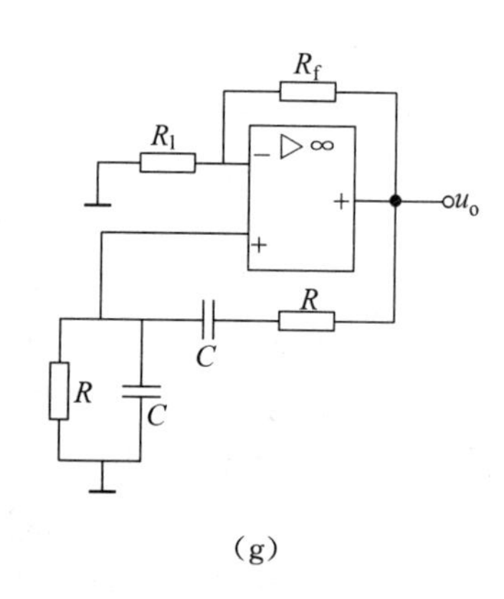

(g)

题图 3.10

(5) 电路如题图 3.10(e)所示,运算放大器的最大输出电压为±15V,稳压管 D_Z 的稳定电压为±6V,设正向压降为零,当输入电压 $u_i=1$V 时,输出电压 u_o 等于(　　)。

A. -15V　　B. -6V　　C. 0V　　D. 6V

(6) 运算放大器电路如题图 3.10(f)所示,运算放大器的最大输出电压为±15V,双向稳压管 D_Z 的稳定电压为±6V,正向压降为零,当输入电压 $u_i=\sin\omega t$ 时,输出电压 u_o 的波形为(　　)。

A. 幅值为±6V 的方波　　B. 幅值为±15V 的方波

C. 正弦波

(7) 一个正弦波振荡器的反馈系数$\dot{F}=\frac{1}{5}\angle 180°$，若该振荡器能够维持稳定振荡，则开环电压放大倍数 A_u 必须等于(　　)。

A. $\frac{1}{5}\angle 360°$　　B. $\frac{1}{5}\angle 0°$　　C. $5\angle -180°$　　D. $5\angle 0°$

(8) 电路如题图 3.10(g)所示，欲使该电路维持正弦等幅振荡，若电阻 $R_1=100\text{k}\Omega$。则反馈电阻 R_f 的阻值应为(　　)。

A. 200kΩ　　B. 100kΩ　　C. 400kΩ　　D. 10kΩ

则输出电压的频率 f_0 应为(　　)。

A. $\frac{1}{RC}$　　B. $\frac{1}{2\pi RC}$　　C. $\frac{2\pi}{RC}$　　D. $\frac{1}{2\pi\sqrt{RC}}$

3.11 某反馈放大电路的方框图如题图 3.11 所示，已知其开环电压增益 $A_u=2000$，反馈系数 $F_u=0.0495$。若输出电压 $u_o=2\text{V}$。求输入电压 u_i、反馈电压 u_f 及净输入电压 u_{id}。

3.12 某串联电压负反馈放大电路，已知开环电压放大倍数 A_u 变化 20%时，要求闭环电压放大倍数 A_{uf}的变化不超过 1%。设 $A_{uf}=100$，求开环放大倍数 A_u 及反馈系数 F_u。

3.13 一个阻容耦合放大电路在无反馈时，$A_u=-100$，$f_L=30\text{Hz}$，$f_H=3\text{kHz}$。如果反馈系数 $F=-10\%$，问闭环后 A_{uf}、f_{Lf}、f_{Hf}各为多少？

3.14 电路如题图 3.14 所示，集成运放是理想的。已知 $R_1=10\text{k}\Omega$，$R_2=6\text{k}\Omega$，$R_3=10\text{k}\Omega$，$R_f=10\text{k}\Omega$，$R_L=5\text{k}\Omega$。若 $u_i=6\text{V}$，求输出电压 u_o 和各支路的电流。

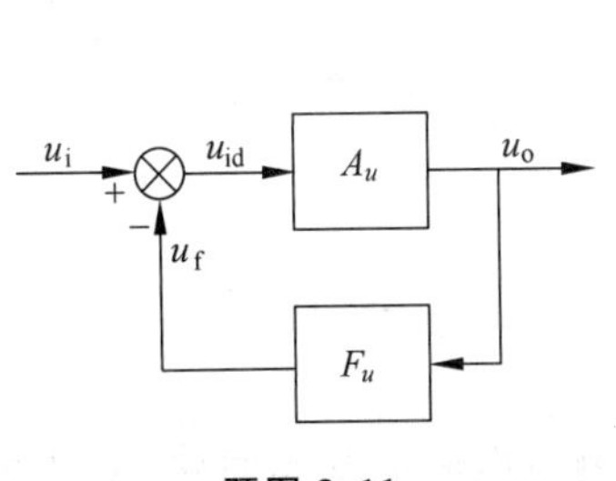

题图 3.11

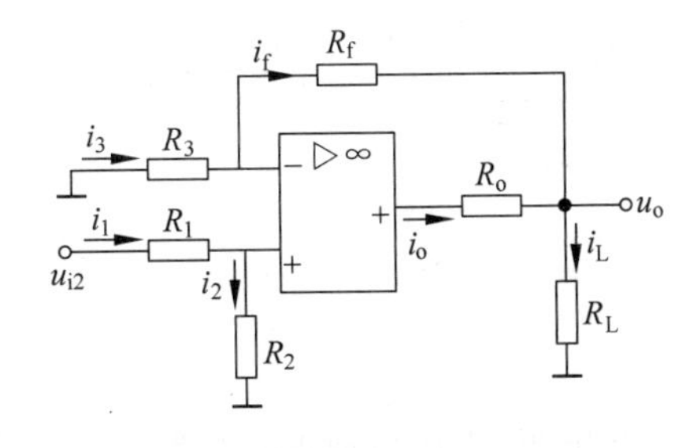

题图 3.14

3.15 电路如题图 3.15 所示，其中集成运放均为理想运放。已知：

(1) 题图 3.15(a)中 $R_1=50\text{k}\Omega$，$R_2=25\text{k}\Omega$，$R_3=10\text{k}\Omega$，$R_f=50\text{k}\Omega$，R 为平衡电阻；

(2) 题图 3.15(b)中 $R_1=20\text{k}\Omega$，$R_2=20\text{k}\Omega$，$R_3=11\text{k}\Omega$，$R_f=110\text{k}\Omega$；

(3) 题图 3.15(c)中 $R_1=10\text{k}\Omega$，$R_f=120\text{k}\Omega$，R 为平衡电阻；

(4) 题图 3.15(d)中 $R_1=1\text{k}\Omega$，$R_2=5\text{k}\Omega$，$R_3=1\text{k}\Omega$，$R_4=2\text{k}\Omega$，$R_{f1}=50\text{k}\Omega$，$R_{f2}=10\text{k}\Omega$，R 为平衡电阻。

试分别求出它们的输出电压和输入电压的函数关系。

3.16 电路如题图 3.16 所示，其中集成运放均为理想运放。试分别求出它们的输出电压 u_o、u_{o1}、u_{o2}的表达式。

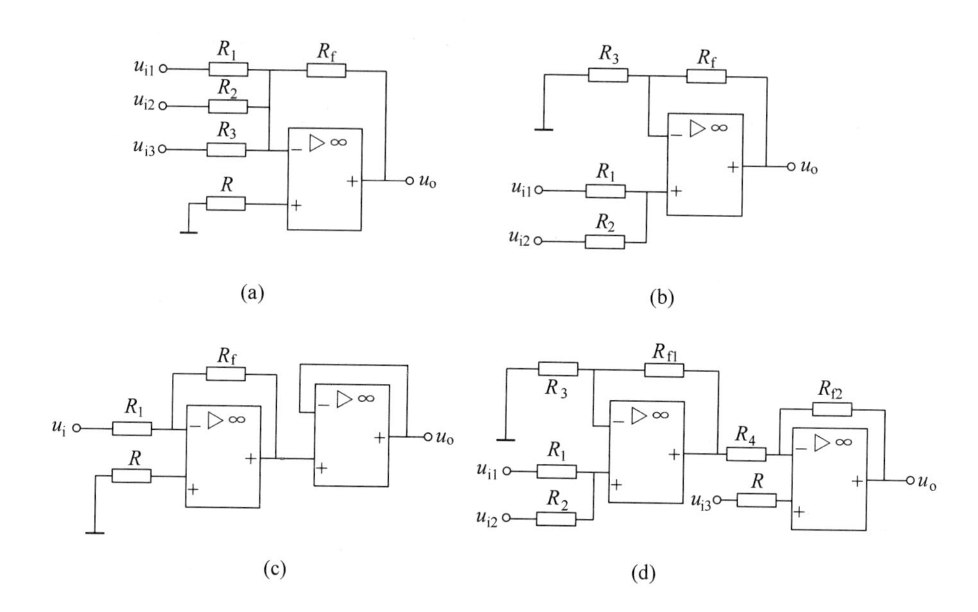

题图 3.15

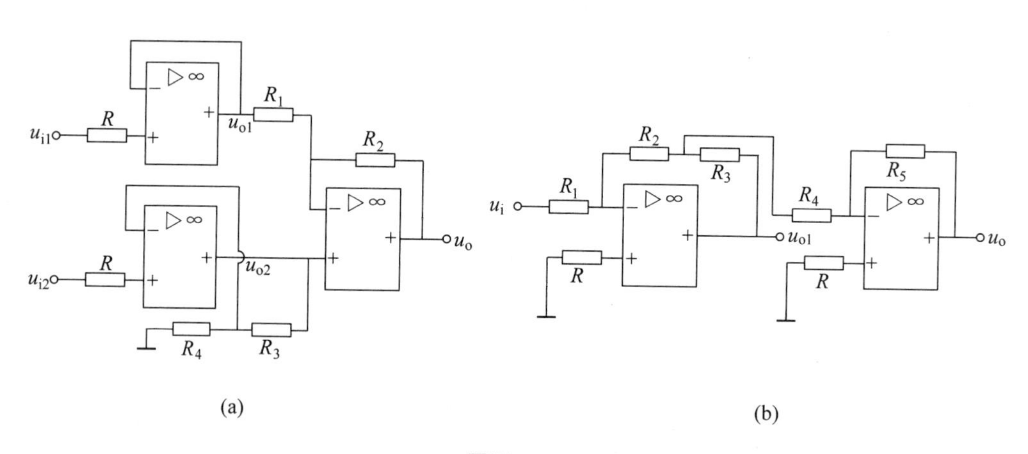

题图 3.16

3.17 已知电阻-电压变换电路如题图 3.17 所示，它是测量电阻的基本回路，R_x 是被测电阻。若 $U_R=6V$，R_1 分别为 0.6kΩ、6kΩ、60kΩ、600kΩ 时，u_o 都为 5V。试求各相应的被测电阻 R_x 是多少？

3.18 求题图 3.18 所示电路的输出电压 u_o。

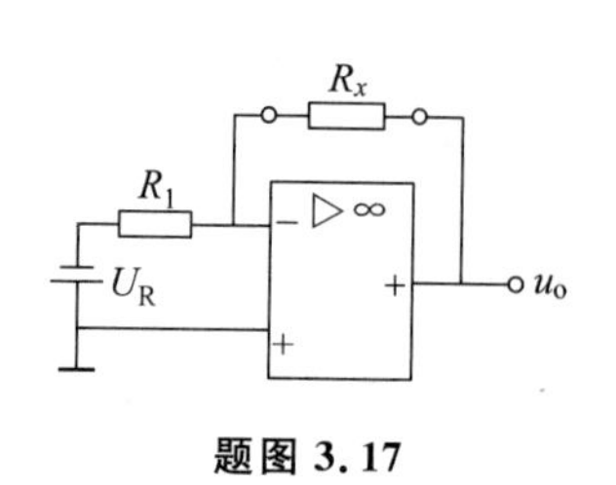

题图 3.17

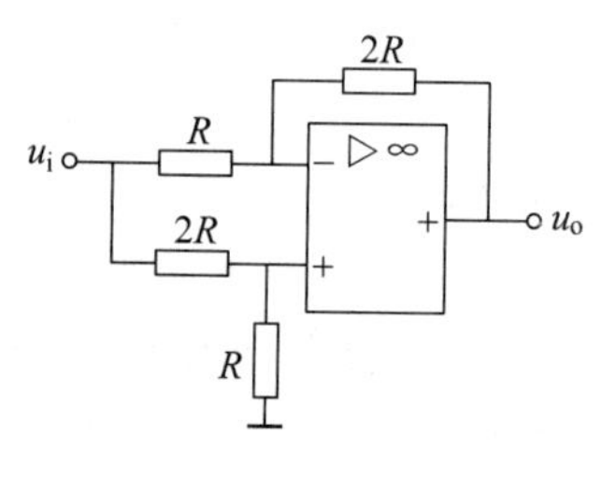

题图 3.18

3.19　在题图 3.19 所示的反相比例运算电路中，已知：$R_1=20\text{k}\Omega$，$R_2=100\text{k}\Omega$，运算放大器的最大输出电压为±12V。求输入电压 u_i 为以下各种情况时的输出电压 u_o。

(1) $u_i=-0.1\text{V}$；(2) $u_i=\sqrt{2}\sin\omega t$；(3) $u_i=2.4\text{V}$；(4) $u_i=-3\text{V}$。

3.20　为了获得较高的电压放大倍数，而又可避免采用高值电阻 R_f，将反相比例运算电路改为题图 3.20 所示的电路。

(1) 已知 $R_1=50\text{k}\Omega$，$R_2=33\text{k}\Omega$，$R_3=3\text{k}\Omega$，$R_4=2\text{k}\Omega$，$R_f=100\text{k}\Omega$，求电压放大倍数 A_{uf}；

(2) 如果 $R_3=0$，要得到同样大的电压放大倍数，R_f 的阻值应增大到多少？

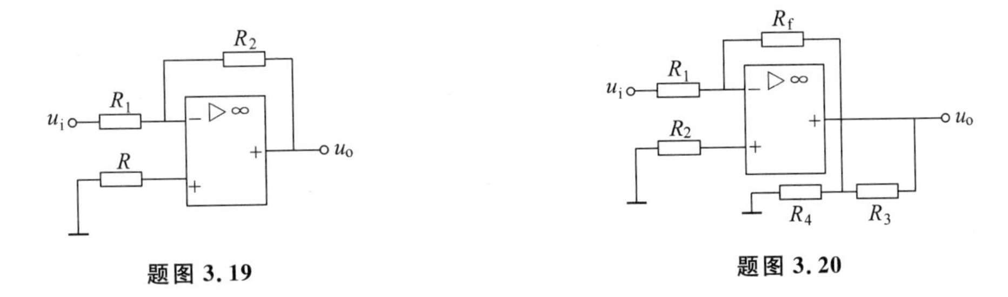

题图 3.19　　　　题图 3.20

3.21　在题图 3.21 所示的电路中，电源电压为±15V，$u_{i1}=1.1\text{V}$，$u_{i2}=1\text{V}$。试求接入输入电压后，输出电压由 0 上升到 10V 所需的时间。

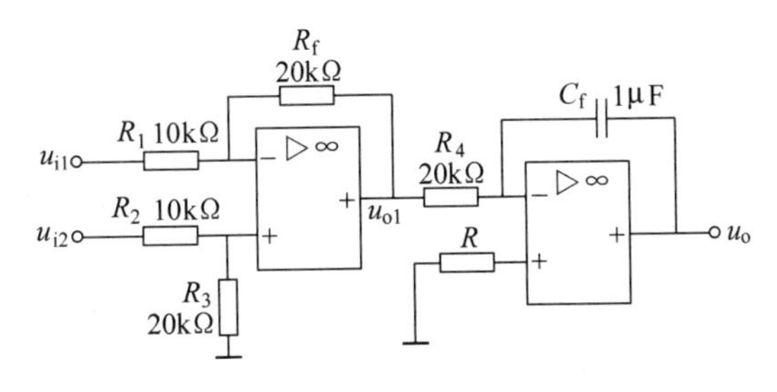

题图 3.21

3.22　在题图 3.22 中，运算放大器的最大输出电压 $U_{opp}=\pm12\text{V}$，稳压管的稳定电压 $U_Z=6\text{V}$，其正向压降为 0.7V，$u_i=12\sin\omega t$。当参考电压 U_R 为+3V 和−3V 两种情况下，试画出电压传输特性和输出电压 u_o 的波形。

3.23　求如题图 3.23 所示的电压比较器的阈值，并画出它的传输特性曲线。

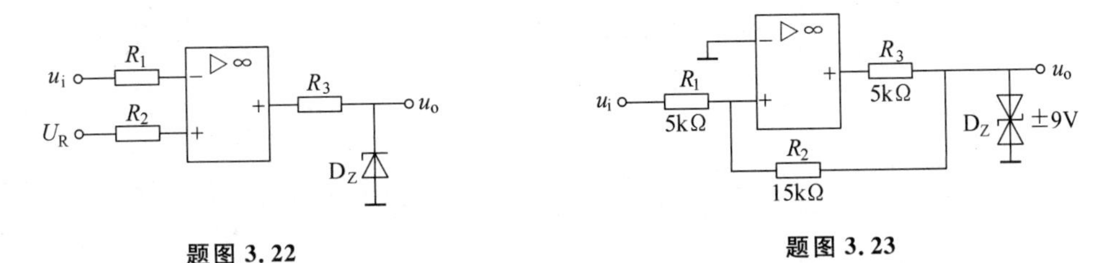

题图 3.22　　　　题图 3.23

3.24　题图 3.24 是一种监控报警装置，如需对某一参数（如温度、压力等）进行监控时，可由传感器取得监控信号 u_i，U_R 是参考电压，当 u_i 超过正常值时，报警灯亮。试说明其工作原理，以及说明二极管 D 和电阻 R_3 在电路中起什么作用。

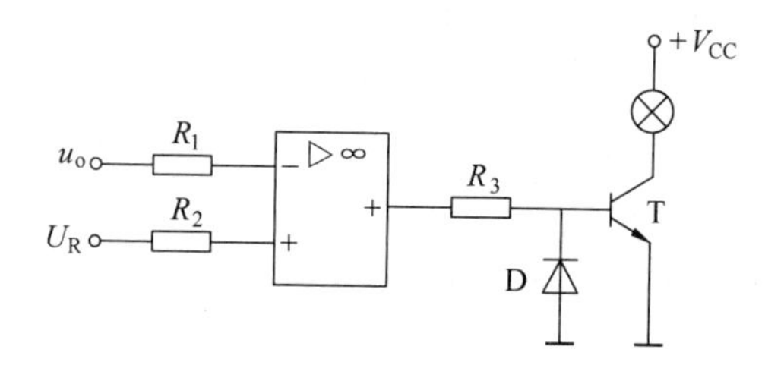

题图 3.24

3.25 电路如题图 3.25(a)所示，运算放大器的最大输出电压为 12V，晶体管 VT 的 β 足够大，输入电压 u_i 的波形如题图 3.25(b)所示。试分析灯 L 的亮暗情况。

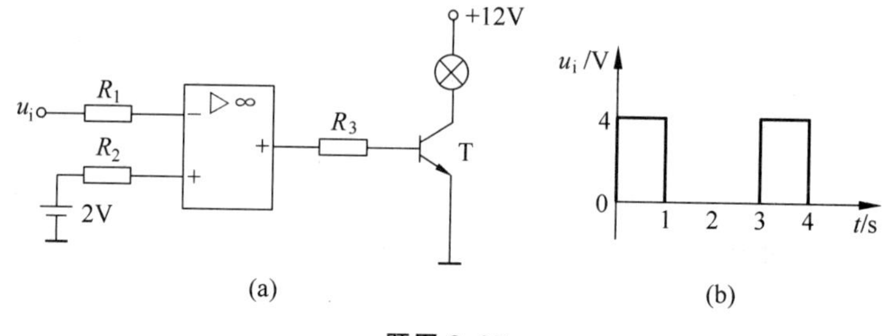

题图 3.25

第4章

数字电路基础

集成电路作为20世纪重要的发明之一，成为推动国民经济和社会信息化的关键技术，关系到国家产业的竞争力和国家信息安全。目前，90nm的集成电路产品已大规模生产，数亿个晶体管可以集成到一个小小的芯片上。

实际上，电子系统中都会包含有模拟和数字两种电路。集成电路按照功能来分，分为数字集成电路和模拟集成电路，两种电路的用途也各有不同。数字电路在信号的存储、分析或传输方面更具有优越性，因此有必要在了解模拟电路理论的基础上，进一步了解数字电路的基本理论。

本章主要介绍数字电路的概念与基本特点；其次，分析不同数制和各种数制之间的转换方法，二-十进制的编码方法和几种BCD码的编码规则；然后，介绍逻辑代数的基本概念、基本运算公式和定理的基础上，归纳逻辑函数的几种常用表示方法以及逻辑函数的公式化简法和卡诺图化简法；最后，介绍几种常用的逻辑门电路和集成门电路使用中常见的问题。

4.1 数字电路概述

1. 数字信号

在自然界中存在着许多物理量，它们在时间和数值上都是离散的，也就是说，它们的变化在时间上是不连续的。同时，它们的数值大小和每次的增减变化都是某一个最小数量单位的整数倍，这一类物理量称为数字量，用来表示数字量的信号称为数字信号。

数字信号在时间上和数值上都是离散的，常用数字0和1表示，这里0和1不是十进制中的数字，而是逻辑0和逻辑1，所以也称为二值数字逻辑或简称数字逻辑。二值数字逻辑，是基于客观世界许多事物中的可以用彼此相关又互相对立的两种状态来描述的，例如，是与非、真与假、开与关、低与高，等等。而且在电路上，可用电子器件的开关特性来实现，所以形成了离散信号电压或数字电压。这些数字电压通常用逻辑电平来表示。应当注意，逻辑电平不是物理量，而是物理量的相对表示。数字信号通常用数字波形表示，数字波形是逻辑电平与时间的关系。当某波形仅有两个离散值时，可以称为脉冲波形。

2. 数字电路

处理数字信号的电路称为数字电路。把高电平用1表示，把低电平用0表示，这就是所谓的正逻辑规定。在数字电路中，除特别情况外一般都采用正逻辑规定。与模拟电路相比，数字电路具有以下特点。

首先，数字电路是以二值数字逻辑为基础的，处理的工作信号是离散的数字信号。电路中的电子器件，如二极管、三极管(BJT)、场效应管(FET)都处于开关状态，即工作在饱和区和截止区，而放大区只是过渡状态。在数字电路中，所有的变量都归结为0和1这两个对立的状态。因此，只需关心信号的有或无，电平的高或低，开关的通或断，等等，而不必理会某个变量的详细数值。

其次，数字电路的主要研究对象是电路的输入和输出之间的逻辑关系，即电路的逻辑功能，因而数字电路也称做逻辑电路。这种数字电路不仅可以完成数值运算，而且能进行逻辑判断和运算，这在控制系统中是不可缺少的。

再次，数字电路的主要分析工具是逻辑代数(又称布尔代数)，在数字电路中不能采用模拟电路的分析方法，如微变等效电路法等。但是数字电路的变量取值只有0和1两种可能，因此与模拟电路相比，没有复杂的计算问题。描述数字电路的方式主要是用真值表、逻辑表达式及波形图等。

最后，数字信息便于长期保存，比如可将数字信息存入磁盘、光盘等长期保存。数字集成电路产品系列多、通用性强、成本低、可靠性高。

由于具有一系列优点，所以数字电路在电子设备或电子系统中得到了越来越广泛的应用，计算机、计算器、电视机、音响系统、视频记录设备、光盘、长途电信及卫星系统等，都采用了数字电路与数字系统。

4.2 数制与码制

4.2.1 数制

计数问题是实际中经常遇到的问题，也是数字电路必须考虑的问题。按某种进位规则进行计数的体制，就是数制。人们在日常生活中，习惯于用十进制，而在数字系统中，多采用二进制，有时也采用八进制或十六进制。为了讨论方便，我们还是从十进制开始讨论。

1. 十进制

所谓十进制(decimal)就是以10为基数的计数体制。它采用10个不同的基本数码0、1、2、3、4、5、6、7、8、9来表示数。其进位规则是：逢十进一。每一个数码处于不同的位置(数位)时，它所代表的数值不同，这个数值称为位权值。每个十进制数都可以用位权值表示，其中，个位的位权为10^0，十位的位权为10^1，百位的位权为10^2，以此类推。因此，十进制就是以10为基数，遵循逢十进一原则的进位计数体制。

一个有n位整数、m位小数的任意十进制数N的表示形式为

$$N = \sum_{i=-m}^{n-1} K_i \times 10^i \tag{4.1}$$

式中，10为基数；系数K_i可为0、1、2、3、4、5、6、7、8、9中的任一个数字。

虽然十进制是人们使用最多、最习惯的计数体制，但却很难用电路实现。因为，很难找

到一个电路或电子器件，而它又有10个能被严格区分开的状态来表示十进制数的10个基本数码。所以数字电子系统中一般不直接采用十进制，而直接采用二进制。

2. 二进制

所谓二进制(binary)，就是以2为基数的计数体制。与十进制的区别在于数码的个数和进位规律不同。二进制是用两个数码0和1表示，采用逢二进一的进位规则。

一个有 n 位整数、m 位小数的任意二进制数 N 的表示形式为

$$N = \sum_{i=-m}^{n-1} K_i \times 2^i \tag{4.2}$$

式中，2为基数；系数 K_i 可为0、1中的任一个数字。

3. 十六进制

所谓十六进制(hexadecimal)，也是进位计数制的一种形式，十六进制有16个基本数码，包括0、1、2、3、5、6、7、8、9、A(对应于十进制数中的10)、B(11)、C(12)、D(13)、E(14)、F(15)，采用逢十六进一的进位规则。

一个有 n 位整数、m 位小数的任意十六进制数 N 的表示形式为

$$N = \sum_{i=-m}^{n-1} K_i \times 16^i \tag{4.3}$$

式中，16为基数；系数 K_i 可为0、1、2、3、5、6、7、8、9、A、B、C、D、E、F中的任一个数字。

十六进制与二进制数之间有简单的对应关系，也常常采用十六进制数作为二进制数的简记形式。

4. 不同数制间的相互转换

二进制数是各种数字系统和计算机中常用的形式，但人们习惯的进位计数制又是十进制，这就常常需要在各种数制的数之间进行转换。

(1) R 进制转换为十进制(R 可为二、十六)

人们习惯于十进制数，若将 R 进制数转化为等值的十进制数，只要将 R 进制数用位权展开，再按照十进制运算就可得到十进制数，即按照幂级数展开。

例4.1 将二进制数$(11011.101)_2$转换成十进制数。

解 将数码与二进制位权相乘，然后相加而得十进制数，即

$$\begin{aligned}(11011.101)_2 &= 1\times 2^4 + 1\times 2^3 + 0\times 2^2 + 1\times 2^1 + 1\times 2^0 + 1\times 2^{-1} + 0\times 2^{-2} + 1\times 2^{-3} \\ &= 16+8+0+2+1+0.5+0+0.125 \\ &= (27.625)_{10}\end{aligned}$$

例4.2 将十六进制数$(13DF.B8)_{16}$或$(13DF.B8)_H$转换成十进制数。

解 将数码与十六进制位权相乘，然后相加而得十进制数，即

$$\begin{aligned}(13DF.B8)_H &= 1\times 16^3 + 3\times 16^2 + 13\times 16^1 + 15\times 16^0 + 11\times 16^{-1} + 8\times 16^{-2} \\ &= 4096+768+208+15+0.6875+0.03125 \\ &= (5087.71875)_{10}\end{aligned}$$

(2) 十进制转换为 R 进制(R 可为二、十六)

将十进制数转换为 R 进制数，需将十进制数的整数部分和小数部分分别进行转换，然后将它们合并起来。

十进制整数转换成 R 进制数，采用逐次除以基数 R，取余数的方法：将给定的十进制整数除以 R，余数作为 R 进制的最低位；把前一步的商再除以 R，余数作为次低位；重复把前一步的商再除以 R，记下余数，直至最后商为 0，最后的余数即 R 进制的最高位。

例 4.3 把十进制数 $(28)_{10}$ 分别转换成二进制数和十六进制数。

解 由于二进制基数为 2，所以逐次除以 2，取其余数（0 或 1）。

```
2 |28
2 |14…………余 0（最低位）
2 | 7…………余 0
2 | 3…………余 1
2 | 1…………余 1
     0…………余 1（最高位）
```

所以得

$$(28)_{10} = (11100)_2$$

十六进制基数为 16，所以逐次除以 16，取其余数（有 0、1、2、3、4、5、6、7、8、9、A、B、C、D、E、F）。

```
16 |28
16 | 1…………余 12（最低位）
      0…………余 1（最高位）
```

所以得

$$(28)_{10} = (1C)_H$$

十进制纯小数转换成 R 进制数，采用小数部分乘以基数 R，取整数的方法。

例 4.4 将十进制小数 $(0.375)_{10}$ 分别转换成二进制数和十六进制数。

解 二进制基数为 2，所以逐次乘以 2，取其整数。

```
     0.375
  ×     2
[0]·750…………取整 b₋₁=0
  ×     2
 [1]·50…………取整 b₋₂=1
  ×     2
  [1]·0…………取整 b₋₃=1
```

所以得

$$(0.375)_{10} = (0.011)_2$$

十六进制基数为 16，所以逐次乘以 16，取其整数。

```
   0.375
  ×  16
[6]·000…………取整 b₋₁=6
```

所以得

$$(0.375)_{10} = (0.6)_H$$

(3) 二进制与十六进制之间的相互转换

二进制转换为十六进制时，对于整数部分，从低位向高位每 4 位二进制转换成对应的十六进制数码，如位数不够，可在前面补零；对于小数部分，从高位向低位，每 4 位二进制转换为对应的十六进制数码，如位数不够，在后面补零。

例 4.5　把二进制数$(110100.001000101)_2$转换为十六进制。

解　整数部分，从低位向高位；小数部分，从高位向低位。每 4 位二进制数进行分节，位数不够补零，与十六进制数码进行对应。

$$(110100.001000101)_2=(0011\quad 0100\cdot 0010\quad 0010\quad 1000)_2$$
$$=(34.228)_H$$

为了便于对照，表 4.2.1 中列出了 16 以内的十进制数、二进制数、八进制数和十六进制数之间的对应关系。

表 4.2.1　几种数制之间的关系对照表

十进制数	二进制数	八进制数	十六进制数
0	0000	0	0
1	0001	1	1
2	0010	2	2
3	0011	3	3
4	0100	4	4
5	0101	5	5
6	0110	6	6
7	0111	7	7
8	1000	10	8
9	1001	11	9
10	1010	12	A
11	1011	13	B
12	1100	14	C
13	1101	15	D
14	1110	16	E
15	1111	17	F

4.2.2　编码与码制

在数字系统中，信息可分为两类，一类是数字符号信息，另一类是文字符号信息（包括控制符）。为了表示文字符号信息，往往也采用一定位数的二进制码来表示，这个特定的二进制码称为代码。编码，就是建立代码与十进制数、字母、符号之间的一一对应的关系。

编码方案是多种多样的，最常见的是用二进制来表示十进制的二-十进制码，简称 BCD 码。由于十进制数有 10 个基本数码，所以采用二进制编码时，至少要用 4 位二进制数（$2^4>10$）。这种编码用 4 位二进制数 $b_3b_2b_1b_0$ 表示十进制数中的 0～9 这 10 个数码，用来表示十进制的数码可以有多种方法，4 位二进制序列共有 16 种组合，表 4.2.2 中列出了常用的几种 BCD 编码。

1. 8421 BCD 码

8421 BCD 码是最基本、最常用的 BCD 码，它和自然的二进制码相似，各位的权值分别为 8、4、2、1，所以称为 8421 码。它属于有权码。8421 BCD 码和自然的二进制码不同的是，只选了二进制码中的前 10 组代码,余下的 6 种状态组合不用。

表 4.2.2　常用的几种 BCD 编码

$b_3b_2b_1b_0$	代码对应的十进制数		
$2^3 2^2 2^1 2^0$	二进制码	8421 码	余 3 码
0000	0	0	×
0001	1	1	×
0010	2	2	×
0011	3	3	0
0100	4	4	1
0101	5	5	2
0110	6	6	3
0111	7	7	4
1000	8	8	5
1001	9	9	6
1010	10	×	7
1011	11	×	8
1100	12	×	9
1101	13	×	×
1110	14	×	×
1111	15	×	×

注:表中的“×”表示该种二进制状态未被使用。

2. 余 3 码

余 3 码是由 8421 BCD 码的每组数码分别加 0011(即 10 进制数码中的 3)得到的一种无权码。

3. 格雷码

格雷码也是一种无权码,编码如表 4.2.3 所示。在对模拟量的转换中,当模拟量有微小变化而可能引起数字量发生变化时,格雷码与其他编码相比,任意相邻的两个码组之间仅有一位不同,因此每次只变化一位,可以减少出错,更为可靠。

表 4.2.3　格雷码编码

十进制数	$b_3b_2b_1b_0$	$g_3g_2g_1g_0$	十进制数	$b_3b_2b_1b_0$	$g_3g_2g_1g_0$
0	0 0 0 0	0 0 0 0	8	1 0 0 0	1 1 0 0
1	0 0 0 1	0 0 0 1	9	1 0 0 1	1 1 0 1
2	0 0 1 0	0 0 1 1	10	1 0 1 0	1 1 1 1
3	0 0 1 1	0 0 1 0	11	1 0 1 1	1 1 1 0
4	0 1 0 0	0 1 1 0	12	1 1 0 0	1 0 1 0
5	0 1 0 1	0 1 1 1	13	1 1 0 1	1 0 1 1
6	0 1 1 0	0 1 0 1	14	1 1 1 0	1 0 0 1
7	0 1 1 1	0 1 0 0	15	1 1 1 1	1 0 0 0

例 4.6　分别用 8421 BCD 码和余 3 码表示十进制数$(73.501)_{10}$。

解　(1) 转换为 8421 BCD 码时，一位十进制数码用 4 位二进制码来表示，即

$$(73.501)_{10}=(0111\quad 0011.0101\quad 0000\quad 0001)_{8421BCD}$$

(2) 转换为余 3 码时，在 8421 BCD 码基础上，每位加 3，即

$$\begin{aligned}(73.501)_{10}&=(0111\quad 0011.0101\quad 0000\quad 0001)_{8421BCD}\\&\quad+(0011\quad 0011.0011\quad 0011\quad 0011)\\&=(1010\quad 0110.1000\quad 0011\quad 0100)_{余3码}\end{aligned}$$

例 4.7　将二进制数$(1111.11)_2$表示为 8421 BCD 码。

解　先将二进制数$(1111.11)_2$转换为十进制数：

$$(1111.11)_2=(15.75)_{10}$$

再将十进制数用 8421 BCD 码表示：

$$(15.75)_{10}=(0001\quad 0101.0111\quad 0101)_{8421BCD}$$

可得

$$(1111.11)_2=(0001\quad 0101.0111\quad 0101)_{8421BCD}$$

4. 字符编码

在各种数字系统中，数是用二进制表示的，有符号的数的符号(如“＋”和“－”)也要用二进制数表示。对于十进制数的符号的编码，有原码、反码和补码等不同的编码方式。此外，各种符号、文字甚至图元素要在数字系统中进行处理与运算，都必须对其进行编码。

目前，国际最通用的处理字母、专用符号和文字的二进制代码就是美国标准信息交换码，即 ASCII(American standard code for information interchange)码。基本 ASCII 码是采用 7 位二进制对数字、字母、符号的一种编码方法，没有什么规律可循，需要时可查阅有关文献。

4.3　逻辑代数基础

逻辑代数的基本思想是英国数学家乔治・布尔(George Boole)于 1854 年提出的，所以也称为布尔代数。由于逻辑代数使用二值函数进行逻辑运算，一些用语言描述显得十分复杂的逻辑命题，使用数学语言后，就变成了简单的代数式。1938 年，香农把逻辑代数用于开关和继电器网络的分析、化简，率先将逻辑代数用于解决实际问题。经过几十年的发展，逻辑代数已成为分析和设计逻辑电路不可缺少的数学工具。

4.3.1　逻辑代数的基本运算

1. 逻辑函数的基本概念

逻辑代数和普通代数相类似，也分常量、变量和函数，称为逻辑常量、逻辑变量和逻辑函数。

逻辑常量就是取值一定，不再变化的量。逻辑代数中只有两个逻辑常量，即 0 和 1，用来表示两个对立的逻辑状态。

逻辑变量与普通代数一样，也可以用字母、符号、数字及其组合来表示，但它们之间有着本质区别，因为逻辑变量的取值只有两个，即 0 和 1，而没有中间值。

逻辑函数是由逻辑变量、逻辑常量通过运算符连接起来的代数式。在逻辑代数中，有与、或、非三种基本逻辑运算。表示逻辑运算的方法有多种，如语句描述、逻辑代数式、真值表、卡诺图等。同样，逻辑函数也可以用表格和图形的形式表示。

逻辑代数就是研究逻辑函数运算和化简的一种数学系统。逻辑函数的运算和化简是数字电路课程的基础，也是数字电路分析和设计的关键。

2. 3 种基本逻辑函数及其运算

(1) 与逻辑函数

图 4.3.1(a)所示为一个简单的与逻辑电路，电压 U 通过开关 A 和 B 向灯泡 Y 供电，只有 A 和 B 同时接通时，灯泡 Y 才亮。A 和 B 中只要有一个不接通或二者都不接通时，则灯泡 Y 不亮，其真值表见图 4.3.1(b)。从这个电路中，可以总结出与运算的逻辑关系。

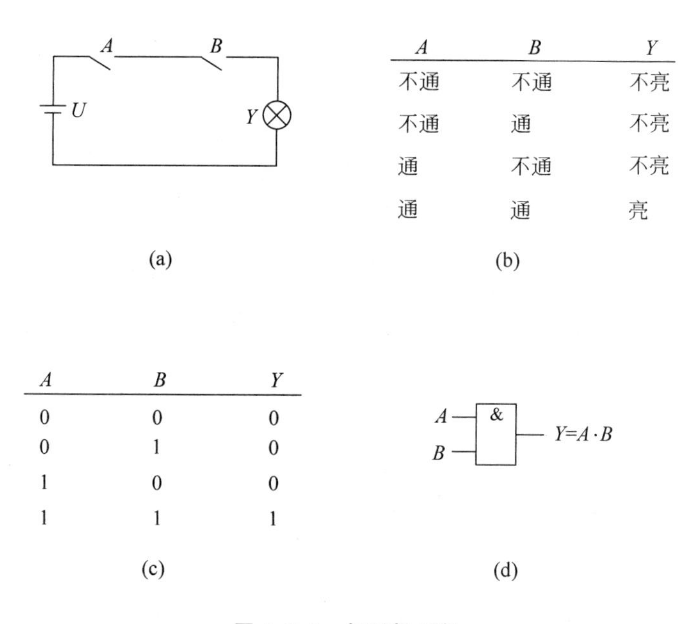

A	B	Y
不通	不通	不亮
不通	通	不亮
通	不通	不亮
通	通	亮

(b)

A	B	Y
0	0	0
0	1	0
1	0	0
1	1	1

(c)

图 4.3.1　与逻辑函数

(a) 电路图；(b) 真值表；(c) 用 0、1 表示的真值表；(d) 与运算的逻辑符号

用语句来描述则为：只有当一件事情(灯 Y 亮)的几个条件(开关 A 与 B 都接通)全部具备之后，这件事情才会发生，这种关系称为与运算。

用逻辑表达式来描述则为

$$Y = A \cdot B \quad 或 \quad Y = AB \tag{4.4}$$

式中，小圆点"·"表示 A、B 的与运算，又称逻辑乘，乘号可以省略。

如果把开关不通和灯不亮都用 0 表示，而把开关接通和灯亮都用 1 表示，得到如图 4.3.1(c)所示的真值表描述。真值表的左边列出的是所有变量的全部取值组合，右边列出的是对应于变量 A 和变量 B 的每种取值组合的输出。因为输入变量有两个，所以取值组合有 $2^2=4$ 种，对于 n 个变量，应该有 2^n 种取值组合。由与逻辑的真值表可以得到与逻辑的规律：有 0 出 0，全 1 出 1。

与运算的逻辑符号如图 4.3.1(d)所示，其中 A、B 为输入，Y 为输出。当 A、B 的值取定以后，Y 的值也就唯一确定了。

与逻辑函数可以推广到 n 个变量 $A_1, A_2, \cdots, A_n$，则有

$$Y = A_1 A_2 \cdots A_n \tag{4.5}$$

(2) 或逻辑函数

如图 4.3.2(a)所示为一个简单的或逻辑电路，电压 U 通过开关 A 和 B 向灯泡 Y 供电，只要 A 接通或 B 接通或二者都接通时，则灯泡 Y 亮。只有 A 和 B 都不接通时，则灯泡 Y 才不亮，其真值表如图 4.3.2(b)所示。从这个电路中，可以总结出或运算的逻辑关系。

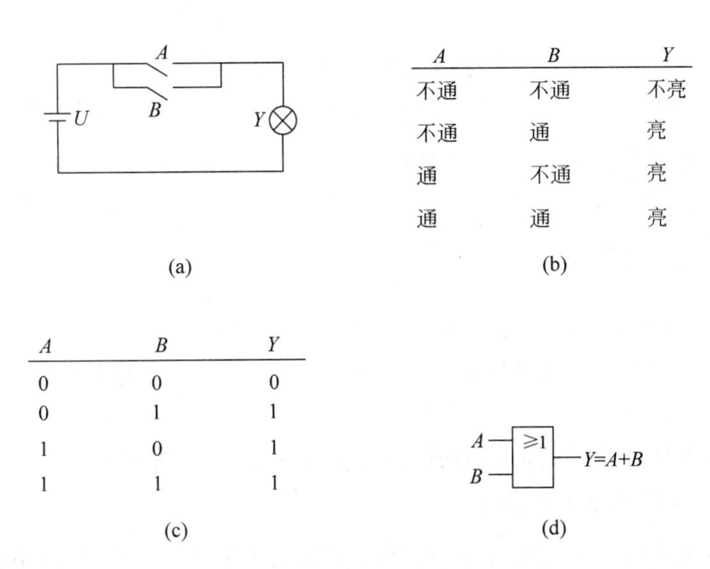

A	B	Y
不通	不通	不亮
不通	通	亮
通	不通	亮
通	通	亮

A	B	Y
0	0	0
0	1	1
1	0	1
1	1	1

图 4.3.2 或逻辑函数

(a) 电路图；(b) 真值表；(c) 用 0、1 表示的真值表；(d) 与运算的逻辑符号

用语句来描述则为：当一件事情(灯 Y 亮)的几个条件(开关 A、B 接通)中，只要有一个条件具备，这件事情就会发生，这种关系称为或运算。

用逻辑表达式来描述则为

$$Y = A + B \tag{4.6}$$

式中，符号“+”表示 A、B 的或运算，又称逻辑加。

用 0、1 表示的或逻辑真值表如图 4.3.2(c)所示。

由或逻辑的真值表可以得到或逻辑的规律：有 1 出 1，全 0 出 0。

或运算的逻辑符号如图 4.3.2(d)所示，其中 A、B 为输入，Y 为输出。

或逻辑函数可以推广到 n 个变量 $A_1, A_2, \cdots, A_n$，则有

$$Y = A_1 + A_2 + \cdots + A_n \tag{4.7}$$

(3) 非逻辑函数

如图 4.3.3(a)所示，电压 U 通过一电阻 R 向灯泡供电，开关 A 并联在灯泡 Y 的两端。当 A 不接通时，则灯 Y 亮；而当 A 接通时，则灯 Y 被短路不亮。真值表如图 4.3.3(b)所示。从这个电路中，可以总结出非运算的逻辑关系。

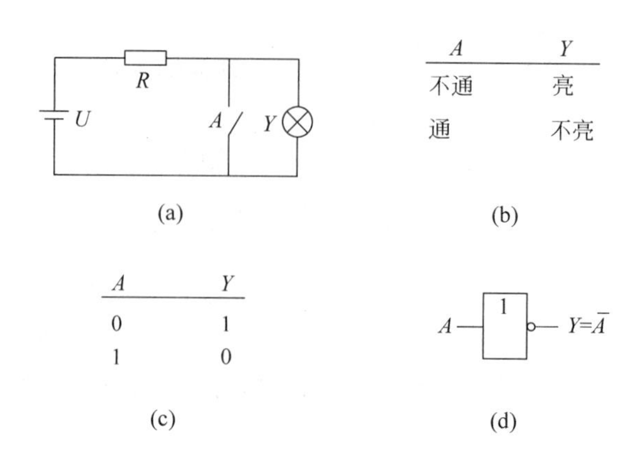

图 4.3.3 非逻辑函数

(a) 电路图；(b) 真值表；(c) 用 0、1 表示的真值表；(d) 与运算的逻辑符号

用语句来描述则为：一件事情(灯 Y 亮)的发生是以相反的条件(开关 A 不接通)作为依据，这种关系称为非运算。

用逻辑表达式来描述则为

$$Y=\overline{A} \tag{4.8}$$

式中，字母 A 上方的符号"—"表示 A 的非运算，又称逻辑反。

用 0、1 表示的非逻辑真值表如图 4.3.3(c)所示。由非逻辑的真值表可以得到或逻辑的规律：进 1 出 0，进 0 出 1。

非运算的逻辑符号如图 4.3.3(d)所示，其中 A 为输入，Y 为输出。

3. 几种复合逻辑函数及其运算

实际的逻辑关系往往比单独的与、或、非三种逻辑关系要复杂得多，但不管有多复杂，总能用与、或、非的组合来实现。复合逻辑运算就是由两种或两种以上的基本逻辑运算组合而成，如与非、或非、同或、异或等。

(1) 与非逻辑函数

与非逻辑是与逻辑运算和非逻辑运算的复合，将输入变量先进行与运算，然后再进行非运算。与非逻辑的表达式为

$$Y=\overline{AB} \tag{4.9}$$

与非逻辑的真值表如图 4.3.4(a)所示，与非的逻辑规律是：有 0 出 1，全 1 出 0。与非运算的逻辑符号如图 4.3.4(b)所示。

(2) 或非逻辑函数

或非逻辑是或逻辑运算和非逻辑运算的复合，将输入变量先进行或运算，然后再进行非运算。或非逻辑的表达式为

$$Y=\overline{A+B} \tag{4.10}$$

或非逻辑的真值表如图 4.3.5(a)所示，或非的逻辑规律是：有 1 出 0，全 0 出 1。或非运算的逻辑符号如图 4.3.5(b)所示。

(3) 异或逻辑函数

异或逻辑函数的定义是：当两个输入变量 A 和 B 的取值不同(相异)时，输出函数值 Y

A	B	Y
0	0	1
0	1	1
1	0	1
1	1	0

(a)

(b)

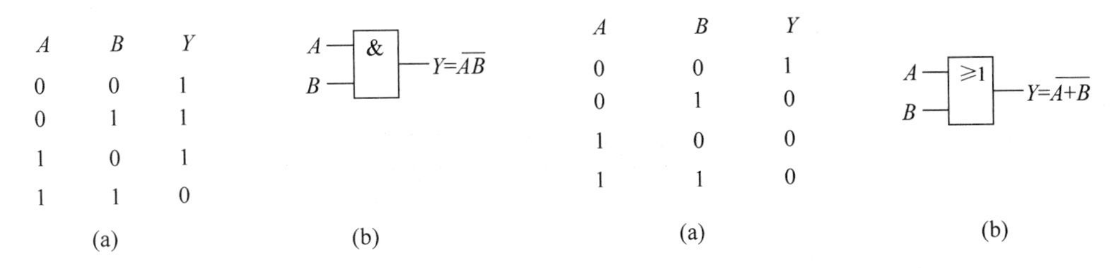

图 4.3.4　与非逻辑函数

(a) 与非运算的真值表；(b) 与非运算的逻辑符号

A	B	Y
0	0	1
0	1	0
1	0	0
1	1	0

(a)

(b)

图 4.3.5　或非逻辑函数

(a) 或非运算的真值表；(b) 或非运算的逻辑符号

才为 1，否则输出函数值 Y 为 0。异或逻辑的表达式为

$$Y = A \oplus B = \overline{A}B + A\overline{B} \tag{4.11}$$

式中，符号$\oplus$是异或运算符号。异或逻辑的真值表如图 4.3.6(a)所示，异或的逻辑规律是：相同出 0，相异出 1。异或运算的逻辑符号如图 4.3.6(b)所示。

(4) 同或逻辑函数

同或逻辑函数的定义是：当两个输入变量 A 和 B 的取值相同时，输出函数值 Y 才为 1，否则输出函数值 Y 为 0。同或逻辑的表达式为

$$Y = A \odot B = \overline{A}\,\overline{B} + AB \tag{4.12}$$

式中，符号$\odot$是同或运算符号。同或逻辑的真值表如图 4.3.7(a)所示，同或的逻辑规律是：相同出 1，相异出 0。同或运算的逻辑符号如图 4.3.7(b)所示。

A	B	Y
0	0	0
0	1	1
1	0	1
1	1	0

(a)

(b)

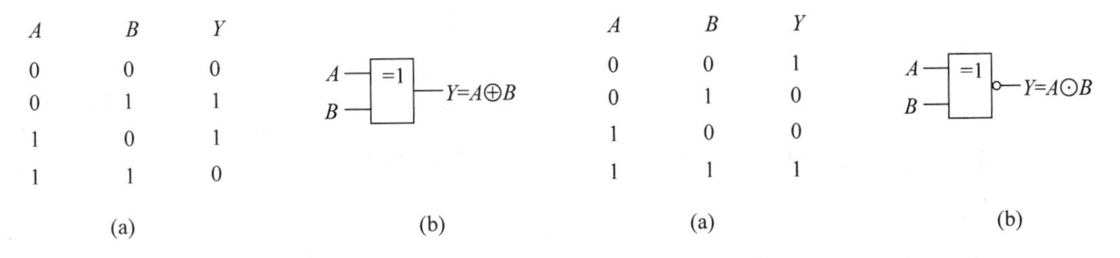

图 4.3.6　异或逻辑函数

(a) 异或运算的真值表；(b) 异或运算的逻辑符号

A	B	Y
0	0	1
0	1	0
1	0	0
1	1	1

(a)

(b)

图 4.3.7　同或逻辑函数

(a) 同或运算的真值表；(b) 同或运算的逻辑符号

4.3.2　逻辑代数的基本公式

逻辑代数研究的是逻辑函数的运算和化简。下面对逻辑运算中的基本定理和基本公式进行归纳和整理。

1. 常用的逻辑运算公理

常用的逻辑运算公理如表 4.3.1 所示。

表 4.3.1　常用的逻辑运算公理

$0 \cdot 0=0$	$0+0=0$
$0 \cdot 1=1 \cdot 0=0$	$1+0=0+1=1$
$1 \cdot 1=1$	$1+1=1$
$\overline{0}=1$	$\overline{1}=0$
若 $A\neq 0$，则 $A=1$	若 $A\neq 1$，则 $A=0$

2. 常用的逻辑运算定理

常用的逻辑运算定理如表4.3.2所示。

表4.3.2 常用的逻辑运算定理

自等律	$A\cdot 1=A$	$A+0=A$
0-1律	$A\cdot 0=0$	$A+1=1$
互补律	$A\cdot \overline{A}=0$	$A+\overline{A}=1$
交换律	$A\cdot B=B\cdot A$	$A+B=B+A$
结合律	$A(BC)=(AB)C$	$A+(B+C)=(A+B)+C$
分配律	$A(B+C)=AB+AC$	$A+BC=(A+B)(A+C)$
重叠律	$A\cdot A=A$	$A+A=A$
吸收律	$A+AB=A$	$A\cdot(A+B)=A$
还原律	$\overline{\overline{A}}=A$	$A=\overline{\overline{A}}$
反演律	$\overline{AB}=\overline{A}+\overline{B}$	$\overline{A+B}=\overline{A}\cdot\overline{B}$

下面用真值表证明法，验证一下反演律的正确性。表4.3.3所示为验证两变量的反演律的真值表。

表4.3.3 验证两变量的反演律的真值表

A	B	$\overline{AB}$	$\overline{A}+\overline{B}$	$\overline{A+B}$	$\overline{A}\cdot\overline{B}$
0	0	1	1	1	1
0	1	1	1	0	0
1	0	1	1	0	0
1	1	0	0	0	0

表4.3.2中的所有定理，都可以用真值表证明法进行验证。

3. 常用公式

利用逻辑代数中定理的基本公式，可以导出一些常用公式，在化简逻辑函数时直接应用这些公式，会给化简带来便利。

列出常用公式如下：

$$A+A\cdot B=A \tag{4.13}$$

$$A\cdot(A+B)=A \tag{4.14}$$

式(4.13)表明，两个逻辑与项进行或运算时，如果其中一项为另一项的因子，则该项可以去掉。式(4.14)表明，两个逻辑或项进行与运算时，如果其中一项有另一项作为因子，则该项可以去掉。

$$A+\overline{A}\cdot B=A+B \tag{4.15}$$

$$A\cdot(\overline{A}+B)=AB \tag{4.16}$$

式(4.15)表明，两个逻辑与项进行或运算时，如果其中一项的反是另一项的因子，则该因子可以去掉。式(4.16)表明，两个逻辑或项进行与运算时，如果其中一项有另一项的反作为因子，则该因子可以去掉。

$$A\cdot B+A\cdot\overline{B}=A \tag{4.17}$$

$$(A+B)\cdot(A+\overline{B})=A \tag{4.18}$$

式(4.17)表明,两个逻辑与项进行或运算时,如果两项只有一个因子不同,且互为反变量,则两项可以合并,去掉不同的因子,保留相同的因子。式(4.18)表明,两个逻辑或项进行与运算时,如果两项只有一个因子不同,且互为反变量,则两项可以合并,去掉不同的因子,保留相同的因子。

$$\overline{A \cdot \overline{B} + \overline{A} \cdot B} = A \cdot B + \overline{A} \cdot \overline{B} \tag{4.19}$$

式(4.19)表明,异或逻辑的反就是同或逻辑,同或逻辑和异或逻辑互为非运算。

$$A \cdot B + A \cdot C = (A + B) \cdot (A + C) \tag{4.20}$$

式(4.20)表明,与或逻辑运算和或与逻辑运算可以相互转换。

$$A \cdot B + \overline{A} \cdot C + B \cdot C = A \cdot B + \overline{A} \cdot C \tag{4.21}$$

式(4.21)表明,若两个与运算项中分别包含了某一个变量的原变量和反变量作为因子,则这两项的其余因子组成的第三个与运算项可以消去。

例 4.8　试证明公式(4.21)$A \cdot B + \overline{A} \cdot C + B \cdot C = A \cdot B + \overline{A} \cdot C$ 的正确性。

证明　根据各种定理的基本公式,进行推导。

$$\begin{aligned}
& A \cdot B + \overline{A} \cdot C + B \cdot C \\
= & A \cdot B + \overline{A} \cdot C + B \cdot C(A + \overline{A}) \cdots\cdots \text{互补律} \\
= & A \cdot B + \overline{A} \cdot C + (AB) \cdot C + (\overline{A}C) \cdot B \cdots\cdots \text{结合律} \\
= & AB(1 + C) + \overline{A}C(1 + B) \cdots\cdots \text{分配律} \\
= & A \cdot B + \overline{A} \cdot C \cdots\cdots \text{0-1 律}
\end{aligned}$$

证毕。

4. 逻辑代数的 3 个基本规则

(1) 代入规则

若两个逻辑函数相等,即 $Y_1 = Y_2$,且 Y_1 和 Y_2 中都存在同一变量 A,如果将逻辑函数中的这一变量 A 用一个相同的逻辑函数 Y 代替,则等式仍然成立,这个规则称为代入规则。

有了代入规则,就可以将基本等式(定理、常用公式)中的变量用某一逻辑函数来代替,从而扩大它们的应用范围。

(2) 反演规则

若一个逻辑函数 Y,将 Y 的表达式中所有的“·”换为“+”,所有的“+”换为“·”,所有的常量 0 换为常量 1,所有的常量 1 换为常量 0,所有的原变量换为反变量,所有的反变量换为原变量,这样将得到原逻辑函数 Y 的反函数,也称为补函数,记作 $\overline{Y}$。这个规则称为反演规则。

反演规则又称为德·摩根定理,或称为互补规则。在使用反演规则时要注意:一是必须保持原式的运算顺序,二是不属于单个变量上的反号应保留不变。

例 4.9　求下列逻辑函数的反函数。

(1) $Y_1 = \overline{A}B + A\overline{B}C + D\overline{E}$;

(2) $Y_2 = \overline{A} \cdot \overline{BC\overline{DE}}$。

解　(1) 利用反演规则,对 Y_1 进行反演,可得

$$\overline{Y}_1 = (A + \overline{B})(\overline{A} + B + \overline{C})(\overline{D} + E)$$

(2) 利用反演规则,对 Y_2 进行反演,可得

$$\overline{Y}_2 = A + \overline{\overline{B} + \overline{C} + \overline{\overline{D} + \overline{E}}}$$

(3) 对偶规则

若一个逻辑函数 Y,将 Y 的表达式中的"·"、"+"互换,所有的 0、1 互换,这样将得到原逻辑函数 Y 的对偶式,记作 Y',这个规则称为对偶规则。

在使用对偶规则时要注意:一是,Y 的对偶式 Y' 和 Y 的反演式 $\overline{Y}$ 是不同的,在求 Y' 时不能将原变量和反变量互换;二是,变换时仍要保持原式中的运算顺序。

运用对偶规则可知,两个对偶式中有一个成立,另一个也一定成立,这个规则可以使要证明的公式大为减少。

对偶规则的推论:若两个逻辑函数 Y_1 和 Y_2 相等,即 $Y_1=Y_2$,则它们的对偶式也相等,即 $Y_1'=Y_2'$;反之,若 $Y_1'=Y_2'$,则必有 $Y_1=Y_2$。

例 4.10 求下列逻辑函数的对偶形式。

(1) $Y_1=\overline{A}B+A\overline{B}C+D\overline{E}$;

(2) $Y_2=A\cdot B+\overline{A}\cdot C+B\cdot C=A\cdot B+\overline{A}\cdot C$。

解 根据对偶规则进行替换。

(1) $Y_1'=(\overline{A}+B)\cdot(A+\overline{B}+C)\cdot(D+\overline{E})$

(2) $Y_2'=(A+B)\cdot(\overline{A}+C)\cdot(B+C)=(A+B)\cdot(\overline{A}+C)$

4.3.3 逻辑函数的表示方法

对前面所讨论的与、或、非 3 种基本逻辑函数以及与非、或非、异或、同或 4 种常用的复合逻辑函数,都有各自的真值表、逻辑函数表达式、逻辑符号表示。对于一般的函数,又是由以上 7 种逻辑函数中的某几种组合起来的,那么还可以用逻辑图表示。下面对逻辑函数的表示方法及其各种表示方法的相互转换做一个归纳。

1. 逻辑函数表达式

逻辑函数表达式是输入的逻辑变量和输出的逻辑函数值之间的逻辑关系,写成与、或、非、与非、或非、异或、同或等运算的组合式,就是逻辑函数表达式。

在逻辑运算中,运算顺序是:第一级是括号内的运算,第二级是非运算,第三级是与运算,第四级是或运算,从左至右依次进行。

例如,在逻辑函数 $Y=A\cdot B+\overline{A}\cdot C$ 中,第一级运算是 A 的非运算,第二级运算是 A 和 B、A 的非和 C 进行与运算,第三级是两个与运算的结果进行或运算。

2. 逻辑函数真值表

用真值表表示逻辑函数,是一种直观的表格表示方法。

表格的左边是逻辑变量的所有取值的组合,表格的右边是每一种组合所对应的逻辑函数值。例如,逻辑函数 $Y=A\cdot B+\overline{A}\cdot C$ 的真值表如表 4.3.4 所示。

表 4.3.4 逻辑函数 $Y=A\cdot B+\overline{A}\cdot C$ 的真值表

A	B	C	$A\cdot B$	$\overline{A}\cdot C$	$Y=A\cdot B+\overline{A}\cdot C$
0	0	0	0	0	0
0	0	1	0	1	1
0	1	0	0	0	0
0	1	1	0	1	1

续表

A	B	C	$A \cdot B$	$\overline{A} \cdot C$	$Y=A \cdot B+\overline{A} \cdot C$
1	0	0	0	0	0
1	0	1	0	0	0
1	1	0	1	0	1
1	1	1	1	0	1

表格右边的逻辑函数值可以直接用表格左边的逻辑变量值代入，进行计算。

3. 逻辑图

逻辑图是用与、或、非、与非、或非、异或、同或等逻辑符号，按照逻辑函数中的运算顺序进行组合而成的图形。例如，逻辑函数 $Y=A \cdot B+\overline{A} \cdot C$ 的逻辑图如图 4.3.8 所示。

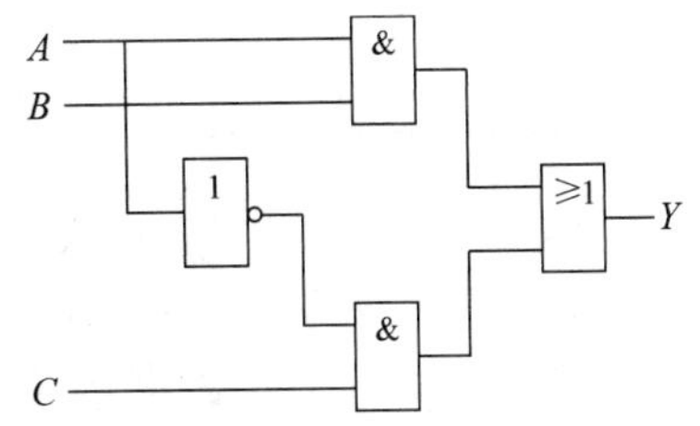

图 4.3.8　逻辑函数 $Y=A \cdot B+\overline{A} \cdot C$ 的逻辑图

逻辑函数表达式、逻辑函数真值表、逻辑图都是对同一个逻辑函数的不同表示方法，在逻辑关系上是等价的，所以 3 种表示方法之间可以相互转换。

4. 逻辑函数各种表示方法的相互转换

(1) 已知逻辑函数表达式求逻辑函数真值表

已知逻辑函数表达式求逻辑函数真值表的方法：设逻辑函数表达式中有 n 个变量，每个变量只有 0 和 1 两种取值，n 个变量有 2^n 种取值的组合。为了不重复、不遗漏，将 n 个变量的取值组合当作 n 位的二进制数，由全部取 0 开始，每次加 1 进行递增，直至全部取 1 为止，列出 2^n 种取值的组合。然后按照每一组变量的取值，代入逻辑函数表达式中进行计算，填入对应的空格，则可得该逻辑函数的真值表。

例 4.11　试列出逻辑函数 $Y=A \cdot \overline{B}+A \cdot C+\overline{B} \cdot \overline{C}$ 的真值表。

解　逻辑函数 $Y=A \cdot \overline{B}+A \cdot C+\overline{B} \cdot \overline{C}$ 有 3 个输入变量，所以输入变量有 8 种取值组合，真值表如表 4.3.5 所示。

表 4.3.5　逻辑函数 $Y=A \cdot \overline{B}+A \cdot C+\overline{B} \cdot \overline{C}$ 的真值表

A	B	C	$A \cdot \overline{B}$	$A \cdot C$	$\overline{B} \cdot \overline{C}$	Y
0	0	0	0	0	1	1
0	0	1	0	0	0	0
0	1	0	0	0	0	0
0	1	1	0	0	0	0
1	0	0	1	0	1	1
1	0	1	1	1	0	1
1	1	0	0	0	0	0
1	1	1	0	1	0	1

(2) 已知逻辑函数真值表求逻辑函数表达式

已知逻辑函数真值表求逻辑函数表达式的方法：先找出逻辑函数的输出函数值为 1 的项，对应于每一项写出一个由输入逻辑变量为因子的乘积项。这些乘积项中，当变量取 1 时以原变量作为因子，当变量取 0 时以反变量作为因子。然后将这些乘积项相加，就可以得到相应的逻辑函数的表达式。

例 4.12 试写出如表 4.3.6 所示逻辑函数真值表所对应的逻辑函数表达式。

解 由表 4.3.6 可知，逻辑函数值为 1 的有 3 项，所以逻辑函数表达式有 3 个乘积项相加。第一项对应于 $A=0,B=1,C=0$，在乘积项中以 $\overline{A}$、B、$\overline{C}$ 为因子写出乘积项 $\overline{A}\cdot B\cdot\overline{C}$；同理，第二项的乘积项为 $A\cdot B\cdot\overline{C}$；第三项的乘积项为 $A\cdot B\cdot C$。

所以可得逻辑函数表达式为 $Y=\overline{A}\cdot B\cdot\overline{C}+A\cdot B\cdot\overline{C}+A\cdot B\cdot C$。

表 4.3.6 例 4.12 的逻辑函数真值表

A	B	C	Y	A	B	C	Y
0	0	0	0	1	0	0	0
0	0	1	0	1	0	1	0
0	1	0	1	1	1	0	1
0	1	1	0	1	1	1	1

(3) 已知逻辑函数的表达式画出逻辑函数的逻辑图

已知逻辑函数的表达式画出逻辑函数的逻辑图的方法：用逻辑符号代替逻辑函数表达式中的逻辑运算符号，并根据运算顺序，将这些逻辑符号连接起来，就可以得到该逻辑函数的逻辑图。

例 4.13 画出下列逻辑函数的逻辑图。

(1) $Y_1=A\cdot B+\overline{B}\cdot C+\overline{A\cdot C}$；

(2) $Y_2=\overline{\overline{A\cdot B}\cdot\overline{A\cdot C}\cdot\overline{B\cdot C}}$。

解 (1) 在逻辑函数表达式中，第一级是非运算 $\overline{B}$，第二级是与运算 AB、$\overline{B}C$ 和与非运算 $\overline{AC}$，第三级是或运算 $Y_1=AB+\overline{B}C+\overline{AC}$，由此画出对应的逻辑图，如图 4.3.9(a)所示。

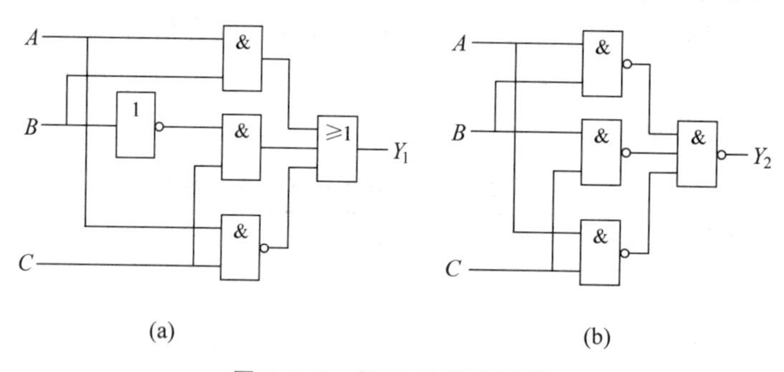

图 4.3.9 例 4.13 的逻辑图

(2) 在逻辑函数表达式中，第一级是与非运算 $\overline{AB}$、$\overline{AC}$、$\overline{BC}$，第二级还是与非运算 $Y_2=\overline{\overline{AB}\cdot\overline{AC}\cdot\overline{BC}}$，由此画出对应的逻辑图，如图 4.3.9(b)所示。

(4) 已知逻辑函数的逻辑图写出逻辑函数的表达式

已知逻辑函数的逻辑图写出逻辑函数的表达式的方法：根据给定的逻辑图，由输入级开始，写出每个逻辑符号对应输出的逻辑表达式，然后向输出端逐次推导，就可以得到逻辑函数的表达式。

例 4.14 已知某逻辑函数的逻辑图如图 4.3.10 所示，试写出逻辑函数的表达式。

解 (1) 从输入端到输出端的每个逻辑符号的表达式分别为：$\overline{AB}$、$A\cdot\overline{AB}$、$B\cdot\overline{AB}$，最

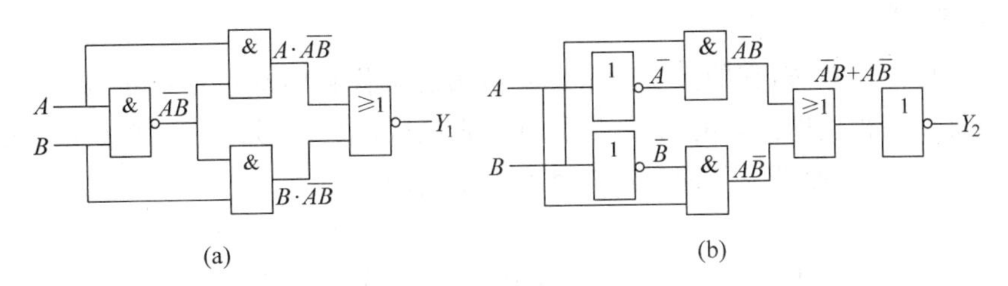

图 4.3.10　例 4.14 的逻辑图

后的输出函数 $Y_1=\overline{A\cdot\overline{AB}+B\cdot\overline{AB}}$。

所以可得图 4.3.10(a)逻辑图的逻辑表达式为 $Y_1=\overline{A\cdot\overline{AB}+B\cdot\overline{AB}}$。

(2) 从输入端到输出端的每个逻辑符号的表达式分别为：$\overline{A}$、$\overline{B}$、$\overline{A}B$、$A\overline{B}$、$\overline{A}B+A\overline{B}$，最后的输出函数 $Y_2=\overline{\overline{\overline{A}B+A\overline{B}}}$。

所以可得图 4.3.10(b)逻辑图的逻辑表达式为 $Y_2=\overline{\overline{\overline{A}B+A\overline{B}}}$。

4.3.4　逻辑函数的公式化简法

逻辑函数和逻辑电路有着一一对应的关系，简洁的逻辑关系对应简洁的逻辑电路，复杂的逻辑关系对应复杂的逻辑电路。在实际应用中，逻辑函数简单则意味着用较少的逻辑元器件和较少的输入端完成逻辑功能，这有利于提高逻辑电路的可靠性和降低逻辑电路的成本。

一个逻辑函数有多种不同的逻辑函数表达式，它们在繁简程度上差异很大，但它们所表示的逻辑关系和所体现的逻辑功能完全相同。因此，将比较复杂的逻辑函数表达式变换成最简的逻辑函数表达式显得尤为重要。

逻辑函数的化简方法很多，本节主要介绍公式化简法和卡诺图化简法。

1. 逻辑函数表达式的类型和最简的逻辑函数表达式

同一个逻辑函数，逻辑函数表达式是多种多样的，常用的类型有 8 种。下面以逻辑函数 $Y=AB+\overline{A}C$ 为例，具体进行说明。

(1) 与-或式：$Y=AB+\overline{A}C$；

(2) 或-与式：$Y=(A+C)(\overline{A}+B)$；

(3) 与非-与非式：$Y=\overline{\overline{AB}\cdot\overline{\overline{A}C}}$；

(4) 或非-或非式：$Y=\overline{\overline{A+C}+\overline{\overline{A}+B}}$；

(5) 与-或-非式：$Y=\overline{\overline{A}\cdot\overline{C}+A\cdot\overline{B}}$；

(6) 与-非-与式：$Y=\overline{\overline{A}\cdot\overline{C}}\cdot\overline{A\cdot\overline{B}}$；

(7) 或-非-或式：$Y=\overline{\overline{A}+\overline{B}}+\overline{A+\overline{C}}$；

(8) 或-与-非式：$Y=\overline{(\overline{A}+\overline{B})\cdot(A+\overline{C})}$。

以上这 8 个逻辑函数表达式，是同一个逻辑函数的不同形式的最简表达式。因为与-或式比较常见，而且也比较容易和其他形式相互转换，所以在化简逻辑函数的表达式时，往往把它化简成最简的与-或式。在实际应用中，常用与-非逻辑实现各种电路，则可以在最简的与-或式的基础上，应用反演律转换成与非-与非式。

2. 公式化简法

公式法也称为代数法，它的实质就是反复运用逻辑代数的基本定理和恒等式消去多余的乘积项和每个乘积项中多余的因子，以得到逻辑函数的最简形式。公式法化简，没有固定的步骤，化简过程因人而异。下面归纳几种经常采用的方法。

(1) 并项法

并项法主要是应用式(4.17)$A\cdot B+A\cdot\overline{B}=A$ 来实现化简的方法。若表达式中有两项只有一个互为反变量的因子不同，则两项并为一项，并消去一个因子。

例 4.15 化简下列逻辑函数：

(1) $Y_1=\overline{A}\cdot\overline{B}\cdot C+\overline{A}\cdot\overline{B}\cdot\overline{C}+A\cdot\overline{B}$；

(2) $Y_2=A\cdot B\cdot C+A\cdot\overline{B}\cdot\overline{C}+A\cdot B\cdot\overline{C}+A\cdot\overline{B}\cdot C$。

解 利用并项法进行化简：

$$Y_1=(\overline{A}\cdot\overline{B}\cdot C+\overline{A}\cdot\overline{B}\cdot\overline{C})+A\cdot\overline{B}=\overline{A}\cdot\overline{B}+A\cdot\overline{B}=\overline{B}$$

$$Y_2=(A\cdot B\cdot C+A\cdot B\cdot\overline{C})+(A\cdot\overline{B}\cdot\overline{C}+A\cdot\overline{B}\cdot C)=A\cdot B+A\cdot\overline{B}=A$$

(2) 吸收法

吸收法主要是应用式(4.13)$A+A\cdot B=A$ 来实现化简的方法。若表达式中一项有另一项作为因子，则该项可以直接吸收掉。

例 4.16 化简下列逻辑函数：

(1) $Y_1=A\cdot B+A\cdot B\cdot C\cdot D+A\cdot B\cdot\overline{D}$；

(2) $Y_2=A+B\cdot C\cdot D+A\cdot D+B$。

解 利用吸收法进行化简：

$$Y_1=AB+(AB)CD+(AB)\overline{D}=AB$$

$$Y_2=(A+AD)+(B+BCD)=A+B$$

(3) 消去法

消去法主要是应用式(4.15)$A+\overline{A}\cdot B=A+B$ 来实现化简的方法。若表达式中一项的反是另一项的因子，则该因子可以直接消去。

例 4.17 化简下列逻辑函数：

(1) $Y_1=AB+\overline{A}C+\overline{B}C$；

(2) $Y_1=\overline{A}B+AC+B\overline{C}$。

解 利用消去法进行化简：

$$Y_1=AB+(\overline{A}C+\overline{B}C)=AB+(\overline{A}+\overline{B})C=AB+(\overline{AB})C=AB+C$$

$$Y_1=AC+(\overline{A}B+B\overline{C})=AC+(\overline{A}+\overline{C})B=AC+(\overline{AC})B=AC+B$$

(4) 配项法

配项法主要利用互补律 $A+\overline{A}=1$，先使逻辑函数增加必要的乘积项，或者利用重叠律 $A+A=A$，在逻辑函数中增加已有的项，再用并项法、吸收法等来实现化简的方法。

例 4.18 化简下列逻辑函数：

(1) $Y_1=\overline{A}B\overline{C}+\overline{A}BC+ABC$；

(2) $Y_2=AB+\overline{A}\overline{C}+B\overline{C}$。

解　利用配项法进行化简：

$$Y_1=\bar{A}B\bar{C}+\bar{A}BC+ABC=(\bar{A}B\bar{C}+\bar{A}BC)+(\bar{A}BC+ABC)=\bar{A}B+BC$$

$$Y_2=AB+\bar{A}\bar{C}+(A+\bar{A})B\bar{C}=(AB+AB\bar{C})+(\bar{A}\bar{C}+\bar{A}B\bar{C})=AB+\bar{A}\bar{C}$$

使用配项法要有一定的经验，否则会越配越繁。

用公式化简法对逻辑表达式进行化简，不是孤立使用一种方法就能完成，而要综合使用多种方法。公式法化简的步骤可以归纳为：首先将逻辑函数表达式转换成与-或式的形式，然后反复用并项法、吸收法等方法去化简，最后考虑能否用配项法进行展开简化。

4.3.5　逻辑函数的卡诺图化简法

利用公式化简法可以使逻辑函数的表达式变成较简单的形式，但是要求熟练地掌握逻辑代数的基本定律和一些技巧，并没有统一、规范的方法。而且对于复杂的逻辑函数，化简后得到的逻辑函数表达式是否是最简形式，较难掌握，这就给使用公式化简法带来一定的困难，而使用卡诺图化简法，可以比较简便地得到最简的逻辑函数表达式，因此成为广泛运用的化简方法。

1. 逻辑函数的最小项表达式

最小项的概念是使用卡诺图化简法的基础。

最小项是逻辑变量的一个乘积项。若某一个逻辑函数有 n 个逻辑变量，则乘积项就由 n 个因子构成，而且这 n 个因子都以原变量或反变量的形式在乘积项中必出现一次，且仅出现一次，这样的乘积项就称为 n 变量的最小项。n 个逻辑变量共有 2^n 个不同的组合形式，则有 2^n 个最小项。

例如，A、B、C 这 3 个逻辑变量的最小项有 2^3 个，分别为 $\bar{A}\bar{B}\bar{C}$、$\bar{A}\bar{B}C$、$\bar{A}B\bar{C}$、$\bar{A}BC$、$A\bar{B}\bar{C}$、$A\bar{B}C$、$AB\bar{C}$ 和 ABC。

从最小项的概念可以知道，输入的逻辑变量的每一组取值都使得唯一一个对应的最小项的值等于 1，其余的最小项的值等于 0。

例如，A、B、C 这 3 个逻辑变量的最小项中，当 $A=0$，$B=1$，$C=1$ 时，只有 $\bar{A}BC=1$，其余的最小项的值都等于 0。如果把 $\bar{A}BC$ 的取值看做一个二进制数，那么所表示的十进制数就是 3，因此也可以把 $\bar{A}BC$ 这个最小项记作 m_3。三变量最小项的编号表如表 4.3.7 所示。

表 4.3.7　三变量最小项的编号表

最小项	使最小项为 1 的变量取值			对应的十进制数	最小项编号
	A	B	C		
$\bar{A}\bar{B}\bar{C}$	0	0	0	0	m_0
$\bar{A}\bar{B}C$	0	0	1	1	m_1
$\bar{A}B\bar{C}$	0	1	0	2	m_2
$\bar{A}BC$	0	1	1	3	m_3
$A\bar{B}\bar{C}$	1	0	0	4	m_4
$A\bar{B}C$	1	0	1	5	m_5
$AB\bar{C}$	1	1	0	6	m_6
ABC	1	1	1	7	m_7

同理可得，A、B、C、D 这 4 个变量的 2^4 个最小项记作 $m_0 \sim m_{15}$。

从最小项的概念出发，归纳最小项具有以下重要性质：逻辑函数在输入逻辑变量的任何取值下必有且仅有一个最小项的值为 1；全体的最小项的和为 1；任意两个最小项的乘积为 0；具有相邻性的两个最小项之和可以合并成一项，并消去一对因子。所谓的最小项的相邻性是指两个最小项若只有一个因子不同，则这两个最小项具有相邻性。

例如，A、B、C 这 3 个逻辑变量的最小项中，$\bar{A}\bar{B}\bar{C}$ 和 $\bar{A}\bar{B}C$ 两个最小项仅有最后一个因子不同，所以具有相邻性，这两个最小项相加，一定可以合并成一项，并将一对不同的因子消去，即有 $\bar{A}\bar{B}\bar{C}+\bar{A}\bar{B}C=\bar{A}\bar{B}(\bar{C}+C)=\bar{A}\bar{B}$。

若某一个逻辑函数 Y 是 n 个逻辑变量组成的与-或式的逻辑函数表达式，若式中每一个乘积项都是这 n 个逻辑变量的一个最小项，则称逻辑函数 Y 是最小项表达式，这是与-或式的逻辑函数表达式的标准表达式，又称为标准与-或表达式。任意一个逻辑函数的最小项表达式是唯一的。

例如，$Y(A,B,C)=A\bar{B}C+AB\bar{C}+ABC$ 就是一个最小项表达式，而由于 $A\bar{B}C$、$AB\bar{C}$、ABC 的最小项编号分别为 m_5、m_6、m_7，所以逻辑函数表达式也可以写成 $Y(A,B,C)=m_5+m_6+m_7=\sum(m_5,m_6,m_7)=\sum m(5,6,7)$。

把逻辑函数的一般表达式化为最小项表达式的方法是：先把逻辑函数表达式化为一般的与-或式，再利用互补律 $A+\bar{A}=1$ 和自等律 $A \cdot 1=A$，将缺少的逻辑变量补齐即可。

例 4.19 求 $Y(A,B,C)=\overline{A\bar{B}}(A+C)$ 的最小项表达式。

解 先将 Y 化为一般的与-或式，即

$$Y(A,B,C)=\overline{A\bar{B}}(A+C)=(\bar{A}+B)(A+C)=\bar{A}C+AB+BC$$

三变量的逻辑函数，第一项缺逻辑变量 B，第二项缺逻辑变量 C，第三项缺逻辑变量 A，根据自等律，用互补律补齐，得

$$\begin{aligned} Y(A,B,C) &= \bar{A}(B+\bar{B})C+AB(C+\bar{C})+(A+\bar{A})BC \\ &= \bar{A}BC+\bar{A}\bar{B}C+ABC+AB\bar{C}+ABC+\bar{A}BC \\ &= \bar{A}\bar{B}C+\bar{A}BC+AB\bar{C}+ABC=\sum m(1,3,6,7) \end{aligned}$$

2. 逻辑函数的卡诺图的画法

卡诺图是美国工程师卡诺(Karnaugh)在 20 世纪 50 年代提出的。所谓的卡诺图的实质与真值表是一样的，都是逻辑函数的逻辑关系的图形表示。

卡诺图的画法需要遵循一定的规则：卡诺图是由画在平面上的一些方格组成；每个方格对应一个最小项，方格个数由逻辑变量的个数来决定；逻辑上相邻的最小项在卡诺图中几何上相邻。

一般来说，两个变量的逻辑函数用公式法化简更简单，卡诺图化简法适用于三变量和四变量的逻辑函数，五变量以上的卡诺图本身就很复杂，所以不宜用卡诺图化简法。本书仅介绍三变量和四变量卡诺图。

设逻辑函数为 Y，有三个逻辑变量为 A、B、C，逻辑函数的最小项有 2^3 项，可用 8 个相邻的方格来表示。逻辑变量有 A、B、C、D 四个时，逻辑函数的最小项有 2^4 项，可用 16 个相邻的方格来表示。

图 4.3.11 为三变量的卡诺图。

图 4.3.12 为四变量的卡诺图。

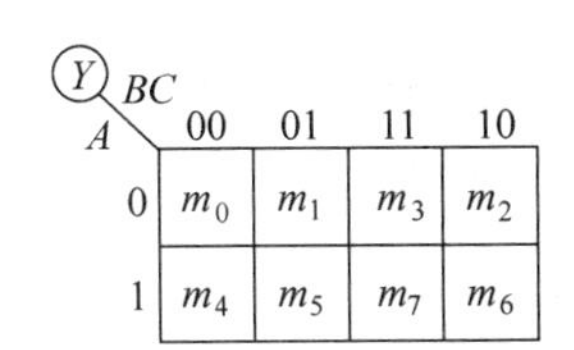

图 4.3.11 三变量的卡诺图

Y: AB \ CD	00	01	11	10
00	m_0	m_1	m_3	m_2
01	m_4	m_5	m_7	m_6
11	m_{12}	m_{13}	m_{15}	m_{14}
10	m_8	m_9	m_{11}	m_{10}

图 4.3.12 四变量的卡诺图

从以上画出的卡诺图可以看出，任何两个相邻和轴对称的方格中，变量的组合之间，只允许而且必须有一个变量取值不同；每个方格的编号，就是真值表中变量每种组合的二进制数所对应的十进制数；在卡诺图中，相邻的方格或与轴线对称的方格也都有逻辑相邻性。

逻辑相邻性有一个重要的特性，就是它们的逻辑变量的取值只有一个变量的取值不同，对它们进行或运算时，可以消去一个因子。如果有 2^2 个相邻的最小项进行或运算，可以消去两个因子；2^3 个相邻的最小项进行或运算，可以消去 3 个因子；依次递推，2^n 个相邻的最小项进行或运算，可以消去 n 个因子，这是卡诺图进行化简的主要依据。

3. 用卡诺图化简逻辑函数

任何一个逻辑函数，都有一个唯一的最小项标准表达式形式，而最小项在卡诺图中又有对应的方格，因此可以用卡诺图表示逻辑函数。

先把逻辑函数化为最小项标准表达式形式。对于表达式中具有的最小项，在卡诺图对应的方格中填入 1；对于表达式中缺的最小项，在卡诺图对应的方格中填入 0 或者不填。这样就得到了逻辑函数的卡诺图。

例 4.20 用卡诺图表示逻辑函数：$Y=\bar{A}BC+\overline{AC}B\bar{D}+\bar{B}CD+\overline{A+B+D}$。

解 先把逻辑函数化为最小项标准表达式形式，即

$$
\begin{aligned}
Y &= \bar{A}BC+\overline{AC}B\bar{D}+\bar{B}CD+\overline{A+B+D} \\
&= \bar{A}BC+(\bar{A}+\bar{C})B\bar{D}+\bar{B}CD+\bar{A}\bar{B}\bar{D} \\
&= \bar{A}BC(D+\bar{D})+\bar{A}B(C+\bar{C})\bar{D}+(A+\bar{A})B\bar{C}\bar{D}+(A+\bar{A})\bar{B}CD+\bar{A}\bar{B}(C+\bar{C})\bar{D} \\
&= \bar{A}BCD+\bar{A}BC\bar{D}+\bar{A}BC\bar{D}+\bar{A}B\bar{C}\bar{D}+AB\bar{C}\bar{D}+\bar{A}B\bar{C}\bar{D} \\
&\quad +A\bar{B}CD+\bar{A}\bar{B}CD+\bar{A}\bar{B}C\bar{D}+\bar{A}\bar{B}\bar{C}\bar{D} \\
&= m_7+m_6+m_4+m_{12}+m_{11}+m_3+m_2+m_0 \\
&= \sum m(0,2,3,4,6,7,11,12)
\end{aligned}
$$

画出四变量的卡诺图，分别在编号为 0、2、3、4、6、7、11、12 的方格内填入 1，其余方格填入 0 或不填(一般不填)，就可得到该逻辑函数的卡诺图，如图 4.3.13 所示。

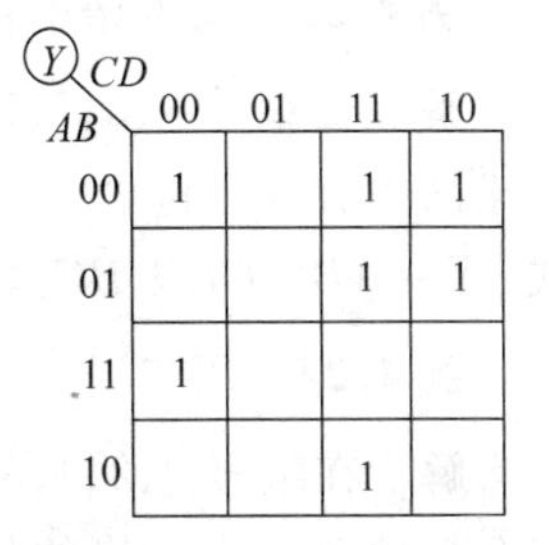

图 4.3.13 例 4.20 的卡诺图

卡诺图化简逻辑函数的依据就是卡诺图中的几何相邻的最小项具有逻辑相邻性。因此得到卡诺图以后，下一步就是把卡诺图中的几何相邻(包括上下相邻、左右相邻、同一行两端、同一列两端、四个角)的方格以 2^K ($K=0,1,2,3\cdots$) 为单位画出包围圈，

把每一个包围圈所属的公共因子写成一个乘积项，把每一乘积项相加，这就是最简的与-或表达式。

由上述的步骤可知，卡诺图化简法的重点和难点就是画出包围圈。

画出包围圈的原则如下：包围圈所包含的方格一定是 2^K 个；包围圈的形状一定是矩形；包围圈必须把取值为 1 的方格全部包围，不能遗漏；每个取值为 1 的方格可以被重复包围，但每个包围圈中至少有一个方格是独立的；包围圈尽可能地大，包围圈的个数尽可能地少。

例 4.21 用卡诺图化简逻辑函数：$Y=ABC+AB\overline{C}+\overline{A}BC$。

解 $Y=ABC+AB\overline{C}+\overline{A}BC=m_7+m_6+m_3=\sum m(3,6,7)$

在编号 3,6,7 的方格内填入 1，画出包围圈，如图 4.3.14 所示。卡诺图中有两个包围圈，都包含 2 个方格，可消去一个因子。写出每个包围圈对应的最简与项，然后相加，得出逻辑函数的最简与-或表达式：$Y=AB+BC$。

例 4.22 用卡诺图化简逻辑函数：$Y=ABC+ABD+AC\overline{D}+\overline{C}\cdot\overline{D}+A\overline{B}C+A\overline{C}D+\overline{A}BCD+\overline{A}\cdot\overline{B}\cdot\overline{C}\cdot D$。

解
$$\begin{aligned}Y&=ABC+ABD+AC\overline{D}+\overline{C}\overline{D}+A\overline{B}C+A\overline{C}D+\overline{A}BCD+\overline{A}\overline{B}\overline{C}D\\&=m_{15}+m_{14}+m_{13}+m_{10}+m_{12}+m_0+m_4+m_8+m_{11}+m_9+m_7+m_1\\&=\sum m(0,1,4,7,8,9,10,11,12,13,14,15)\end{aligned}$$

在编号 0、1、4、7、8、9、10、11、12、13、14、15 的方格内填入 1，画出包围圈，如图 4.3.15 所示。卡诺图中有 4 个包围圈。一个包含 8 个方格，可消去 3 个因子；两个包含 4 个方格，可消去 2 个因子；一个包含 2 个方格，可消去 1 个因子。写出每个包围圈对应的最简与项，然后相加，得出逻辑函数的最简与-或表达式：$Y=A+\overline{C}\cdot\overline{D}+\overline{B}\cdot\overline{C}+B\cdot C\cdot D$。

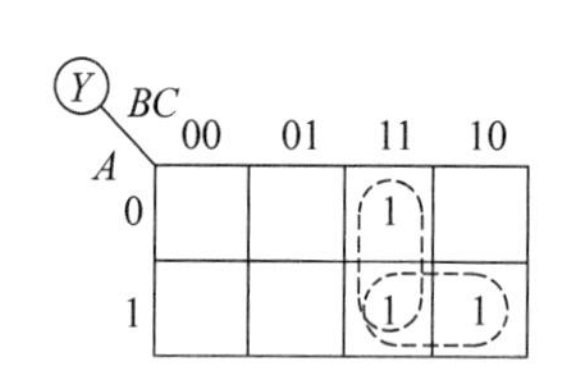

图 4.3.14 例 4.21 的卡诺图

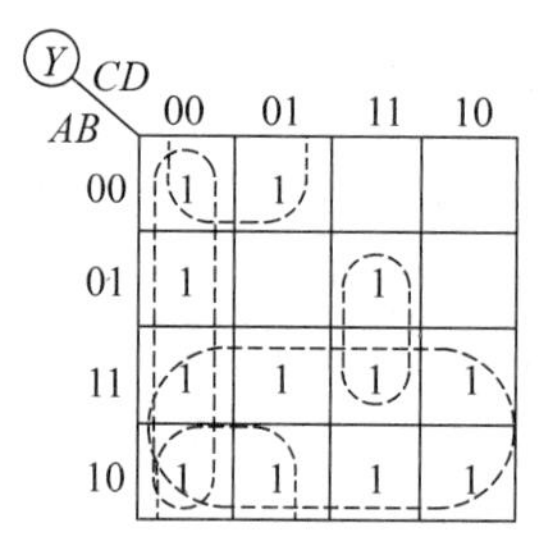

图 4.3.15 例 4.22 的卡诺图

例 4.23 用卡诺图化简逻辑函数：$Y(A,B,C,D)=\sum m(3,6,7,11,12,13,14,15)$。

解 在编号 3、6、7、11、12、13、14、15 的方格内填入 1，画出包围圈，如图 4.3.16 所示。卡诺图中有 3 个包含 4 个方格的包围圈，可消去 2 个因子，得出逻辑函数的最简与-或表达式：$Y=AB+CD+BC$。

例 4.24 用卡诺图化简逻辑函数：$Y(A,B,C,D)=\sum m(0,2,4,6,8,10)$。

解 在编号 0、2、4、6、8、10 的方格内填入 1，画出包围圈，如图 4.3.17 所示。卡诺图中有 2 个包含 4 个方格的包围圈，可消去 2 个因子，得出逻辑函数的最简与-或表达式：$Y=\overline{A}\cdot\overline{D}+\overline{B}\cdot\overline{D}$。

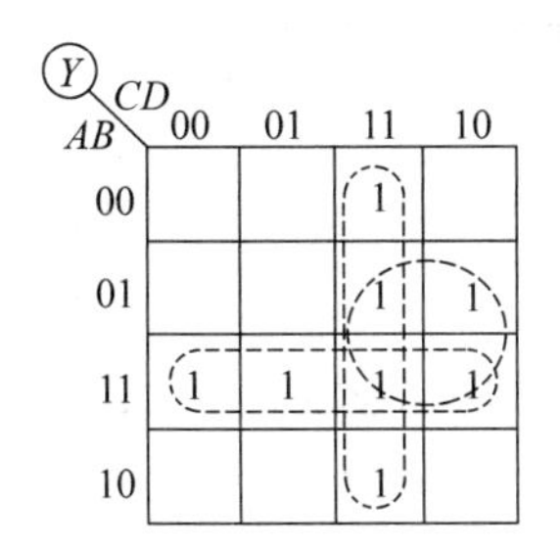

图 4.3.16　例 4.23 的卡诺图

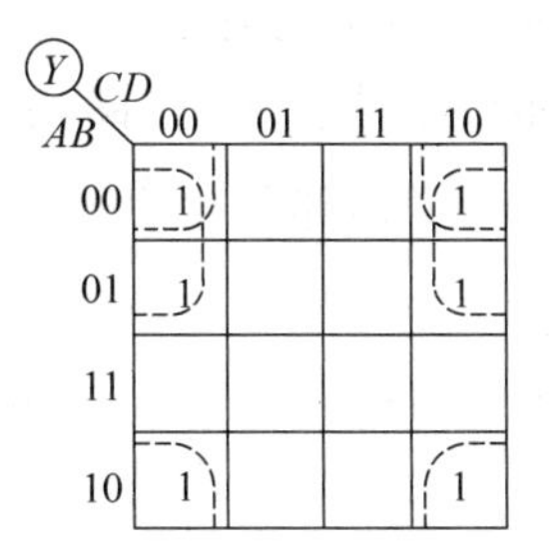

图 4.3.17　例 4.24 的卡诺图

例 4.25　用卡诺图化简逻辑函数：$Y(A,B,C,D)=\sum m(0,1,2,3,5,6,7,8,9,10,11,13,14,15)$。

解　卡诺图如图 4.3.18(a)所示，图中 1 很多，0 很少，可以采用包围 1 和包围 0 两种方法进行化简。如图 4.3.18(b)所示，用包围 1 的方法，有 3 个包含 8 个方格的包围圈，得出逻辑函数的最简与-或表达式：$Y=\bar{B}+C+D$。

如图 4.3.18(c)所示，用包围 0 的方法，有一个包含 2 个方格的包围圈，得到反函数：$\bar{Y}=B\cdot\bar{C}\cdot\bar{D}$，则原函数：$Y=\bar{\bar{Y}}=\overline{B\cdot\bar{C}\cdot\bar{D}}=\bar{B}+C+D$。

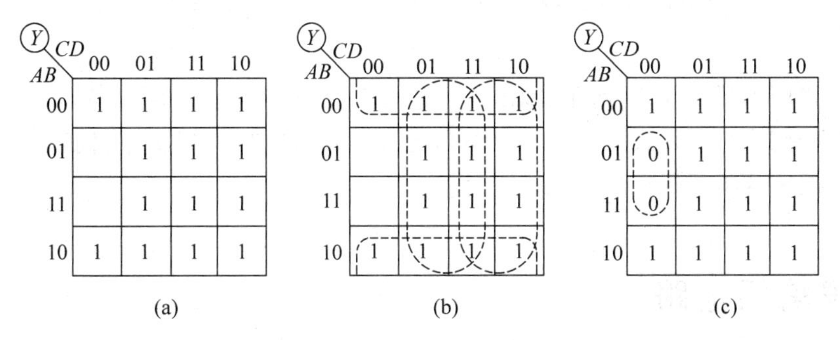

图 4.3.18　例 4.25 的卡诺图

4. 具有约束项的逻辑函数的化简

逻辑关系中的约束是指逻辑函数中各逻辑变量之间的制约关系。

例如，用 A、B、C 这 3 个变量分别表示电动机的正转、反转和停止三种指令。因为电动机在任意时刻只能执行一个指令，所以 3 个变量只能有一个为 1，即 A、B、C 这 3 个变量只可能为 000、001、010、100 这 4 种取值，而不可能为 011、101、110、111 这 4 种取值。若用最小项表达式来表示，则有约束条件：$\bar{A}BC=0$，$A\bar{B}C=0$，$AB\bar{C}=0$，$ABC=0$；或写成 $\bar{A}BC+A\bar{B}C+AB\bar{C}+ABC=0$。这就是 A、B、C 这 3 个变量的约束条件，即有 $\sum(d_3,d_5,d_6,d_7)=\sum d(3,5,6,7)$。

约束条件也被称为无关项或任意项，在卡诺图中以符号“×”表示，而且在所研究的逻辑问题中，这些约束项是始终不会出现的。逻辑函数中有没有这些项，都不会影响逻辑函数的正确性。因此，在进行卡诺图化简时，可以把约束项看做逻辑 1，也可以看做逻辑 0，由此化简得到的逻辑函数表达式，在逻辑功能上不变。

对于具有约束项的逻辑函数，可以充分利用约束项可以取 1、也可以取 0 的特点，尽可能扩大包围圈，尽可能消除最小项的个数和因子数。但是不需要的约束项，不要单独圈，也不要与全部已经圈过的 1 再圈，避免增加多余项。

例 4.26 用卡诺图化简逻辑函数：$Y(A,B,C,D)=\sum m(1,3,5,7,9)+\sum d(10,11,12,13)$。

解 卡诺图如图 4.3.19 所示，圈出 2 个包含 4 个方格的包围圈，其中无关项 d_{13} 取 1，无关项 d_{10}、d_{11}、d_{12} 取 0，得出逻辑函数的最简与-或表达式：$Y=\overline{A}D+\overline{C}D$。

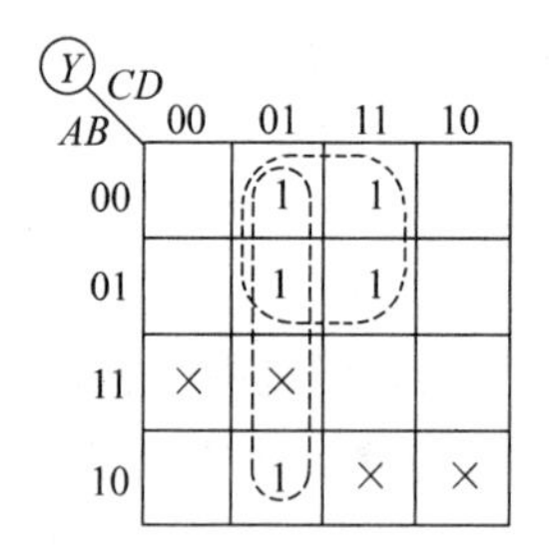

图 4.3.19 例 4.26 的卡诺图

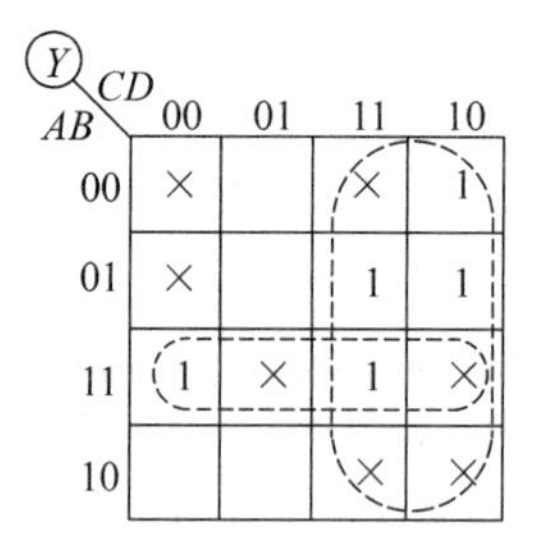

图 4.3.20 例 4.27 的卡诺图

例 4.27 用卡诺图化简逻辑函数：$Y(A,B,C,D)=\sum m(2,6,7,12,15)+\sum d(0,3,4,10,11,13,14)$。

解 卡诺图如图 4.3.20 所示，圈出一个包含 8 个方格的包围圈，一个包含 4 个方格的包围圈，其中无关项 d_3、d_{10}、d_{11}、d_{13}、d_{14} 取 1，无关项 d_0、d_4 取 0，得出逻辑函数的最简与-或表达式：$Y=C+AB$。

4.4 逻辑门电路

实现基本逻辑运算和复合逻辑运算的电子电路称为逻辑门电路，简称门电路。常用的门电路有与门、或门、非门、与非门、或非门、异或门、同或门等，在数字电路中，它们分别实现前面章节所介绍的与、或、非、与非、或非、异或、同或等逻辑运算。在数字电路中，门电路是最基本的逻辑元件。

实际上实现逻辑运算时，我们采用的是集成门电路，主要有 TTL 门电路和 CMOS 门电路。TTL 集成电路使用的基本开关元件是半导体三极管，其优点是工作速度高，缺点是功耗大，广泛应用于中、小规模集成电路，制作大规模集成电路尚有一定困难。CMOS 集成电路使用的基本开关元件是 N 沟道增强型 MOS 管和 P 沟道增强型 MOS 管，其优点是功耗小，无论在小规模、中规模、大规模集成电路中都占有一定优势，缺点是工作速度比 TTL 电路慢。

下面从最基本的分立元件构成的门电路出发，依次介绍 TTL 门电路和 CMOS 门电路的原理和应用。

4.4.1　分立元件门电路

在逻辑运算中，用数字符号 0 和 1 表示相互对立的逻辑状态，称为逻辑 0 和逻辑 1；在数字电路中，描述逻辑 0 和逻辑 1，采用的是电子电路中的低电平和高电平。若用 1 表示高电平，0 表示低电平，称为正逻辑；若用 0 表示高电平，1 表示低电平，称为负逻辑。本书采用正逻辑。

数字电路中的信号只有高电平和低电平两种状态。一般电路中，电位是一个确切的值，而数字电路中，高电平和低电平是两种状态，是两个不同的可以被明显区分开的电位范围。在实际工作中，只要电路能够确切地区分出高、低电平就足够了，图 4.4.1 所示为高、低电平的示意图。由此可见，数字电路无论对元器件参数的精度，还是对供电电源的稳定度的要求，都比模拟电路要低一些。

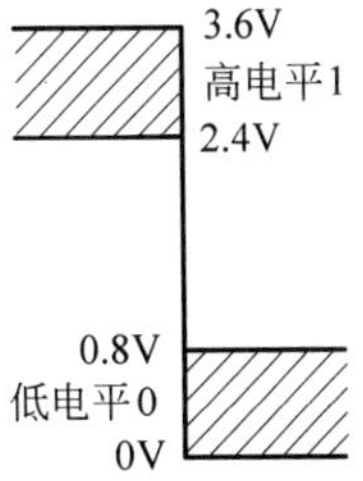

3.6V
高电平1
2.4V
0.8V
低电平0
0V

图 4.4.1　高、低电平的示意图

数字电路中，组成门电路的基本元件半导体二极管、三极管、MOS 管通常工作在开关状态，下面就开始介绍它们的开关特性。

1. 半导体二极管的开关特性

由于半导体二极管具有单向导电性，外加正向电压时导通，外加反向电压时截止，因此半导体二极管相当于一个受外加电压控制的开关。

图 4.4.2(a)所示为半导体二极管的开关电路。设半导体二极管为理想二极管，当输入信号 U_I 为高电平时，令 $U_I=U_H=+V_{CC}$，二极管处于截止状态，相当于一个开关处于断开状态，等效电路如图 4.4.2(b)所示，此时输出信号 U_O 为高电平，有 $U_O=U_H=+V_{CC}$；当输入信号 U_I 为低电平时，令 $U_I=U_L=0V$，二极管处于导通状态，相当于一个开关闭合，等效电路如图 4.4.2(c)所示，此时输出信号 U_O 为低电平，有 $U_O=U_L=0V$。

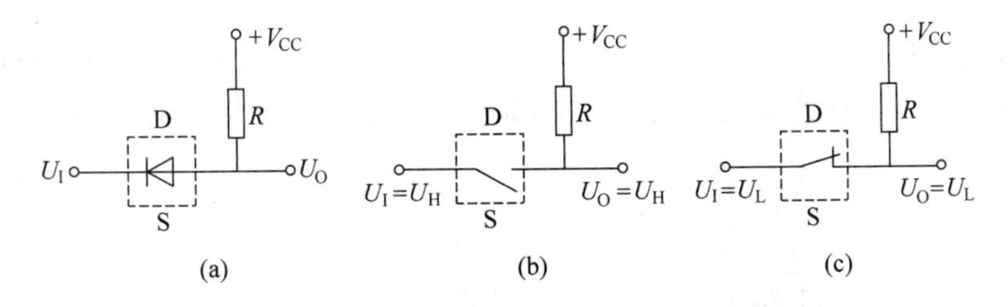

图 4.4.2　半导体二极管的开关电路和等效电路

(a) 二极管开关电路；(b) 断开状态；(c) 闭合状态

半导体二极管作为开关使用，虽然和理想开关有一定的差异，导通时电阻不为 0，截止时电流不为 0，但在实际应用中，都是可以忽略的。

2. 半导体三极管的开关特性

在数字电路中，半导体三极管作为开关元件，通常工作在截止状态和饱和状态，放大状态只不过是过渡状态。半导体三极管的饱和状态相当于开关的闭合，截止状态相当于开关的断开。

图 4.4.3(a)所示为硅 NPN 型的半导体三极管的开关电路。当 $u_{BE}<0.5V$ 时，三极管

处于截止状态，一般为了三极管可靠截止，则令 $u_{BE}<0V$。当输入信号 $U_I=0$ 时，则三极管处于截止状态，有 $i_B=0$，$i_C\approx0$，$u_{CE}\approx V_{CC}$，相当于一个开关处于断开状态，如图 4.4.3(b)所示，此时输出信号 U_O 为高电平，有 $U_O=U_H=+V_{CC}$。当输入电压 $U_I=1$ 时，则三极管处于饱和状态，有 $u_{BE}\approx0.7V$，$u_{CE}=U_{CES}\approx0.3V$，$i_C=\frac{V_{CC}-u_{CE}}{R_C}\approx\frac{V_{CC}}{R_C}$，相当于一个开关处于闭合状态，如图 4.4.3(c)所示，此时输出信号 U_O 为低电平，有 $U_O=U_L\approx0V$。

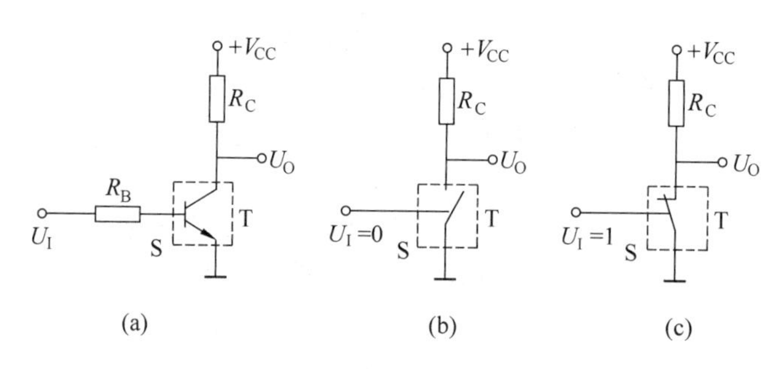

图 4.4.3 半导体三极管的开关电路和等效电路

(a) 三极管开关电路；(b) 断开状态；(c) 闭合状态

3. MOS 管的开关特性

场效应管与半导体三极管较为类似。在数字电路中，场效应管作为开关元件，通常工作在截止状态和可变电阻状态(对应于三极管是饱和状态)，恒流状态(对应于三极管的放大状态)也是过渡状态。

图 4.4.4(a)所示为 N 沟道增强型的绝缘栅场效应管的开关电路。当输入信号 $U_I=0$，$u_{GS}<U_{GS(th)}$ ($U_{GS(th)}$ 为开启电压)，则 MOS 管处于截止状态，有 $i_D=0$，D、S 间的电阻非常大，相当于一个开关处于断开状态，如图 4.4.4(b)所示，此时输出信号 U_O 为高电平，有 $U_O=U_H=+V_{DD}$。

当输入电压 $U_I=1$，$u_{GS}>U_{GS(th)}$，则 MOS 管处于可变电阻状态，D、S 间的电阻较小，相当于一个有一定电阻的开关处于闭合状态，如图 4.4.4(c)所示，此时输出信号 U_O 为低电平，有 $U_O=U_L\approx0V$。

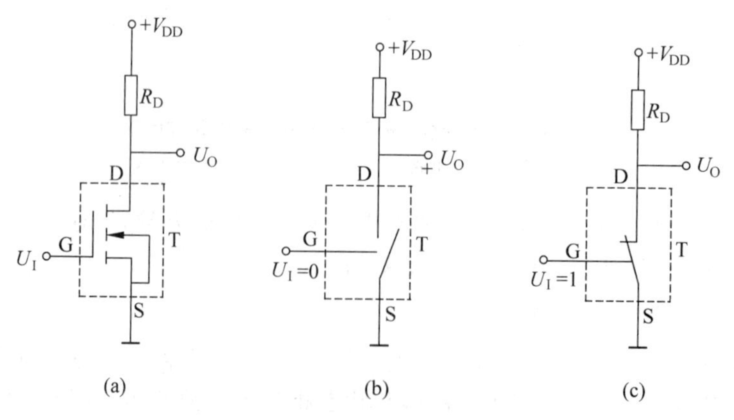

图 4.4.4 MOS 管的开关电路和等效电路

(a) MOS 管开关电路；(b) 断开状态；(c) 闭合状态

由半导体二极管、三极管、MOS管及电阻等元件组成的门电路称为分立元件门电路。虽然现在分立元件门电路已经被集成门电路所替代，但是由分立元件门电路，可以清晰、具体地体会逻辑运算与电子电路之间的联系。

4. 分立元件门电路

(1) 半导体二极管与门电路

如图4.4.5(a)所示的半导体二极管与门电路，A、B为两个输入端，Y为输出端，图4.4.4(b)是它的逻辑符号。

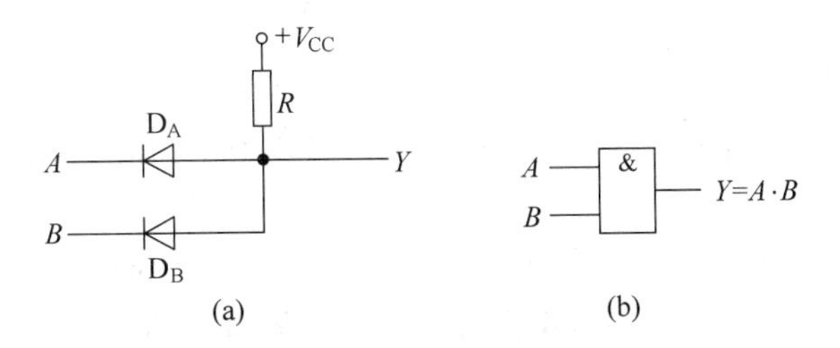

图4.4.5　半导体二极管与门电路及其逻辑符号

(a) 电路；(b) 逻辑符号

设高电平为3V，低电平为0V。当输入端A、B都为低电平0V时，D_A和D_B都处于正向导通状态，输出端Y的电位$u_Y=0.7V\approx0$，为低电平。

当输入端A、B任意一个为高电平3V，另一个为低电平0V时，D_A和D_B总有一个处于正向导通状态，输出端Y的电位$u_Y=0.7V\approx0$，为低电平。

当输入端A、B都为高电平3V时，D_A和D_B都处于反向截止状态，输出端Y的电位$u_Y=V_{CC}\approx3V$，为高电平。

将电路的逻辑关系用真值表来描述，如表4.4.1所示，电路的输入端只要有一个0，输出就是0；输入端全为1，输出才是1，电路能够实现“与”逻辑关系，因此称为半导体二极管与门电路，逻辑函数关系式为$Y=A\cdot B$。逻辑函数还可以用波形图来表示，如图4.4.6所示，其表现形式更直观，但本质与真值表相同。

表4.4.1　电路的真值表

A	B	Y
0	0	0
0	1	0
1	0	0
1	1	1

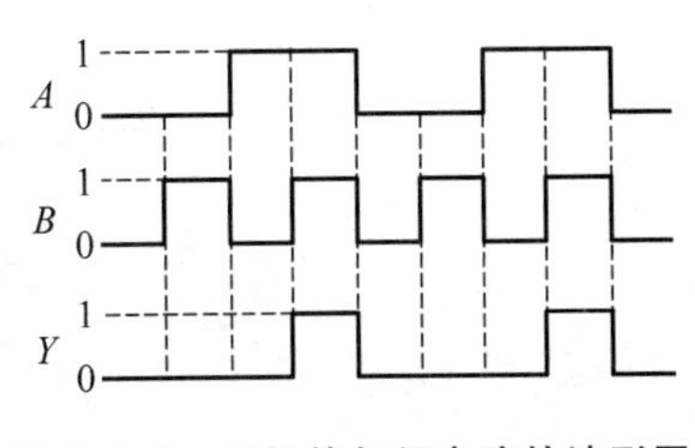

图4.4.6　二极管与门电路的波形图

(2) 半导体二极管或门电路

如图4.4.7(a)所示的半导体二极管或门电路，A、B为两个输入端，Y为输出端，图4.4.7(b)是它的逻辑符号。

设高电平为3V，低电平为0V。当输入端A、B都为低电平0V时，D_A和D_B都处于0偏置，都是截止状态，输出端Y的电位$u_Y=0V$，为低电平。

当输入端A、B任意一个为高电平3V，另一个为低电平0V时，D_A和D_B总有一个处于

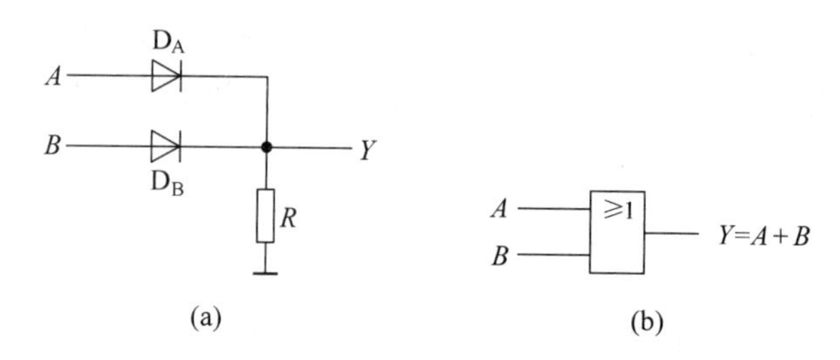

图 4.4.7 半导体二极管或门电路及其逻辑符号

(a) 电路；(b) 逻辑符号

正向导通状态，输出端 Y 的电位 $u_Y=3\text{V}-0.7\text{V}=2.3\text{V}$，为高电平。

当输入端 A、B 都为高电平 3V 时，D_A 和 D_B 都处于正向导通状态，输出端 Y 的电位 $u_Y=2.3\text{V}$，为高电平。

将电路的逻辑关系用真值表来描述，如表 4.4.2 所示，电路的输入端只要有一个 1，输出就是 1；输入端全为 0，输出才是 0，电路能够实现“或”逻辑关系，因此称为半导体二极管或门电路，逻辑函数关系式为 $Y=A+B$。逻辑函数的波形图如图 4.4.8 所示。

表 4.4.2 电路的真值表

A	B	Y
0	0	0
0	1	1
1	0	1
1	1	1

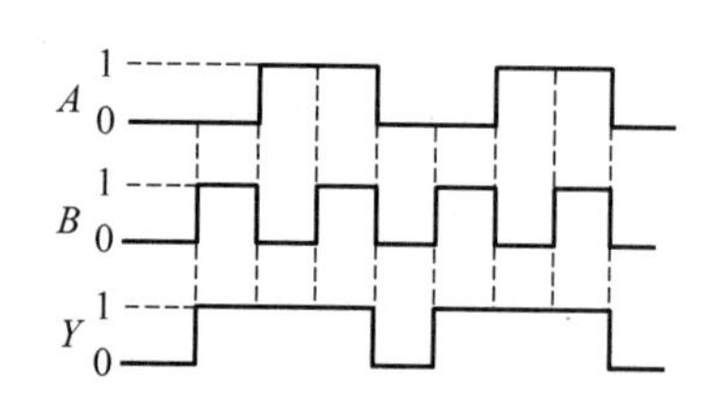

图 4.4.8 二极管或门电路的波形图

(3) 半导体三极管非门电路

如图 4.4.9(a)所示的半导体三极管非门电路，它只有一个输入端 A，输出端为 Y，图 4.4.9(b)是它的逻辑符号。

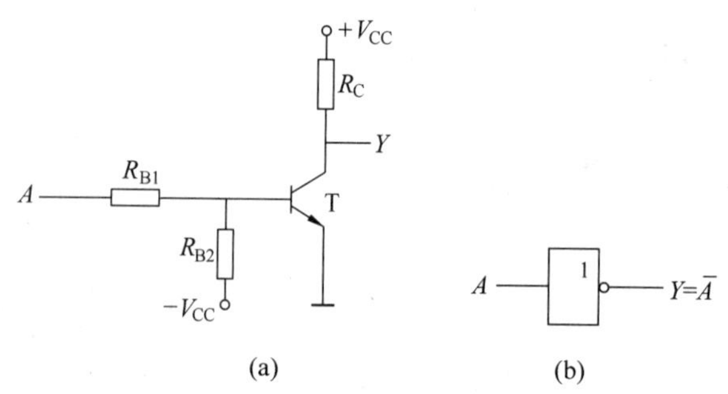

图 4.4.9 半导体三极管非门电路及其逻辑符号

(a) 电路；(b) 逻辑符号

半导体三极管非门电路不同于放大电路，三极管工作于饱和和截止状态。

设高电平为 3V，低电平为 0V。当输入端 A 为高电平 3V 时，三极管处于饱和状态，输出端 Y 的电位 $u_Y=U_{CES}\approx 0.3\text{V}$，为低电平。

当输入端 A 为低电平 0V 时，三极管处于截止状态，输出端 Y 的电位 $u_Y\approx +V_{CC}$，为高电平。加负电源是为了使三极管可靠截止。

将电路的逻辑关系用真值表来描述，如表4.4.3所示，电路的输入端和输出端是反相的，电路能够实现“非”逻辑关系，因此称为半导体三极管非门电路，逻辑函数关系式为$Y=\overline{A}$。逻辑函数的波形图如图4.4.10所示。

表4.4.3　电路的真值表

A	Y
0	1
1	0

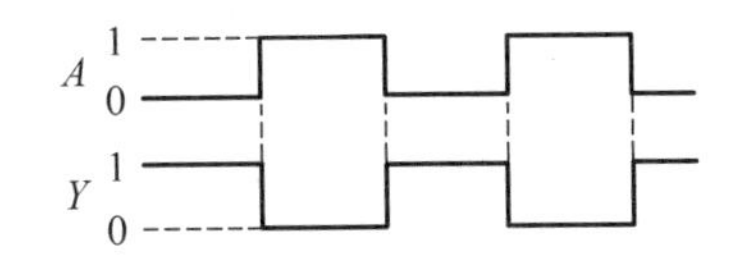

图4.4.10　三极管非门电路的波形图

图4.4.11(a)所示为NMOS管非门电路，图4.4.11(b)是它的逻辑符号。设开启电压$U_{GS(th)}=2V$，高电平$U_H=+V_{DD}$，低电平$U_L=0V$。

当输入端A为低电平时，$u_{GS}<U_{GS(th)}$，MOS管截止，输出端Y为高电平。

当输入端A为高电平时，$u_{GS}>U_{GS(th)}$，MOS管导通，且处于可变电阻状态，导通电阻只有几百欧姆，只要R_D足够大，则输出端Y为低电平。电路的真值表与表4.4.3相同，波形图与图4.4.10相同。

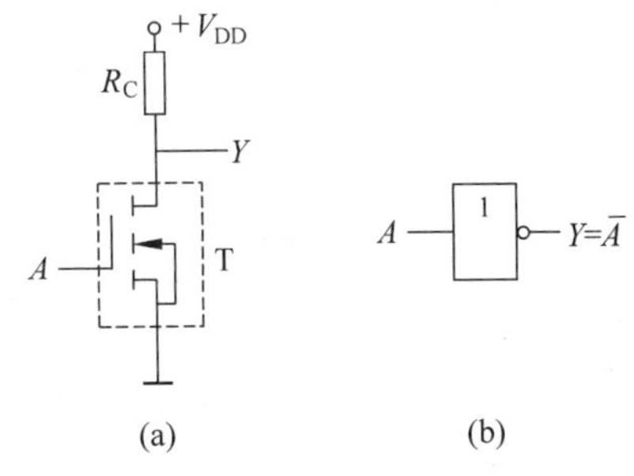

图4.4.11　NMOS管非门电路及其逻辑符号

(a) 电路；(b) 逻辑符号

以上所讨论的是基本的实现与、或、非逻辑运算的门电路，但是它们的输出电阻比较大，带负载的能力差，开关性能也不太理想，已经被集成门电路所替代了。集成门电路按照所用的半导体元器件的不同，可分为单极型和双极型两大类，分别由MOS管和半导体三极管构成。下面对这两种集成门电路的电路组成和工作原理一一进行介绍。

4.4.2　TTL集成门电路

TTL集成门电路使用的基本开关元件是半导体三极管，由于输入端和输出端都是三极管结构，所以称为三极管-三极管逻辑电路，简称TTL电路。

TTL集成门电路功耗较大，但工作速度快、工作稳定可靠，因此至今仍然应用较为广泛。

TTL集成门电路种类较多，其中TTL反相器是TTL门电路中最简单的一种电路，但电路结构却有着典型的代表性。

1. TTL反相器

TTL反相器的电路图如图4.4.12(a)所示，它主要由输入级、中间级、输出级三部分组成。TTL反相器的逻辑符号如图4.4.12(b)所示。

输入级由电阻R_1、三极管T_1、二极管D_1组成。T_1的发射极为电路的输入端，D_1是保护二极管，作用是防止输入端电压过低而设置的。当输入端出现负极性电压时，保护二极管导通，输入端电位被限制在$-0.7V$，使T_1的发射极电位不至于过低而造成损坏。正常情况时输入电压大于0V，保护二极管不起作用。

中间级由T_2、R_2、R_3组成。T_2的集电极和发射极分别输出两个不同的逻辑电平的信

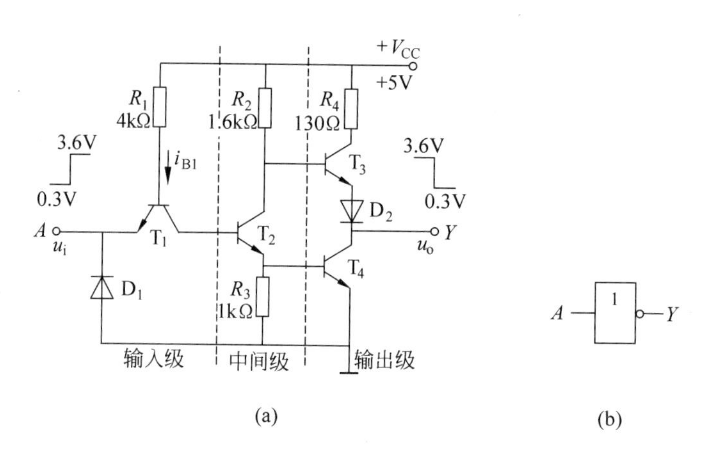

图 4.4.12 TTL 反相器

(a) 电路图；(b) 逻辑符号

号，分别用来驱动输出级的 T_3 和 T_4。

输出级由 T_3、T_4、D_2 和 R_4 组成。T_3、T_4 分别由 T_2 集电极和发射极输出两个不同的逻辑电平控制，因此 T_3、T_4 必然工作在两个不同的状态，任何时刻只有一个三极管导通或截止。

设低电平 $U_L=0.3V$，高电平 $U_H=3.6V$。

当 $u_i=U_L=0.3V$ 时，三极管 T_1 的发射结导通，电流从反相器的输入端流出。电流路径为：$V_{CC}\rightarrow R_1\rightarrow T_1$ 发射结$\rightarrow u_i$。

由于 T_1 发射结的钳位作用，有 $u_{B1}=u_i+u_{BE1}=1.0V$，它不足以使两个串联的 PN 结——T_1 集电结和 T_2 发射结导通，所以 T_2 和 T_4 处于截止状态。

因为 T_2 截止，所以 T_2 集电极电位 $u_{C2}\approx V_{CC}$，使 T_3、D_2 导通。流经 R_2 上的电流为 T_3 的基极电流，R_2 上电压可以忽略。所以有输出端 $u_o=V_{CC}-u_{R_2}-u_{BE3}-u_{D_2}=3.6V$，为高电平。

当 $u_i=U_H=3.6V$ 时，三极管 T_1 的发射结导通。假设 T_1 集电极与 T_2 基极断开，则有 $u_{B1}=u_i+u_{BE1}=4.3V$，但由于 T_2 和 T_4 连接在电路中，4.3V 电压加在 T_1 集电结、T_2 发射结和 T_4 发射结 3 个串联的 PN 结上，3 个 PN 结都导通，且 T_2 和 T_4 处于饱和导通状态。由于钳位作用，有 $u_{B1}=2.1V$。

因为 T_2 饱和，所以有 $u_{C2}=U_{CES2}+u_{BE4}=0.3V+0.7V=1.0V$，它不足以使两个串联的 PN 结——$T_3$ 发射结和二极管 D_2 导通，所以 T_3、D_2 截止。所以有输出端 $u_o=U_{CES4}\approx 0.3V$，为低电平。

当 $u_i=U_H=3.6V$ 时，T_1 的发射极的电位最高(3.6V)，基极电位次之(2.1V)，集电极电位最低，T_1 的这种状态称为三极管的倒置状态。在倒置状态下，三极管的 β 值极小，约为 0.01～0.02，但是反相器仍然有电流从外部流进输入端，路径由输入端，经 T_1 发射极到 T_1 集电极。

常用 T_4 的状态表示反相器的工作状态，当 T_4 截止时，则反相器处在截止状态或关断状态，输出为高电平；当 T_4 饱和导通时，则反相器处在导通状态，输出为低电平。若用 A、Y 分别表示 u_i、u_o，则有 $Y=\overline{A}$，电路实现了“非”逻辑功能。

TTL 集成门电路除了反相器以外，还有与门、或门、与非门、或非门等各种电路，这些电路只是在逻辑功能上存在差异，电路结构与反相器基本相同。下面简要介绍一下 TTL 与非门和 TTL 或非门。

2. TTL 与非门电路

三输入端 TTL 与非门电路如图 4.4.13(a)所示。其中 T_1 是一个多发射极的三极管，在逻辑上可以等效成如图 4.4.13(b)所示的结构形式，相当于分立元件构成的与门。除 T_1 以外，电路的其他部分和 TTL 反相器电路完全相同。D_1、D_2、D_3 是保护二极管，作用也是防止输入端电压过低。

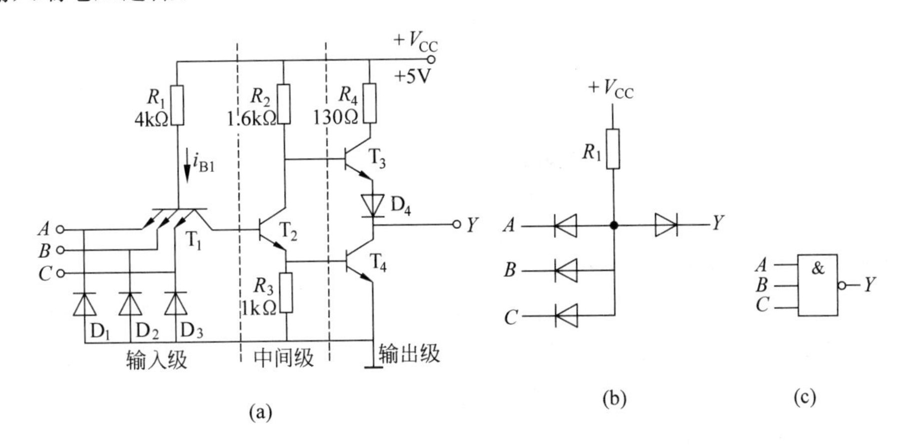

图 4.4.13　TTL 与非门

(a) 电路图；(b) T_1 等效电路；(c) 逻辑符号

设低电平 $U_L=0.3V$，高电平 $U_H=3.6V$。

当输入信号 A、B、C 中有一个低电平时，则 T_1 与低电平对应是发射结必然导通，由于 T_1 发射结的钳位作用，u_{B1} 被钳位在 1V，这时 T_2 和 T_4 处于截止状态，使 T_3、D_4 导通，输出为高电平。

只有当 A、B、C 全为高电平时，3 个串联的 PN 结——T_1 集电结、T_2 发射结和 T_4 发射结导通，T_2 和 T_4 处于饱和导通状态，u_{B1} 被钳位在 2.1V，T_3、D_4 截止，输出为低电平。

由此可以得出结论：输出 Y 与输入 A、B、C 之间是与非逻辑关系，即有 $Y=\overline{ABC}$，其逻辑符号如图 4.4.13(b)所示。

3. TTL 或非门电路

二输入端 TTL 或非门电路如图 4.4.14(a)所示，图中 T_1、R_1、D_1、T_2 组成的电路与 T_1'、R_1'、D_1'、T_2'组成的电路相同，T_1 和 T_1'的发射极是或非门的两个输入端，D_1 和 D_1'是保护二极管，其作用与 TTL 反相器的保护二极管完全相同。

当输入信号 A、B 中只要有一个为高电平时，都有 T_2(或 T_2')和 T_4 处于饱和导通状态，T_3、D_2 截止，输出为低电平。当 A、B 全为低电平时，都有 T_2(或 T_2')和 T_4 处于截止状态，使 T_3、D_2 导通，输出为高电平。

由此可以得出结论：输出端 Y 与输入端 A、B 之间是或非逻辑关系，即有 $Y=\overline{A+B}$，其逻辑符号如图 4.4.14(b)所示。

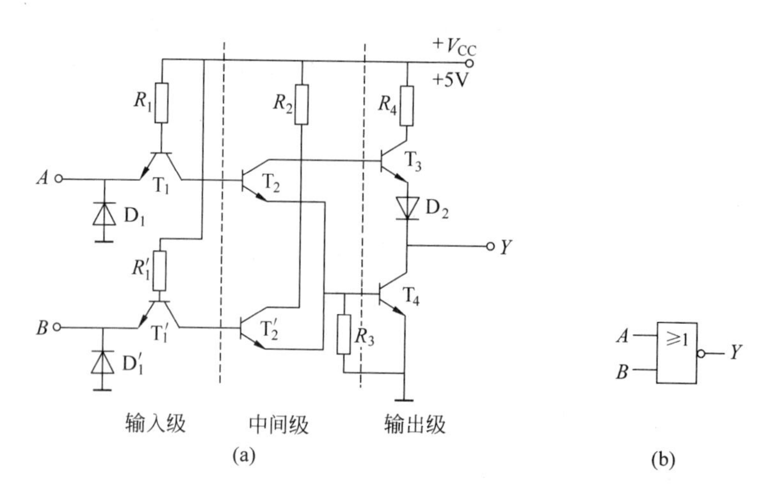

图 4.4.14 TTL 或非门

(a) 电路图；(b) 逻辑符号

4. 三态输出 TTL 与非门和集电极开路与非门

三态输出 TTL 与非门又称为三态门，简称 TSL(three state logic)门，它的输出端除了出现高电平、低电平两种状态以外，还可以出现第三种状态——高阻状态。如图 4.4.15(a)所示的三态输出 TTL 与非门电路图，它与 TTL 与非门的主要差别是输入端定义出了一个控制端 EN，又称使能端。

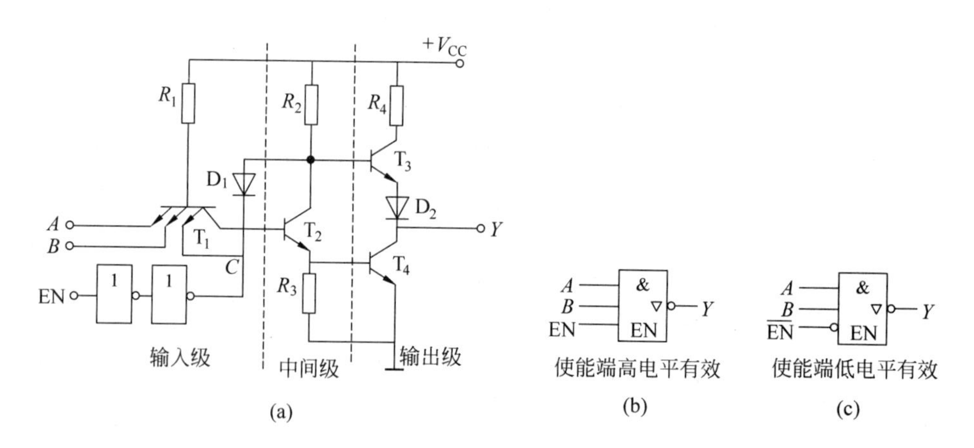

图 4.4.15 三态输出 TTL 与非门

(a) 电路图；(b) 逻辑符号；(c) 逻辑符号

控制端的控制方法有高电平有效和低电平有效两种。

当 EN=1 时，C 点为高电平，若 A、B 全为高电平，T_2 和 T_4 处于饱和导通状态，u_{C2} 被钳位在 1.0V 左右，D_1 截止，T_3、D_2 截止，输出为低电平。若 A、B 中有一个低电平，u_{B1} 被钳位在 1.0V 左右，T_2 和 T_4 处于截止状态，D_1 的状态不影响 T_3、D_2 导通，输出为高电平。

由此可以得出结论：控制端 EN=1 时，输入、输出之间是与非关系，即 $Y=\overline{A \cdot B}$。

当 EN=0 时，C 点为低电平，D_1 导通，u_{B1}、u_{C2} 都被钳位在 1.0V 左右，T_3、D_2 截止，T_4 也处于截止状态，输出端出现高阻状态。

图 4.4.15(b)所示为控制端高电平有效的三态输出 TTL 与非门的逻辑符号，它的逻辑关系为：当 EN＝1，为正常的二端输入与非门，有 $Y=\overline{A\cdot B}$；当 EN＝0，电路出现高阻状态。

图 4.4.15(c)所示为控制端低电平有效的三态输出 TTL 与非门的逻辑符号。它的逻辑关系为：当 EN＝0，为正常的二端输入与非门，有 $Y=\overline{A\cdot B}$；当 EN＝1，电路出现高阻状态。

三态门最重要的一个用途是可以构成总线结构，即用一根导线轮流传送几个不同的数据或控制信号，图 4.4.16 所示为三态门的应用实例。

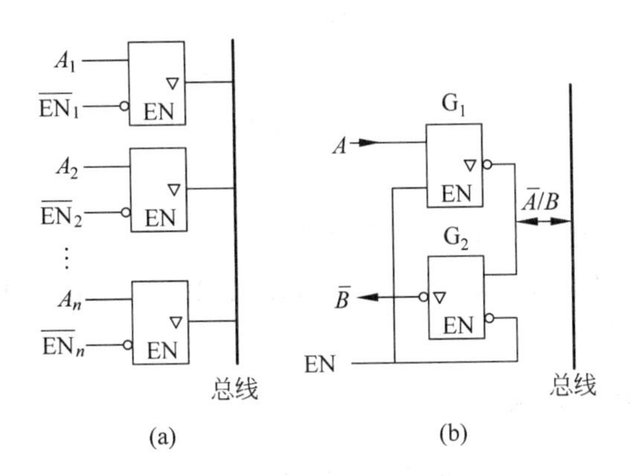

图 4.4.16　三态门的应用实例

(a) 单总线传送；(b) 双向传送

在图 4.4.16(a)中，若要将信息 A_1 传送到总线，设置控制信号$\overline{EN_1}=0$，$\overline{EN_2}\sim\overline{EN_n}=1$。同理，只要让各个三态门的控制端轮流处于低电平，对应于控制端的三态门的信息就可以依次传送到总线。任何时间只能有一个三态门处于工作状态，而其余的三态门都处于高阻状态，这样总线就会轮流接受各个三态门的输出信息。

在图 4.4.16(b)中，当控制信号 EN＝1，信息 A 通过三态门 G_1 反相后传送到总线；当控制信号 EN＝0，总线信息 B 通过三态门 G_2 反相后送出。设置不同的控制信号，可以完成信息的不同方向的传送。

以上所介绍的 TTL 集成门电路的输出级，其结构为推拉式结构，工作时 T_3、T_4 总有一个导通一个截止，不能驱动电流较大或电压较高的负载。更重要的一点是，不能实现线与运算。而在实际工程中，经常需要将几个门电路的输出端连在一起接成线与结构。还有要注意的是，这样的 TTL 集成门电路，当电源电压确定后，输出的高电平也就确定了，不能满足其他电路对不同高电平的需求。

这些推拉式结构的 TTL 集成门电路的局限性，可以通过集电极开路结构来进行改进。具有集电极开路结构的 TTL 集成门电路有反相器、与非门、或非门、异或门等多种功能的电路，其共同的特点是输出端三极管 T_4 的集电极是开路的。

图 4.4.17 所示为集电极开路与非门(open collector，OC)的电路图和逻辑符号。由于输出级三极管 T_4 的集电极是开路的，工作时必须外接上拉电阻 R_L 和电源 V_{CC2}，才能正常输出高电平和低电平。当输入信号 A、B 中有一个为低电平时，T_4 截止，$Y=V_{CC2}$，输出高电平；当 A、B 都为高电平时，T_4 饱和导通，输出低电平。电路的逻辑关系为 $Y=\overline{A\cdot B}$。

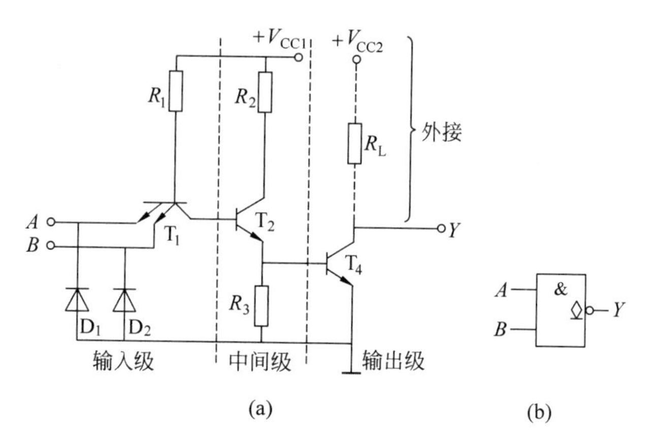

图 4.4.17 集电极开路与非门

(a) 电路图；(b) 逻辑符号

由于 OC 门输出的高电平为 V_{CC2}，是外接电源，可以调整合适的输出高电平的值。一般的与非门的输出端不允许直接相连，用 OC 门可以实现线与功能，只要 R_L 选择合适，就不会因为电流过大而损坏元器件。

4.4.3 CMOS 集成门电路

CMOS 集成门电路是将 P 沟道增强型 MOS 管和 N 沟道增强型 MOS 管按照互补对称的形式连接起来构成的一种集成电路，它具有功耗低、抗干扰能力强、工作稳定等优点，因此在小规模、中规模、大规模和超大规模集成电路中应用广泛。

1. CMOS 反相器

CMOS 反相器的电路图如图 4.4.18 所示。

当输入端 A 为高电平时(约为 V_{DD})，驱动 MOS 管 T_N 的栅-源电压大于开启电压，处于导通状态，负载 MOS 管 T_P 的栅-源电压小于开启电压的绝对值，处于截止状态，此时输出端 Y 为低电平(约为 0V)。当输入端 A 为低电平时(约为 0V)，T_N 处于截止状态，T_P 处于导通状态，此时输出端 Y 为高电平(约为 V_{DD})。

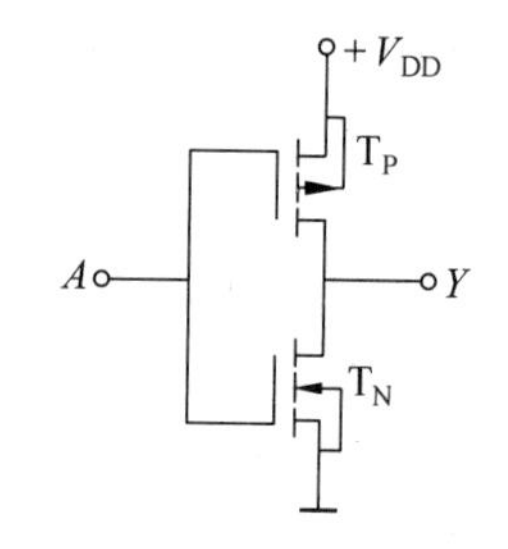

图 4.4.18 CMOS 反相器

由此可以得出结论：该电路具有非门的逻辑功能，即 $Y=\overline{A}$。此时 T_N 和 T_P 总有一个处于导通状态，一个处于截止状态，即所谓的互补状态，这种电路结构称为互补对称式 MOS 电路(complementary metal-oxide-semiconductor circle, CMOS)。

2. CMOS 与非门电路

CMOS 与非门的电路图如图 4.4.19 所示。

当两个输入端 A 和 B 全为高电平时，串联的两个驱动管 T_{N1}、T_{N2} 都处于导通状态，并联的两个负载管 T_{P1}、T_{P2} 都处于截止状态，则输出端 Y 为低电平。当输入端 A、B 有一个为低电平或全为低电平时，串联的驱动管截止，而相应并联的负载管导通，则输出端 Y 为高电平。

由此可以得出结论：该电路具有与非的逻辑功能，即 $Y=\overline{A \cdot B}$。

3. CMOS 或非门电路

CMOS 或非门的电路图如图 4.4.20 所示。

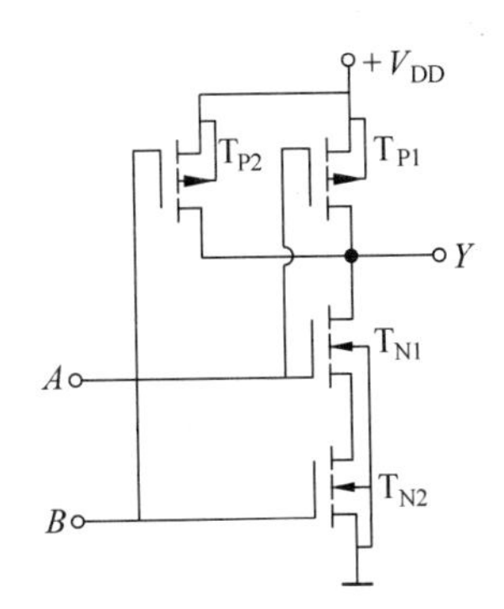

图 4.4.19 CMOS 与非门电路

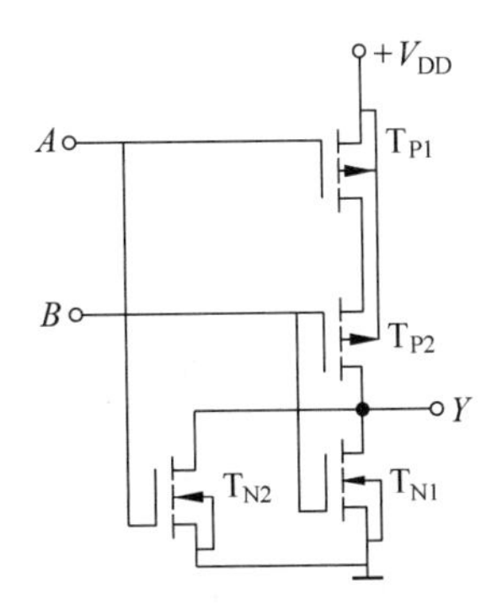

图 4.4.20 CMOS 或非门电路

当输入端 A、B 有一个为高电平或全为高电平时，并联的两个驱动管 T_{N1}、T_{N2} 中至少有一个处于导通状态，而相应串联的负载管截止，则输出端 Y 为低电平。只有当两个输入端 A 和 B 全为低电平时，并联的驱动管都处于截止状态，串联的负载管 T_{P1}、T_{P2} 都处于导通状态，输出端 Y 才为高电平。

由此可以得出结论：该电路具有或非的逻辑功能，即 $Y=\overline{A+B}$。

上述的 CMOS 与非门电路和 CMOS 或非门电路中，与非门的输入端越多，串联的驱动管也越多，导通时的总电阻就越大，输出的低电平的值将会因为输入端的增多而提高，所以输入端不能太多。或非门电路的驱动管是并联的，不存在这个问题，因此在 CMOS 电路中，或非门使用得较多。

和 TTL 集成门电路相似，为了满足总线的信息传输、逻辑电平的变换以及门电路输出端的线与等要求，CMOS 电路也有三态输出门电路、漏极开路门电路以及利用 PMOS 管和 NMOS 管的互补性的 CMOS 传输门电路。

4. CMOS 传输门电路

将两个源极和漏极的结构完全对称、参数完全一致的 N 沟道增强型的 MOS 管 T_N 和 P 沟道增强型的 MOS 管 T_P 的源极和漏极分别相连，其源极和漏极分别可以作为传输门的输入端和输出端，两管的栅极作为控制极，分别由一对互为反变量的信号 C、$\overline{C}$ 进行控制，便构成了 CMOS 传输门，如图 4.4.21 所示。

当 $C=0$，$\overline{C}=1$ 时，即 C 端为低电平(0V)，$\overline{C}$ 端为高电平($+V_{DD}$)。只要输入信号的变化范围在 $0\sim+V_{DD}$ 之内，T_N 和 T_P 同时截止，输入和输出之间出现高阻状态，传输门截止。此时，传输门的状态相当于开关的断开状态。

当 $C=1$，$\overline{C}=0$ 时，即 C 端为高电平($+V_{DD}$)，$\overline{C}$ 端为低电平(0V)。输入信号在 $0\sim+V_{DD}$ 之间变化时，T_N 和 T_P 总有一个是导通的，输入和输出之间出现低阻状态，传输门导通。此时，传输门的状态相当于开关的接通状态，有 $u_o=u_i$。

由此可以得出结论：CMOS 传输门电路是一种较为理想的开关器件，因为电路结构的对称性，输入端和输出端可以互换，因此，可以将 CMOS 传输门看做一个双向开关。

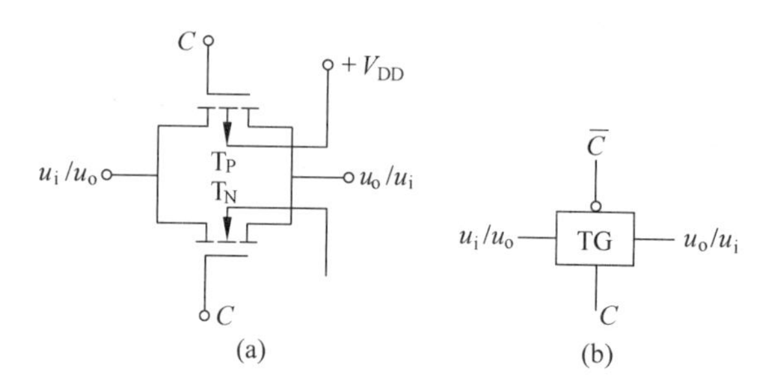

图 4.4.21 CMOS 传输门电路

(a) 电路图；(b) 逻辑符号

4.4.4 集成门电路使用中常见的问题

对于各种集成电路来说，使用时对已经选定的元器件必须进行测试。元器件的参数的性能指标应满足设计要求，并留有一定的裕量。必须要在推荐的工作条件范围内使用，否则将导致性能下降或损坏器件。使用前，要准确识别各元器件的引脚，以免接错造成人为故障甚至损坏元器件。

由于 TTL 集成门电路和 CMOS 集成门电路各有特点，使用时的注意事项也是不一样的。

1. TTL 电路在使用中要注意的事项

(1) 在电源接通情况下，不要拔出或插入集成电路。否则会因为电流的冲击过大造成永久性损坏。

(2) 电源电压不能高于+5.5V，并且不能将电源与地的引线错接。否则将会因电流过大造成器件损坏。

(3) 电路的各个输入端不能直接与高于+5.5V、低于−0.5V 的低内阻电源连接。否则会因为低内阻电源能提供较大电流，使得元器件因为过热而烧毁。

(4) 除三态门和 OC 门以外，TTL 门电路的输出端不允许并联使用。

(5) 输出端不允许与电源或地短路，否则会造成元器件损坏，但可以通过电阻与电源相连，提高输出高电平。

(6) 对于 TTL 门电路中未使用的输入端，在不改变逻辑关系的前提下可以并联起来使用，也可以根据逻辑关系的要求接地或接高电平。输入端悬空表示输入为高电平，但由于易受外界环境干扰，在实际使用中，根据逻辑门的功能将未使用输入端接固定的电平。将与门、与非门的未使用的输入端接高电平，而将或门、或非门的未使用的输入端接低电平。

2. CMOS 电路在使用中要注意的事项

CMOS 电路由于输入电阻高，因此极易在输入端感应静电电荷形成高电压，从而产生静电击穿，虽然 CMOS 集成电路的输入端接有二极管保护电路，但这并不能保证绝对安全，因此在使用时，必须采取以下预防措施。

(1) 在存储和运输 CMOS 元器件时，不要使用易产生静电的材料包装，最好采用金属材料、导电材料进行包装，或采用导电橡胶将全部输入引脚进行短接，避免因静电的产生而将引脚击穿。

(2) 测试 CMOS 电路时，如果信号源和线路板用两组电源，则应先接通线路板电源，断路时先断开信号源的电源，禁止在CMOS本身没有接通电源的情况下接入输入信号。

(3) 在组装调试电路时，电烙铁、测量仪表、工作台等应有良好的接地。操作人员的服装、手套等应选用无静电的材料制作。在通电状态下，不能拆装元器件或印制板。元器件插入或拔出插座之前，应关闭电源。

(4) 焊接CMOS门电路时，电烙铁要有良好的接地线，最好是利用电烙铁断电后的余热进行快速焊接。禁止在电路通电的情况下焊接。一般电烙铁的容量不准大于20W。

(5) 对于CMOS门电路中未使用的输入端，由于其输入阻抗很高，不能悬空。在实际中，可以根据逻辑门的功能将未使用的输入端接固定电平。将与门、与非门的未使用的输入端接高电平，而将或门、或非门的未使用的输入端接低电平，或将未使用的输入端和有用的输入端并联。

(6) 除三态门和OD门以外，CMOS门电路的输出端不允许并联使用。为了提高带负载能力，可以将两个相同的门电路的输入端、输出端分别并联，当一个门电路使用。

3. CMOS电路和TTL电路的连接

在数字电路应用中，往往需要将TTL集成门电路和CMOS集成门电路混合使用，由于不同类型的元器件的电压、电流参数各不相同，无论是TTL集成门电路驱动CMOS集成门电路，还是CMOS集成门电路驱动TTL集成门电路，都必须满足以下条件：作为前一级的驱动门的某种类型的集成门电路要能直接驱动另一种类型的作为后一级的负载门的集成电路，在连接时必须保证二者在电平和电流两方面的匹配。换一句话说就是，驱动门必须能为负载门提供符合要求的高、低电平和足够的输入电流。

本章小结

本章主要讲述数字电路的基本概念和特点，数字电路中的数制和码制，逻辑代数的基本运算规则、基本公式、表示方法以及逻辑函数表达式的公式化简法和卡诺图化简法，最后介绍分立元件的逻辑门电路、TTL集成的逻辑门电路和CMOS集成的逻辑门电路以及集成门电路使用中常见的问题。

(1) 数字信号在时间上和数值上都是离散的，处理数字信号的电路就是数字电路。数字电路中的信号采用二值逻辑来表示，两种相互对立的状态，用0和1两个数码表示。

(2) 生活中常用十进制，但在计算机主要用二进制，有时也采用十六进制。不同进制的数值之间可以转换：将二、十六进制数转换为十进制数时，采用位权展开法，再按照十进制运算即可；将十进制数转换为二、十六进制数时，整数部分采用除基数(二、十六)取余法，小数部分采用乘基数(二、十六)取整法；利用1位十六进制数与4位二进制数的对应关系，可以实现二进制数与十六进制数之间的相互转换。

(3) 二进制代码不仅可以表示数值，而且可以表示数字符号和文字符号。BCD码是用4位二进制代码代表1位十进制数的编码，BCD码有多种形式，最常用的是8421 BCD码。

(4) 逻辑代数是分析和设计数字电路的重要工具。利用逻辑代数，可以把实际逻辑问题抽象为逻辑函数来描述，并且可以用逻辑运算的方法，解决逻辑电路的分析和设计问题。与、或、非是三种基本逻辑关系，也是三种基本逻辑运算。与非、或非、异或、同或则是由基本逻辑运算复合而成的几种常用逻辑运算。逻辑代数的公式和定理是推演、变换及化简逻辑函数的依据。

(5) 逻辑函数的化简有公式法和卡诺图法等。公式法是利用逻辑代数的公式、定理和规则对逻辑函数进行化简。这种方法适用于各种复杂的逻辑函数,但需要熟练地运用公式和定理,且具有一定的运算技巧。卡诺图法是利用卡诺图来对逻辑函数进行化简。这种方法简单直观,容易掌握,但变量太多时会导致卡诺图太复杂,此时卡诺图法不适用。在对逻辑函数化简时,充分利用任意项可以使化简结果更简单。

(6) 逻辑函数可用真值表、逻辑表达式、卡诺图、逻辑图和波形图等方式表示,它们各有特点,本质相同,可以互相转换。对于一个具体的逻辑函数,究竟采用哪种表示方式应视实际需要而定,在使用时应充分利用每一种表示方式的优点。由于由真值表到逻辑图和由逻辑图到真值表的转换,更符合数字电路的分析和设计过程,因此显得更为重要。

(7) 在数字电路中,门电路是最基本的逻辑元件。最基本的分立元件门电路主要由半导体二极管、半导体三极管和 MOS 管构成,它们通常工作在开关状态。当处于导通状态时,相当于开关闭合;当处于截止状态时,相当于开关断开。它们构成最基本的与、或、非逻辑运算的门电路。

(8) 分立元件门电路已被集成门电路所取代,有由半导体三极管构成的 TTL 集成门电路和由 MOS 管构成的 CMOS 集成门电路。TTL 反相器是 TTL 集成门电路的典型代表;三态门有高电平、低电平、高阻三种状态,能满足计算机总线传递信息的需要;OC 门可实现线与和电平变换。CMOS 反相器可以作为输入输出端的缓冲级;传输门又称为双向开关,是一种既能传输模拟信号,又能传输数字信号的电路;CMOS 电路还有三态门和 OD 门。

(9) 在数字电路的应用中,TTL 集成门电路和 CMOS 集成门电路在使用中各有不同的注意事项,CMOS 电路与 TTL 电路的连接问题,也是必须注意的。

习　　题

4.1　什么是模拟信号？什么是数字信号？

4.2　什么是模拟电路？什么是数字电路？

4.3　数字电路有哪些特点？

4.4　什么是数制？常用的数制都有哪些？什么是码制？常用的码制都有哪些？

4.5　表示逻辑函数的方法有哪几种？各有什么特点？

4.6　如何证明两个逻辑函数是相等的？

4.7　逻辑代数的基本规则有哪些？请具体说明。

4.8　逻辑函数表达式的常用类型有哪些？最简的逻辑函数表达式是什么类型的？

4.9　逻辑函数的最小项表达式的结构是什么样的？请具体说明。

4.10　逻辑门电路中的正逻辑是如何规定的？

4.11　逻辑门电路中的基本开关元件主要有哪些？各有什么特性？

4.12　TTL 集成门电路和 CMOS 集成门电路在使用中分别需要注意什么？

4.13　TTL 电路和 CMOS 电路的连接必须满足的条件是什么？

4.14 分别将$(1001111)_2$、$(246)_8$、$(8E)_H$表示为位权形式，并转换为十进制数。

4.15 将下列十进制数转换为二进制数、十六进制数：

(1) 35；(2) 67；(3) 89；(4) 165。

4.16 将下列二进制数转换为十进制数：

(1) $(1010)_2$；(2) $(110011)_2$；(3) $(10111011)_2$；(4) $(11010101)_2$。

4.17 将十进制小数(0.78456)转换为二进制小数，要求转换误差不大于0.00001。

4.18 将$(354.72)_8$转换为二进制数，将$(110100.001000111)_2$转换为十六进制数。

4.19 有一数码(10010101)，作为二进制数时，对应的十进制数为多少？作为8421 BCD码时，对应的十进制数又为多少？

4.20 利用逻辑函数的真值表，证明下列等式是否成立：

(1) $A+AB=A+B$；(2) $A+BC=A(B+C)$；

(3) $A\overline{B}+\overline{A}B=(\overline{A}+\overline{B})(A+B)$；(4) $A+\overline{A(B+C)}=A+\overline{B+C}$。

4.21 求下列逻辑函数的反函数：

(1) $Y=A\overline{B}C+A(D+\overline{E})$；(2) $Y=A\cdot\overline{B+C+\overline{D}}$；

(3) $Y=A+BC$；(4) $Y=(A+B)(A+\overline{C})$。

4.22 求下列逻辑函数的对偶形式：

(1) $Y=(\overline{A}+B)C$；(2) $Y=A\cdot\overline{B\cdot\overline{C}+\overline{B\cdot\overline{\overline{C}\cdot\overline{D}}}}$；

(3) $Y=(A+\overline{B})\cdot(A+\overline{C})$；(4) $Y=AB+C+\overline{D}$。

4.23 列出下列逻辑函数的真值表，画出其逻辑图。并比较(1)和(2)，(3)和(4)的真值表有何关系。

(1) $Y=\overline{A}B+AC+BC$；(2) $Y=\overline{A}B+AC$；

(3) $Y=\overline{A}B+A\overline{B}+AB$；(4) $Y=A+B$。

4.24 写出题图4.24所示电路的逻辑表达式和真值表。

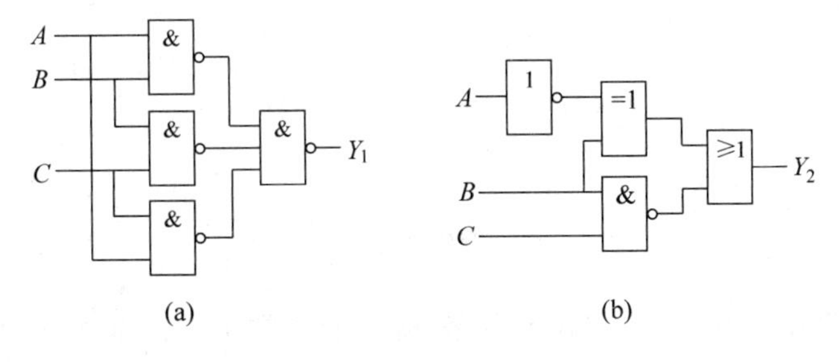

题图 4.24

4.25 试用公式法化简下列逻辑函数：

(1) $Y=A+A\overline{B}C+AB\cdot(C+D)+BC+B\overline{C}$；

(2) $Y=AB+\overline{A}C+AC$；

(3) $Y=\overline{\overline{A}B+A\overline{B}}+\overline{A}B+\overline{A}\overline{C}+B\overline{C}$；

(4) $Y=\overline{A}\overline{B}\overline{C}+\overline{A}B\overline{C}+\overline{A}BC+A\overline{B}\overline{C}+A\overline{B}C+AB\overline{C}+ABC$；

(5) $Y=\overline{AC+\overline{B}\overline{C}+BC(A\overline{C}+\overline{A}C)+\overline{A}C}$；

(6) $Y=(A+B)(A+B+C)(\overline{A}+C)(B+C+D)$；

(7) $Y=\overline{AB+\bar{A}B+A\bar{B}}$；

(8) $Y=AB+\bar{A}C+BCD$。

4.26 用与非门实现下列逻辑函数：

(1) $Y=\overline{A+\bar{B}}+A\bar{C}$； (2) $Y=AB+A\bar{B}+\bar{B}C$；

(3) $Y=A+BC$； (4) $Y=(A+B)\cdot(A+\bar{C})$。

4.27 将下列逻辑函数化为最小项表达式。

(1) $Y=\overline{\bar{A}(B+\bar{C})}$； (2) $Y=A\bar{B}C+\bar{A}BD+AB\bar{C}$；

(3) $Y=\overline{AC+\bar{A}B\bar{C}+\bar{B}C+AB\bar{C}}$； (4) $Y=\overline{\overline{A\bar{B}+ABC}+A(B+A\bar{B})}$。

4.28 用卡诺图化简下列逻辑函数：

(1) $Y=A\bar{B}CD+AB\bar{C}D+A\bar{B}+A\bar{D}+\bar{A}\bar{B}C$；

(2) $Y=(\bar{A}\bar{B}+B\bar{D})\cdot\bar{C}+BD\,\overline{\bar{A}\cdot\bar{C}}+\bar{D}\cdot\overline{\bar{A}+\bar{B}}$；

(3) $Y=\bar{A}B\bar{C}+\bar{A}CD+ABC+A\bar{B}\cdot\bar{C}D+AB\bar{C}D$；

(4) $Y=ABC+ABD+\bar{C}\cdot\bar{D}+A\bar{B}C+\bar{A}C\bar{D}+A\bar{C}D$；

(5) $Y=\sum m(0,3,4,7)$；

(6) $Y=\sum m(0\sim 4,6\sim 11,14)$；

(7) $Y=\sum m(0\sim 6,8\sim 14)$；

(8) $Y=\sum m(0,2,3,5,7,8,10,11,13,15)$；

(9) $Y=\sum m(0,1,4,9,10,13)+\sum d(2,5,8,12,15)$；

(10) $Y=\bar{B}\cdot\bar{C}\cdot\bar{D}+BC\bar{D}+ABCD$，约束条件为 $\bar{B}C\bar{D}+\bar{A}BCD+\bar{A}B\bar{C}\cdot\bar{D}$。

4.29 判断如题图 4.29 所示的 TTL 门电路输出与输入之间的逻辑关系哪些相符？哪些不相符？并修改不相符的电路使之与逻辑函数关系式一致。

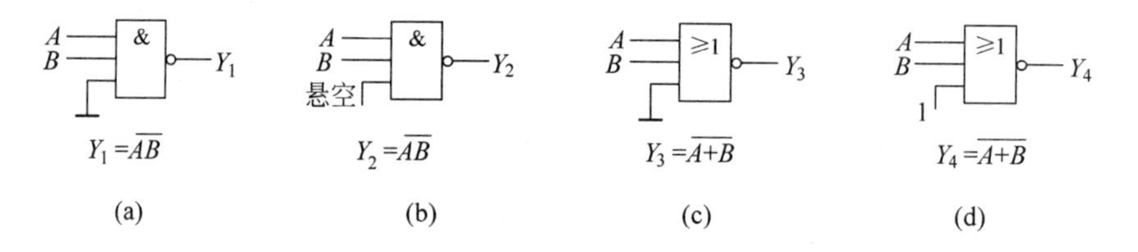

题图 4.29

4.30 分析如题图 4.30 所示的 CMOS 电路，哪些能正常工作？哪些不能正常工作？写出能正常工作的电路输出信号的逻辑表达式。

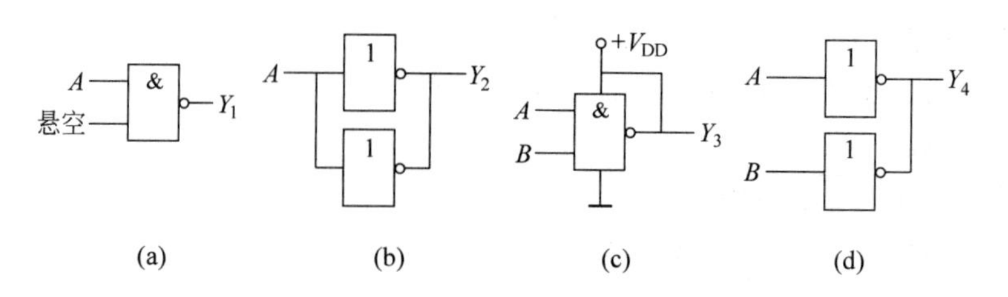

题图 4.30

4.31　分析如题图 4.31 所示的 CMOS 电路，哪些能正常工作？哪些不能正常工作？写出能正常工作的电路输出信号的逻辑表达式。

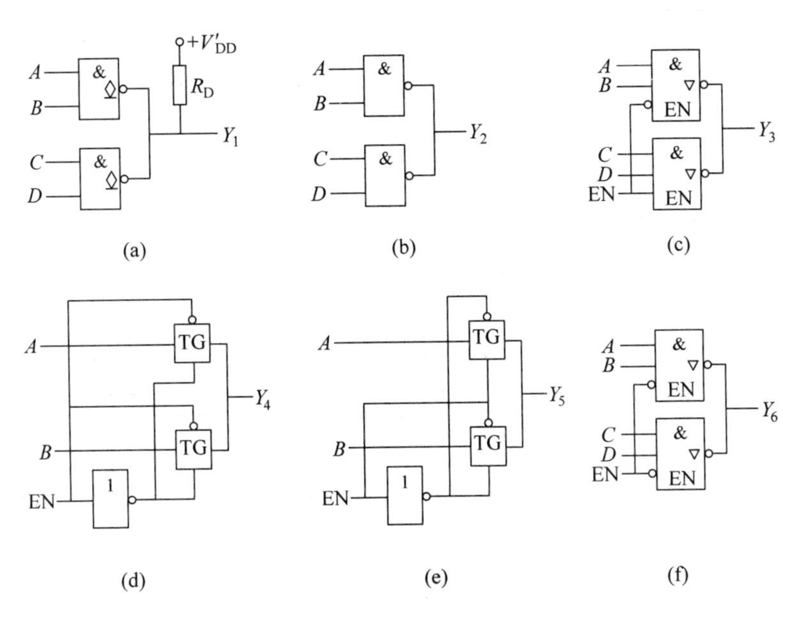

题图 4.31

4.32　对应于题图 4.32(a)所示的波形，画出题图 4.32(b)所示的各电路的输出波形。

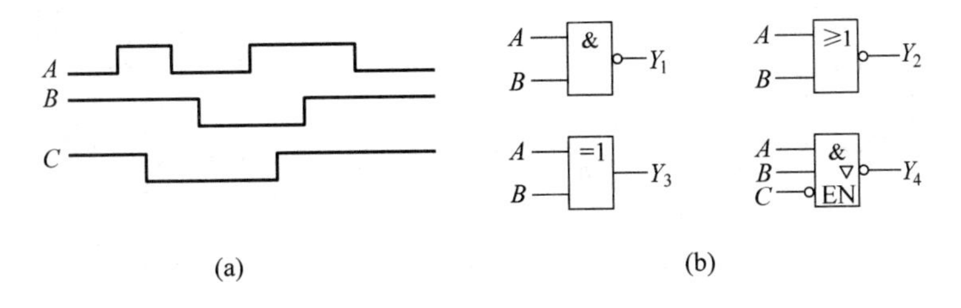

题图 4.32

4.33　对应于题图 4.33(a)所示的波形，画出题图 4.33(b)所示的各电路的输出波形。

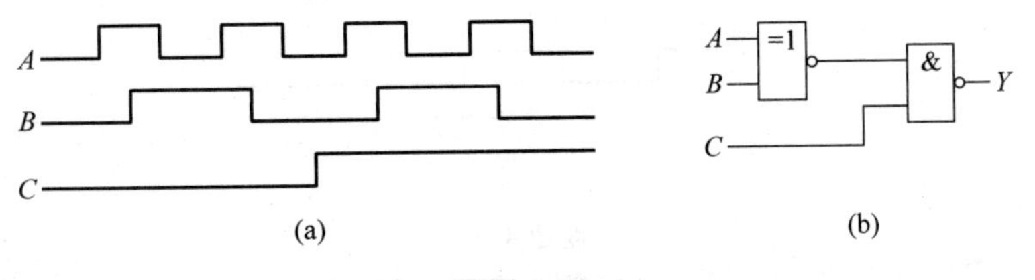

题图 4.33

4.34　对应于题图 4.34(a)所示的波形，画出题图 4.34(b)所示的各电路的输出波形。

4.35　对应于题图 4.35(a)所示的电路，各电路的输入波形如题图 4.35(b)所示，写出逻辑门电路的表达式，并画出输出波形。

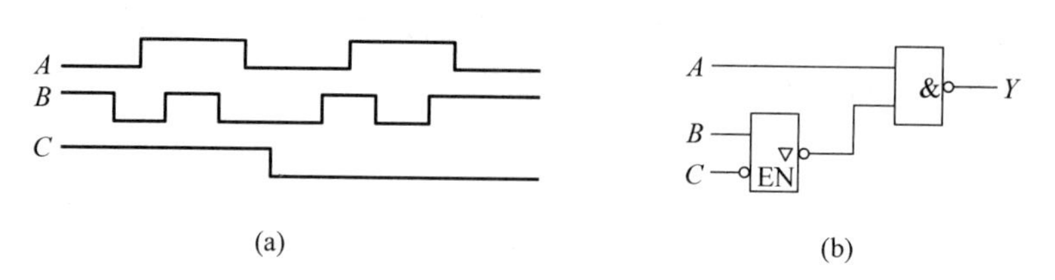

(a)　　(b)

题图 4.34

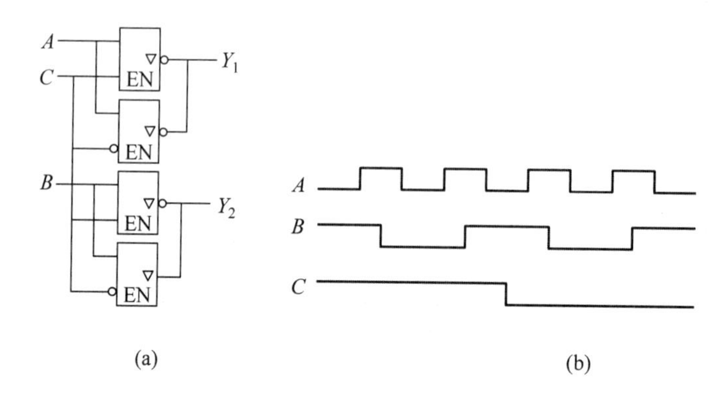

(a)　　(b)

题图 4.35

4.36　对应于题图 4.36(a)、(b)、(c)所示的电路，各电路的输入波形如题图 4.36(d)所示，写出逻辑门电路的表达式，并画出输出波形。

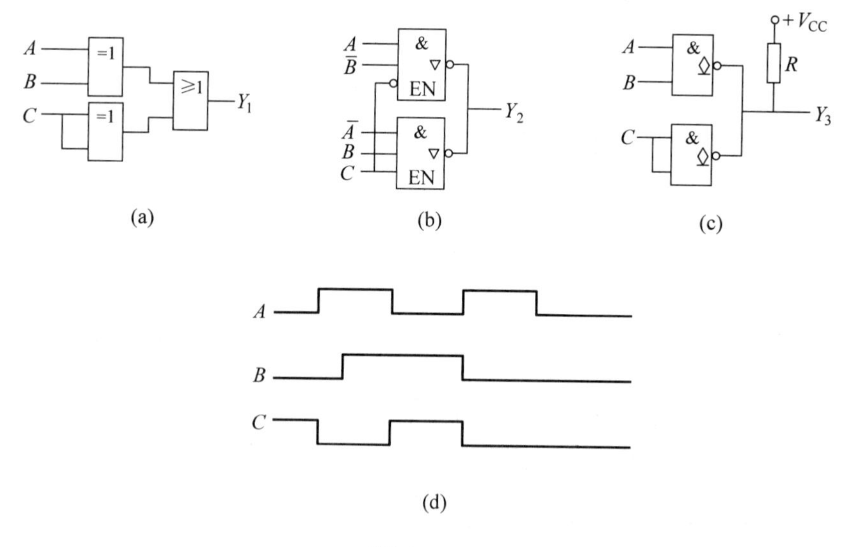

(a)　　(b)　　(c)

(d)

题图 4.36

第5章

组合逻辑电路

在实际应用中，基本的逻辑门电路构成的数字电路，能够实现的逻辑功能有限，往往根据实际要求，对基本逻辑门电路进行综合使用。因此，数字电路按照电路的结构和工作原理，可以分为组合逻辑电路和时序逻辑电路两大类。

本章主要介绍的是组合逻辑电路的基本的分析方法和设计方法，分别进行了举例说明。然后介绍了几种常用的组合逻辑部件：加法器、编码器、译码器和数据选择器的组成和工作原理。

5.1 组合逻辑电路的分析

组合逻辑电路指的是这样一类数字逻辑电路，该电路在任意时刻的输出稳定状态仅仅取决于该时刻的输入信号，而与电路的原来状态无关。因此，组合逻辑电路不具有记忆功能。构成组合逻辑电路的基本单元就是基本的逻辑门电路。

1. 分析方法及步骤

组合逻辑电路的框图如图5.1.1所示，图中 $X_1, X_2, \cdots, X_n$ 是输入逻辑变量，$Y_1, Y_2, \cdots, Y_m$ 是输出逻辑变量，输入与输出之间的逻辑函数关系为

$$\begin{cases} Y_1 = f_1(X_1, X_2, \cdots, X_n) \\ Y_2 = f_2(X_1, X_2, \cdots, X_n) \\ \quad\quad \vdots \\ Y_m = f_m(X_1, X_2, \cdots, X_n) \end{cases}$$

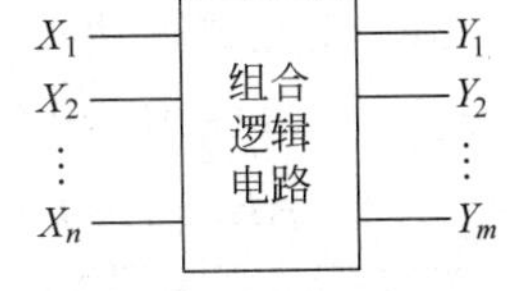

图5.1.1 组合逻辑电路的框图

所谓组合逻辑电路的分析，就是根据给定的逻辑电路，找出输出逻辑变量和输入逻辑变量之间的逻辑函数关系，分析确定该逻辑电路的逻辑功能。

组合逻辑电路的一般分析步骤如下。

(1) 根据已知的逻辑电路的电路图，逐级写出各个逻辑门输出端的逻辑表达式，从而得到整个逻辑电路的输出逻辑变量的逻辑表达式；

(2) 运用公式化简法或卡诺图化简法，对逻辑表达式进行化简和变换；

(3) 根据逻辑表达式的最简式列出真值表；

(4) 分析真值表，并概述逻辑电路的逻辑功能。

2. 分析举例

例 5.1 已知组合逻辑电路如图 5.1.2 所示，分析该电路的功能。

解 (1) 从输入端到输出端，依次写出各个逻辑门的逻辑表达式，最后根据逻辑电路写出输出逻辑变量 Y 的逻辑函数表达式，即

$$Y_1=\overline{AB},\quad Y_2=\overline{A\cdot\overline{AB}},\quad Y_3=\overline{B\cdot\overline{AB}},\quad Y=\overline{\overline{A\cdot\overline{AB}}\cdot\overline{B\cdot\overline{AB}}}$$

(2) 对逻辑表达式运用公式化简法，进行化简，即

$$\begin{aligned}Y&=\overline{\overline{A\cdot\overline{AB}}\cdot\overline{B\cdot\overline{AB}}}=\overline{\overline{A\cdot\overline{AB}}}+\overline{\overline{B\cdot\overline{AB}}}=A\cdot\overline{AB}+B\cdot\overline{AB}\\&=A\cdot(\overline{A}+\overline{B})+B\cdot(\overline{A}+\overline{B})=A\overline{A}+A\overline{B}+\overline{A}B+\overline{B}B\\&=A\overline{B}+\overline{A}B\end{aligned}$$

(3) 根据逻辑表达式列出真值表，如表 5.1.1 所示。

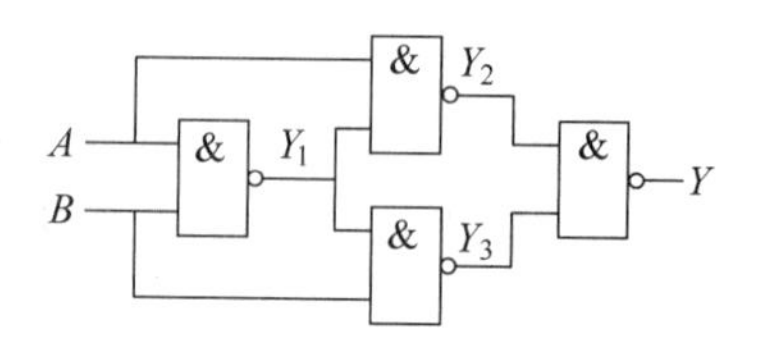

图 5.1.2 例 5.1 的组合逻辑电路图

表 5.1.1 例 5.1 的真值表

A	B	Y
0	0	0
0	1	1
1	0	1
1	1	0

(4) 分析逻辑功能。由表 5.1.1 可知，当输入端 A 和 B 不同为 1 或不同为 0 时，输出端 Y 为 1；输入端 A 和 B 同为 1 或同为 0 时，输出端 Y 为 0。

该电路称为异或门电路，可以用于判断信号的相异。

例 5.2 已知组合逻辑电路如图 5.1.3 所示，分析该电路的功能。

解 (1) 从输入端到输出端，依次写出各个逻辑门的逻辑表达式，最后根据逻辑电路写出输出逻辑变量 Y 的逻辑函数表达式：

$$Y_1=A\oplus B,\quad Y=(A\oplus B)\oplus C$$

图 5.1.3 例 5.2 的组合逻辑电路图

(2) 对逻辑表达式进行变换，并运用公式法化简，即

$$\begin{aligned}Y&=(A\oplus B)\oplus C=(\overline{A}B+A\overline{B})\oplus C\\&=\overline{(\overline{A}B+A\overline{B})}\cdot C+(\overline{A}B+A\overline{B})\cdot\overline{C}=(\overline{\overline{A}B}\cdot\overline{A\overline{B}})\cdot C+\overline{A}B\cdot\overline{C}+A\overline{B}\cdot\overline{C}\\&=(A+\overline{B})(\overline{A}+B)\cdot C+\overline{A}B\cdot\overline{C}+A\overline{B}\cdot\overline{C}\\&=(A\overline{A}+AB+\overline{A}\cdot\overline{B}+B\overline{B})\cdot C+\overline{A}B\cdot\overline{C}+A\overline{B}\cdot\overline{C}\\&=ABC+\overline{A}\cdot\overline{B}C+\overline{A}B\overline{C}+A\overline{B}\cdot\overline{C}\end{aligned}$$

(3) 根据逻辑表达式列出真值表，如表 5.1.2 所示。

表 5.1.2 例 5.2 的真值表

A	B	C	Y	A	B	C	Y
0	0	0	0	1	0	0	1
0	0	1	1	1	0	1	0
0	1	0	1	1	1	0	0
0	1	1	0	1	1	1	1

（4）分析逻辑功能。

由表5.1.2可知，当3个输入变量A、B、C中的取值有奇数个1时，输出端Y为1；当3个输入变量A、B、C中的取值有偶数个1时，输出端Y为0。

该电路称为奇校验电路，可以用于判断三位的二进制码的奇偶性。

要注意的是，对逻辑函数表达式的化简方法并不是唯一的，如果公式化简法过于烦琐，则可以直接列出真值表，如表5.1.3所示。

表5.1.3 例5.2的另一种真值表

A	B	C	$A \oplus B$	$(A \oplus B) \oplus C$
0	0	0	0	0
0	0	1	0	1
0	1	0	1	1
0	1	1	1	0
1	0	0	1	1
1	0	1	1	0
1	1	0	0	0
1	1	1	0	1

与表5.1.2相比，表5.1.3中增添了一列中间变量$A \oplus B$，可以根据每一组逻辑变量的取值，先确定$A \oplus B$的值，再确定输出端$Y=(A \oplus B) \oplus C$的值，不需要进行复杂的公式变换，比较简便。

5.2 简单组合逻辑电路的设计

组合逻辑电路的设计，通常以电路简单、所用的元器件最少为目标。用公式化简法和卡诺图化简法来简化逻辑函数，就是为了获得最简的逻辑函数表达式，以便用最少的逻辑门电路来组成逻辑电路。设计中，普遍采用中、小规模的集成电路（一片包括数个门至数十个门）产品，并根据具体的情况，尽可能地减少所用的元器件的数目和种类，使电路结构紧凑，工作可靠。

1. 设计方法

组合逻辑电路设计的一般步骤如下。

（1）分析实际逻辑问题的因果关系，定义输入逻辑变量和输出逻辑变量，并确定各个逻辑变量的含义和取值。

（2）将各个逻辑变量的含义和取值列成真值表的形式。

（3）由真值表可以很方便地写出逻辑函数的表达式。

（4）在采用小规模集成电路时，通常将逻辑函数化简成最简的与-或表达式，使其包含的乘积项最少，且每个乘积项所包含的因子数也最少。

还可以根据所采用的元器件的类型进行适当的函数表达式变换，如变换成与非-与非表达式、或非-或非表达式及异或表达式等。

要注意的是，有时由于输入逻辑变量的条件（如只有原变量输入，没有反变量输入）或采用的元器件的条件（如在一块集成电路中包含多个相同的基本门电路）等因素，采用最简与-或式实现电路，不一定是最佳的电路结构。

2. 设计举例

例 5.3 用与非门设计一个举重裁判的表决电路。设举重比赛有三个裁判，一个主裁判和两个副裁判。杠铃完全举起的裁决由每一个裁判按一下自己面前的按钮来确定。只有当两个或两个以上的裁判判定成功，并且有一个为主裁判时，表明成功的灯才亮。

解 (1) 由已知逻辑要求，定义输入逻辑变量和输出逻辑变量。

设主裁判的按钮信号为输入逻辑变量为 A、副裁判的按钮信号为输入逻辑变量 B 和 C，当 A、B、C 判定成功时为 1，判定不成功时为 0。灯信号的输出逻辑变量为 Y，灯亮时为 1，灯不亮时为 0。

(2) 由题意列出真值表，如表 5.2.1 所示。

表 5.2.1 例 5.3 的真值表

A	B	C	Y	A	B	C	Y
0	0	0	0	1	0	0	0
0	0	1	0	1	0	1	1
0	1	0	0	1	1	0	1
0	1	1	0	1	1	1	1

(3) 由真值表写出逻辑函数的表达式。写出每个输出端的最小项的逻辑表达式，并化简为最简的与-或表达式。

最小项的逻辑表达式为 $Y=\sum m(5,6,7)$，用卡诺图化简法对 Y 进行化简，卡诺图如图 5.2.1 所示，得到 $Y=AB+AC$。

(4) 根据要求将输出逻辑函数表达式变换为与非形式，并由此画出组合逻辑电路的设计图，如图 5.2.2 所示。

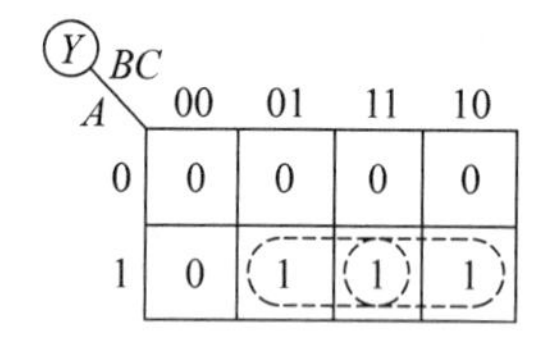

图 5.2.1 例 5.3 的卡诺图

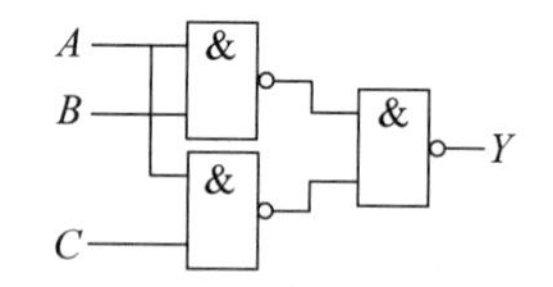

图 5.2.2 例 5.3 的组合逻辑电路图

逻辑函数关系式为 $Y=\overline{\overline{AB+AC}}=\overline{\overline{AB}\cdot\overline{AC}}$。

例 5.4 试用 2 输入的与非门和反相器设计一个 3 输入（I_0、I_1、I_2）、3 输出（Y_0、Y_1、Y_2）的信号排队电路。它的功能是：当输入 I_0 为 1 时，无论 I_1 和 I_2 为 1 还是 0，输出 Y_0 为 1，Y_1 和 Y_2 为 0；当 I_0 为 0 且 I_1 为 1，无论 I_2 为 1 还是 0，输出 Y_1 为 1，其余两个输出为 0；当 I_2 为 1 且 I_0 和 I_1 均为 0 时，输出 Y_2 为 1，其余两个输出为 0。如 I_0、I_1、I_2 均为 0，则 Y_0、Y_1、Y_2 也均为 0。

解　(1) 由已知逻辑要求,定义输入逻辑变量和输出逻辑变量。

3 输入的逻辑变量为 I_0、I_1、I_2,3 输出的逻辑变量为 Y_0、Y_1、Y_2。

(2) 由题意列出真值表,如表 5.2.2 所示。

表 5.2.2　例 5.4 的真值表

I_0	I_1	I_2	Y_0	Y_1	Y_2
0	0	0	0	0	0
0	0	1	0	0	1
0	1	0	0	1	0
0	1	1	0	1	0
1	0	0	1	0	0
1	0	1	1	0	0
1	1	0	1	0	0
1	1	1	1	0	0

(3) 由真值表写出逻辑函数的表达式。写出每个输出端的最小项的逻辑表达式,并化简为最简的与-或表达式,即

$$Y_0 = \sum m(4,5,6,7),\quad Y_1 = \sum m(2,3),\quad Y_2 = m_1$$

用卡诺图化简法分别对 Y_0、Y_1、Y_2 进行化简,卡诺图如图 5.2.3 所示,得到 $Y_0 = I_0$,$Y_1 = \overline{I_0} \cdot I_1$,$Y_2 = \overline{I_0} \cdot \overline{I_1} \cdot I_2$。

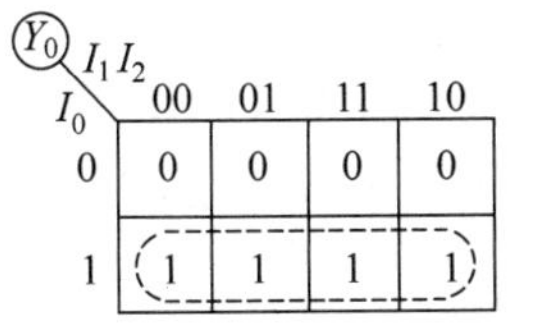

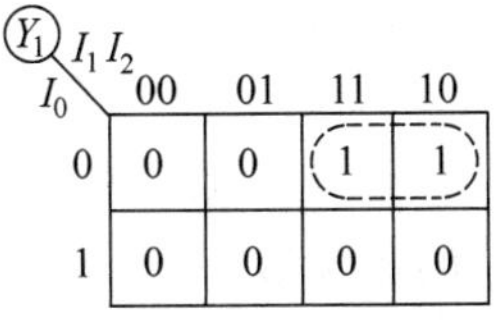

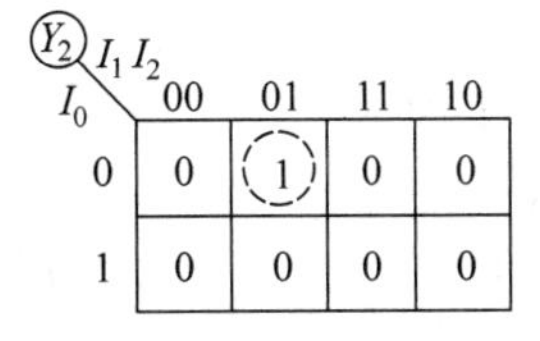

图 5.2.3　例 5.4 的卡诺图

(4) 根据要求将输出逻辑函数表达式变换为与非形式,并由此画出组合逻辑电路的设计图,如图 5.2.4 所示。

逻辑函数关系式为 $Y_0 = I_0$,$Y_1 = \overline{\overline{\overline{I_0} \cdot I_1}}$,$Y_2 = \overline{\overline{\overline{\overline{I_0} \cdot \overline{I_1}}} \cdot I_2}$。

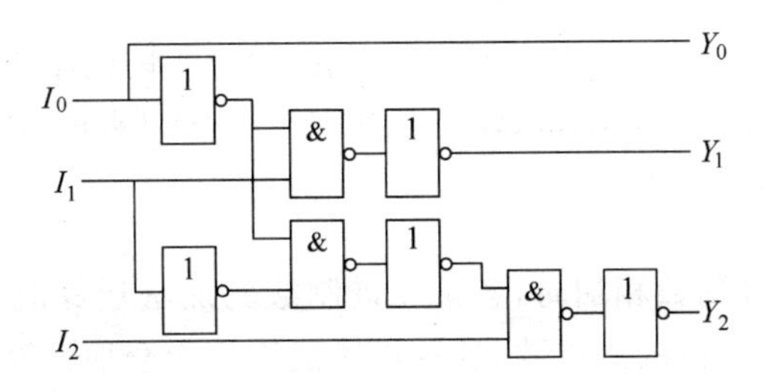

图 5.2.4　例 5.4 的组合逻辑电路的设计图

5.3 常用的组合逻辑部件

数字电路按照集成度可以分为小规模集成电路 SSI(small scale integration)，集成度为 1～10 个逻辑门；中规模集成电路 MSI(medium scale integration)，集成度为 10～100 个逻辑门；大规模集成电路 LSI(large scale integration)，集成度大于 100 个逻辑门；超大规模集成电路 VLSI(very large scale integration)，每个含有 1 万个以上的逻辑门。下面介绍几种常用的中、小规模的集成组合逻辑电路，有加法器、编码器、译码器和数据选择器等。

5.3.1 加法器

计算机完成各种复杂运算的基础是二进制数的加法运算。完成二进制数的加法运算的组合逻辑电路，称为加法器。

1. 半加器

所谓半加运算，就是只考虑两个本位的二进制数相加，而不考虑低位送来的进位数。实现半加运算的逻辑电路称为半加器。

设加数为 A，被加数为 B，半加和为 S，本位的进位数为 C，列出真值表，如表 5.3.1 所示。

由表 5.3.1 可写出逻辑表达式为

$$S = \overline{A}B + A\overline{B} = A \oplus B \tag{5.1}$$

$$C = A \cdot B \tag{5.2}$$

由式(5.1)和式(5.2)可以画出半加器的逻辑电路图，如图 5.3.1(a)所示。半加器的逻辑符号如图 5.3.1(b)所示，其中 A_i 和 B_i 表示第 i 位上的加数和被加数，S_i 表示第 i 位上的和数，C_i 表示第 i 位向相邻高位进位的进位数。

表 5.3.1 半加器的真值表

A	B	S	C
0	0	0	0
0	1	1	0
1	0	1	0
1	1	0	1

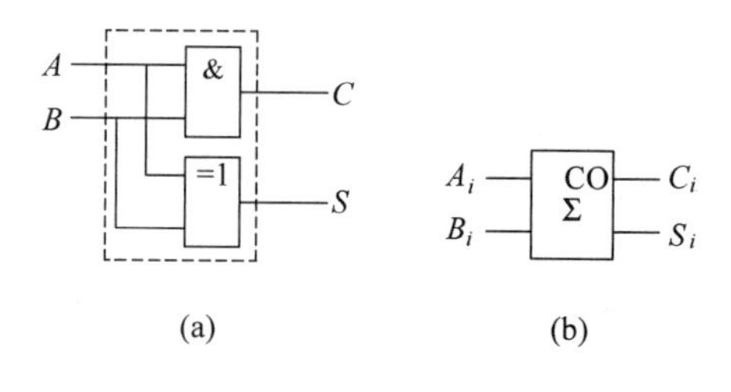

图 5.3.1 半加器的逻辑电路图和逻辑符号

(a) 逻辑电路图；(b) 逻辑符号

2. 全加器

当需要进行多位二进制数相加时，各位二进制数的加法运算既要考虑本位上的加数和被加数，还要考虑由低位进位的进位数，这种加法运算称为全加运算。实现全加运算的逻辑电路称为全加器。

设第 i 位上的加数为 A_i，被加数为 B_i，由低位来的进位数为 C_{i-1}，全加和为 S_i，本位向相邻高位进位的进位数为 C_i，列出真值表，如表 5.3.2 所示。

表 5.3.2 全加器的真值表

A_i	B_i	C_{i-1}	S_i	C_i
0	0	0	0	0
0	0	1	1	0
0	1	0	1	0
0	1	1	0	1
1	0	0	1	0
1	0	1	0	1
1	1	0	0	1
1	1	1	1	1

由表 5.3.2 可写出逻辑表达式为

$$\begin{aligned} S_i &= \overline{A_i} \cdot \overline{B_i} \cdot C_{i-1} + \overline{A_i} \cdot B_i \cdot \overline{C_{i-1}} + A_i \cdot \overline{B_i} \cdot \overline{C_{i-1}} + A_i B_i C_{i-1} \\ &= \overline{A_i}(\overline{B_i} \cdot C_{i-1} + B_i \cdot \overline{C_{i-1}}) + A_i(\overline{B_i} \cdot \overline{C_{i-1}} + B_i C_{i-1}) \\ &= \overline{A_i}(B_i \oplus C_{i-1}) + A_i(\overline{B_i \oplus C_{i-1}}) \\ &= A_i \oplus (B_i \oplus C_{i-1}) \end{aligned}$$

所以有

$$S_i = A_i \oplus B_i \oplus C_{i-1} \tag{5.3}$$

$$\begin{aligned} C_i &= \overline{A_i} \cdot B_i \cdot C_{i-1} + A_i \cdot \overline{B_i} \cdot C_{i-1} + A_i \cdot B_i \cdot \overline{C_{i-1}} + A_i B_i C_{i-1} \\ &= (\overline{A_i} \cdot B_i + A_i \cdot \overline{B_i}) C_{i-1} + A_i B_i \cdot (\overline{C_{i-1}} + C_{i-1}) \\ &= (A_i \oplus B_i) C_{i-1} + A_i B_i \end{aligned}$$

所以有

$$C_i = (A_i \oplus B_i) C_{i-1} + A_i B_i \tag{5.4}$$

由式(5.3)和式(5.4)可以画出全加器的逻辑电路图,如图 5.3.2(a)所示,采用的是两个半加器和一个或门电路来实现的一个全加器的逻辑功能,全加器的逻辑符号如图 5.3.2(b)所示。

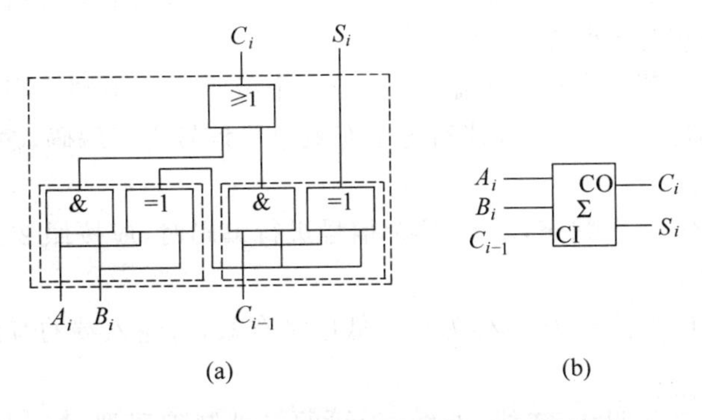

图 5.3.2 全加器的逻辑电路图和逻辑符号

(a) 逻辑电路图; (b) 逻辑符号

3. 集成四位二进制数的并行加法器 74LS283

图 5.3.3(a)所示为集成四位二进制数的并行加法器 74LS283 的逻辑电路图,图 5.3.3(b)

所示为外部引脚图，图 5.3.3(c)所示为逻辑符号。

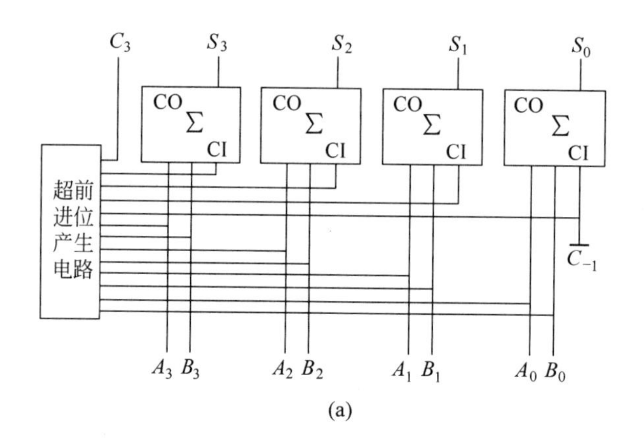

(a)

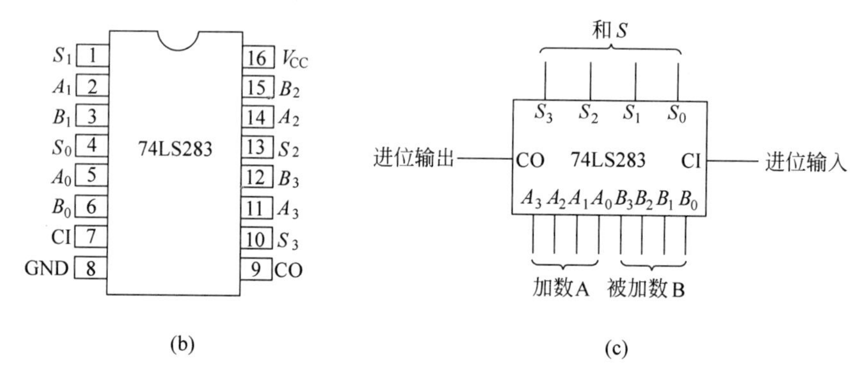

(b) (c)

图 5.3.3 集成四位二进制数的并行加法器 74LS283

(a) 逻辑电路图；(b) 外部引脚图；(c) 逻辑符号

5.3.2 编码器

编码是指将 0 和 1 按一定规律编排成二进制代码，用来表示某种特定的信息。能实现编码逻辑功能的电路称为编码器。

一个编码器通常有若干个信号的输入端，若干个编码的输出端。当某个输入端出现有效电平信号时，编码器按照一定的规律对这个有效电平信号进行编码，输出端则输出这个对应的二进制编码。

n 位二进制代码有 2^n 个状态，若对 N 个信号进行编码时，应按照 $2^n>N$ 来确定要使用的二进制编码的位数 n。

若输入端的有效电平信号为 0，称为输入低电平有效；若输入端的有效电平为 1，称为输入高电平有效。

常用的编码器主要有四线-二线、八线-三线的二进制编码器、二-十进制的编码器、优先编码器等。

下面介绍各个编码器的组成和工作原理。

1. 四线-二线的二进制编码器

设四线-二线的二进制编码器的输入端为高电平有效，4 个输入端为 I_0、I_1、I_2、I_3，输入端一般不允许两个或两个以上的信号同时输入，两个输出端为 Y_0、Y_1，输出对应于二位的二进制编码，真值表如表 5.3.3 所示。

表 5.3.3　二位二进制编码器真值表

输　入				输　出	
I_0	I_1	I_2	I_3	Y_1	Y_0
1	0	0	0	0	0
0	1	0	0	0	1
0	0	1	0	1	0
0	0	0	1	1	1

由表 5.3.3 可以写出各个输出的逻辑函数表达式为

$$Y_1 = \overline{I_0} \cdot \overline{I_1} \cdot I_2 \cdot \overline{I_3} + \overline{I_0} \cdot \overline{I_1} \cdot \overline{I_2} \cdot I_3 \tag{5.5}$$

$$Y_0 = \overline{I_0} \cdot I_1 \cdot \overline{I_2} \cdot \overline{I_3} + \overline{I_0} \cdot \overline{I_1} \cdot \overline{I_2} \cdot I_3 \tag{5.6}$$

用卡诺图化简法分别对 Y_0、Y_1 进行化简，卡诺图如图 5.3.4 所示，可得

$$Y_1 = I_2 + I_3 = \overline{\overline{I_2} \cdot \overline{I_3}} \tag{5.7}$$

$$Y_0 = I_1 + I_3 = \overline{\overline{I_1} \cdot \overline{I_3}} \tag{5.8}$$

根据式(5.7)和式(5.8)可以画出四线-二线的二进制编码器的逻辑电路如图 5.3.5 所示。

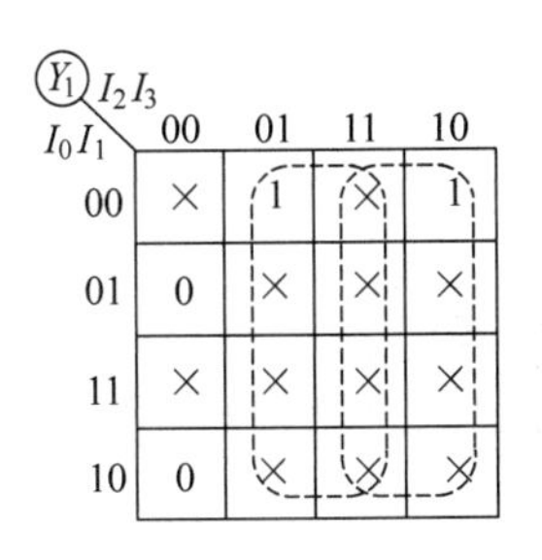

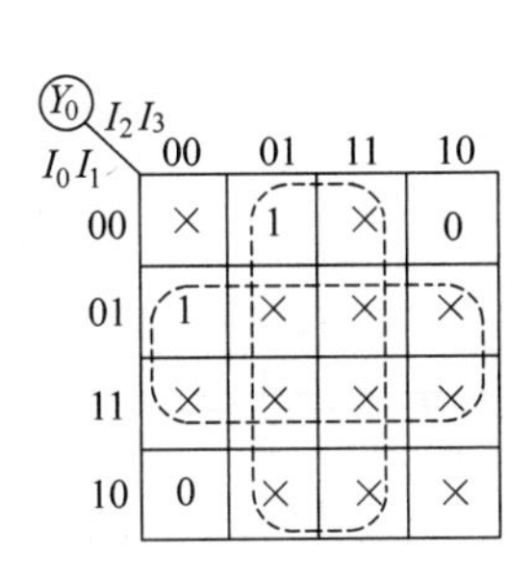

图 5.3.4　二位二进制编码器输出函数的卡诺图

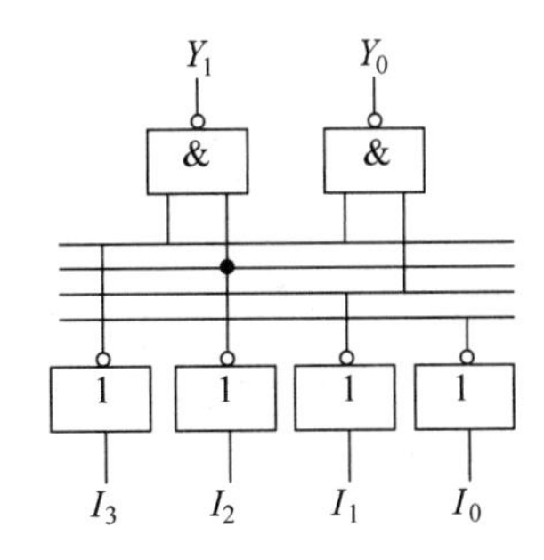

图 5.3.5　四线-二线的二进制编码器逻辑电路图

当输入端中有一个输入为 1 时，输出端的编码是出现有效电平信号的输入端的下标所对应的二进制数。

要注意的是，编码器的真值表中没有列出所有的输入状态，真值表中在任何时刻只有一个输入端出现有效电平信号 1，其余输入端则都为 0，否则会引起逻辑混乱。

而且由图 5.3.5 可知，有两种情况使得输出端 $Y_1Y_0=00$，一种是输入端 $I_0I_1I_2I_3=1000$，另一种是输入端 $I_0I_1I_2I_3=0000$，前者为有效编码，而后者为无效编码，应该在实际中加以区别。

2. 八线-三线的二进制编码器

设八线-三线的二进制编码器的输入端为高电平有效，8 个输入端为 I_0、I_1、I_2、I_3、I_4、I_5、I_6、I_7，3 个输出端为 Y_0、Y_1、Y_2，真值表如表 5.3.4 所示。

表 5.3.4 三位二进制编码器真值表

输入								输出		
I_0	I_1	I_2	I_3	I_4	I_5	I_6	I_7	Y_2	Y_1	Y_0
1	0	0	0	0	0	0	0	0	0	0
0	1	0	0	0	0	0	0	0	0	1
0	0	1	0	0	0	0	0	0	1	0
0	0	0	1	0	0	0	0	0	1	1
0	0	0	0	1	0	0	0	1	0	0
0	0	0	0	0	1	0	0	1	0	1
0	0	0	0	0	0	1	0	1	1	0
0	0	0	0	0	0	0	1	1	1	1

由表 5.3.4 可以写出各个输出的逻辑函数表达式，化简后有

$$Y_2 = I_4 + I_5 + I_6 + I_7 = \overline{\overline{I_4} \cdot \overline{I_5} \cdot \overline{I_6} \cdot \overline{I_7}} \tag{5.9}$$

$$Y_1 = I_2 + I_3 + I_6 + I_7 = \overline{\overline{I_2} \cdot \overline{I_3} \cdot \overline{I_6} \cdot \overline{I_7}} \tag{5.10}$$

$$Y_0 = I_1 + I_3 + I_5 + I_7 = \overline{\overline{I_1} \cdot \overline{I_3} \cdot \overline{I_5} \cdot \overline{I_7}} \tag{5.11}$$

根据式(5.9)～式(5.11)，可以画出八线-三线的二进制编码器逻辑电路，如图 5.3.6 所示。

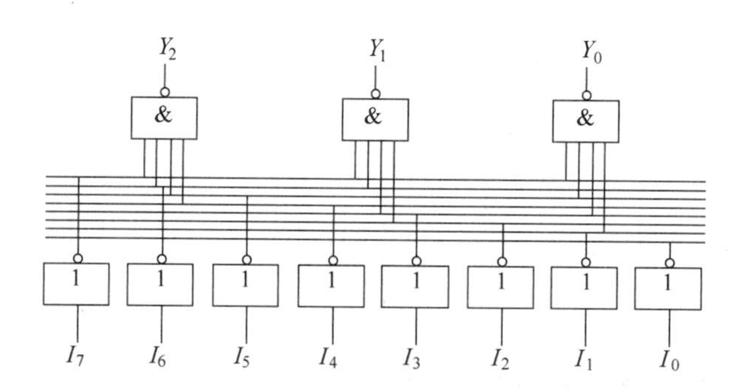

图 5.3.6 八线-三线的二进制编码器逻辑电路图

3. 二-十进制编码器

二-十进制编码器是将十进制的 10 个数码 0、1、2、3、4、5、6、7、8、9 编成二进制代码的电路。由于输入有 10 个数码，要有 $2^n > 10$，则 n 取 4，因此输出应为四位的二进制代码。这种编码器通常称为十线-四线编码器。

输入的是 0～9 共 10 个数码，输出的是对应的二进制代码。这种二进制代码称为二-十进制代码，简称 BCD 码。

下面介绍 8421 BCD 码编码器的组成和工作原理。

设 8421 BCD 码编码器输入端为高电平有效，10 个输入端分别为 I_0、I_1、I_2、I_3、I_4、I_5、I_6、I_7、I_8、I_9，4 个输出端分别为 Y_0、Y_1、Y_2、Y_3，真值表如表 5.3.5 所示。

表 5.3.5　二-十进制编码器真值表

输入										输出			
I_0	I_1	I_2	I_3	I_4	I_5	I_6	I_7	I_8	I_9	Y_3	Y_2	Y_1	Y_0
1	0	0	0	0	0	0	0	0	0	0	0	0	0
0	1	0	0	0	0	0	0	0	0	0	0	0	1
0	0	1	0	0	0	0	0	0	0	0	0	1	0
0	0	0	1	0	0	0	0	0	0	0	0	1	1
0	0	0	0	1	0	0	0	0	0	0	1	0	0
0	0	0	0	0	1	0	0	0	0	0	1	0	1
0	0	0	0	0	0	1	0	0	0	0	1	1	0
0	0	0	0	0	0	0	1	0	0	0	1	1	1
0	0	0	0	0	0	0	0	1	0	1	0	0	0
0	0	0	0	0	0	0	0	0	1	1	0	0	1

由表 5.3.5 所示的二-十进制编码器的真值表可以写出各个输出的逻辑函数表达式，化简后有

$$Y_3 = I_8 + I_9 = \overline{\overline{I_8} \cdot \overline{I_9}} \tag{5.12}$$

$$Y_2 = I_4 + I_5 + I_6 + I_7 = \overline{\overline{I_4} \cdot \overline{I_5} \cdot \overline{I_6} \cdot \overline{I_7}} \tag{5.13}$$

$$Y_1 = I_2 + I_3 + I_6 + I_7 = \overline{\overline{I_2} \cdot \overline{I_3} \cdot \overline{I_6} \cdot \overline{I_7}} \tag{5.14}$$

$$Y_0 = I_1 + I_3 + I_5 + I_7 + I_9 = \overline{\overline{I_1} \cdot \overline{I_3} \cdot \overline{I_5} \cdot \overline{I_7} \cdot \overline{I_9}} \tag{5.15}$$

根据式(5.12)～式(5.15)可以画出二-十进制编码器的逻辑电路图。十键 8421 BCD 码编码器的逻辑电路如图 5.3.7 所示。

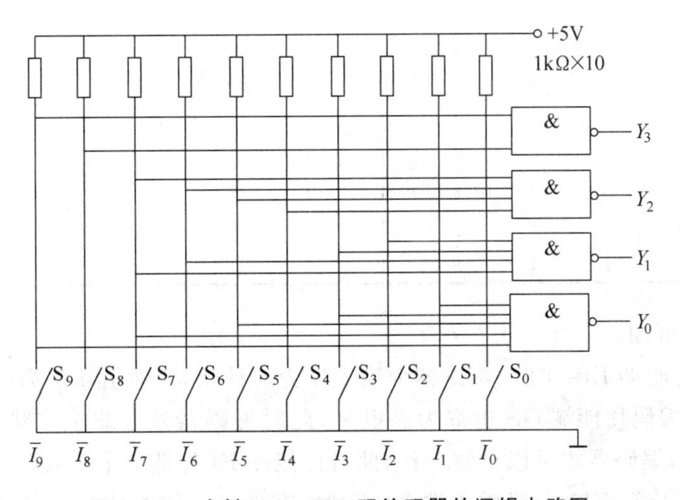

图 5.3.7　十键 8421 BCD 码编码器的逻辑电路图

当按下某一个按键 S_i 时，输入端得到相应的一个十进制数码，则编码器输出端编成一个相应的二进制代码。

4. 优先编码器

上述的编码器每次只允许一个输入端有信号，而实际上常常会出现多个输入端同时有

信号的情况。

若同时有两个或两个以上的输入信号，输出端就会产生逻辑混乱。因此，必须对多个输入信号按照优先等级的顺序，进行有选择的编码。

所谓优先编码器，就是预先规定了输入信号的优先等级的编码器。

当只有一个输入端出现有效电平信号时，优先编码器对该信号进行正常编码；当有多个输入端同时出现有效电平信号时，则按照规定好的优先等级，对最高优先级别的有效输入信号进行编码。

下面介绍两种常用的集成优先编码器逻辑芯片，八线-三线二进制有效编码器 74LS148 和十线-四线二-十进制优先编码器 74LS147。

(1) 集成二进制优先编码器 74LS148

集成逻辑芯片 74LS148 是八线-三线二进制优先编码器。

74LS148 编码器有 8 个输入端 $I_0 \sim I_7$，输入端为低电平有效，编码优先级别由高到低分别为 $I_7 \sim I_0$。74LS148 编码器有 3 个输出端 $Y_2 \sim Y_0$，输出对应输入信号的二进制编码的反码，即原二进制编码每一位取反后所得的编码。

为了方便使用和功能扩展，74LS148 编码器除了优先编码器的输入输出端以外，还设置了输入使能端 EI 和输出使能端 EO，有效编码使能端 GS，其真值表如表 5.3.6 所示。

表 5.3.6 74LS148 的真值表

输入									输出				
EI	I_0	I_1	I_2	I_3	I_4	I_5	I_6	I_7	Y_2	Y_1	Y_0	GS	EO
1	×	×	×	×	×	×	×	×	1	1	1	1	1
0	1	1	1	1	1	1	1	1	1	1	1	1	0
0	×	×	×	×	×	×	×	0	0	0	0	0	1
0	×	×	×	×	×	×	0	1	0	0	1	0	1
0	×	×	×	×	×	0	1	1	0	1	0	0	1
0	×	×	×	×	0	1	1	1	0	1	1	0	1
0	×	×	×	0	1	1	1	1	1	0	0	0	1
0	×	×	0	1	1	1	1	1	1	0	1	0	1
0	×	0	1	1	1	1	1	1	1	1	0	0	1
0	0	1	1	1	1	1	1	1	1	1	1	0	1

由表 5.3.6 可知：

① 当输入使能端 EI=1 时，不论各个输入端为何种状态，输出端都为高电平，且输出使能端 EO 和有效编码使能端 GS 也都为高电平，此时编码器处于非工作状态。只有当输入使能端 EI=0 时，编码器才可以正常工作，此时使能端 EI 为低电平有效。

② 当输入使能端 EI=0，且输入端全为 1 时，有效编码使能端 GS=1，编码器处于无效编码状态。只有输入使能端 EI=0，且至少还有一个输入端为有效信号 0 时，编码器有效编码使能端 GS=0，编码器处于正常编码的工作状态。

输出端 $Y_2Y_1Y_0$ 的信号是对应于有效输入端下标的二进制编码的反码，这种情况也称为输出低电平信号有效。

输出使能端 EO 只有在输入使能端 EI=0，且输入端全为 1 时，才有 EO=0。因此可以利用输出使能端 EO 和另一片 74LS148 的输入使能端 EI 连接，组成更多输入端的优先编码器。

74LS148 的外部引脚图如图 5.3.8(a)所示，逻辑符号如图 5.3.8(b)所示。

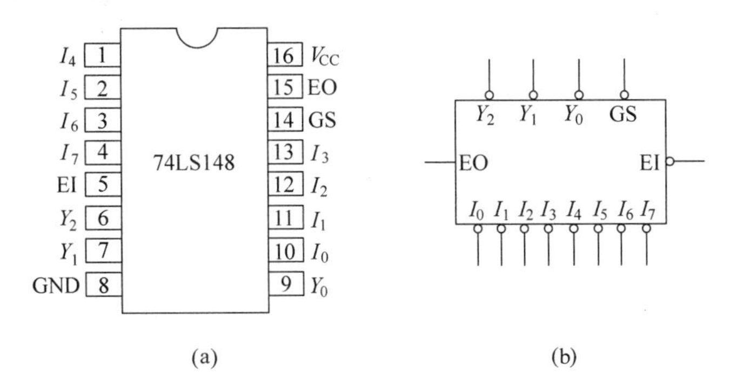

图 5.3.8　集成优先编码器 74LS148

(a) 外部引脚图；(b) 逻辑符号

集成芯片 74LS148 利用输出使能端 EO 和输入使能端 EI，可以做多个芯片的扩展，组成更多的输入输出端的优先编码器。两片八线-三线的集成芯片 74LS148 组成的十六线-四线的二进制优先编码器的逻辑电路如图 5.3.9 所示。

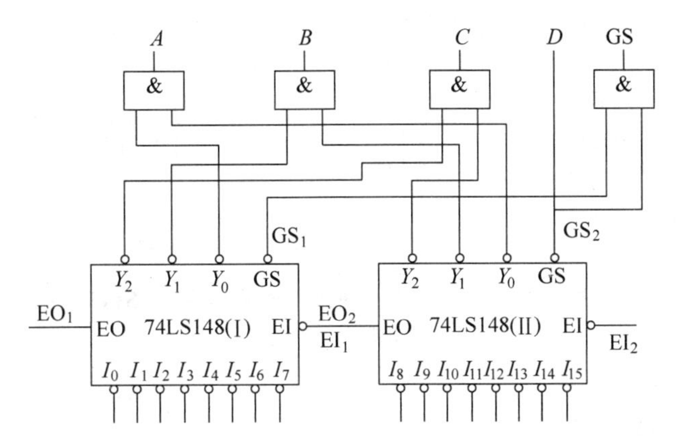

图 5.3.9　两片 74LS148 扩展的优先编码器的逻辑电路图

整个电路实现了 16 位输入的优先编码，其中 I_{15} 具有最高的优先级别，优先级别从 I_{15} 至 I_0 依次递减。

(2) 集成二-十进制优先编码器 74LS147

集成逻辑芯片 74LS147 是十线-四线二-十进制优先编码器，与二进制优先编码器没有本质的区别，二-十进制优先编码器对输入的有效信号按照 BCD 码的编码规则输出编码，其真值表如表 5.3.7 所示。

十线-四线二-十进制优先编码器有 10 个输入端 $I_0 \sim I_9$，但根据优先编码的逻辑功能，最低位 I_0 可以省略，集成逻辑芯片 74LS147 有 9 个输入端 $I_1 \sim I_9$，输入端低电平有效，编码的优先等级从高到低为 $I_9 \sim I_0$，集成逻辑芯片 74LS147 有 4 个输出端分别为 $Y_3 \sim Y_0$，输出为对应的输入端下标的 8421 BCD 码的反码。

表 5.3.7　74LS147 的真值表

输入									输出			
I_1	I_2	I_3	I_4	I_5	I_6	I_7	I_8	I_9	Y_3	Y_2	Y_1	Y_0
1	1	1	1	1	1	1	1	1	1	1	1	1
×	×	×	×	×	×	×	×	0	0	1	1	0
×	×	×	×	×	×	×	0	1	0	1	1	1
×	×	×	×	×	×	0	1	1	1	0	0	0
×	×	×	×	×	0	1	1	1	1	0	0	1
×	×	×	×	0	1	1	1	1	1	0	1	0
×	×	×	0	1	1	1	1	1	1	0	1	1
×	×	0	1	1	1	1	1	1	1	1	0	0
×	0	1	1	1	1	1	1	1	1	1	0	1
0	1	1	1	1	1	1	1	1	1	1	1	0

74LS147 的外部引脚图如图 5.3.10(a)所示，逻辑符号如图 5.3.10(b)所示。

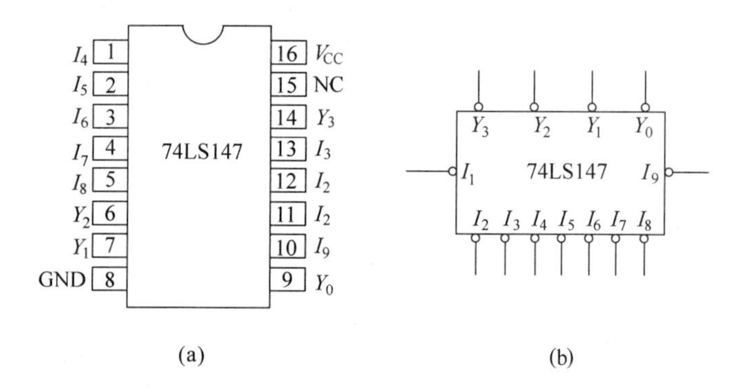

图 5.3.10　集成二-十进制优先编码器 74LS147

(a) 外部引脚图；(b) 逻辑符号

5.3.3　译码器

译码是编码的逆过程。译码的功能是将具有特定含义的二进制码进行辨别，并转换成控制信号，具有译码功能的逻辑电路称为译码器。

译码器若有 n 个输入端，则有 2^n 个输出端。一般译码器都设计有使能输入端，在使能输入端为有效电平信号时，对应于每一组输入二进制代码，只有其中一个输出端输出为有效电平，其余输出端则输出为非有效电平。

根据逻辑功能不同，译码器有两种类型。一种是将一系列代码转换成与之相对应的有效电平信号，这种译码器可称为唯一地址译码器，它常用于计算机中对存储单元地址的译码，可以将每一个地址代码转换成一个有效电平信号，从而选中对应的单元。另一种是将一种代码转换成另一种代码，所以也称为代码变换器。

下面首先分析由门电路组成的译码电路，以便熟悉译码器的电路组成和工作原理。图 5.3.11 所示为二输入变量的二进制译码器的逻辑电路图。由于二输入变量 A_0、A_1 共有

4种不同状态组合，因而可译出4个输出信号 $Y_0 \sim Y_3$，所以图5.3.11所示的两个输入、四个输出的译码器，也简称为二线-四线译码器。

根据图5.3.11所示的二线-四线二进制译码器的逻辑电路图，可以写出各输出端的逻辑表达式，有

$$Y_0 = \overline{\overline{\mathrm{EI}} \cdot \overline{A_1} \cdot \overline{A_0}} \tag{5.16}$$

$$Y_1 = \overline{\overline{\mathrm{EI}} \cdot \overline{A_1} \cdot A_0} \tag{5.17}$$

$$Y_2 = \overline{\overline{\mathrm{EI}} \cdot A_1 \cdot \overline{A_0}} \tag{5.18}$$

$$Y_3 = \overline{\overline{\mathrm{EI}} \cdot A_1 \cdot A_0} \tag{5.19}$$

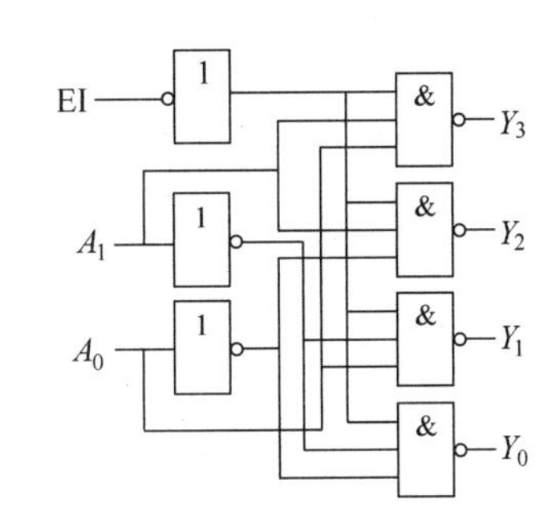

图5.3.11　二线-四线二进制译码器的逻辑电路图

由式(5.16)～式(5.19)，可以列出二线-四线译码器的真值表，如表5.3.8所示。

表5.3.8　二线-四线译码器的真值表

输入			输出			
EI	A_1	A_0	Y_3	Y_2	Y_1	Y_0
1	×	×	1	1	1	1
0	0	0	1	1	1	0
0	0	1	1	1	0	1
0	1	0	1	0	1	1
0	1	1	0	1	1	1

由表5.3.8可知，当EI=1时，无论 A_0、A_1 为何种状态，输出全为1，译码器处于非工作状态。而当EI=0时，对应于 A_0、A_1 的某种状态组合，其中只有一个输出量为0，其余各输出量均为1。当 $A_1A_0=00$ 时，输出 $Y_0=0$，$Y_1 \sim Y_3$ 均为1。译码器可以通过输出端的逻辑有效电平信号来识别不同的代码。

常用的集成电路译码器有三线-八线的译码器74LS138、双二线-四线的译码器74LS139和四线-十六线的译码器74LS146，它们的基本工作原理类似。下面介绍集成电路译码器74LS138的组成和工作原理。

1. 74LS138集成电路译码器

集成译码器74LS138为三线-八线的二进制译码器。

74LS138译码器有3个输入端 A_0、A_1、A_2，输入三位二进制代码，它们共有8种状态的组合000～111。

74LS138译码器有8个输出端 $Y_0 \sim Y_7$，每输入一个二进制代码 $A_2A_1A_0$，对应译出8个输出信号中的唯一一个，输出信号低电平有效。

为了方便使用和功能扩展，74LS138译码器设置了 G_1、G_{2A} 和 G_{2B} 共3个使能输入端。

74LS138译码器的外部引脚如图5.3.12(a)所示，逻辑符号如图5.3.12(b)所示。

集成译码器74LS138的真值表如表5.3.9所示。由真值表可知，当 $G_1=1$，且 G_{2A} 和 G_{2B} 都为0时，译码器处于工作状态。

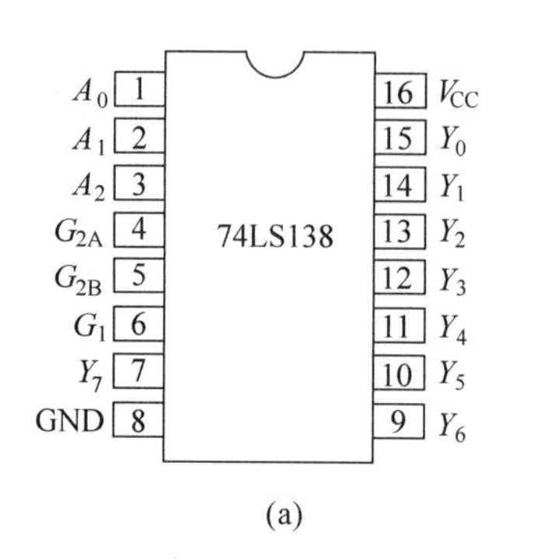

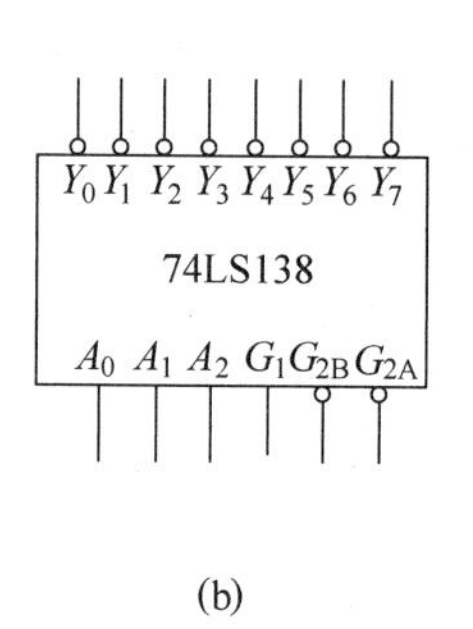

图 5.3.12 集成译码器 74LS138

(a) 外部引脚图；(b) 逻辑符号

表 5.3.9 集成译码器 74LS138 的真值表

输入						输出							
G_1	G_{2A}	G_{2B}	A_2	A_1	A_0	Y_7	Y_6	Y_5	Y_4	Y_3	Y_2	Y_1	Y_0
×	1	×	×	×	×	1	1	1	1	1	1	1	1
×	×	1	×	×	×	1	1	1	1	1	1	1	1
0	×	×	×	×	×	1	1	1	1	1	1	1	1
1	0	0	0	0	0	1	1	1	1	1	1	1	0
1	0	0	0	0	1	1	1	1	1	1	1	0	1
1	0	0	0	1	0	1	1	1	1	1	0	1	1
1	0	0	0	1	1	1	1	1	1	0	1	1	1
1	0	0	1	0	0	1	1	1	0	1	1	1	1
1	0	0	1	0	1	1	1	0	1	1	1	1	1
1	0	0	1	1	0	1	0	1	1	1	1	1	1
1	0	0	1	1	1	0	1	1	1	1	1	1	1

利用 G_1、G_{2A} 和 G_{2B} 这 3 个使能输入端，可以将两个三线-八线译码器 74LS138 进行组合，构成一个四线-十六线的地址译码器，如图 5.3.13 所示。

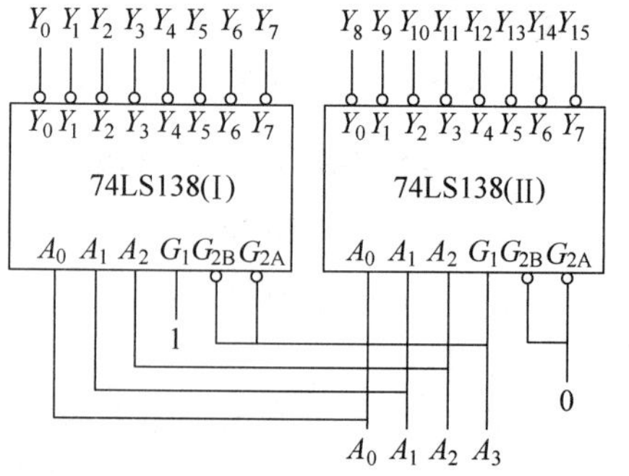

图 5.3.13 三线-八线译码器 74LS138 的扩展电路

在图 5.3.13 所示电路中，当输入的四位代码信号 $A_3A_2A_1A_0$ 为 0000～0111 时，74LS138(Ⅰ)的使能输入端 $G_1=1$，$G_{2A}=G_{2B}=0$，允许 74LS138(Ⅰ)进行译码，对应于每一个代码，该片的 8 个输出端分别有一个低电平信号输出；74LS138(Ⅱ)的使能输入端 $G_1=0$，不允许译码，输出端全部输出高电平信号。

当输入的四位代码信号 $A_3A_2A_1A_0$ 为 1000～1111 时，74LS138(Ⅱ)的使能输入端 $G_1=1$，$G_{2A}=G_{2B}=0$，允许 74LS138(Ⅱ)进行译码，对应于每一个代码，该片的 8 个输出端分别有一个低电平信号输出；74LS138(Ⅰ)的使能输入端 $G_{2A}=G_{2B}=1$，不允许译码，输出端全部输出高电平信号。

因此,四线-十六线译码器可以用作地址译码器。

译码器还可以用作函数的发生器。若将译码器 74LS138 的输入端 A_2、A_1、A_0 的代码作为一个逻辑函数的 3 个输入变量,则译码器的每一个输出端都和逻辑变量最小项中的一个相互对应,则有

$$Y_0 = \overline{\overline{A_2} \cdot \overline{A_1} \cdot \overline{A_0}} = \overline{m_0} \tag{5.20}$$

$$Y_1 = \overline{\overline{A_2} \cdot \overline{A_1} \cdot A_0} = \overline{m_1} \tag{5.21}$$

$$Y_2 = \overline{\overline{A_2} \cdot A_1 \cdot \overline{A_0}} = \overline{m_2} \tag{5.22}$$

$$Y_3 = \overline{\overline{A_2} \cdot A_1 \cdot A_0} = \overline{m_3} \tag{5.23}$$

$$Y_4 = \overline{A_2 \cdot \overline{A_1} \cdot \overline{A_0}} = \overline{m_4} \tag{5.24}$$

$$Y_5 = \overline{A_2 \cdot \overline{A_1} \cdot A_0} = \overline{m_5} \tag{5.25}$$

$$Y_6 = \overline{A_2 \cdot A_1 \cdot \overline{A_0}} = \overline{m_6} \tag{5.26}$$

$$Y_7 = \overline{A_2 \cdot A_1 \cdot A_0} = \overline{m_7} \tag{5.27}$$

三线-八线的译码器 74LS138 能产生三变量逻辑函数的全部最小项,而任意的逻辑函数都能用最小项的形式表示出来,因此利用译码器能方便地实现 3 个输入变量的逻辑函数。

例 5.5　试用三线-八线译码器 74LS138 实现函数 $Y=ABC+A\bar{B}C+B\bar{C}$。

解　(1) 将函数 Y 转换成最小项表达式,即

$$Y = ABC + A\bar{B}C + \bar{A}B\bar{C} + AB\bar{C} = m_2 + m_5 + m_6 + m_7$$

(2) 将三线-八线译码器 74LS138 的 3 个输入使能端处于允许译码的状态,即

$$G_1 = 1,\quad G_{2A} = G_{2B} = 0$$

(3) 将逻辑函数的输入逻辑变量 A、B、C 与译码器的输入端 A_2、A_1、A_0 进行对应:$A=A_2$,$B=A_1$,$C=A_0$,则有

$$\begin{aligned} Y &= m_2 + m_5 + m_6 + m_7 \\ &= \overline{A_2} \cdot A_1 \cdot \overline{A_0} + A_2 \cdot \overline{A_1} \cdot A_0 + A_2 \cdot A_1 \cdot \overline{A_0} + A_2 \cdot A_1 \cdot A_0 \\ &= \overline{\overline{\overline{A_2} \cdot A_1 \cdot \overline{A_0} + A_2 \cdot \overline{A_1} \cdot A_0 + A_2 \cdot A_1 \cdot \overline{A_0} + A_2 \cdot A_1 \cdot A_0}} \\ &= \overline{(\overline{\overline{A_2} \cdot A_1 \cdot \overline{A_0}}) \cdot (\overline{A_2 \cdot \overline{A_1} \cdot A_0}) \cdot (\overline{A_2 \cdot A_1 \cdot \overline{A_0}}) \cdot (\overline{A_2 \cdot A_1 \cdot A_0})} \\ &= \overline{Y_2 \cdot Y_5 \cdot Y_6 \cdot Y_7} \end{aligned}$$

(4) 将三线-八线译码器 74LS138 的输出端 Y_2、Y_5、Y_6、Y_7 和一个与非门相连接,输入端 A_2、A_1、A_0 和逻辑函数的输入信号相连接,即可实现所求组合逻辑函数的电路,电路图如图 5.3.14 所示。

2. 74LS42 集成电路二-十进制译码器

74LS42 为常用的集成电路二-十进制译码器。

这种译码器有 4 个输入端,输入为 8421 BCD 码,分别用 A_3、A_2、A_1、A_0 表示。有 10 个输出端,每个输出端的有效电平信号与一个 BCD 码对应,分别对应于 0~9 这 10 个数码,用 Y_0~Y_9 表示。输出端为低电平有效。

二-十进制集成译码器 74LS42 的外部引脚如图 5.3.15(a)所示,逻辑符号如图 5.3.15(b)所示。

集成电路二-十进制译码器 74LS42 的真值表如表 5.3.10 所示。

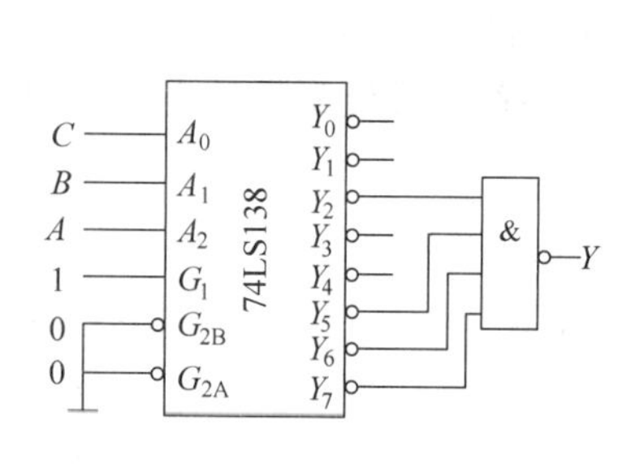

图 5.3.14 例 5.5 的组合逻辑电路图

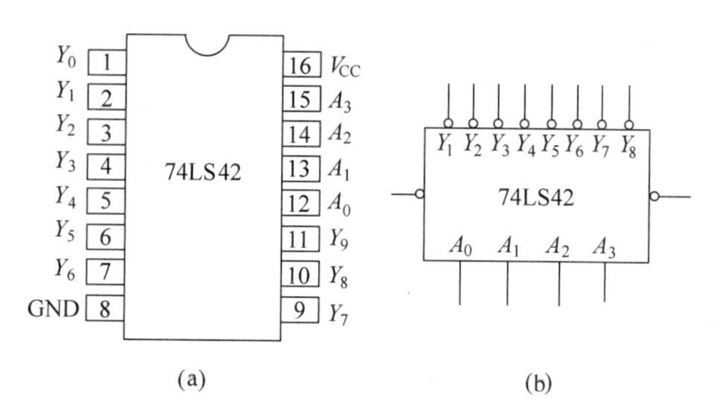

图 5.3.15 二-十进制集成译码器 74LS42

(a) 外部引脚图；(b) 逻辑符号

表 5.3.10 二-十进制译码器 74LS42 的真值表

数码	输入 BCD 码				输　　出									
	A_3	A_2	A_1	A_0	Y_9	Y_8	Y_7	Y_6	Y_5	Y_4	Y_3	Y_2	Y_1	Y_0
0	0	0	0	0	1	1	1	1	1	1	1	1	1	0
1	0	0	0	1	1	1	1	1	1	1	1	1	0	1
2	0	0	1	0	1	1	1	1	1	1	1	0	1	1
3	0	0	1	1	1	1	1	1	1	1	0	1	1	1
4	0	1	0	0	1	1	1	1	1	0	1	1	1	1
5	0	1	0	1	1	1	1	1	0	1	1	1	1	1
6	0	1	1	0	1	1	1	0	1	1	1	1	1	1
7	0	1	1	1	1	1	0	1	1	1	1	1	1	1
8	1	0	0	0	1	0	1	1	1	1	1	1	1	1
9	1	0	0	1	0	1	1	1	1	1	1	1	1	1
无效数码	1	0	1	0	1	1	1	1	1	1	1	1	1	1
	1	0	1	1	1	1	1	1	1	1	1	1	1	1
	1	1	0	0	1	1	1	1	1	1	1	1	1	1
	1	1	0	1	1	1	1	1	1	1	1	1	1	1
	1	1	1	0	1	1	1	1	1	1	1	1	1	1
	1	1	1	1	1	1	1	1	1	1	1	1	1	1

3. 74LS48 集成电路显示译码器

在数字测量仪表和各种数字系统中，都需要将数字量直观地显示出来，一方面供人们直接读取测量和运算的结果，另一方面用于监视数字系统的工作情况。因此，数字显示电路是许多数字设备不可缺少的部分。

数码显示器是用来显示数字、文字或符号的器件，显示方式一般有三种。第一种是字形重叠式，它是将不同字符的电极重叠起来，要显示某字符，只需使相应的电极发亮即可，如辉光放电管、边光显示管等。第二种是分段式，数码是由分布在同一平面上若干段发光的笔画组成，如荧光数码管等。第三种是点阵式，它由一些按一定规律排列的可发光的点阵所组成，利用光点的不同组合便可显示不同的数码，如发光记分牌。

数字显示方式目前以分段式应用最为普遍。分段式数码管是利用不同发光段组合的方式显示不同数码的。为了使数码管能将数码所代表的数显示出来，必须将数码经译码器译出，然后经驱动器点亮对应的段。图 5.3.16(a)所示为七段式数码显示器的字形显示结构，该显示器可以利用不同发光段组合方式，显示 0～9 等阿拉伯数字。

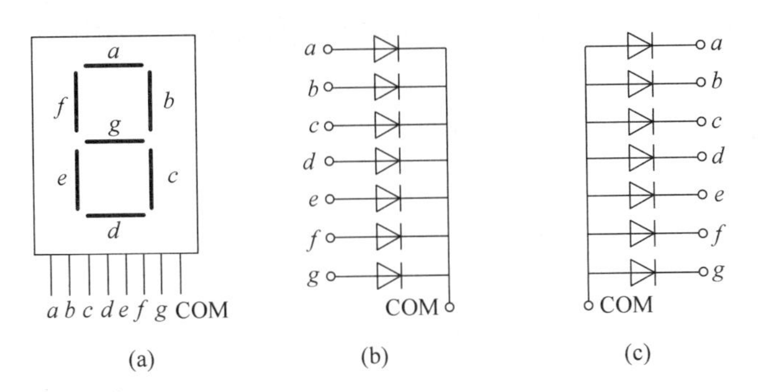

图 5.3.16 七段式数码显示器

(a) 字形显示结构；(b) 共阴极结构；(c) 共阳极结构

当需要数码显示器显示一个十进制数字时，必须先用显示译码器将四位 BCD 码译成对应的字段码后，再将显示译码器输出的字段码和数码显示器的字段输入端 a～g 相连，数码显示器便可以显示出对应的十进制数字的字形。

若驱动共阴极的数码显示器时，需要输出高电平有效的显示译码器，若驱动共阳极的数码显示器，需要输出低电平有效的显示译码器。

74LS48 为常见的集成电路显示译码器，其真值表如表 5.3.11 所示。

表 5.3.11 七段显示译码器 74LS48 的真值表

十进制或功能	输入						BI/RBO	输出							字形
	LT	RBI	A_3	A_2	A_2	A_0		a	b	c	d	e	f	g	
0	1	1	0	0	0	0	1	1	1	1	1	1	1	0	0
1	1	×	0	0	0	1	1	0	1	1	0	0	0	0	1
2	1	×	0	0	1	0	1	1	1	0	1	1	0	1	2
3	1	×	0	0	1	1	1	1	1	1	1	0	0	1	3
4	1	×	0	1	0	0	1	0	1	1	0	0	1	1	4
5	1	×	0	1	0	1	1	1	0	1	1	0	1	1	5
6	1	×	0	1	1	0	1	0	0	1	1	1	1	1	6
7	1	×	0	1	1	1	1	1	1	1	0	0	0	0	7
8	1	×	1	0	0	0	1	1	1	1	1	1	1	1	8
9	1	×	1	0	0	1	1	1	1	1	1	0	1	1	9
10	1	×	1	0	1	0	1	0	0	0	1	1	0	1	c
11	1	×	1	0	1	1	1	0	0	1	1	0	0	1	ɔ
12	1	×	1	1	0	0	1	0	1	0	0	0	1	1	u
13	1	×	1	1	0	1	1	1	0	0	1	0	1	1	ʂ
14	1	×	1	1	1	0	1	0	0	0	1	1	1	1	ɛ
15	1	×	1	1	1	1	1	0	0	0	0	0	0	0	/
灭灯	×	×	×	×	×	×	0	0	0	0	0	0	0	0	/
试灯	0	×	×	×	×	×	1	1	1	1	1	1	1	1	8
灭零	1	0	0	0	0	0	0	0	0	0	0	0	0	0	/

集成电路显示译码器 74LS48 的输入为 8421 BCD 码，输出为对应的七段共阴极显示器的字形码，输出为高电平有效。

从表 5.3.11 可以看出，输入代码 0000 的译码条件是 LT=1，RBI=1，对于其他代码的译码条件只要 LT=1。

集成电路显示译码器 74LS48 的内部原理框图如图 5.3.17(a)所示，其外部引脚如图 5.3.17(b)所示。

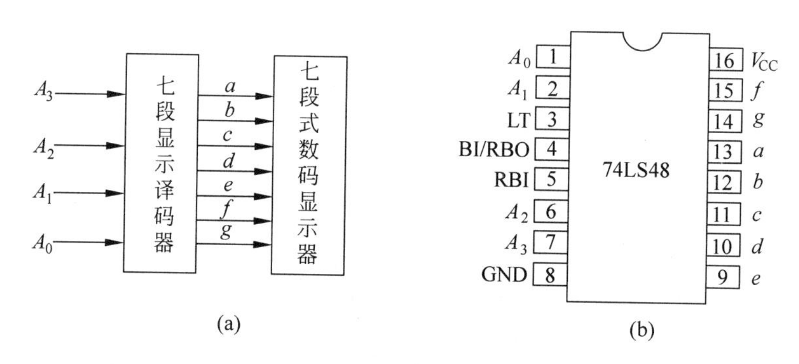

图 5.3.17 七段显示译码器 74LS48

(a) 内部原理框图；(b) 外部引脚图

74LS48 集成电路七段显示译码器还设置了多个辅助端，来增强元器件的逻辑扩展功能。

(1) 灭灯输入端/动态灭零输出端 BI/RBO

灭灯输入端/动态灭零输出端 BI/RBO 是一个特殊的控制端，有时用作输入，有时用作输出。

当 BI/RBO 用作输入使用，且 BI/RBO=0 时，七段数码管全灭，和译码器的输入信号无关。当 BI/RBO 用作输出使用时，受控于 LT 和 RBI。当 LT=1，且 RBI=0 时，则 BI/RBO=0；其他情况下，BI/RBO=1。

灭灯输入端/动态灭零输出端 BI/RBO 主要用于显示多位数字时，多个译码器之间的连接。

(2) 试灯输入端 LT

试灯输入端 LT 常用于检查 74LS48 和数码显示器的好坏。

当 LT=0，且 BI/RBO 端作为输出端，BI/RBO=1 时，七段数码管全亮，和译码器的输入信号无关，显示字形8。

(3) 动态灭零输入端 RBI

动态灭零输入端 RBI 用于消隐无效的 0，如数据 0012.50 可以显示为 12.5。

当 LT=1，RBI=0，且输入代码为 0000 时，则输出端都为低电平，和输入代码相对应的字形0被熄灭；当输入代码不全为 0 时，该位正常显示。

(4) 动态灭灯输出 RBO

当输入端满足动态灭零条件时，RBO 作为动态灭灯输出，且 RBO=0；当输入端不满足灭零条件时，RBO=1。动态灭灯输出 RBO 在显示多位数字时，用于多个译码器和多位数码显示器之间的连接，消去高位的 0。

图 5.3.18(a)所示为八个译码器 74LS48 驱动八位数码显示器，从左到右显示从高到低的三组的十进制数，来表示年、月、日。

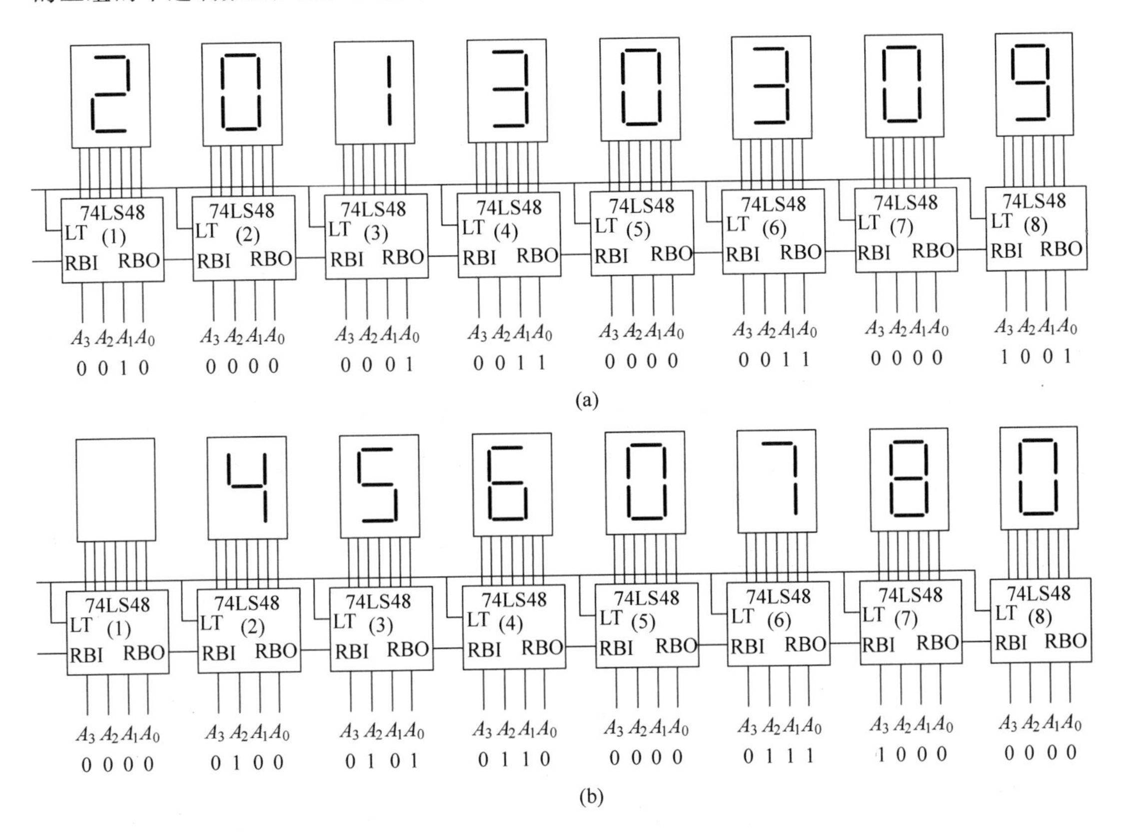

图 5.3.18　用 74LS48 实现多位数字显示的译码显示电路

(a) 不需消零的多位数字显示；(b) 高位消零的多位显示

各片的 LT 都接高电平信号，高位的 BI/RBO 端都和相邻的低位的 RBI 端相连，因为年月日的显示不需要消零，最高位 74LS48(1)的 RBI 端接高电平信号，有 RBI＝1，不满足灭零条件，74LS48(1)正常译码显示，且有 BI/RBO＝1。又有 74LS48(2)的 RBI 端和 74LS48(1)的 BI/RBO 端相连接，所以 74LS48(2)有 RBI＝1。同理可推，其余的译码器的电路不会消零。最低位的 BI/RBO 端空置。

图 5.3.18(b)所示也为八个译码器 74LS48 驱动八位数码显示器，从左到右显示从高到低的八位十进制数 04560780。连线方式和图 5.3.18(a)相同，但是最高位 74LS48(1)的 RBI 端接低电平信号，有 RBI＝0。

当 74LS48(1)的输入代码为 0000 时，满足灭零条件，零字形熄灭不显示，同时 BI/RBO 端用作输出，有 BI/RBO＝0，所以 74LS48(2)RBI 端有 RBI＝0。

若 74LS48(2)的输入代码为 0000 时，满足灭零条件，也会灭零，但此时 74LS48(2)的输入代码为 0100，不满足灭零条件，进行正常译码显示，对应输出数字 4 的字形码，且有 BI/RBO＝1。

同理，74LS48(3)和 74LS48(4)的 RBI＝1，不满足灭零条件，进行正常译码显示，对应输出数字 5 和 6 的字形码。74LS48(5)的输入代码虽然为 0000,但是有 RBI=1,也不满足灭零条件,显示器将显示数字 0。

依次类推,图 5.3.18(b)所示的译码器显示电路将八位十进制数 04560780 显示为 4560780。

由此可见,电路只对全零高位进行灭零,非零数字后的低位零仍然正常显示。

5.3.4 数据选择器

在数据传送过程中,有时需要将公共数据通道上的数据分配到不同的数据通道上,实现这种逻辑功能的电路称为数据分配器。有时也需要在多个数据通道上的数据中选择出特定的数据通道上的数据,并将其传送到公共的数据通道上,实现这种逻辑功能的电路称为数据选择器。下面分别介绍数据分配器和数据选择器。

1. 数据分配器

数据分配器也称多路分配器。图 5.3.19 所示为四路数据分配器的逻辑功能示意图。其中 S 相当于一个由输入信号 A_1、A_0 控制的单个输入多个输出的单刀多掷开关。输入数据 D 在地址输入端 A_1、A_0 控制下,可以传送到不同的数据通道上。

实际使用中,可以采用译码器来实现数据分配的逻辑功能。用三线-八线译码器 74LS138 来实现的八路数据分配器的逻辑电路图如图 5.3.20 所示。

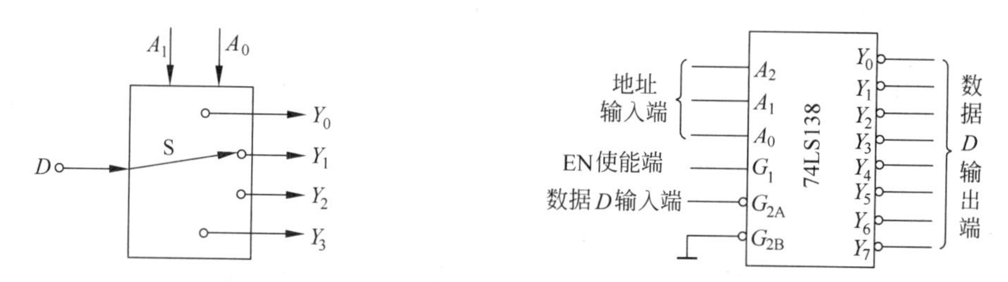

图 5.3.19 数据分配器的逻辑功能示意图　　**图 5.3.20 74LS138 用作八路数据分配器的逻辑电路图**

由图 5.3.20 可以看出,74LS138 的 3 个地址输入端 A_2、A_1、A_0 用作数据分配器的通道选择,8 个输出端 $Y_0 \sim Y_7$ 用作数据 D 的输出端。

3 个输入控制端中的 G_1 作为使能端,当 $G_1=0$ 时,输出为无效的高电平信号,当 $G_1=1$ 时,允许 74LS138 开始数据的分配和传送;G_{2A} 作为数据 D 的输入端;G_{2B} 直接接地,令 74LS138 处于有效工作状态。

当需要将输入数据 D 从输入端 G_{2A} 传送到某一个输出端时,只需要将地址输入端的 $A_2A_1A_0$ 设为和输出端下标相对应的二进制代码,在输出端就会得到和输入数据相同的数据。

例如,将数据 D 传送到输出端 Y_3,地址输入 $A_2A_1A_0=011$,输出端 Y_3 的数据和输入数据 D 相同,其余输出端都处于无效的工作状态,输出高电平信号 1。由 74LS138 真值表可得 $Y_3=\overline{(G_1\cdot\overline{G_{2B}}\cdot\overline{G_{2A}})\cdot(\overline{A_3}\cdot A_2\cdot A_1)}$。代入已知条件,则有 $Y_3=G_{2A}=D$,由此可以反证该逻辑电路的数据分配符合要求。

图 5.3.20 中,集成三线-八线译码器 74LS138 用作八路数据分配器的真值表如表 5.3.12 所示。

表 5.3.12 74LS138 用作八路数据分配器的真值表

输入						输出							
G_1	G_{2B}	G_{2A}	A_2	A_1	A_0	Y_0	Y_1	Y_2	Y_3	Y_4	Y_5	Y_6	Y_7
0	0	×	×	×	×	1	1	1	1	1	1	1	1
1	0	D	0	0	0	D	1	1	1	1	1	1	1
1	0	D	0	0	1	1	D	1	1	1	1	1	1
1	0	D	0	1	0	1	1	D	1	1	1	1	1
1	0	D	0	1	1	1	1	1	D	1	1	1	1
1	0	D	1	0	0	1	1	1	1	D	1	1	1
1	0	D	1	0	1	1	1	1	1	1	D	1	1
1	0	D	1	1	0	1	1	1	1	1	1	D	1
1	0	D	1	1	1	1	1	1	1	1	1	1	D

2. 数据选择器

数据选择器也称多路选择器，或多路开关。四选一的数据选择器的逻辑功能示意图如图 5.3.21 所示，其中 S 相当于一个由输入信号 A_1、A_0 控制的多个输入单个输出的单刀多掷开关。在地址选择端 A_1、A_0 控制下，从输入数据 $D_0 \sim D_3$ 中选出相对应的一个，由输出端 Y 端输出。

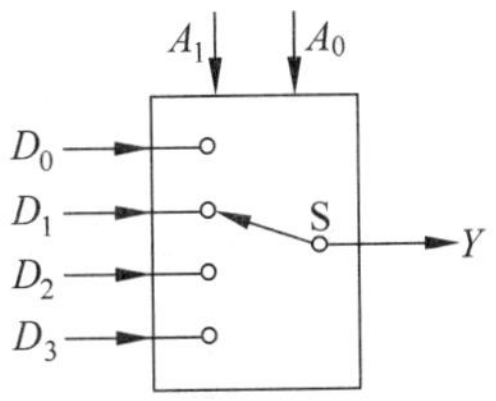

图 5.3.21 四选一的数据选择器的逻辑功能示意图

数据选择器的种类很多，常用的有四选一、八选一的数据选择器，下面介绍常用的集成电路八选一的数据选择器 74LS151 的组成和工作原理。

数据选择器 74LS151 有 3 个选择地址的输入端 A_2、A_1、A_0，用作数据的选择；有 8 个数据的输入端 $D_0 \sim D_7$；有一个输入信号的使能控制端 G，为低电平信号有效；有两个互补的输出端，同相输出端 Y 和反相输出端 W。

集成数据选择器 74LS151 的真值表如表 5.3.13 所示。

表 5.3.13 集成数据选择器 74LS151 的真值表

输入				输出	
使能 G	地址			Y	W
	A_2	A_1	A_0		
1	×	×	×	0	1
0	0	0	0	D_0	$\overline{D_0}$
0	0	0	1	D_1	$\overline{D_1}$
0	0	1	0	D_2	$\overline{D_2}$
0	0	1	1	D_3	$\overline{D_3}$
0	1	0	0	D_4	$\overline{D_4}$
0	1	0	1	D_5	$\overline{D_5}$
0	1	1	0	D_6	$\overline{D_6}$
0	1	1	1	D_7	$\overline{D_7}$

集成数据选择器 74LS151 的外部引脚如图 5.3.22(a)所示，逻辑符号如图 5.3.22(b)所示。

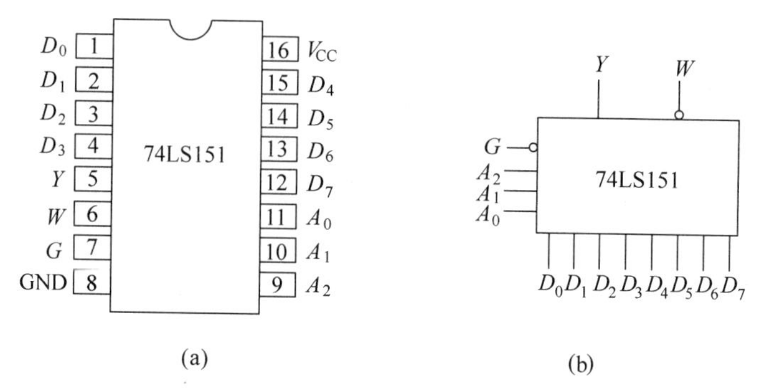

图 5.3.22 集成数据选择器 74LS151

(a) 外部引脚图；(b) 逻辑符号

根据表 5.3.13 所示的集成数据选择器 74LS151 的真值表，在输入端的使能信号 $G=0$ 的情况下，输出端 Y 的逻辑函数表达式可以写为

$$Y=\overline{A}_2\overline{A}_1\overline{A}_0D_0+\overline{A}_2\overline{A}_1A_0D_1+\overline{A}_2A_1\overline{A}_0D_2+\overline{A}_2A_1A_0D_3+A_2\overline{A}_1\overline{A}_0D_4$$
$$+A_2\overline{A}_1A_0D_5+A_2A_1\overline{A}_0D_6+A_2A_1A_0D_7$$

即有

$$Y=m_0D_0+m_1D_1+m_2D_2+m_3D_3+m_4D_4+m_5D_5+m_6D_6+m_7D_7$$
$$=\sum_{i=0}^{7}m_iD_i \tag{5.28}$$

式中，m_i 是按照 $A_2A_1A_0$ 排序的最小项。

若选择将数据 D_i 传送到输出端 Y，则只要将 $A_2A_1A_0$ 设为和下标 i 相对应的二进制代码，在输出端就会得到和数据 D_i 相同的数据。例如，将数据 D_3 传送到输出端 Y，有效的最小项应为 m_3，设定地址输入 $A_2A_1A_0=011$，根据最小项的性质，只有 $m_3=1$，其余最小项都为 0，所以其余输入端的信号都没有被选上，输出端 Y 的数据和输入数据 D_3 相同。

集成数据选择器 74LS151 除了可以完成数据选择的逻辑功能以外，还可以实现逻辑函数的设计，其工作原理与译码器 74LS138 作为函数发生器时类似，都是采用的信号端与逻辑变量的最小项相互对应的原理。

例 5.6 试用集成数据选择器 74LS151 实现函数 $Y=ABC+A\overline{B}C+B\overline{C}$。

解 (1) 将函数 Y 转换成最小项表达式，即

$$Y=ABC+A\overline{B}C+\overline{A}B\overline{C}+AB\overline{C}=m_2+m_5+m_6+m_7$$

(2) 将集成数据选择器 74LS151 的使能端处于允许数据选择的状态：$G=0$。

(3) 将逻辑函数的输入逻辑变量 A、B、C 与数据选择器的数据选择端 A_2、A_1、A_0 进行对应。设定 $A=A_2$，$B=A_1$，$C=A_0$，则有

$$Y=m_2+m_5+m_6+m_7$$
$$=\overline{A_2}\cdot A_1\cdot\overline{A_0}+A_2\cdot\overline{A_1}\cdot A_0+A_2\cdot A_1\cdot\overline{A_0}+A_2\cdot A_1\cdot A_0$$

(4) 与集成数据选择器 74LS151 输出端 Y 的逻辑函数表达式

$$Y=m_0D_0+m_1D_1+m_2D_2+m_3D_3$$
$$+m_4D_4+m_5D_5+m_6D_6+m_7D_7$$

进行比较，只需要将有效的最小项所对应的数据输入端设为 1，无效的最小项所对应的数据

输入端设为0，则两个等式相等，则有

$$D_2 = D_5 = D_6 = D_7 = 1, \quad D_0 = D_1 = D_3 = D_4 = 0$$

即可实现所求组合逻辑函数的电路，电路图如图5.3.23所示。

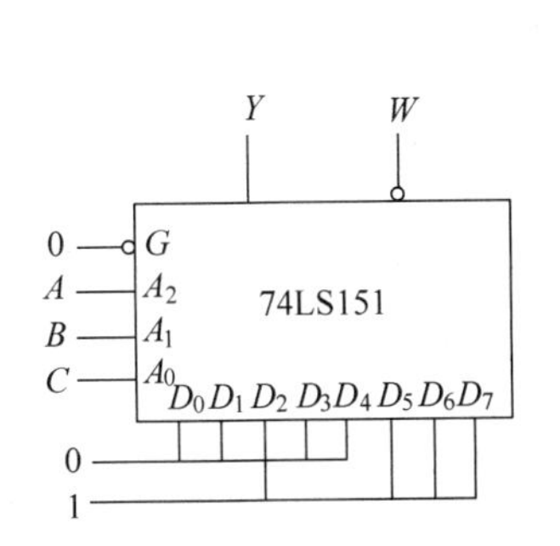

图5.3.23 例5.6的组合逻辑电路图

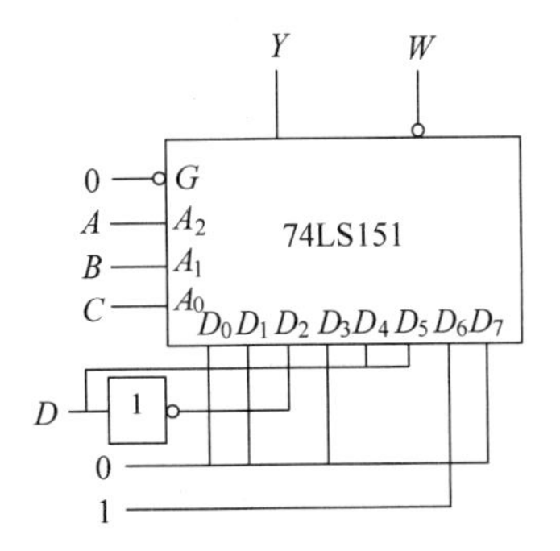

图5.3.24 例5.7的组合逻辑电路图

例5.7 试用集成数据选择器74LS151实现一个四输入变量的函数：

$$Y = A \cdot \overline{B} \cdot \overline{C} \cdot D + A \cdot \overline{B} \cdot C \cdot D + A \cdot B \cdot \overline{C} + B \cdot \overline{C} \cdot \overline{D}$$

解 (1) 将函数 Y 转换成最小项表达式：

$$Y = A\overline{B} \cdot \overline{C}D + A\overline{B}CD + (AB\overline{C} \cdot \overline{D} + AB\overline{C}D) + (\overline{A}B\overline{C} \cdot \overline{D} + AB\overline{C} \cdot \overline{D})$$

(2) 将集成数据选择器74LS151的使能端处于允许数据选择的状态：$G=0$。

(3) 将逻辑函数的输入逻辑变量 A、B、C 与数据选择器的数据选择端 A_2、A_1、A_0 进行对应。设定 $A=A_2$，$B=A_1$，$C=A_0$，则有

$$Y = m_2\overline{D} + m_4 D + m_5 D + m_6\overline{D} + m_6 D$$

(4) 与集成数据选择器74LS151输出端 Y 的逻辑函数表达式

$$Y = m_0 D_0 + m_1 D_1 + m_2 D_2 + m_3 D_3 + m_4 D_4 + m_5 D_5 + m_6 D_6 + m_7 D_7$$

进行比较，要使两个等式相等，可以设定空置的 $D_2=\overline{D}$，$D_4=D_5=D$，$D_6=1$，$D_0=D_1=D_3=D_7=0$，即可实现所求组合逻辑函数的电路，电路图如图5.3.24所示。

本章小结

本章主要讲述数字电路中的组合逻辑电路的分析和设计方法，并介绍了几种常用的中、小规模的组合逻辑电路。

(1) 组合逻辑电路的分析是根据给定的逻辑电路，确定其逻辑功能。先根据已知的逻辑电路的电路图，逐级写出各个逻辑门输出端的逻辑表达式，从而得到整个逻辑电路的输出逻辑变量的逻辑表达式。再对逻辑表达式进行化简和变换，根据得到的最简式列出真值表。最后分析真值表，并概述逻辑电路的逻辑功能。

(2) 组合逻辑电路的设计是由实际逻辑问题，设计满足逻辑要求的组合逻辑电路。先分析实际逻辑问题的因果关系，定义输入逻辑变量和输出逻辑变量，并确定各个逻辑变量的含义和取值；再将各个逻辑变量的含义和取值列成真值表的形式，写出逻辑函数的表达式；

最后采用合适的逻辑门电路来实现。

（3）常用的组合逻辑集成电路具有特定逻辑功能，有加法器、编码器、译码器、数据选择器等，这些组合逻辑电路经常被广泛使用，它们的组成和工作原理根据电路的组合形式不同，各有用途。

习　题

5.1　什么是组合逻辑电路？什么是时序逻辑电路？各有什么特点？

5.2　常用的组合逻辑部件都有哪些？请举例说明。

5.3　一般的组合逻辑电路的分析步骤是怎样的？请简要叙述。

5.4　一般的组合逻辑电路的设计步骤是怎样的？请简要叙述。

5.5　一个双输入端、双输出端的组合逻辑电路如题图 5.5 所示。

（1）写出该逻辑电路的逻辑函数表达式；

（2）列出真值表；

（3）说明该组合逻辑电路的逻辑功能。

5.6　一个双输入端、三输出端的组合逻辑电路如题图 5.6 所示。

（1）写出该逻辑电路的逻辑函数表达式；

（2）列出真值表；

（3）说明该组合逻辑电路的逻辑功能。

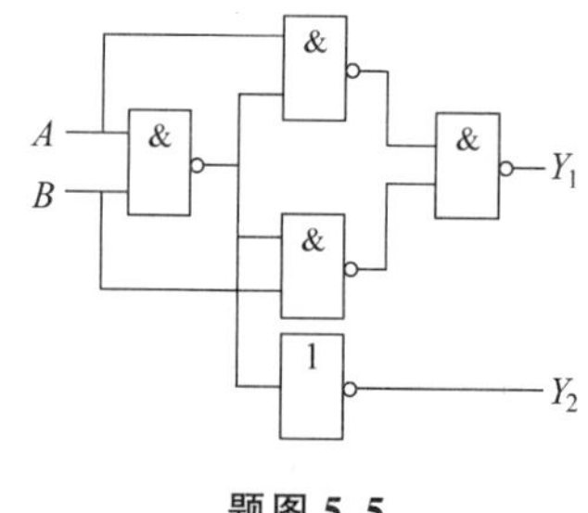

题图 5.5

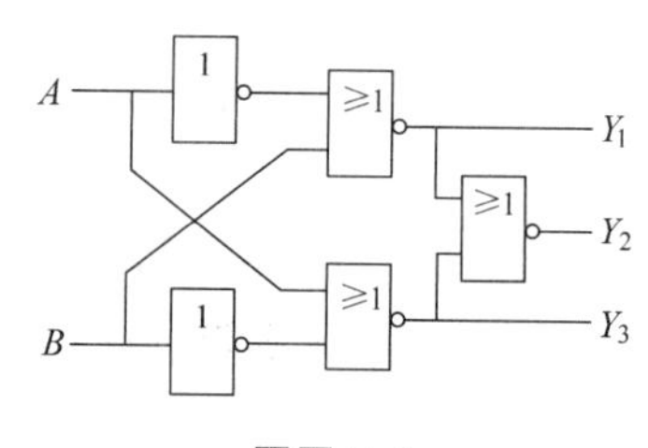

题图 5.6

5.7　已知组合逻辑电路如题图 5.7 所示。

（1）请分别写出两个组合逻辑电路的逻辑函数表达式，并列出真值表；

（2）请比较一下两个组合逻辑电路的逻辑功能的异同。

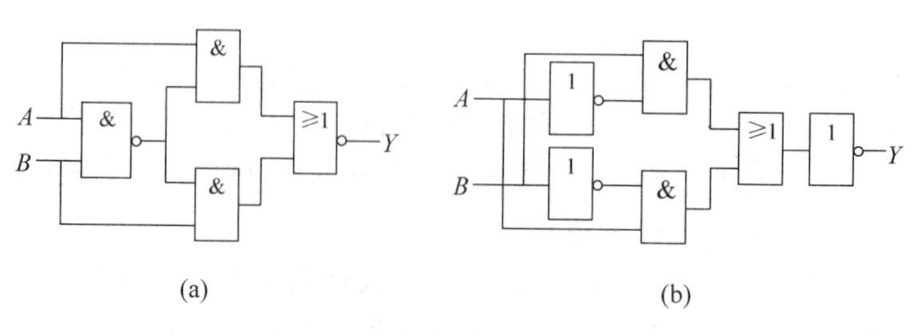

题图 5.7

5.8　已知组合逻辑电路如题图 5.8 所示。

(1) 请分别写出各个组合逻辑电路的逻辑函数表达式,并列出真值表;

(2) 请说明各个组合逻辑电路的逻辑功能。

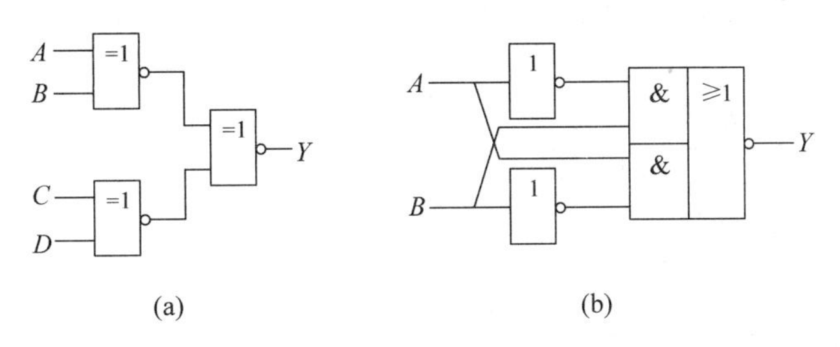

题图 5.8

5.9　已知组合逻辑电路如题图 5.9 所示。

(1) 请写出输出函数 Y_1 和 Y_2 的逻辑函数表达式;

(2) 将逻辑函数表达式化为最简的与或表达式;

(3) 列出真值表,说明该组合逻辑电路的逻辑功能。

5.10　逐级写出如题图 5.10 所示的组合逻辑电路的逻辑函数表达式,并化简得到输出函数的最简的逻辑表达式,列出真值表,分析其逻辑功能。

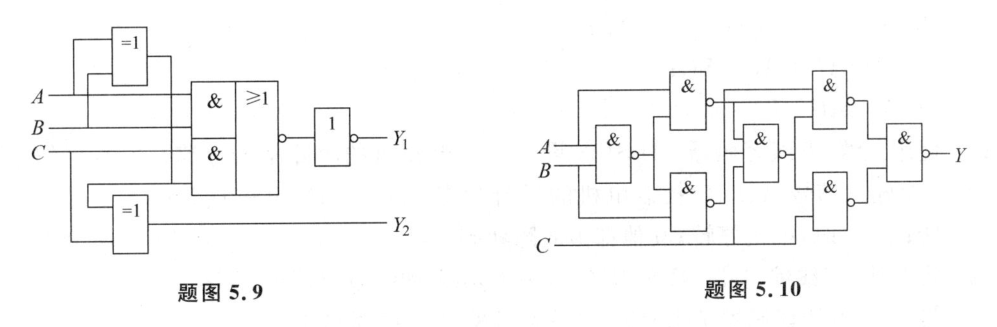

题图 5.9　　**题图 5.10**

5.11　化简逻辑函数 $Y=AD+\overline{CD}+\overline{AC}+\overline{DC}$,应用与非门实现该逻辑电路。

5.12　设计一个用于 3 人表决的逻辑电路。当多数表决同意,则提案通过,否则提案不能通过。要求:

(1) 写出最简的与或表达式;

(2) 转换成与非表达式;

(3) 画出用与非门组成的逻辑电路。

5.13　设计一个运算电路。输入变量为一个 2 位二进制数 A_1A_0,输出的多位二进制数为输入变量的平方再加 5。要求用与非门设计此电路。

5.14　设计一个十进制数的四舍五入电路。采用 8421 BCD 码,要求只设定一个输出端,并画出用与非门实现的逻辑电路图。

5.15　仿造全加器,先设计一个 1 位的半减器,然后利用半减器设计一个 1 位的全减器。被减数为 A_i,减数为 B_i,低位来的借位数为 C_i,向高位的借位数为 C_{i+1},全减差为 D_i。

5.16　设计一个逻辑电路,能够判断一个 1 位的十进制数是奇数还是偶数。当十进制数为奇数时,电路输出为 1;当十进制数为偶数时,电路输出为 0。

5.17 某一组合逻辑电路如题图 5.17 所示，请分析该逻辑电路的逻辑功能。

5.18 请写出如题图 5.18 所示的逻辑电路的输出 Y 的逻辑函数表达式。

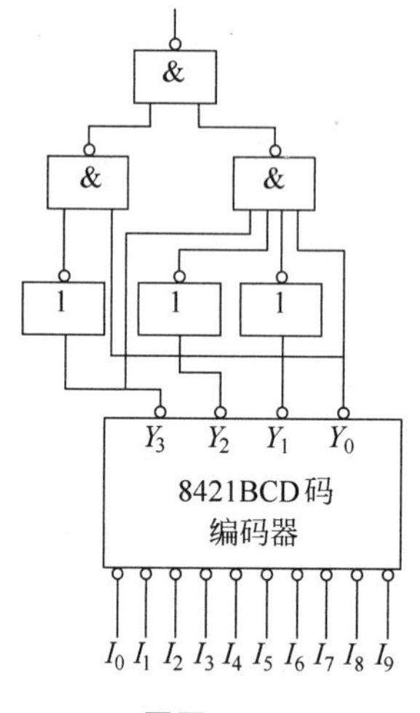

题图 5.17

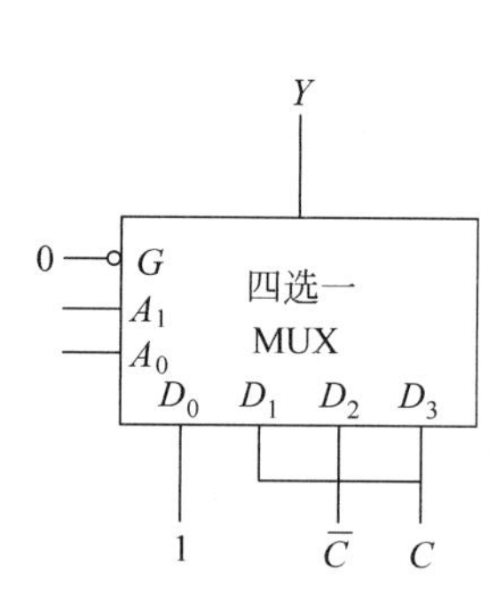

题图 5.18

5.19 使用三线-八线译码器 74LS138 和与非门实现下列各逻辑函数：

(1) $Y=A\overline{B}\cdot\overline{C}+\overline{A}(B+C)$；

(2) $Y=(A+\overline{C})(\overline{A}+\overline{B}+C)$；

(3) $Y=AB+AC+BC$；

(4) $Y=\overline{A}C+B$。

5.20 使用三线-八线译码器 74LS138 设计一个电动机的故障报警电路。正常工作时，由 3 个输入信号 A、B、C 控制电机的运行状态。$A=1$ 时，电机正转；$B=1$ 时，电机反转；$C=1$ 时，电机停转；其他都为故障状态。

5.21 将八线-三线编码器 74LS148 扩展为十六线-四线编码器。

5.22 将三线-八线译码器 74LS138 扩展为四线-十六线译码器。

5.23 分别使用共阳极和共阴极 LED 显示器，写出显示数字"2"和"4"字形时所需的各字段的电平信号。

5.24 使用八选一的数据选择器 74LS151 来实现下列函数：

(1) $Y=A\overline{B}+AC$；

(2) $Y=AB+AC+BC$；

(3) $Y=A\cdot\overline{B}\cdot\overline{C}+A\cdot\overline{B}\cdot C+\overline{A}\cdot B\cdot C+\overline{A}\cdot\overline{B}\cdot\overline{C}$；

(4) $Y(A,B,C,D)=\sum m(1,5,6,7,9,11,12,13,14)$。

5.25 使用八选一的数据选择器 74LS151 设计一个全加器。

5.26 设计一个 1 位 8421BCD 码的判奇电路。当输入码为奇数时，输出为 1，否则为 0。要求使用两种方法来实现。

(1) 用与非门来实现，画出逻辑电路图；

(2) 用一片八选一的数据选择器 74LS151 加若干门电路来实现，画出逻辑电路图。

第6章

触 发 器

在数字电路中，不仅要对数字信号进行算术运算和逻辑运算，而且需要将数据和运算结果等信息保存起来。触发器能够存储一位二进制信息，是具有记忆功能的基本逻辑单元。它有两个稳定的状态：0 状态和 1 状态，在输入信号作用下，触发器可从一种状态翻转到另一种状态；在输入信号取消后，能保持状态不变。

根据逻辑功能的不同，触发器可以分为 RS 触发器、JK 触发器、D 触发器、T 和 T′触发器等；根据电路结构的不同，触发器又可分为基本 RS 触发器、同步 RS 触发器、主从触发器和边沿触发器等。本章将简要介绍各种触发器的电路结构、逻辑功能及其描述方法。

6.1 基本 RS 触发器

基本 RS 触发器是一种最简单的触发器，是构成各类触发器的最基本逻辑单元。基本 RS 触发器有两种电路结构形式：用或非门构成的基本 RS 触发器和用与非门构成的基本 RS 触发器。本章仅介绍用与非门构成的基本 RS 触发器。

1. 电路结构及逻辑符号

基本 RS 触发器由两个与非门，按正反馈方式闭合而成，电路结构如图 6.1.1(a)所示。它有两个输入端 $\bar{R}_D$、$\bar{S}_D$，$\bar{R}_D$ 为直接复位端（reset derectly），$\bar{S}_D$ 为直接置位端（set derectly），符号上的“—”号表示低电平触发，下标 D 表示该输入端对触发器直接起复位、置位作用；还有两个互补输出端 Q 和 $\bar{Q}$，正常情况下两个输出互为相反。通常规定 Q 端的状态为触发器的状态。当 $Q=0$，$\bar{Q}=1$ 时，触发器处于 0 状态；当 $Q=1$，$\bar{Q}=0$ 时，触发器处于 1 状态。基本 RS 触发器的逻辑符号如图 6.1.1(b)所示，图中 $\bar{R}_D$ 和 $\bar{S}_D$ 端的小圆圈“。”表示低电平有效。

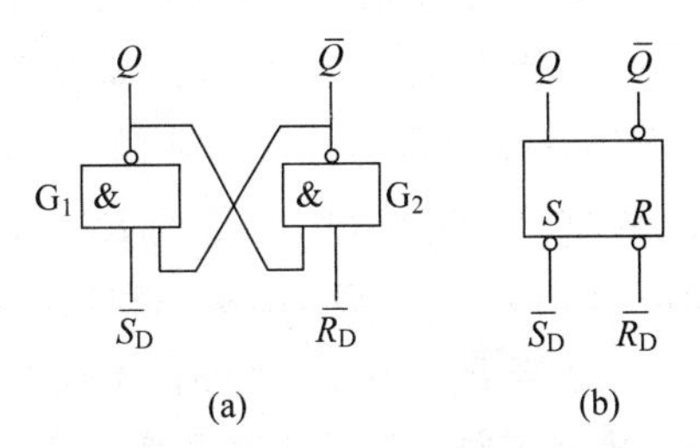

图 6.1.1 基本 RS 触发器

(a) 电路结构图；(b) 逻辑符号

2. 逻辑功能

基本 RS 触发器的逻辑功能可用以下几种方法进行描述。

(1) 逻辑功能表

基本 RS 触发器的逻辑功能表如表 6.1.1 所示，其中 Q^n 为触发器现态(初态)，即输入信号作用前触发器 Q 端的状态；Q^{n+1} 为触发器的次态，即输入信号作用后触发器 Q 端的状态。

表 6.1.1 基本 RS 触发器的逻辑功能表

输入			输出	功能描述
$\overline{R}_D$	$\overline{S}_D$	Q^n	Q^{n+1}	
0	1	0	0	清 0
0	1	1	0	
1	0	0	1	置 1
1	0	1	1	
1	1	0	0	保持
1	1	1	1	
0	0	0	不定	不允许
0	0	1		

结合图 6.1.1(a)和表 6.1.1，对基本 RS 触发器的逻辑功能分析如下。

① 当 $\overline{R}_D=0$，$\overline{S}_D=1$ 时，如果 $Q^n=0$，$\overline{Q^n}=1$，因 $\overline{R}_D=0$，会使与非门 G_2 的输出端 $\overline{Q^{n+1}}=1$，而 $\overline{Q^{n+1}}=1$ 与 $\overline{S}_D=1$ 共同作用于与非门 G_1，使 G_1 的输出 $Q^{n+1}=0$；如果 $Q^n=1$，$\overline{Q^n}=0$，同理会使 G_1 的输出 $Q^{n+1}=0$。只要 $\overline{R}_D=0$，$\overline{S}_D=1$，不论 Q^n 为 0 还是 1，触发器的输出状态都为 0，所以称 $\overline{R}_D$ 端为复位端，低电平有效。

② 当 $\overline{R}_D=1$，$\overline{S}_D=0$ 时，如果 $Q^n=0$，$\overline{Q^n}=1$，因 $\overline{S}_D=0$，会使与非门 G_1 的输出端 $Q^{n+1}=1$，而 $Q^{n+1}=1$ 与 $\overline{R}_D=1$ 共同作用于与非门 G_2，使 G_2 的输出 $\overline{Q^{n+1}}=0$；如果 $Q^n=1$，$\overline{Q^n}=0$，同理会使 $Q^{n+1}=1$，$\overline{Q^{n+1}}=0$。只要 $\overline{R}_D=1$，$\overline{S}_D=0$，不论 Q^n 为 0 还是 1，触发器的输出状态都为 1，所以称 $\overline{S}_D$ 端为置位端，低电平有效。

③ 当 $\overline{R}_D=1$，$\overline{S}_D=1$ 时，如果 $Q^n=0$，$\overline{Q^n}=1$，会使与非门 G_2 的输出端 $\overline{Q^{n+1}}=1$，而 $\overline{Q^{n+1}}=1$ 与 $\overline{S}_D=1$ 共同作用于与非门 G_1，使 G_1 的输出 $Q^{n+1}=0$；如果 $Q^n=1$，$\overline{Q^n}=0$，会使 G_1 的输出端 $Q^{n+1}=1$，而 $Q^{n+1}=1$ 与 $\overline{R}_D=1$ 共同作用于 G_2，使 G_2 的输出 $\overline{Q^{n+1}}=0$。所以，当 $\overline{R}_D=1$，$\overline{S}_D=1$ 时，$Q^{n+1}=Q^n$，即次态和现态相同，保持原状态不变。

④ 当 $\overline{R}_D=0$，$\overline{S}_D=0$ 时，不论触发器原状态如何，均会使 $Q^{n+1}=1$，$\overline{Q^{n+1}}=1$，Q 和 $\overline{Q}$ 不互补，破坏了触发器的正常工作。当低电平信号同时撤销时，由于与非门 G_1 和 G_2 的开关速度不同，触发器的输出是 0 还是 1，状态不确定。所以不允许出现这种情况，这就是基本 RS 触发器的约束条件。

基本 RS 触发器的功能可简单总结如下：一个有效、一个无效，触发器的状态决定于那个有效的输入——若 $\overline{R}_D$ 有效即清 0，若 $\overline{S}_D$ 有效即置 1；均无效，状态不变；均有效，状态不定。

(2) 特性方程

触发器的特性方程就是触发器次态 Q^{n+1} 与输入及现态 Q^n 之间的逻辑关系式。由

表 6.1.1 可得出基本 RS 触发器的特性方程，即

$$\begin{cases} Q^{n+1} = S_D + \bar{R}_D Q^n \\ \bar{R}_D + \bar{S}_D = 1(\text{约束条件}) \end{cases} \tag{6.1}$$

(3) 波形图

反映触发器输入信号取值和状态之间的关系的图形称为波形图。根据基本 RS 触发器的功能表可直接画出波形图。设触发器的现态为 0，根据给定的 $\bar{R}_D$ 和 $\bar{S}_D$ 的波形，可画出输出端 Q 和 $\bar{Q}$ 的波形，如图 6.1.2 所示。

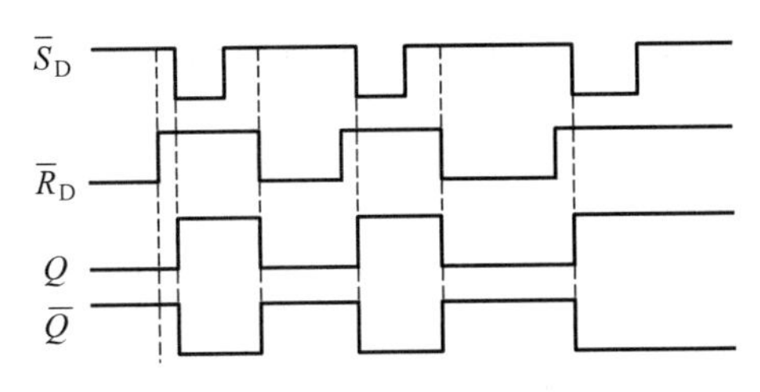

图 6.1.2　基本 RS 触发器的波形图

3. 主要特点

无论由或非门还是由与非门构成的基本 RS 触发器，它们的特点是一致的。本节仅分析用与非门构成的基本 RS 触发器，但其特点具有通用性。

(1) 结构简单，具有清 0、置 1 及保持功能，是触发器最基本的结构形式。

(2) 电平直接控制，即在输入信号存在期间，输入端电平直接控制着触发器输出端的状态。这不仅给触发器的使用带来不便，而且使电路抗干扰能力下降，在所用触发器中，基本 RS 触发器的抗干扰能力最差。

(3) 输入信号之间有约束，即两个输入信号不能同时有效。

4. 集成 RS 触发器

目前市场上通用的集成 RS 触发器有 74LS279(与非门)、CC4043(或非门)、CC4044(与非门)等几种，图 6.1.3 为集成 RS 触发器的引脚排列图。

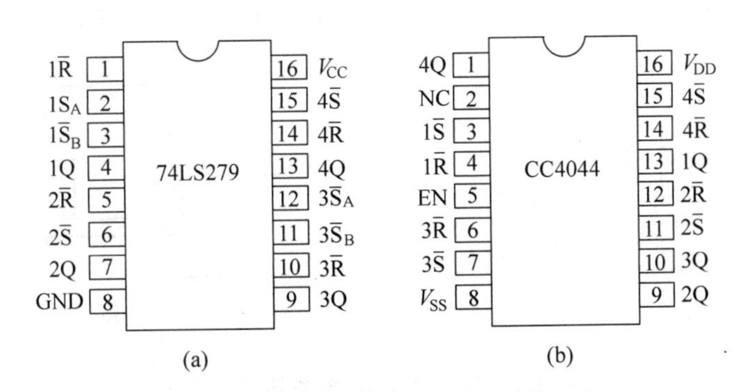

图 6.1.3　集成 RS 触发器的引脚排列图

(a) 74LS279；(b) CC4044

注：①符号上加横线的，表示低电平有效；不加横线的，表示高电平有效。②NC 表示空脚。③双触发器以上其输入、输出符号前写同一数字的，表示属于同一触发器。④V_{CC}电源一般为+5V，V_{DD}电源一般为+3～18V。

74LS279 内部集成了 4 个由与非门构成的基本 RS 触发器，其中两个触发器的 $\bar{S}$ 端为双输入端，两个输入端的关系为与逻辑关系，即 $\bar{S}=\bar{S}_A\bar{S}_B$。

CC4044 内部集成了 4 个由与非门构成的基本 RS 触发器，且 4 个触发器共用一个使能端 EN。当 EN 端为高电平时，基本 RS 触发器工作；当 EN 端为低电平时，所有输出端处于

高阻态。使用时应查阅器件手册，了解芯片内部结构及主要电气特性。

5. 基本 RS 触发器应用

某机械开关的电路如图 6.1.4(a)所示。当机械开关切换时，由于机械开关触点的弹性作用，按键的闭合过程不会马上稳定地接通，而断开时也不会瞬时断开，会出现所谓的“抖动”现象，即触点 A、B 处的电压或电流波形会产生“毛刺”，波形如图 6.1.4(b)所示。在电子电路中开关的抖动会导致电路产生误动作，应设法消除。

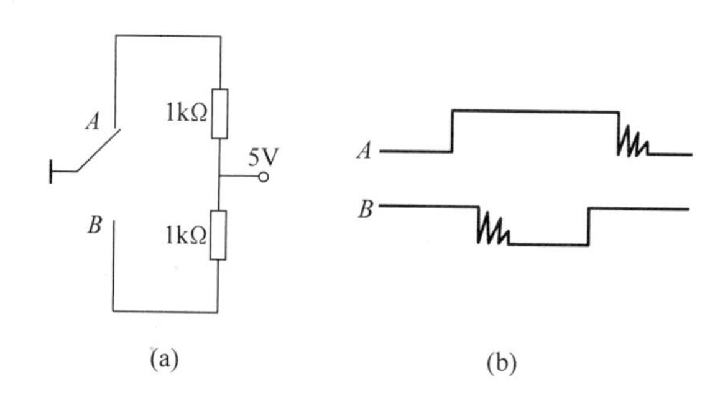

图 6.1.4 机械开关的工作情况

(a) 电路结构；(b) 波形图

消除抖动可采用基本 RS 触发器来实现，电路结构图如图 6.1.5(a)所示。假设开关接通 A，此时基本 RS 触发器的 $\overline{R}_D=0$，$\overline{S}_D=1$，输出端 $Q=0$；当开关转向 B 的过程中，会出现 $\overline{R}_D=1$，$\overline{S}_D=1$ 的情况，输出端 Q 保持 0 状态，之后，$\overline{R}_D=1$，$\overline{S}_D$ 会有图 6.1.4(b)所示的毛刺现象，但只要 $\overline{S}_D$ 出现低电平，触发器的输出端 $Q=1$，即使由于抖动使 $\overline{S}_D$ 出现高电平，Q 也保持 1 状态。同理，开关转向 A 的过程中，$\overline{S}_D=1$，$\overline{R}_D$ 发生抖动，输出端 Q 保持 0 状态。所以 Q 端的波形没有毛刺，消除了抖动的现象。波形如图 6.1.5(b)所示。

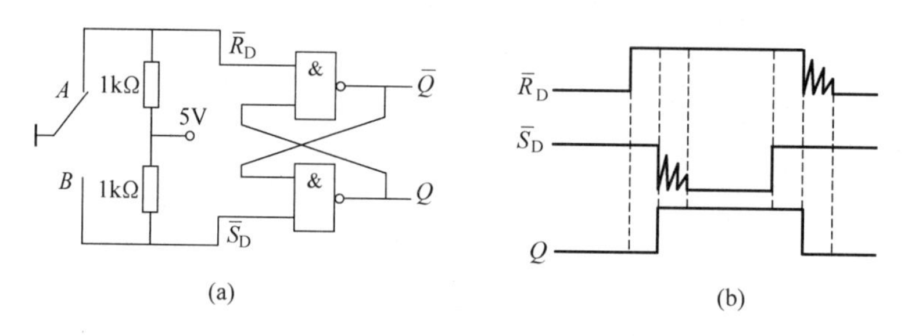

图 6.1.5 利用基本 RS 触发器消除抖动

(a) 电路结构；(b) 波形图

6.2 同步 RS 触发器

基本 RS 触发器的输出状态受输入信号的直接控制，不仅抗干扰能力下降，而且不利于多个触发器的同步控制。这时需要在基本 RS 触发器的基础上增加输入控制电路，引入一个公用的时钟脉冲信号，使触发器只有在时钟脉冲信号到达时，才按输入信号改变输出状态。称这种受时钟脉冲信号控制的 RS 触发器为同步 RS 触发器,也称钟控 RS 触发器。时钟脉冲信号用符号 CP(clock pulse)表示。

1. 电路结构及逻辑符号

同步 RS 触发器的电路结构如图 6.2.1(a)所示。电路包括两个部分:由与非门 G_1 和 G_2 组成的基本 RS 触发器,由与非门 G_3 和 G_4 组成的输入控制电路。逻辑符号如图 6.2.1(b)所示,其中,R 为复位输入端,S 为置位输入端,R 和 S 为同步输入端(即受 CP 控制);CP 为时钟脉冲输入端;$\bar{R}_D$ 为直接复位端,$\bar{S}_D$ 为直接置位端,$\bar{R}_D$ 和 $\bar{S}_D$ 为异步输入端(即不受 CP 控制)。当作为同步 RS 触发器使用时,应使 $\bar{R}_D=\bar{S}_D=1$。

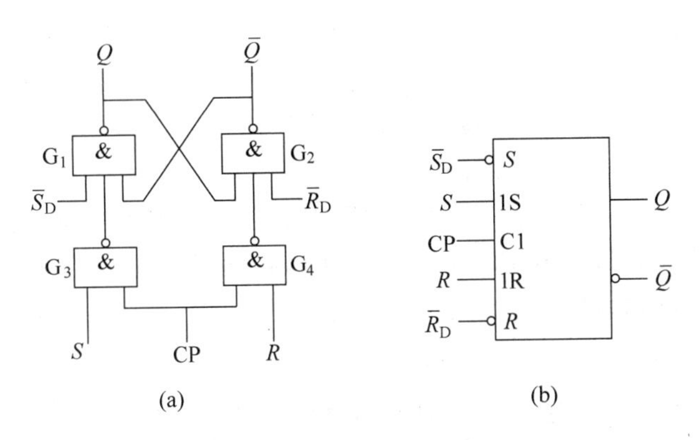

图 6.2.1　同步 RS 触发器

(a) 电路结构;(b) 逻辑符号

2. 逻辑功能分析

(1) 先考虑同步工作的情况,即 $\bar{R}_D=\bar{S}_D=1$,此时:

当 CP=0 时,G_3、G_4 门被封锁,其输出均为 1,G_1、G_2 门组成的基本 RS 触发器处于保持状态。此时,无论 R 和 S 输入端的状态如何变化,G_1、G_2 门的输出都不会改变,所以触发器不被触发,保持原状态不变。

当 CP=1 时,G_3、G_4 门解除了封锁,此时 R 和 S 端的信号可通过 G_3、G_4 门作用到基本 RS 触发器的输入端,是触发器的状态随 R 和 S 的状态而变化。当 CP=1 时,与非门 G_3、G_4 都相当于非门,R 和 S 分别求非后加在基本 RS 触发器输入端。因为与非门组成的基本 RS 触发器的输入信号是低电平有效,所以同步 RS 触发器的输入信号是高电平有效。其逻辑功能表如表 6.2.1 所示。

表 6.2.1　同步 RS 触发器的逻辑功能表

CP	R	S	Q^n	Q^{n+1}	说　明
0	×	×	0	0	状态不变
0	×	×	1	1	
1	0	0	0	0	保持
1	0	0	1	1	

续表

CP	R	S	Q^n	Q^{n+1}	说　明
1	0	1	0	1	置 1
1	0	1	1	1	
1	1	0	0	0	清 0
1	1	0	1	0	
1	1	1	0	不定	不允许
1	1	1	1		

根据表 6.2.1 可写出 CP=1 时同步 RS 触发器的特性方程,即

$$\begin{cases} Q^{n+1}=S+\bar{R}Q^n \\ S\cdot R=0\text{(约束条件)} \end{cases} \tag{6.2}$$

(2) 当 $\bar{R}_D=0$,$\bar{S}_D=1$ 时,无论时钟信号 CP 为 0 还是为 1,触发器的输出立刻被清 0;当 $\bar{R}_D=1$,$\bar{S}_D=0$ 时,无论时钟信号 CP 为 0 还是为 1,触发器的输出立刻被置 1。$\bar{R}_D$ 和 $\bar{S}_D$ 一般用来设置触发器的初始状态,不允许同时为低电平。

3. 主要特点

(1) 时钟电平控制。在 CP=1 时器件接收输入信号,在 CP=0 时触发器保持原来状态不变,与基本 RS 触发器相比,可实现多个触发器的同步工作,抗干扰能力也有所提高。

(2) R、S 之间有约束。不允许出现 R 和 S 同时为 1 的情况,否则会使触发器处于不确定的状态。

(3) 存在"空翻"现象。若输入信号在 CP=1 期间多次发生变化,则触发器的状态也会多次发生变化,这种现象称为"空翻"。"空翻"现象会造成触发器动作混乱,要避免出现"空翻",要求输入信号 R 和 S 的值在 CP=1 期间不发生变化,这就限制了同步 RS 触发器在实际工作中的应用。也可通过改进电路结构的方式来防止"空翻"现象,这就是后面要讨论的主从结构及边沿结构触发器。

例 6.1 已知同步 RS 触发器的输入信号 R、S 和 CP 的波形如图 6.2.2 所示。设触发器初始状态 $Q=0$,$\bar{Q}=1$,试画出 Q 和 $\bar{Q}$ 的波形。

解 CP=0 期间,触发器保持原状态。

CP=1 期间,根据表 6.2.1 分析输入信号及现态,得到相应的输出次态,具体分析如下。

触发器的初始状态为 $Q=0$,$\bar{Q}=1$,由给定的输入信号波形可知,在第 1 个 CP 高电平期间,$R=1$,$S=0$,触发器输出被清 0,为 $Q=0$,$\bar{Q}=1$。

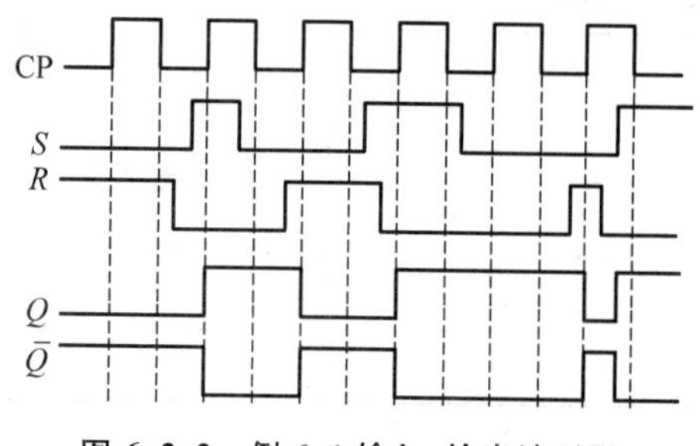

图 6.2.2 例 6.1 输入、输出波形图

在第 2 个 CP 高电平期间,先是 $R=0$,$S=1$,触发器输出被置 1,为 $Q=1$,$\bar{Q}=0$;后来输入变成 $R=S=0$,触发器输出状态保持不变。

在第 3 个 CP 高电平期间,$R=1$,$S=0$,触发器输出被清 0,为 $Q=0$,$\bar{Q}=1$。

在第 4 个 CP 高电平期间,$R=0$,$S=1$,触

发器输出被置 1，为 $Q=1,\bar{Q}=0$。

在第 5 个 CP 高电平期间，$R=S=0$，触发器输出状态保持不变，为 $Q=1,\bar{Q}=0$。

在第 6 个 CP 高电平期间，先是 $R=1,S=0$，触发器输出被清 0，为 $Q=0,\bar{Q}=1$；后来输入变成 $R=0,S=1$，触发器输出被置 1，为 $Q=1,\bar{Q}=0$（触发器在本次 CP 高电平期间，发生了 2 次翻转，即出现了“空翻”现象）。

根据上述分析，画出的波形如图 6.2.2 所示。

6.3　主从触发器

为了提高触发器工作的可靠性，避免出现“空翻”现象，在同步 RS 触发器的基础上进行改进，设计出主从结构的触发器。

6.3.1　主从 RS 触发器

1. 电路结构及逻辑符号

主从 RS 触发器由两个完全相同的同步 RS 触发器级联组成，但它们的时钟信号是互补的关系，其电路结构图如图 6.3.1(a)所示。其中 $G_1 \sim G_4$ 组成的同步 RS 触发器称为从触发器，$G_5 \sim G_8$ 组成的同步 RS 触发器称为主触发器。主触发器的输入信号是 R、S，时钟信号是 CP，其输出端与从触发器的输入端相连；从触发器的时钟信号是 $\overline{CP}$，其输出状态是主从 RS 触发器的输出状态。

主从 RS 触发器的逻辑符号如图 6.3.1(b)所示，图中“ ┌”表示“延迟输出”，小圆圈表示 CP 下降沿有效，即 CP 从高电平回到低电平以后，输出状态才改变。因此图 6.3.1 所示主从同步 RS 触发器输出状态的变换发生在 CP 信号的下降沿。

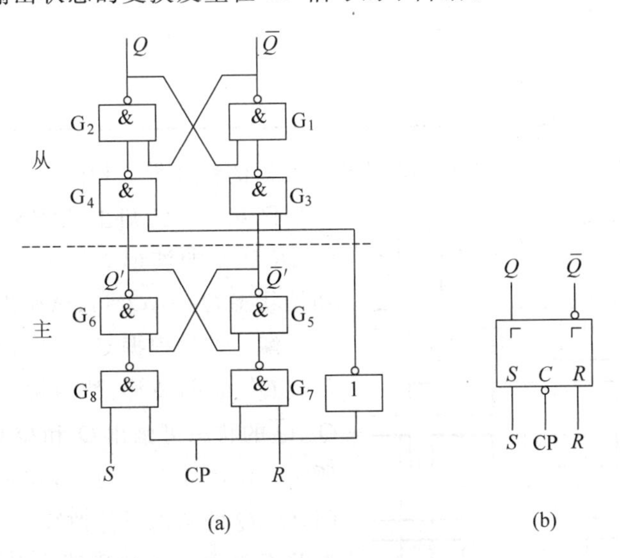

图 6.3.1　主从 RS 触发器

(a) 逻辑电路图；(b) 逻辑符号

2. 工作原理

当 CP=1 时，门 G_7 和 G_8 被打开，主触发器接收输入信号，其输出根据 R 和 S 的状态翻转，但此时$\overline{CP}=0$，门 G_3 和 G_4 被封锁，从触发器保持原来的状态不变。

当 CP 由高电平返回低电平时，门 G_7 和 G_8 被封锁，主触发器不能接收输入信号，其输出不再根据 R 和 S 的状态翻转。与此同时，门 G_3 和 G_4 被打开，从触发器接收主触发器 Q' 和$\overline{Q'}$的输出信号，即在 CP 下降沿瞬间，由主触发器 Q' 和$\overline{Q'}$决定从触发器的状态。由于在一个 CP 的变化周期内触发器输出端的状态只可能改变一次，从而解决了“空翻”的问题。

例如，CP=0 时触发器的初始状态为 $Q=0$，当 CP 由 0 变为 1 以后，如果此时 $R=0,S=1$，主触发器将被置 1，即 $Q'=1,\overline{Q'}=0$，而从触发器保持 0 状态不变。当 CP 由 1 变回 0 以后，从触发器$\overline{CP}=1$，它的输入为主触发器的输出，即 $S'=Q'=1,R'=\overline{Q'}=0$，因而输出被置成 $Q=1$。

将上述的逻辑关系写成真值表，即得主从 RS 触发器的逻辑功能表，如表 6.3.1 所示。表中用 CP 一栏中的“⎍”符号表示 CP 高电平有效的脉冲触发特性，即输入信号 R 和 S 在 CP 高电平期间有效，但输出状态的变化发生在 CP 脉冲的下降沿。

表 6.3.1 主从 RS 触发器的逻辑功能表

CP	R	S	Q^n	Q^{n+1}	说明
×	×	×	×	Q^n	保持
⎍	0	0	0	0	保持
⎍	0	0	1	1	
⎍	0	1	0	1	置 1
⎍	0	1	1	1	
⎍	1	0	0	0	清 0
⎍	1	0	1	0	
⎍	1	1	0	不定	不允许
⎍	1	1	1		

主从 RS 触发器的特性方程与同步 RS 触发器的特性方程相同。

例 6.2 已知主从 RS 触发器的输入信号 CP、R 和 S 的波形如图 6.3.2 所示。设触发器初始状态 $Q=0,\overline{Q}=1$，试画出 Q 和 $\overline{Q}$ 的波形。

解 首先根据 CP=1 期间 R 和 S 的状态可得到 Q'、$\overline{Q'}$的波形，然后根据 CP 下降沿到达时 Q'、$\overline{Q'}$的状态可画出 Q 和 $\overline{Q}$ 的波形，如图 6.3.2 所示。由图 6.3.2 可知，在第 6 个 CP 高电平期间，Q'、$\overline{Q'}$的状态虽然改变了两次，但输出端的状态并不改变。这就说明主从 RS 触发器能很好地克服“空翻”现象。

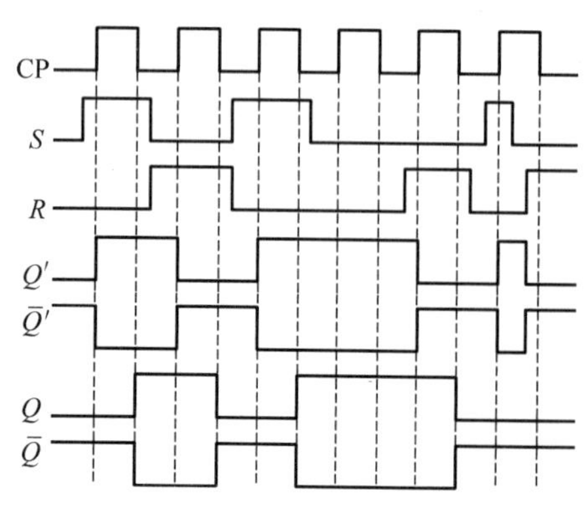

图 6.3.2 例 6.2 的输入、输出波形图

3. 主要特点

(1) 主从控制，时钟脉冲触发。即在 CP=1 期间，主触发器接收输入信号，按照同步 RS 触发器的原理工作；当 CP 下降沿到来时，从触发器根据主触发器的输出更新状态。

(2) 克服了"空翻"现象，但 R、S 之间仍有约束。因为主触发器和从触发器的时钟信号是互补的。因而主触发器动作时，从触发器不动作；而从触发器动作时，主触发器不动作，这样可避免触发器输出状态出现"空翻"的现象。但由电路结构可知，主从 RS 触发器的输入信号 R、S 之间仍有约束，约束条件为 $RS=0$。

6.3.2 主从 JK 触发器

主从 JK 触发器是在主从 RS 触发器的基础上改进而得，主要是为了使触发器的使用更方便，解决主从 RS 触发器中 R、S 之间有约束这个问题。

1. 电路结构及逻辑符号

主从 JK 触发器就是把主从 RS 触发器的输出端 Q 反馈到 R 端，把 $\bar{Q}$ 端反馈到 S 端，将原来的 R 改为 K，将原来的 S 改为 J 构成的，其电路结构及逻辑符号如图 6.3.3 所示。图中"┌"表示延迟输出；小圆圈表示 CP 下降沿有效，即 CP 从高电平回到低电平以后，输出状态才改变。

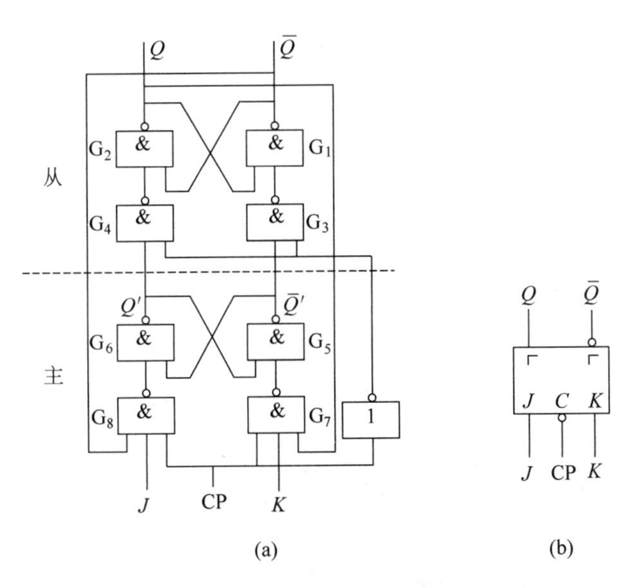

图 6.3.3 主从 JK 触发器

(a) 逻辑电路图；(b) 逻辑符号

2. 工作原理

主从 JK 触发器的工作原理与主从 RS 触发器类似，区别在于主从 JK 触发器允许 J 和 K 同时为 1，不存在约束条件，具体分析如下。

当 $J=1, K=0$ 时，CP=1 期间，主触发器置 1；等 CP 由 1 变到 0 后，从触发器随着置 1，即 $Q^{n+1}=1$。

当 $J=0, K=1$ 时，CP=1 期间，主触发器清 0；等 CP 由 1 变到 0 后，从触发器随着清 0，即 $Q^{n+1}=0$。

当 $J=K=0$ 时，由于门 G_7 和 G_8 被封锁，主触发器保持不变，从触发器也保持不变，即 $Q^{n+1}=Q^n$。

当 $J=K=1$ 时，如果 $Q^n=0, \overline{Q^n}=1$，则门 G_8 被 Q 端低电平封锁，CP=1 期间只有门 G_7 输出低电平信号，使主触发器被置 1；等 CP 由 1 变到 0 后，从触发器随着置 1，即 $Q^{n+1}=1$。如果 $Q^n=1, \overline{Q^n}=0$，则门 G_7 被 $\overline{Q}$ 端低电平封锁，CP=1 期间只有门 G_8 输出低电平信号，使主触发器被清 0；等 CP 由 1 变到 0 后，从触发器随着清 0，即 $Q^{n+1}=0$。总的来说，当 $J=K=1$ 时，在 CP 下降沿到达后，无论 $Q^n=0$ 还是 $Q^n=1$，触发器的次态可统一表示为 $Q^{n+1}=\overline{Q^n}$，即触发器将翻转为与初态相反的状态。

将上述的逻辑关系写成真值表，即得主从 JK 触发器的逻辑功能表，如表 6.3.2 所示。表中用 CP 一栏中的“⎍↓”符号表示 CP 高电平有效的脉冲触发特性，即输入信号 J 和 K 在 CP 高电平期间有效，但输出状态的变化发生在 CP 脉冲的下降沿。

表 6.3.2 主从 JK 触发器的逻辑功能表

CP	J	K	Q^n	Q^{n+1}	说明
×	×	×	×	Q^n	保持
⎍↓	0	0	0	0	保持
⎍↓	0	0	1	1	
⎍↓	0	1	0	0	清 0
⎍↓	0	1	1	0	
⎍↓	1	0	0	1	置 1
⎍↓	1	0	1	1	
⎍↓	1	1	0	1	翻转
⎍↓	1	1	1	0	

根据表 6.3.2 可得主从 JK 触发器的特性方程，即

$$Q^{n+1}=J\overline{Q^n}+\overline{K}Q^n \tag{6.3}$$

3. 主要特点

(1) 主从控制，时钟脉冲触发方式。

(2) 克服了“空翻”现象，J、K 之间没有约束。因为从触发器的输出端 Q 和 $\overline{Q}$ 反馈到主触发器的输入端，而 Q 和 $\overline{Q}$ 总有一个为 0，所以主触发器的输出不可能出现不确定的情况，这就解决了输入信号有约束的问题。

(3) 主从 JK 触发器存在一次变化问题，即在 CP=1 期间，输入信号 J、K 的变化可能引起主触发器状态的改变，但是主触发器的状态只能变化一次，第二次变化不能再发生。因为 Q 和 $\overline{Q}$ 反馈到输入门上，所以在 $Q=0$ 时主触发器只能接受置 1 输入信号，在 $Q=1$ 时主触发器只能接受清 0 输入信号。这就导致 CP=1 期间主触发器只有可能翻转一次，一旦翻转了就不会翻回原来的状态。

因此，在使用主从 JK 触发器时，为了避免外界干扰对触发器输出状态的错误影响，除要求 J 和 K 在 CP=1 时不变以外，还要求 CP=1 的持续时间不能太长。

4. 集成主从 JK 触发器

74LS76 是目前市场常用的 TTL 型集成主从 JK 触发器，其引脚排列图如图 6.3.4 所示。它内部集成了两个带直接复位端 $\bar{R}_D$ 和直接置位端 $\bar{S}_D$ 的主从 JK 触发器，CP 下降沿触发。使用时应查阅器件手册，了解芯片内部结构及主要电气特性。

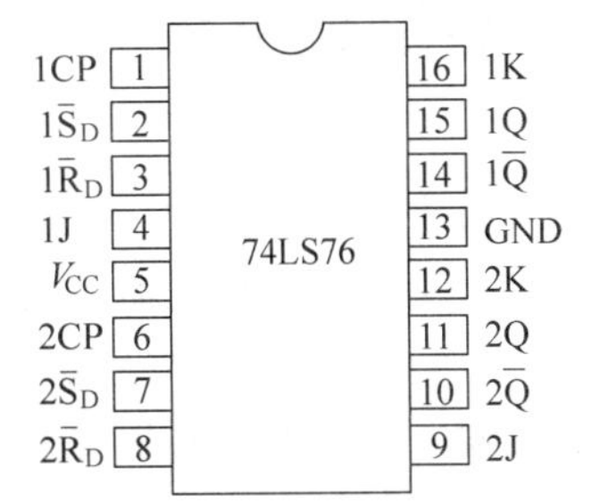

图 6.3.4 集成主从 JK 触发器 74LS76 的引脚排列图

例 6.3 在图 6.3.3 所示的主从 JK 触发器中，若输入信号 CP、J 和 K 的波形如图 6.3.5 所示，设触发器初始状态 $Q=0, \bar{Q}=1$，试画出 Q 和 $\bar{Q}$ 的波形。

解 由于每个 CP=1 期间 J、K 的状态不变，所以只要根据 CP 下降沿到达时 J、K 的状态去查主从 JK 触发器的功能表，就可以画出输出端 Q 和 $\bar{Q}$ 的波形，如图 6.3.5 所示。

例 6.4 在图 6.3.3 所示的主从 JK 触发器中，若输入信号 CP、J 和 K 的波形如图 6.3.6 所示。设触发器初始状态 $Q=0, \bar{Q}=1$，试画出 Q 和 $\bar{Q}$ 的波形。

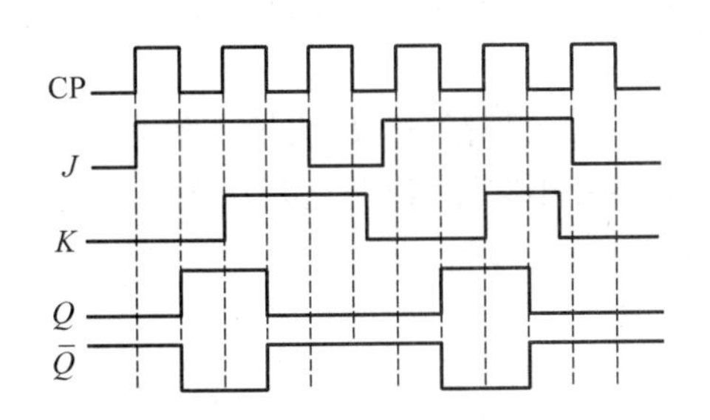

图 6.3.5 例 6.3 输入、输出波形图

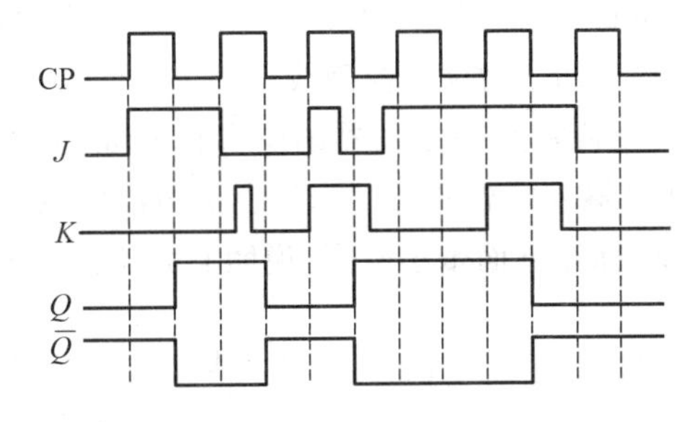

图 6.3.6 例 6.4 的输入、输出波形图

解 由于在 CP=1 期间 J、K 的状态发生了变化，所以要根据 CP 期间 J、K 状态的全部变化过程，来确定 CP 下降沿到达时输出端 Q 和 $\bar{Q}$ 的波形，如图 6.3.6 所示。

第 1 个 CP 高电平期间，$J=1, K=0$，CP 下降沿到达后触发器置 1，即 $Q=1, \bar{Q}=0$。

第 2 个 CP 高电平期间，J 的状态保持为 0，但 K 的状态发生过变化，因而不能仅仅依据 CP 下降沿到达时的 J、K 状态来决定触发器的输出。由于出现过短暂的 $J=0, K=1$ 状态，主触发器已被清 0，因此从触发器的状态在 CP 下降沿到达后也被置 0，即 $Q=0, \bar{Q}=1$。

第 3 个 CP 高电平期间，K 的状态保持不变，但 J 的状态发生过变化，因而必须考虑 CP=1 期间输入状态的全部变化过程。由于出现过 $J=K=1$ 状态，主触发器已被置 1，所以 CP 下降沿到达后从触发器也被置 1，即 $Q=1, \bar{Q}=0$。

第 4 个 CP 高电平期间，$J=K=0$，使主触发器保持 1 不变，因此 CP 下降沿到达后触发器输出仍为 1，即 $Q=1, \bar{Q}=0$。

第 5 个 CP 高电平期间，$J=K=1$，CP 下降沿到达后触发器输出翻转，即 $Q=0, \bar{Q}=1$。

第 6 个 CP 高电平期间，$J=K=0$，CP 下降沿到达后触发器输出仍为 0，即 $Q=0, \bar{Q}=1$。

由此例题分析可知，在绘制主从 JK 触发器输出波形时必须注意：只有在 CP=1 期间输入信号状态不变的情况下，用 CP 下降沿到达时输入的状态确定触发器的次态才是正确的。否则，必须考虑 CP=1 期间输入状态的全部变化过程，才能确定 CP 下降沿到达时触发器的次态。

6.4 边沿触发器

要解决主从触发器的一次变化问题，提高触发器的可靠性，增强抗干扰能力，仍应从电路结构上入手。希望触发器的次态仅仅取决于 CP 信号下降沿（或上升沿）到达时刻输入信号的状态，而在此之前和之后输入状态的变化对触发器的次态没有影响。这种触发器称为边沿触发器。边沿触发器从类型上可分为 RS、D、JK 等，从结构上分为维持阻塞边沿触发器、利用传输延迟时间的边沿触发器等。

6.4.1 维持阻塞 D 触发器

1. 电路结构及逻辑符号

维持阻塞 D 触发器的电路结构如图 6.4.1(a)所示。该触发器由 6 个与非门组成，其中 G_1 和 G_2 组成基本 RS 触发器，G_3 和 G_4 组成门控电路，G_5 和 G_6 组成数据输入电路，L_1、L_2、L_3 和 L_4 为反馈控制线。

维持阻塞 D 触发器的逻辑符号如图 6.4.1(b)所示。逻辑符号 D 为输入信号，逻辑符号 CP 输入端处的“∧”标记表示边沿触发，标记下面不带小圆圈，说明它是在上升沿到来时触发，标记下面带小圆圈，说明它是下降沿到来时触发。

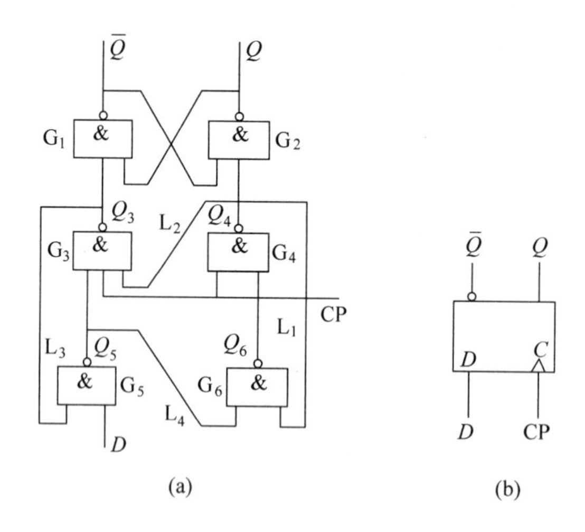

图 6.4.1 维持阻塞 D 触发器

(a) 逻辑电路图；(b) 逻辑符号

2. 工作原理

在 CP=0 时，G_3 和 G_4 两个门被封锁，它们的输出 $Q_3=1$，$Q_4=1$，G_1 和 G_2 组成的基本 RS 触发器保持原状态不变，但数据输入电路的 $Q_5=\overline{D}$，$Q_6=D$。

在 CP 由 0 变 1(即上升沿)时,G_3 和 G_4 两个门被打开,$Q_4=\overline{D}$,$Q_3=D$。

当 $D=1$ 时,$Q_4=0$,$Q^{n+1}=1$,$Q_3=1$,$\overline{Q^{n+1}}=0$,完成触发器翻转为 1 状态的全过程。同时,一旦 Q_4 变为 0,通过反馈线 L_1 封锁了 G_6 门,如果此时 D 信号由 1 变为 0,只会影响 G_5 的输出,不会影响 G_6 的输出,维持了触发器的 1 状态,称 L_1 线为置 1 维持线。同理,Q_4 变为 0 后,通过反馈线 L_2 封锁了 G_3 门,阻塞了置 0 通路,称 L_2 线为置 0 阻塞线。在 CP=1 期间,Q_4 始终为 0,触发器维持在 1 状态。

当 $D=0$ 时,$Q_3=0$,$\overline{Q^{n+1}}=1$,$Q_4=1$,$Q^{n+1}=0$,完成触发器翻转为 0 状态的全过程。同时,一旦 Q_3 变为 0,通过反馈线 L_3 封锁了 G_5 门,此时无论 D 信号怎样变化,也不会影响 G_5 的输出,维持了触发器的 0 状态,称 L_3 线为置 0 维持线。同理,反馈线 L_4、L_1 将 Q_5 和 Q_4 的 1 信号送到 G_6 门,使 Q_6 保持为 0,封锁了 G_4 门,阻塞了置 1 通路,称 L_4 为置 1 阻塞线。在 CP=1 期间,Q_3 始终为 0,触发器维持在 0 状态。

由上述分析可知,维持阻塞 D 触发器是利用维持线和阻塞线,将触发器的触发翻转控制在 CP 上升沿瞬间,触发器的输出只与 CP 上升沿瞬间 D 的信号有关,因而被称为边沿触发器。其逻辑功能表如表 6.4.1 所示。

表 6.4.1 维持阻塞 D 触发器的逻辑功能表

D	Q^n	Q^{n+1}	说明
0	0	0	清 0
0	1	0	
1	0	1	置 1
1	1	1	

根据表 6.4.1 可得维持阻塞 D 触发器的特性方程,即

$$Q^{n+1}=D \tag{6.4}$$

3. 主要特点

(1) 边沿触发方式,触发器的输出只与 CP 上升沿瞬间 D 的信号有关。而在这之前或之后,输入信号 D 的变化对触发器的输出状态没有影响。这种特点提高了触发器电路的抗干扰能力和工作可靠性。

(2) 为使触发器可靠翻转,信号 D 必须维持一段时间,CP=1 的状态也必须保持一段时间,直到触发器的 Q、$\overline{Q}$ 端电平稳定。

4. 带异步置 0 和置 1 端的维持阻塞 D 触发器

带有异步置 0 和置 1 端的维持阻塞 D 触发器的逻辑电路图及逻辑符号如图 6.4.2 所示。其中异步置 0 端为 $\overline{R}_D$,异步置 1 端为 $\overline{S}_D$,均为低电平有效。$\overline{R}_D$ 和 $\overline{S}_D$ 信号不受时钟信号 CP 的影响,具有最高的优先级,所以又称为直接置 0 端、直接置 1 端。当 $\overline{R}_D=0$,$\overline{S}_D=1$ 时,无论时钟信号 CP 为何种状态,都能使输出端 Q 置 0。同样,当 $\overline{R}_D=1$,$\overline{S}_D=0$ 时,无论时钟信号 CP 为何种状态,都能使输出端 Q 置 1。$\overline{R}_D$ 和 $\overline{S}_D$ 的作用主要是用来给触发器设置初始状态,或对触发器的状态进行特殊的控制,使用时两个信号不能同时有效。

5. 集成边沿 D 触发器

目前国内生产的集成 D 触发器主要是边沿 D 触发器,这种 D 触发器都是在时钟脉冲的

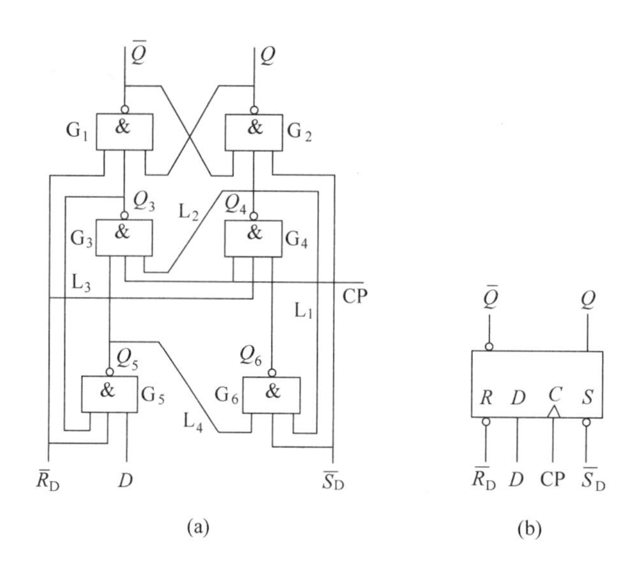

图 6.4.2 带有异步清 0 和置 1 端的维持阻塞 D 触发器

(a) 逻辑电路图；(b) 逻辑符号

上升沿或下降沿触发翻转。实用的集成 D 触发器的型号很多，有 74LS74、74HC74 双 D 触发器，74LS175 四 D 触发器，74LS176 六 D 触发器，74LS377 八 D 触发器等。

74LS74 是目前市场常用的 TTL 型集成边沿双 D 触发器，其引脚排列图如图 6.4.3(a)所示，芯片内部集成了两个带异步复位端 $\bar{R}_D$ 和异步置位端 $\bar{S}_D$ 的边沿 D 触发器，CP 上升沿触发。74HC74 是高速 CMOS 型集成边沿双 D 触发器，其引脚排列图如图 6.4.3(b)所示，芯片内部集成了两个相同的边沿 D 触发器，它们都带异步复位端 $\bar{R}_D$ 和异步置位端 $\bar{S}_D$，为低电平有效，CP 上升沿触发。具体使用集成芯片时应查阅器件手册，了解芯片内部结构及主要电气特性。

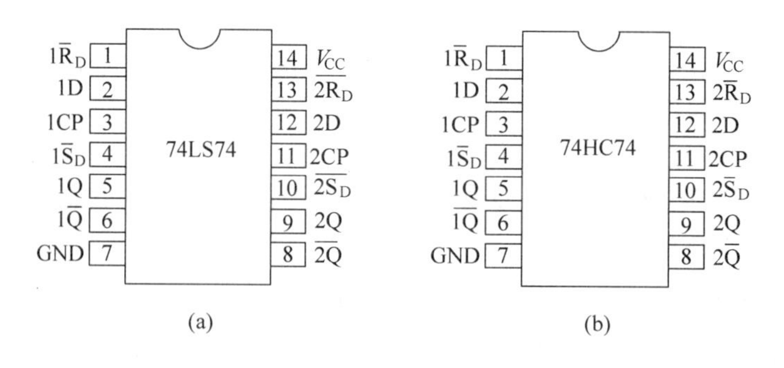

图 6.4.3 集成边沿 D 触发器的引脚排列图

(a) 74LS74(TTL 型)；(b) 74HC74(CMOS 型)

注：①符号上加横线的，表示负脉冲(低电平)有效；不加横线的，表示正脉冲(高电平)有效。②双触发器以上其输入、输出符号前写同一数字的，表示属于同一触发器。③V_{CC}电源一般为+5V。

6. 集成边沿 D 触发器的应用

如图 6.4.4 所示，用一片 74HC74 上升沿触发双 D 集成触发器中的一个 D 触发器构成多路控制开关电路。图中 K 为继电器，V_1 为三极管，S_1、S_2、S_3 为按钮开关，边沿 D 触发器

的反向输出端 $1\overline{Q}$ 连接到输入端1D。设未接通任何开关时，D触发器处于0态，继电器失电不工作。当按动任意一只开关后，边沿D触发器的CP端产生一个时钟信号上升沿，输出端 Q 从0态跳变到1态，三极管 V_1 导通，继电器得电工作；开关断开后，不影响继电器工作。再按动任意一只开关，触发器的CP端又产生一个时钟信号上升沿，输出端 Q 又从1态翻转到0态，继电器失电停止工作。

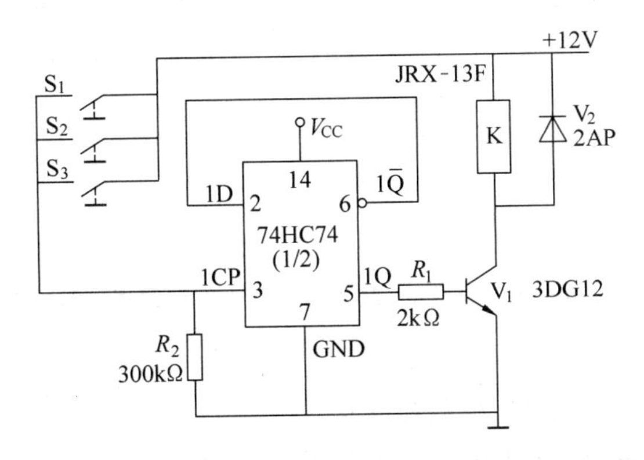

图6.4.4 74HC74双D触发器构成的多路可控开关

例6.5 已知维持阻塞D触发器如图6.4.1所示，设初始状态为0，输入 D 的波形如图6.4.5所示，画出输出端 Q 的波形图。

解 由于是边沿触发器，所以在分析波形图时，只需要根据CP上升沿一瞬间输入端 D 的状态判断触发器的次态。根据D触发器的功能表可画出输出端 Q 的波形图如图6.4.5所示。

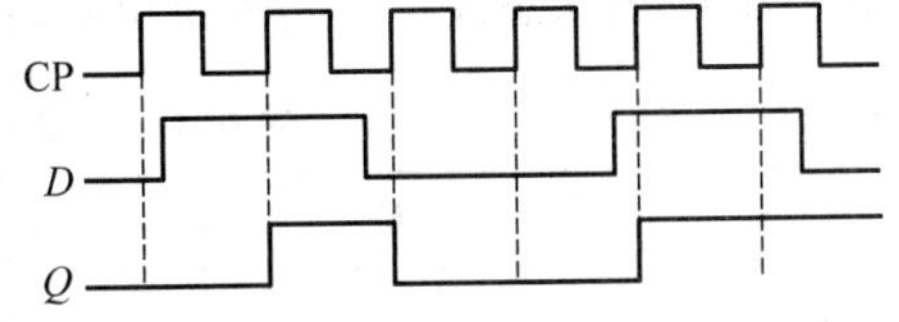

图6.4.5 例6.5的输入、输出波形

6.4.2 边沿JK触发器

1. 电路结构及逻辑符号

利用门电路的传输延迟时间而构成的JK边沿触发器逻辑电路如图6.4.6(a)所示。该触发器是由一个与或非门组成的基本RS触发器和两个与非门 G_3 和 G_4 组成。其中，与非门 G_3 和 G_4 的传输时间大于基本RS触发器的翻转时间，边沿触发器就是利用这种时间差实现边沿触发的。

边沿JK触发器的逻辑符号如图6.4.6(b)所示，图中的“∧”表示边沿触发器，小圆圈表示触发器在时钟CP的下降沿被触发。

2. 工作原理

在CP=0时，由于JK信号被封锁，所以触发器状态不变。

在CP由0变1时，触发器不翻转，为接收 J、K 输入信号做准备。设触发器的现态 $Q^n=0$，$\overline{Q^n}=1$，封锁 K 端信号，接收 J 端信号。但此时与门B的输出为1，所以 J 端信号不能改变触发器的输出，触发器保持不变。若触发器的现态 $Q^n=1$，$\overline{Q^n}=0$，封锁 J 端信号，接收 K 端信号。但此时与门B′的输出为1，所以 K 端信号不能改变触发器的输出，触发器保持不变。总之，当CP由0变1时，J 和 K 端信号不影响触发器的状态，触发器不发生翻转，

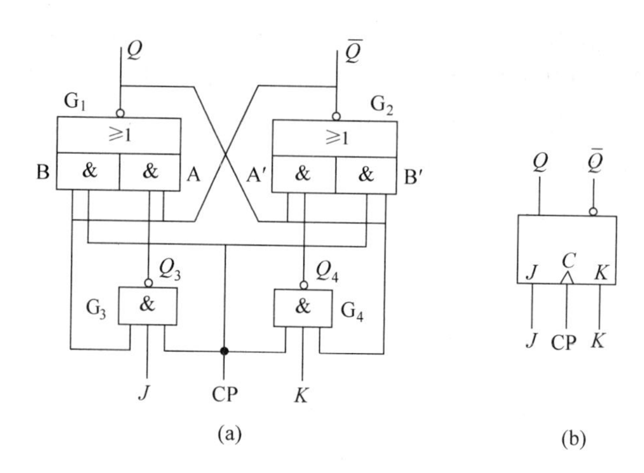

图 6.4.6 边沿 JK 触发器的逻辑图和逻辑符号

(a) 逻辑电路；(b) 逻辑符号

但是 G_3 和 G_4 门的输出会随着 J、K 信号变化。

在 CP 由 1 变 0 的瞬间，与门 B 和 B′先关闭，与门 B、B′输出为 0，由于与非门 G_3 和 G_4 的延迟时间，Q_3 和 Q_4 的状态会保持一段时间。又因为与非门 G_3 和 G_4 的传输时间大于基本 RS 触发器的翻转时间，因此触发器状态由此时的 Q_3 和 Q_4 决定。即由 CP 下降沿前一瞬间的 J 和 K 的状态决定。其逻辑功能如表 6.4.2 所示。

表 6.4.2 边沿 JK 触发器的逻辑功能表

J	K	Q^n	Q^{n+1}	说　明
0	0	0	0	保持原状态
0	0	1	1	
0	1	0	0	清 0
0	1	1	0	
1	0	0	1	置 1
1	0	1	1	
1	1	0	1	与原状态相反
1	1	1	0	

边沿 JK 触发器的特性方程与主从 JK 触发器的特性方程相同。

3. 主要特点

(1) 边沿触发方式，触发器的输出只与 CP 上升沿瞬间 J、K 的信号有关。而在这之前或之后，输入信号 J、K 的变化对触发器的输出状态没有影响。这种特点提高了触发器电路的抗干扰能力和工作可靠性。

(2) 该电路要求 J、K 输入信号先于 CP 下降沿传输到 G_3、G_4 的输出端，并且 J、K 输入信号在 CP 下降沿到来后就不必保持，因此 J、K 输入信号的保持时间极短，从而具有很高的抗干扰能力和工作速度。

4. 带异步置 0 和置 1 端的边沿 JK 触发器

带有异步置 0 和置 1 端的边沿 JK 触发器的逻辑电路图及逻辑符号如图 6.4.7 所示。当 $\bar{R}_D=0$，$\bar{S}_D=1$ 时，无论时钟信号 CP 和 J、K 信号为何种状态，都能使输出端 Q 置 0。同样，当 $\bar{R}_D=1$，$\bar{S}_D=0$ 时，无论时钟信号 CP 和 J、K 信号为何种状态，都能使输出端 Q 置 1。但是 $\bar{R}_D$ 和 $\bar{S}_D$ 信号不能同时有效。

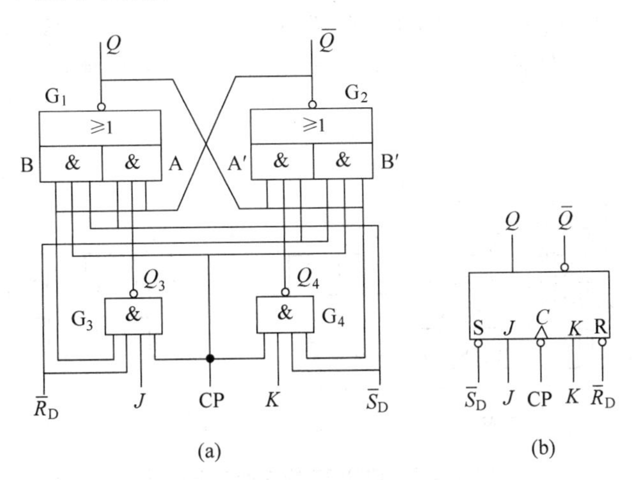

图 6.4.7　带异步清 0 和置 1 端的 JK 触发器的逻辑图及逻辑符号

(a) 逻辑图；(b) 逻辑符号

5. 集成边沿 JK 触发器

目前市场上应用最广泛的 TTL 型边沿 JK 触发器有 74LS112(双 JK 下降沿触发，带清零端)、74LS109(双 JK 上升沿触发，带清零端)、74LS111(双 JK，带数据锁存)等；CMOS 型有 74HC73、74HC107(双 JK 下降沿触发，带清零端)、CC4027、74HC109(双 JK 上升沿触发，带清零端)等。

常用集成边沿 JK 触发器 74LS112 和 CC4027 的引脚排列如图 6.4.8 所示。两个芯片内部均含有两个带异步清零和置位端的边沿 JK 触发器。芯片 74LS112 由 CP 的下降沿触

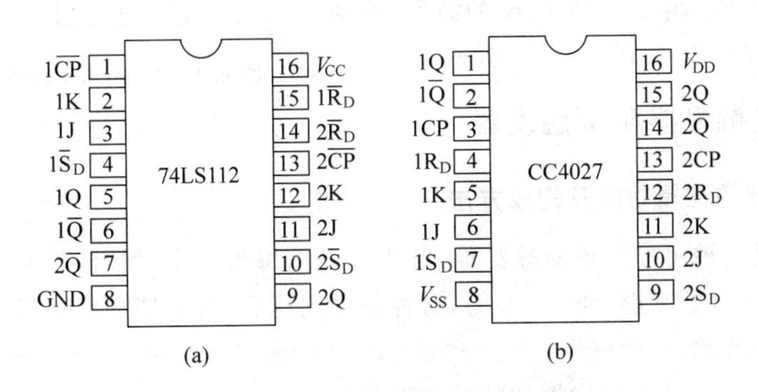

图 6.4.8　集成边沿 JK 触发器的引脚排列图

(a) 74LS112(TTL 型)；(b) CC4027(CMOS 型)

注：①符号上加横线的，表示负脉冲(低电平)有效；不加横线的，表示正脉冲(高电平)有效。②双触发器以上其输入、输出符号前写同一数字的，表示属于同一触发器。③V_{CC}电源一般为+5V，V_{DD}电源一般为+3～18V。

发，清零端 $\overline{R}_D$ 和置位端 $\overline{S}_D$ 为低电平有效。芯片 CC4027 由 CP 的上升沿触发，清零端 R_D 和置位端 S_D 为高电平有效。使用时应查阅器件手册，了解芯片内部结构及主要电气特性。

6. 集成边沿 JK 触发器的应用

集成边沿 JK 触发器的应用非常广泛，可以构成其他类型的触发器和各种时序逻辑电路。如图 6.4.9(a)所示是用一片 CC4027 双 JK 集成触发器中一个单元电路构成的二分频器。从 1CP 端输入 4 个时钟脉冲，则在输出端 1Q 只输出 2 个时钟脉冲，输出脉冲的周期增加了一倍，从而实现了时钟信号的二分频，波形图如图 6.4.9(b)所示。

$$f_{out} = \frac{f_{in}}{2} \tag{6.5}$$

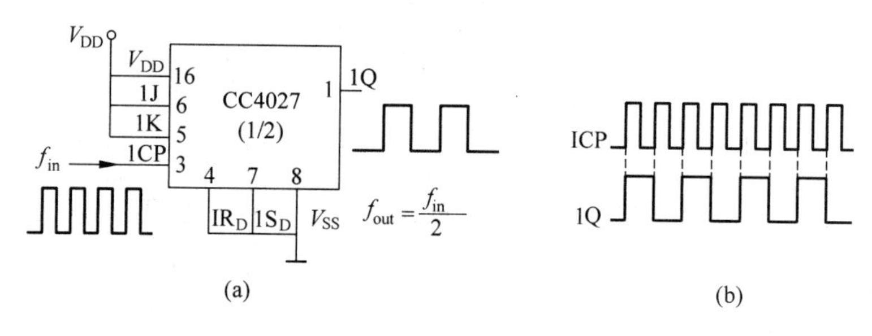

图 6.4.9 CC4027 构成的二分频器

(a) 电路原理图；(b) 输入、输出波形图

例 6.6 已知带有异步清零和置位端的边沿 JK 触发器如图 6.4.7 所示，设初始状态为 0，各输入端的输入信号如图 6.4.10 所示，试画出输出端 Q 的波形图。

解 由于是带有异步清零和置位端的 JK 边沿触发器，所以在分析波形图时，应先看 $\overline{R}_D$ 和 $\overline{S}_D$ 是否有低电平信号输入，若有则触发器按要求复位或置位；当 $\overline{R}_D$ 和 $\overline{S}_D$ 信号无效，且 CP 下降沿到来时，触发器状态才根据 J、K 的状态翻转。

根据给定的 $\overline{R}_D$、$\overline{S}_D$、CP 和 J、K 的波形，可画出输出端 Q 的波形图，如图 6.4.10 所示。

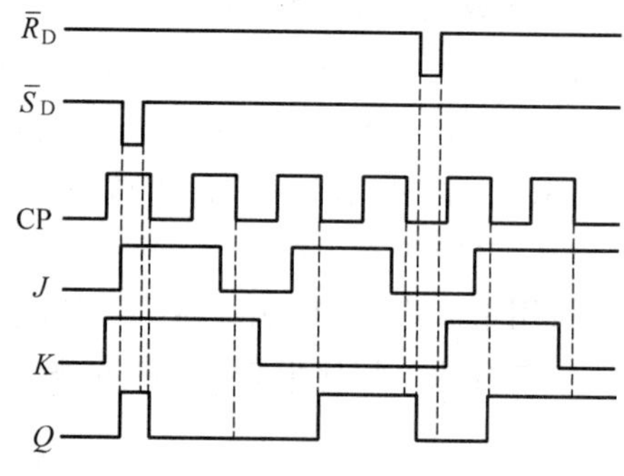

图 6.4.10 例 6.6 的输入、输出波形

6.4.3 T 触发器和 T′触发器

1. T 触发器的逻辑功能及构成方法

T 触发器是一种可控计数型触发器，当 $T=1$ 时，每来一个时钟信号 CP，触发器的状态就翻转一次，实现计数功能；而 $T=0$ 时，时钟信号到达后，触发器的状态保持不变。其逻辑功能如表 6.4.3 所示。

根据表 6.4.3 可得 T 触发器的特性方程，即

$$Q^{n+1} = T\overline{Q^n} + \overline{T}Q^n = T \oplus Q^n \tag{6.6}$$

目前，集成触发器多为 JK 和 D 触发器，还没有 T 和 T′触发器。一般将 JK 触发器的两个输入端连在一起作为 T 端，就可以构成 T 触发器。

表 6.4.3 T触发器的逻辑功能表

T	Q^n	Q^{n+1}	说　明
0	0	0	保持
0	1	1	
1	0	1	计数
1	1	0	

图 6.4.11 是由边沿 JK 触发器构成的 T 触发器。由边沿 JK 触发器的功能可知，当 $T=0$ 时，$J=K=0$，触发器保持不变；当 $T=1$ 时，$J=K=1$，每来一个 CP 脉冲，触发器翻转一次，实现了 T 触发器的逻辑功能。

2. T′触发器的逻辑功能及构成方法

T′触发器是计数型触发器。每来一个 CP 脉冲，触发器翻转一次。其特性方程为

$$Q^{n+1}=\overline{Q^n} \tag{6.7}$$

T′触发器一般是由 JK 触发器或 D 触发器构成。用 JK 触发器构成 T′触发器，只需令 $J=K=1$ 即可，如图 6.4.12(a)所示。用 D 触发器构成 T′触发器，只需令 $D=\overline{Q^n}$ 就可以实现，如图 6.4.12(b)所示。

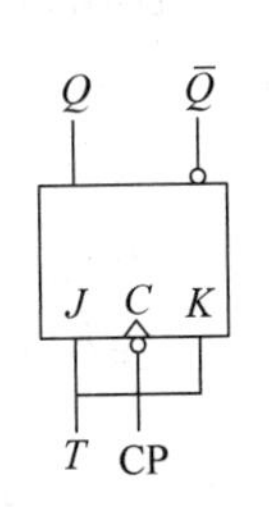

图 6.4.11 JK 触发器构成 T 触发器

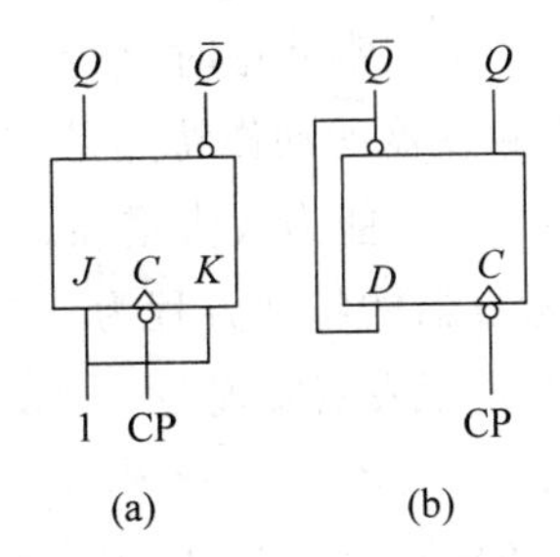

图 6.4.12 用 JK 触发器和 D 触发器构成 T′触发器

本 章 小 结

本章介绍了触发器的电路结构、逻辑符号以及功能特点。触发器是构成各种时序逻辑电路的基本逻辑单元。

(1) 触发器能够存储一位二进制信息，是具有记忆功能的基本逻辑单元。它有两个稳定的状态：0 状态和 1 状态。在输入信号作用下，触发器可从一种状态翻转到另一种状态；在输入信号取消后，能保持状态不变。

(2) 触发器逻辑功能的描述可以用真值表、特征方程、时序图(输入、输出信号对应波形图)等方法来表示。

(3) 触发器的分类如下：按电路结构可分为基本型、同步型、主从型、边沿型；按触发方式可分为电平触发、脉冲触发、边沿触发；按逻辑功能可分为 RS 型、JK 型、D 型、T 型等；按

制造工艺可分为 TTL 型、CMOS 型。

基本 RS 触发器是各种触发器的基础；同步 RS 触发器具有计数功能，但易发生空翻现象；主从 RS 触发器可防止空翻现象发生，同时具有记忆功能；边沿 JK 触发器、D 触发器是应用最广泛的触发器，具有抗干扰性好、速度快等优点；T 触发器具有计数功能。

本章要求掌握不同类型触发器的功能特点和触发方式，能够正确使用触发器，为进一步学习时序电路打好基础。

习　　题

6.1　填空题

(1) 按逻辑功能分，触发器有________、________、________、________、________ 5 种。

(2) 触发器有________个稳定状态，当 $Q=0,\bar{Q}=1$ 时，称为________状态。

(3) 两种可防止空翻的触发器是________触发器和________触发器。

(4) 触发器是一个具有________功能的基本逻辑单元，它能存储________位二进制代码。

(5) 基本 RS 触发器的动作特点是输入直接决定输出，所以它的________能力较差。并且由于正常使用时，输入应满足约束方程________，所以给使用带来不便。

(6) 边沿触发器的动作特点是，触发器的输入仅在________到达才对触发器有效，所以________能力大大增强。

(7) JK 触发器的特性方程为________，它具有清 0、置 1、________和________功能。

(8) 欲使 JK 触发器实现 $Q^{n+1}=\bar{Q}^n$ 的功能，则输入端 J 应接________，K 应接________。

6.2　选择题

(1) 基本 RS 触发器当 $\bar{R}_D$、$\bar{S}_D$ 都接高电平时，该触发器具有________功能。

A. 清 0　　B. 置 1　　C. 保持　　D. 不确定

(2) 如果把 D 触发器的输出端 $\bar{Q}$ 反馈连接到输入端 D，则输出 Q 的脉冲波形频率为 CP 脉冲频率的________。

A. 二倍频　　B. 四倍频　　C. 二分频　　D. 四分频

(3) 如果把 JK 触发器的输入端接到一起，则 JK 触发器就转换成________触发器。

A. D　　B. T　　C. T′　　D. RS

(4) 要使维持阻塞 D 触发器可靠地工作，要求 D 触发器信号比时钟脉冲 CP ________。

A. 同时到达　　B. 略延迟到达

C. 提前到达　　D. 不确定

(5) 逻辑电路如题图 6.1 所示，当 $A=0$ 时，CP 脉冲来到后，D 触发器具有________功能。

A. 计数　　B. 清 0

C. 置 1　　D. 保持

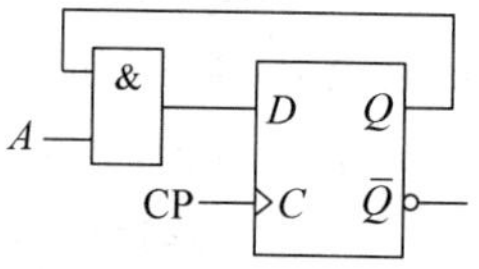

题图 6.2

(6) 下列触发器构成的逻辑电路中，能实现 $Q^{n+1}=\overline{Q^n}$ 的电路是________。

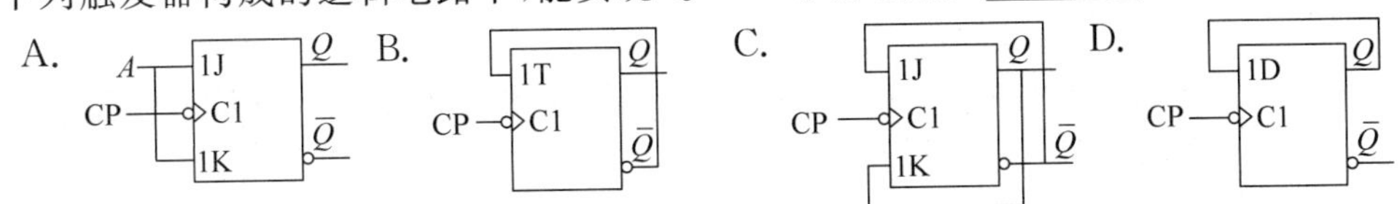

6.3 什么是触发器的“空翻”现象？造成“空翻”的原因是什么？“空翻”和不定状态有什么区别？如何有效解决“空翻”问题？

6.4 什么是触发器的“一次变化”问题？造成“一次变化”的原因是什么？

6.5 边沿触发器与主从触发器比较，具有什么优点？

6.6 在由与非门构成的基本触发器中，$\overline{R}_D$ 与 $\overline{S}_D$ 端的输入电压波形如题图 6.6 所示。设触发器初始状态为 0，试画出输出端 Q 和 $\overline{Q}$ 的波形。

6.7 如题图 6.7 所示的逻辑电路，试分析其是否具有触发器功能？

6.8 在同步 RS 触发器中，R 和 S 端的输入电压波形如题图 6.8 所示。设触发器初始状态 Q^n 为 0，试画出输出 Q 和 $\overline{Q}$ 的波形。

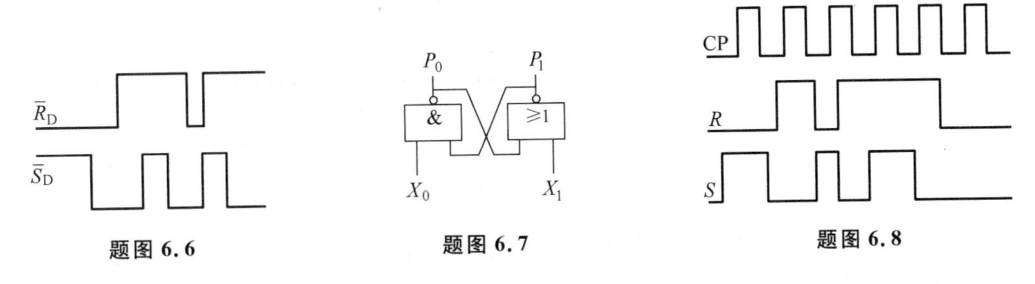

题图 6.6　　题图 6.7　　题图 6.8

6.9 已知主从 RS 触发器的逻辑符号和 CP、S、R 端的波形如题图 6.9 所示。设触发器的初始状态为 0，试画出 Q 端对应的波形。

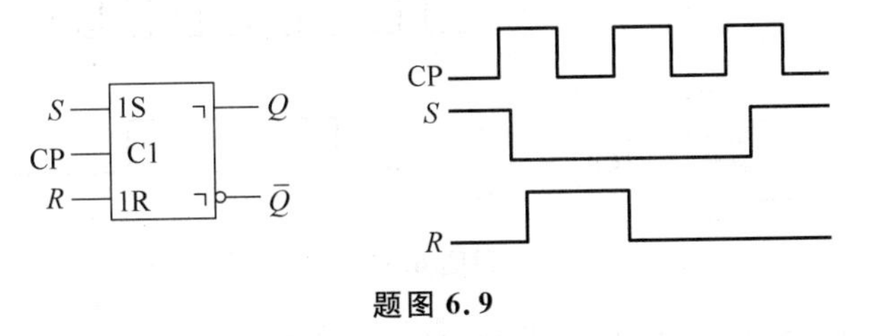

题图 6.9

6.10 已知主从 JK 触发器的逻辑符号和 CP、J、K 端的波形如题图 6.10 所示。设触发器的初始状态为 0，试画出 Q 端对应的波形。

6.11 如题图 6.11 所示是主从 JK 触发器输入的 CP 和 J、K 的电压波形。设触发器初始状态 Q^n 为 0，试画出主触发器 $Q_主$ 端和从触发器 Q 端的工作波形。

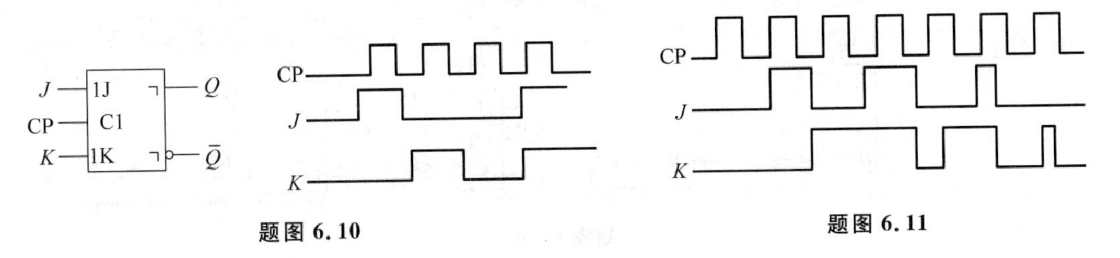

题图 6.10　　题图 6.11

6.12 下降沿触发边沿 JK 触发器的时钟波形 CP 及输入信号 J、K 波形如题图 6.13 所示，试画出 Q 端的波形(设初态 $Q=0$)。

6.13 上升沿触发的边沿 D 触发器的时钟波形 CP 和输入信号 D 的波形如题图 6.14 所示，试画出 Q 端的波形(设初态 $Q=0$)。

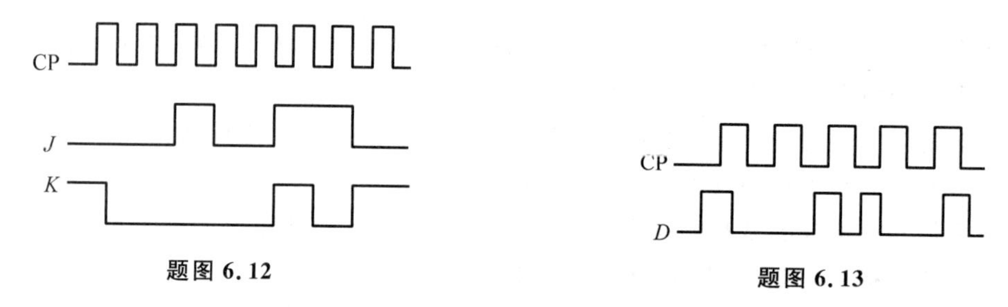

题图 6.12　　题图 6.13

6.14 边沿 JK 触发器的逻辑电路图及 A、B、CP 的波形如题图 6.14 所示，试画出 Q 的波形(设 Q 的初始状态为 0)。

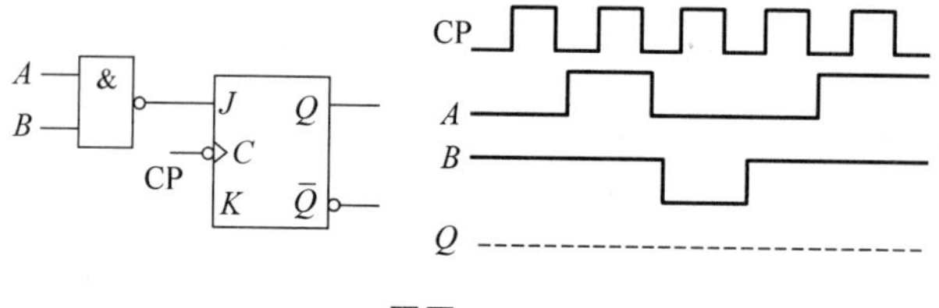

题图 6.14

6.15 由上升沿触发的边沿 D 触发器和与非门组成的电路如题图 6.15 所示，试画出 Q 端的波形(设初态 $Q=0$)。

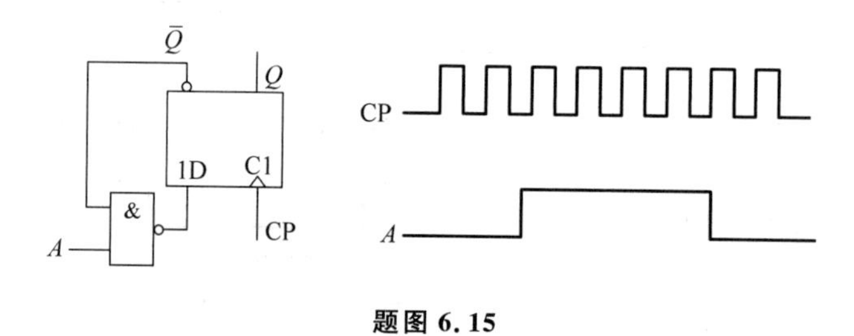

题图 6.15

6.16 如题图 6.16 所示，各个边沿触发器初始皆为 0 状态。试画出连续 6 个时钟周期作用下，各触发器 Q 端的波形。

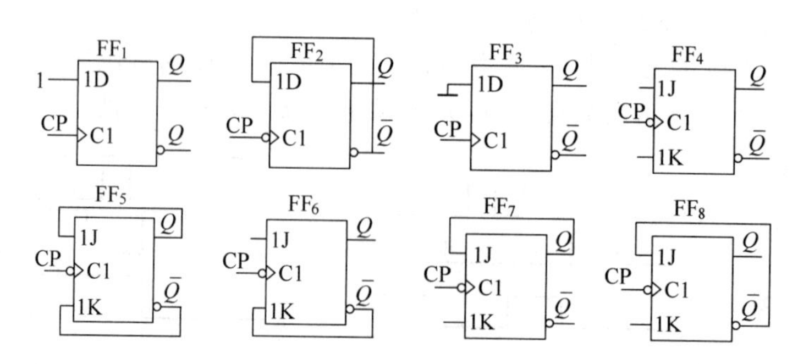

题图 6.16

6.17 在边沿 JK 触发器接成 T 触发器电路中，已知 CP 和 T 输入端的电压波形，如题图 6.17 所示。设触发器初始状态 Q^n 为 0，试画出 Q 和 $\bar{Q}$ 端的波形。

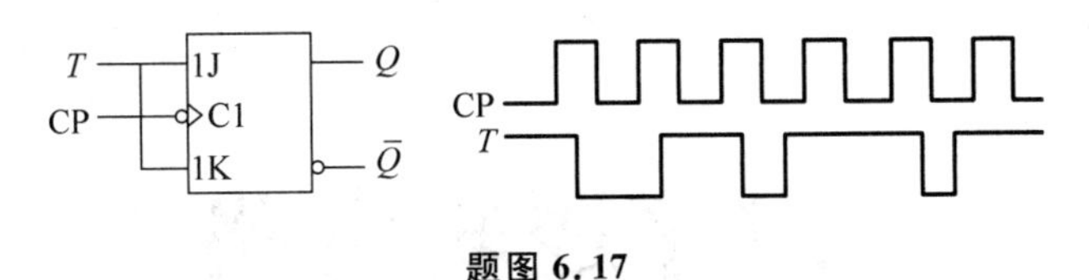

题图 6.17

6.18 根据题图 6.18 所示电路及 A、B、CP 波形，画出 Q 的波形（设触发器初态为 0）。

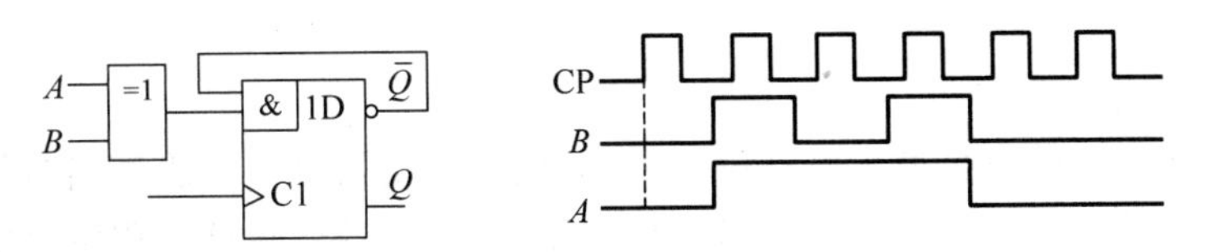

题图 6.18

6.19 由两个边沿 D 触发器组成电路如题图 6.19 所示，试画出 Q_1，Q_2 端的波形（设初态 $Q_1=Q_2=0$）。

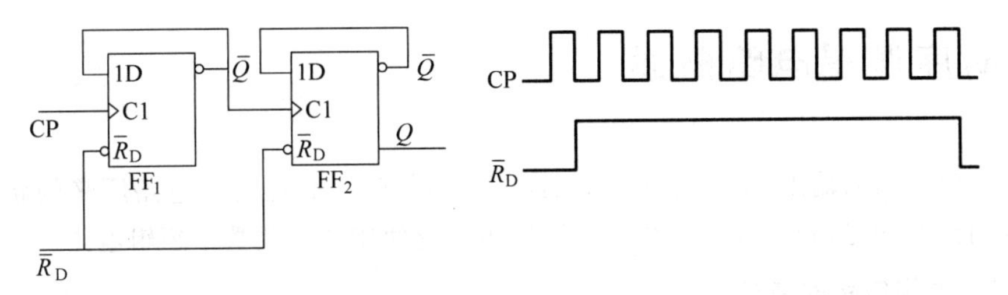

题图 6.19

6.20 由维阻 D 触发器和边沿 JK 触发器组成的电路如题图 6.20(a) 所示，各输入端波形如图 6.20(b)所示。当各触发器的初态为 0 时，试画出 Q_1 和 Q_2 端的波形，并说明此电路的功能。

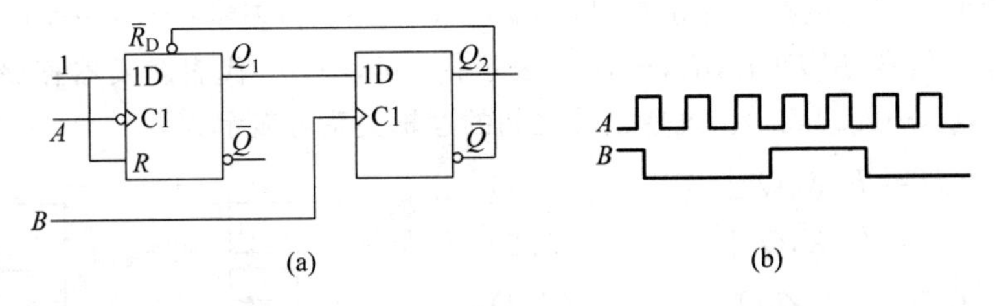

题图 6.20

第7章

时序逻辑电路

在第 5 章所讨论的组合逻辑电路中，任一时刻的输出信号仅取决于当时的输入信号，这是组合逻辑电路的特点。本章要介绍另一种类型的逻辑电路，在这类逻辑电路中，任一时刻的输出信号不仅取决于当时的输入信号，而且还取决于电路原来的状态。具备这种逻辑功能特点的电路称为时序逻辑电路(sequential logic circuit，简称时序电路)。本章将介绍时序逻辑电路的特点、分析、设计方法，以及寄存器和计数器的功能及应用。

7.1 时序逻辑电路概述

时序逻辑电路的输出，不仅与该时刻的输入信号有关，而且还与电路原来的状态有关，具有一定的记忆功能，它是数字系统和计算机中广泛使用的一类数字逻辑电路。

1. 时序逻辑电路的结构

时序逻辑电路中必须含有具有记忆能力的存储器件。存储器件的种类很多，如触发器、延迟线、磁性器件等，但最常用的是触发器。由组合逻辑电路和触发器电路构成的时序逻辑电路的基本结构图如图 7.1.1 所示。

图 7.1.1 中，$x_1,x_2,\cdots,x_i$ 代表时序逻辑电路的输入信号，用 $X(x_1,x_2,\cdots,x_i)$ 表示；$z_1,z_2,\cdots,z_j$ 代表时序逻辑电路的输出信号，用 $Z(z_1,z_2,\cdots,z_j)$ 表示；$d_1,d_2\cdots,d_m$ 代表触发器存储电路的输入信号，用 $D(d_1,d_2,\cdots,d_m)$ 表示；$q_1,q_2,\cdots,q_m$ 代表触发器存储电路的输出信号，用 $Q(q_1,q_2,\cdots,q_m)$ 表示。这些信号之间的逻辑关系可表示为

$$D=F[X,Q^n] \tag{7.1}$$

$$Z=G[X,Q^n] \tag{7.2}$$

$$Q^{n+1}=H[Z,Q^n] \tag{7.3}$$

式(7.1)称为驱动方程(或激励方程)，式(7.2)称为输出方程，式(7.3)称为状态方程。Q^n 表示存储电路中触发器的现态，Q^{n+1} 表示存储电路中触发器的次态。

与组合逻辑电路相比，时序逻辑电路在结构上有以下两个主要特点。

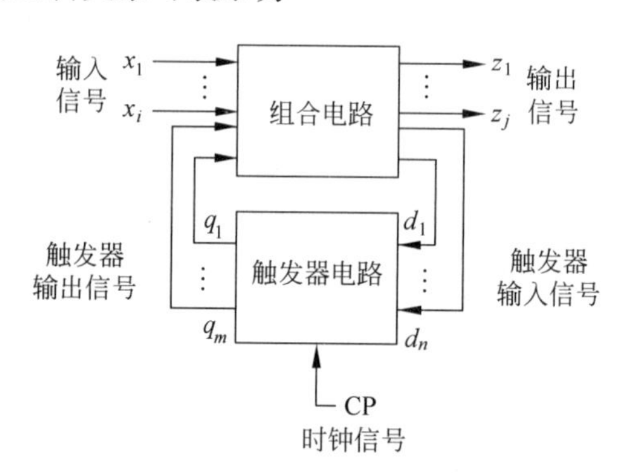

图 7.1.1 时序逻辑电路的基本结构图

(1) 由组合逻辑电路和存储电路两部分组成。

(2) 输出、输入之间存在一条以上的反馈通路。即存储电路至少有一个输出作为组合逻辑电路的输入,组合电路的输出至少有一个作为存储电路的输入。

2. 时序逻辑电路的分类

(1) 按存储电路中触发器的动作特点不同,时序逻辑电路可分为同步时序电路(synchronous sequential circuit)和异步时序电路(asychronous sequential circuit)两大类。同步时序电路中,所有触发器的时钟脉冲信号是同一个信号,因此,所有触发器状态的变化都是在同一时钟脉冲信号控制下同时发生的。而在异步时序电路中,各个触发器的时钟脉冲信号不同,即电路不是由统一的时钟脉冲来控制其状态的变化,电路中触发器的翻转有先有后,是异步进行的。

(2) 按逻辑功能,时序逻辑电路可分为寄存器、移位寄存器、计数器等。

(3) 按电路输出信号特点,时序逻辑电路可分为 Mealy 型和 Moore 型。在 Mealy 型电路中,输出信号同时取决于存储电路的状态和输入信号,其电路结构如图 7.1.1 所示。在 Moore 型电路中,输出信号仅取决于存储电路的状态,与输入信号没有直接的关系,其电路结构如图 7.1.2 所示。

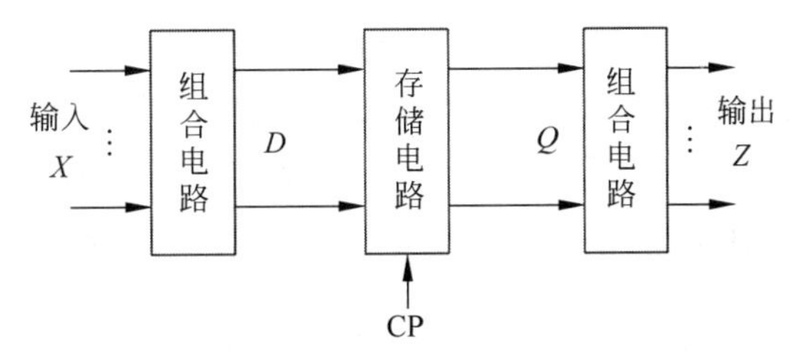

图 7.1.2 Moore 型时序逻辑电路的基本结构图

7.2 时序逻辑电路的分析

时序逻辑电路的分析,就是对于一个给定的时序逻辑电路,研究在一系列输入信号作用下,电路将会产生怎样的输出,进而说明该电路的逻辑功能。

7.2.1 同步时序逻辑电路的分析

首先讨论同步时序电路的分析方法,因为同步时序电路中所有触发器都是在同一个时钟脉冲信号控制下工作的,所以分析方法比较简单。

同步时序电路分析的一般步骤如下。

(1) 从给定的逻辑电路图中写出各个触发器的驱动方程(即每一触发器输入控制端的逻辑函数表达式,也称为激励方程);

(2) 将驱动方程代入相应触发器的特性方程,得到各触发器的状态方程(又称为次态方程),从而得到由这些状态方程组成的整个时序电路的状态方程组;

(3) 根据逻辑电路图写出电路的输出方程;

(4) 根据状态方程、输出方程列出电路的状态转移表,画出状态转移图或时序图;

(5) 根据状态转移图或时序图分析该时序电路的功能。

例 7.1 试分析图 7.2.1 所示时序逻辑电路的逻辑功能,写出它的驱动方程、状态方程和输出方程。FF_0 是边沿 T 触发器,FF_1 是边沿 JK 触发器,FF_2 是 D 边沿触发器,下降沿触发。

解 由图 7.2.1 可知,这个电路各个触发器的时钟信号相同,为同步时序逻辑电路。电路没有输入逻辑变量,属于 Moore 型时序逻辑电路。

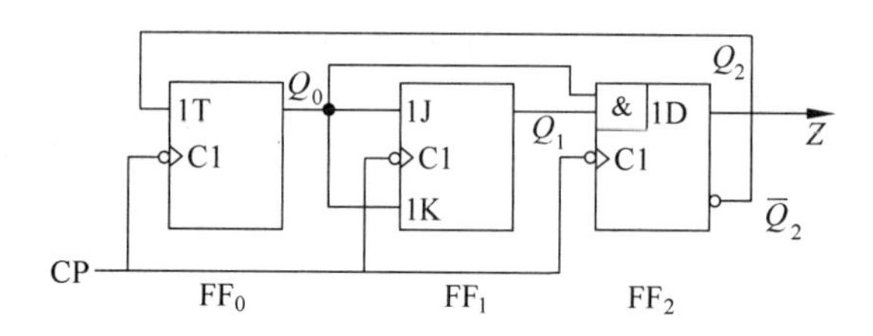

图 7.2.1 例 7.1 的时序逻辑电路

(1) 根据图 7.2.1 给定的逻辑电路可写出各个触发器的驱动方程为

$$\begin{cases} T_0 = \overline{Q_2^n} \\ J_1 = K_1 = Q_0^n \\ D_2 = Q_0^n Q_1^n \end{cases} \tag{7.4}$$

(2) 将式(7.4)代入 T 触发器、JK 触发器和 D 触发器的特性方程中,得电路的状态方程为

$$\begin{cases} Q_0^{n+1} = T_0\overline{Q_0^n} + \overline{T_0}Q_0^n = \overline{Q_2^n}\cdot\overline{Q_0^n} + Q_2^n Q_0^n \\ Q_1^{n+1} = J_1\overline{Q_1^n} + \overline{K_1}Q_1^n = Q_0^n\overline{Q_1^n} + \overline{Q_0^n}Q_1^n \\ Q_2^{n+1} = D_2 = Q_0^n Q_1^n \end{cases} \tag{7.5}$$

(3) 根据逻辑图写出电路的输出方程为

$$Z = Q_2^n \tag{7.6}$$

(4) 根据状态方程、输出方程列出电路的状态转移表

设电路的初态为 $Q_2Q_1Q_0=000$,代入式(7.5)和式(7.6)后得到 $Q_0^{n+1}=1, Q_1^{n+1}=0, Q_2^{n+1}=0, Z=0$。将这一结果作为新的初态,即 $Q_2Q_1Q_0=001$,重新代入式(7.5)和式(7.6),又得到一组新的次态和输出值。如此继续下去即可发现,当 $Q_2Q_1Q_0=100$ 时,次态 $Q_2^{n+1}Q_1^{n+1}Q_0^{n+1}=000$,返回了最初设定的初态。如果再继续算下去,电路的状态和输出将按照前面的变化顺序反复循环。这样就得到了表 7.2.1 所示的状态转移表的有效状态。但是 $Q_2Q_1Q_0$ 的状态组合共有 8 种,除去上述计算过程列出的 5 个有效状态,还有 3 个偏离状态。要检验这 3 个偏离状态的转移情况,并将计算结果补充到表中,才能得到完整的状态转移表。例 7.1 的状态转移表如表 7.2.1 所示。

表 7.2.1 例 7.1 的状态转移表

Q_2^n	Q_1^n	Q_0^n	Q_2^{n+1}	Q_1^{n+1}	Q_0^{n+1}	Z
0	0	0	0	0	1	0
0	0	1	0	1	0	0
0	1	0	0	1	1	0
0	1	1	1	0	0	0
1	0	0	0	0	0	1

续表

Q_2^n	Q_1^n	Q_0^n	Q_2^{n+1}	Q_1^{n+1}	Q_0^{n+1}	Z
1	0	1	0	1	1	1
1	1	0	0	1	0	1
1	1	1	1	0	1	1

(5) 根据状态转移表画出电路的状态转移图

从表 7.2.1 得到的状态图如图 7.2.2 所示，因为该电路没有输入信号，所以"/"左侧没有注字。

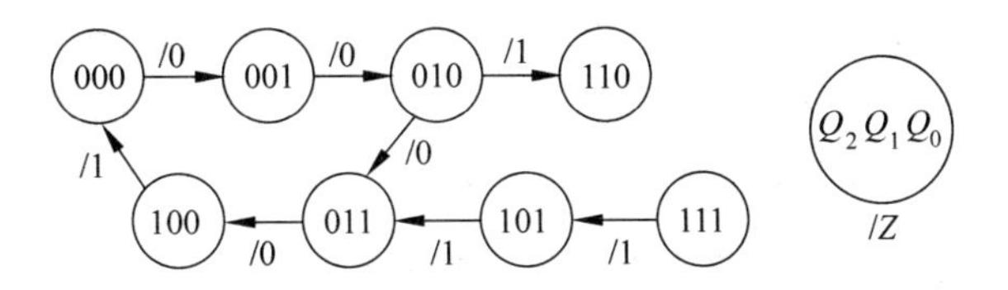

图 7.2.2　例 7.1 的状态转移图

(6) 电路的功能说明

由图 7.2.2 可知，在时钟脉冲的作用下，$Q_2Q_1Q_0$ 的状态从 000 到 100 按二进制加法规律依次递增，每经过 5 个脉冲作用后，电路的状态循环一次。这种能记录输入脉冲个数的电路称为计数器。因为 3 个触发器状态的改变是按照二进制加法规律依次递增，所以该电路是五进制同步加法计数器。从状态转移图可知，当 $Q_2Q_1Q_0$ 的状态为 3 种偏离状态时，在时钟作用下电路能自动进入有效状态，所以，图 7.2.1 所示时序电路的逻辑功能是带有自启动功能的五进制同步加法计数器。

例 7.2　试分析图 7.2.3 所示时序逻辑电路的逻辑功能，X 是输入控制信号，画 Q_0、Q_1 和 Z 在 X 信号控制下的工作波形(设 Q_0、Q_1 初态均为 0)。

解　由图 7.2.3 可知，这个电路各个触发器的时钟信号相同，为同步时序逻辑电路。电路有一个输入信号 X，一个输出信号 Z，属于 Mealy 型时序逻辑电路。

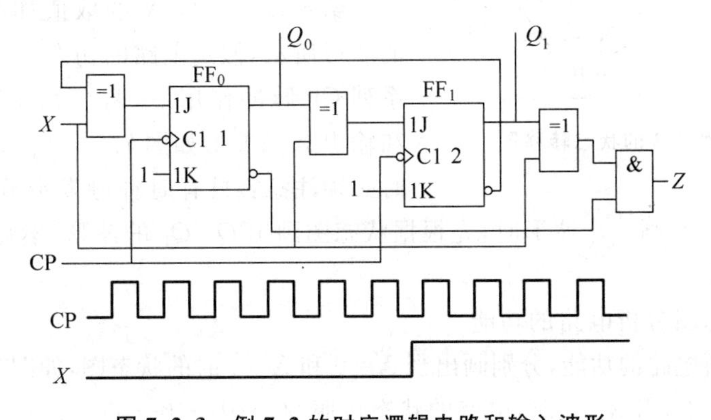

图 7.2.3　例 7.2 的时序逻辑电路和输入波形

(1) 从图 7.2.1 给定的逻辑电路可写出各个触发器的驱动方程为

$$\begin{cases} J_0 = X \oplus \overline{Q_1^n}, & K_0 = 1 \\ J_1 = X \oplus Q_0^n, & K_1 = 1 \end{cases} \tag{7.7}$$

(2) 将式(7.7)代入JK触发器的特性方程中,得电路的状态方程为

$$\begin{cases} Q_0^{n+1} = J_0\,\overline{Q_0^n} + \overline{K_0}Q_0^n = (X \oplus \overline{Q_1^n})\,\overline{Q_0^n} \\ Q_1^{n+1} = J_1\,\overline{Q_1^n} + \overline{K_1}Q_1^n = (X \oplus Q_0^n)\,\overline{Q_1^n} \end{cases} \tag{7.8}$$

(3) 根据逻辑图写出电路的输出方程为

$$Z = (X \oplus Q_1^n)\,\overline{Q_0^n} \tag{7.9}$$

(4) 根据状态方程、输出方程列出电路的状态转移表

先在状态表中填入电路现态 Q^n 和输入信号 X 的所有组合,然后根据式(7.8)和式(7.9)的计算结果,逐行填入当前输出 Z 以及次态 Q^{n+1} 的相应值。例如,电路的现态为 $Q_1Q_0=00$,当输入信号 $X=0$ 时,$Q_0^{n+1}=1$,$Q_1^{n+1}=0$,$Z=0$;当输入信号 $X=1$ 时,$Q_0^{n+1}=0$,$Q_1^{n+1}=1$,$Z=1$。例7.2的状态表如表7.2.2所示。

表7.2.2 例7.2的状态转移表

$Q_1^nQ_0^n$ \ X ($Q_1^{n+1}Q_0^{n+1}/Z$)	0	1	$Q_1^nQ_0^n$ \ X ($Q_1^{n+1}Q_0^{n+1}/Z$)	0	1
00	01/0	10/1	10	00/1	01/0
01	10/0	00/0	11	00/0	00/0

(5) 根据状态转移表画出电路的状态转移图

从表7.2.2得到的状态图如图7.2.4所示,因为该电路有一个输入信号 X,所以"/"左侧为输入信号 X,右侧为输出信号 Z。从每个状态出来两个箭头,分别表示当输入信号 $X=0$ 和 $X=1$ 时电路将要到达的次态。

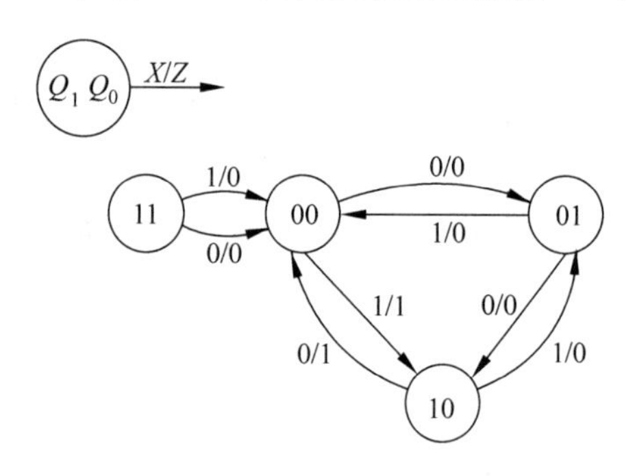

图7.2.4 例7.2的状态转移图

(6) 在给定的输入信号作用下得到电路的时序图

给定输入信号 X 的取值如图7.2.3中的 X 的波形所示,假定电路的初态为 $Q_1Q_0=00$。在一系列CP脉冲作用下,两个触发器的状态 Q_0、Q_1 和输出 Z 的波形如图7.2.5所示。在画工作波形时必须注意:只有时钟触发沿到达时,触发器状态才能发生变化。在画工作波形时,先根据状态图画出 Q_0、Q_1 的波形,然后根据式(7.9)画出 Z 的波形。

(7) 根据状态图分析电路的功能

为了便于分析电路的功能,分别画出当 $X=0$ 和 $X=1$ 时的状态图,如图7.2.6和图7.2.7所示。在图7.2.6中,当 $X=0$ 时,电路的状态按照00→01→10→00循环变化,若 $Q_1Q_0=11$,在下一个时钟脉冲下降沿来时,电路进入00状态;若 $Q_1Q_0=10$,输出信号 $Z=1$,其他情况 $Z=0$。所以当 $X=0$ 时,该电路是带有自启动功能的三进制同步加法计数器。在图7.2.7中,当 $X=1$ 时,电路的状态按照00→10→01→00循环变化,若 $Q_1Q_0=11$,在下一个时钟脉

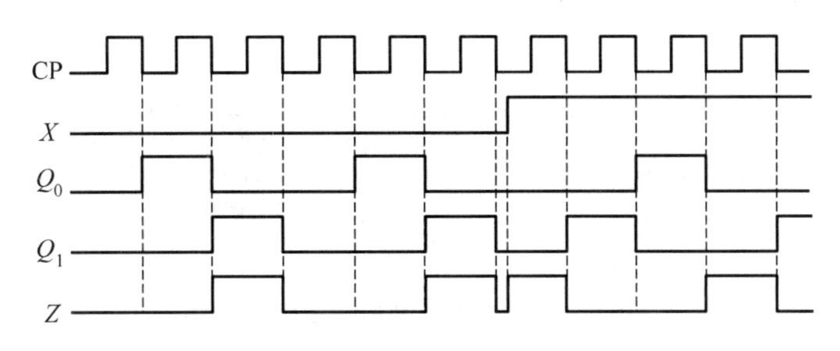

图 7.2.5　例 7.2 的时序图

冲下降沿来时，电路进入 00 状态；若 $Q_1Q_0=00$，输出信号 $Z=1$，其他情况 $Z=0$。所以当 $X=1$ 时，该电路是带有自启动功能的三进制同步减法计数器。综上所述，该电路是一个可控的三进制同步计数器，当 $X=0$ 时，是加法计数器，Z 是进位信号；当 $X=1$ 时，是减法计数器，Z 是借位信号。

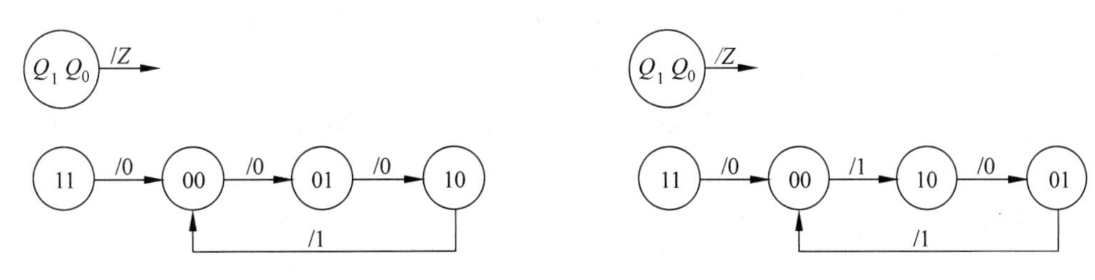

图 7.2.6　当 $X=0$ 时的状态图　　图 7.2.7　当 $X=1$ 时的状态图

7.2.2　异步时序逻辑电路的分析

异步时序逻辑电路的分析方法和同步时序逻辑电路的分析方法和步骤基本相同，不同之处在于异步时序电路中，各触发器没有统一的时钟脉冲。因此，在分析异步时序电路时需要写出各触发器的时钟方程。特别是分析异步时序电路的状态转换时，要注意各触发器只有在它自己的时钟脉冲的有效触发信号（上升沿或下降沿）才动作，否则将保持原状态不变。

异步时序电路分析的一般步骤如下。

（1）从给定的逻辑电路图中写出各个触发器的时钟方程；

（2）根据逻辑电路图写出各个触发器的驱动方程；

（3）将驱动方程代入相应触发器的特性方程，得到各触发器的状态方程，要特别注意状态方程有效的时钟条件（不满足时钟条件，触发器保持原状态）；

（4）根据逻辑电路图写出电路的输出方程；

（5）根据状态方程、输出方程列出电路的状态转移表，画出状态转移图或时序图；

（6）根据状态转移图或时序图分析该时序电路的功能。

例 7.3　试分析图 7.2.8 所示时序逻辑电路的逻辑功能，写出它的驱动方程、状态方程和输出方程。FF_0、FF_1、FF_2 是 JK 边沿触发器，下降沿触发。

解　由图 7.2.8 可知，这个电路触发器 FF_1 与触发器 FF_0 和 FF_2 的时钟信号不相同，所以为异步时序逻辑电路。

（1）从图 7.2.8 给定的逻辑电路可写出各个触发器的时钟方程为

$$CP_0=CP_2=CP\downarrow\text{（时钟脉冲的下降沿触发）}$$

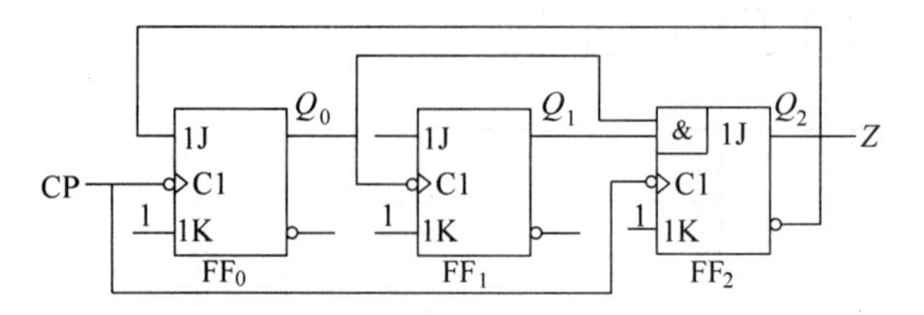

图 7.2.8 例 7.3 的时序逻辑电路

$CP_1 = Q_0\downarrow$（当 FF_0 的 Q_0 由 0→1 时，Q_1 才可能改变状态，否则 Q_1 将保持不变）

(2) 写出各个触发器的驱动方程为

$$\begin{cases} J_0 = \overline{Q_2^n}, \quad K_0 = 1 \\ J_1 = K_1 = 1 \\ J_2 = Q_1^n Q_0^n, \quad K_2 = 1 \end{cases} \tag{7.10}$$

(3) 将式(7.10)代入 JK 触发器的特性方程中，得电路的状态方程为

$$\begin{cases} Q_0^{n+1} = J_0\overline{Q_0^n} + \overline{K_0}Q_0^n = \overline{Q_2^n}\cdot\overline{Q_0^n}, & CP\downarrow \\ Q_1^{n+1} = J_1\overline{Q_1^n} + \overline{K_1}Q_1^n = \overline{Q_1^n}, & Q_0\downarrow \\ Q_2^{n+1} = J_2\overline{Q_2^n} + \overline{K_3}Q_2^n = \overline{Q_2^n}Q_1^nQ_0^n, & CP\downarrow \end{cases} \tag{7.11}$$

(4) 根据逻辑图写出电路的输出方程为

$$Z = Q_2^n \tag{7.12}$$

(5) 根据状态方程、输出方程列出电路的状态转移表

列状态转移表的方法与同步时序逻辑电路基本相同，只是要特别注意各个触发器是否具备有效的时钟信号(此处为下降沿有效)，为了分析方便，在状态表中增加了各触发器 CP 信号的状况。对于下降沿动作的触发器，CP=1 表示时钟输入端有下降沿到达；对于上升沿动作的触发器，CP=1 表示时钟输入端有上升沿到达。CP=0 表示没有时钟信号到达，触发器保持原来的状态不变。

在计算触发器的次态时，首先应找出每次电路状态转换时各个触发器是否有 CP 信号。可以从给定的 CP_0 连续作用下列出 Q_0 的对应值，根据 Q_0 每次从 1 变 0 的时刻将产生 CP_1。设电路的初态为 $Q_2Q_1Q_0$=000，代入式(7.11)和式(7.12)，依次计算下去，得到表 7.2.3 所示的状态转移表。

表 7.2.3 例 7.3 的状态转移表

Q_2^n	Q_1^n	Q_0^n	Q_2^{n+1}	Q_1^{n+1}	Q_0^{n+1}	Z	CP_2	CP_1	CP_0
0	0	0	0	0	1	0	1	0	1
0	0	1	0	1	0	0	1	1	1
0	1	0	0	1	1	0	1	0	1
0	1	1	1	0	0	0	1	1	1
1	0	0	0	0	0	1	1	0	1
1	0	1	0	1	0	1	1	1	1
1	1	0	0	1	0	1	1	0	1
1	1	1	0	0	0	1	1	1	1

(6) 根据状态转移表画出电路的状态转移图

从表 7.2.3 得到的状态图如图 7.2.9 所示，因为该电路没有输入信号，所以“/”左侧没有注字。

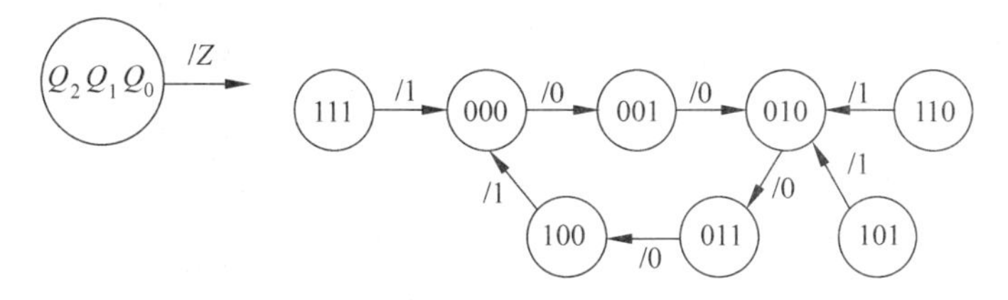

图 7.2.9 例 7.3 的状态转移图

(7) 电路的功能及波形图

由图 7.2.9 可知，在时钟脉冲的作用下，$Q_2Q_1Q_0$ 的状态从 000 到 100 按二进制加法规律依次递增，每经过 5 个脉冲作用后，电路的状态循环一次。这种能记录输入脉冲个数的电路称为计数器。因为 3 个触发器状态的改变是按照二进制加法规律依次递增，所以该电路是 3 位五进制异步加法计数器。从状态转移图可知，当 $Q_2Q_1Q_0$ 的状态为 3 种偏离状态时，在时钟作用下电路能自动进入有效状态，所以，图 7.2.8 所示时序电路的逻辑功能是带有自启动功能的 3 位五进制异步加法计数器。其波形图如图 7.2.10 所示。

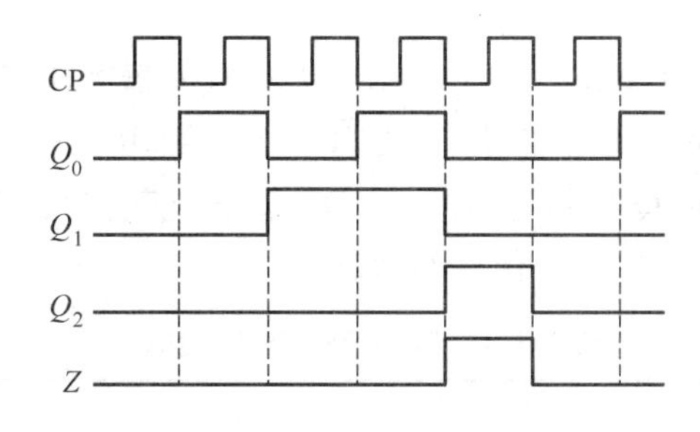

图 7.2.10 例 7.3 的波形图

7.3 寄存器

用来存放二进制数码或代码的电路称为寄存器。构成寄存器的核心部件是触发器，一个触发器可以存放一位二进制代码，要存放 n 位二进制代码，就要有 n 个触发器。所以 n 位寄存器实际上就是受同一时钟脉冲控制的 n 个触发器。寄存器的输入、输出方式各有两种：串行和并行。按功能分，寄存器有数码寄存器和移位寄存器两种，它们是数字系统中的重要逻辑部件。

7.3.1 数码寄存器

数码寄存器是存储二进制数码的时序逻辑电路，它具有接收和寄存二进制数码的逻辑功能。数码寄存器只能并行送入数据，需要时也只能并行输出数据。以下介绍几种常用的集成寄存器。

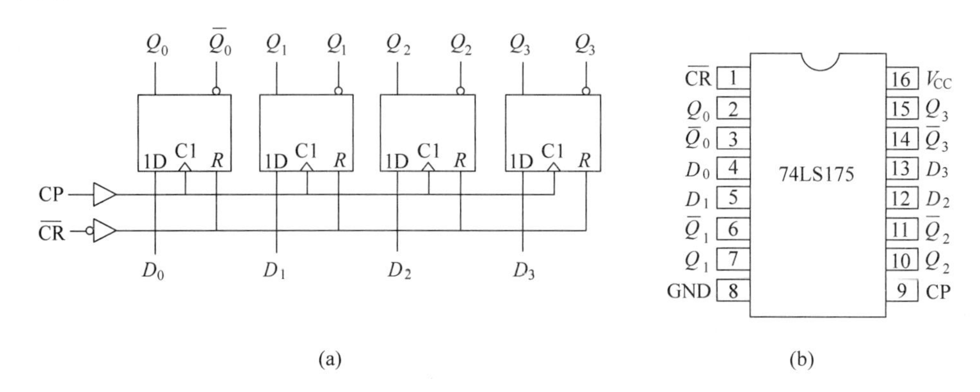

(a) (b)

图 7.3.1 四位集成寄存器 74LS175 的逻辑电路图和引脚图

(a) 逻辑电路图；(b) 引脚图

1. 四位集成寄存器 74LS175

74LS175 是由 D 触发器组成的四位集成寄存器，其逻辑电路图如图 7.3.1(a)所示，引脚图如图 7.3.1(b)所示。其中，$\overline{\text{CR}}$为异步清零控制端，$D_0 \sim D_3$ 为并行数据输入端，CP 为时钟脉冲端，$Q_0 \sim Q_3$ 为并行数据输出端，$\overline{Q}_0 \sim \overline{Q}_3$ 为反码数据输出端。

(1) 逻辑功能

74LS175 的逻辑功能表如表 7.3.1 所示。无论触发器处于何种状态，只要$\overline{\text{CR}}=0$，则 $Q_0 \sim Q_3$ 均为 0。当不需要异步清零时，应使$\overline{\text{CR}}=1$。当$\overline{\text{CR}}=1$，且时钟信号 CP 有上升沿时，并行送数，使 $Q_0^{n+1}=D_0$，$Q_1^{n+1}=D_1$，$Q_2^{n+1}=D_2$，$Q_3^{n+1}=D_3$。当$\overline{\text{CR}}=1$，但时钟信号 CP 无上升沿时，寄存器的输出端 $Q_0 \sim Q_3$ 保持原状态。

表 7.3.1 74LS175 的逻辑功能表

输入						输出				功能描述
$\overline{\text{CR}}$	CP	D_0	D_1	D_2	D_3	Q_0	Q_1	Q_2	Q_3	
0	×	×	×	×	×	0	0	0	0	异步清零
1	↑	D_0	D_1	D_2	D_3	D_0	D_1	D_2	D_3	数据输入
1	1	×	×	×	×	保持				数据保持
1	0	×	×	×	×	保持				数据保持

(2) 应用电路

如图 7.3.2 所示，用 74LS175 集成寄存器可构成 4 人智力竞赛抢答电路。抢答前，$\overline{\text{CR}}$端输入清零脉冲，使 $Q_0 \sim Q_3$ 输出为 0，则 4 只发光二极管均不亮。抢答开始后，假设 S_0 先按通，则 D_0 先为 1，当 CP 脉冲上升沿出现时，点亮 LED_0。同时 $\overline{Q}_0=0$，封锁与非门 G_3，使 CP=1，其他按钮随后按下，相应的发光二极管不会亮。若要再次进行抢答，只要$\overline{\text{CR}}$端输入清零脉冲即可。

2. 集成三态输出的四位寄存器 74LS173

具有三态输出功能的数据存储器可以实现总线存取数据，即当需要从寄存器输出端取数据时，三态使能信号有效，数据正常输出；当不需要从寄存器输出端取数据时，三态使能信

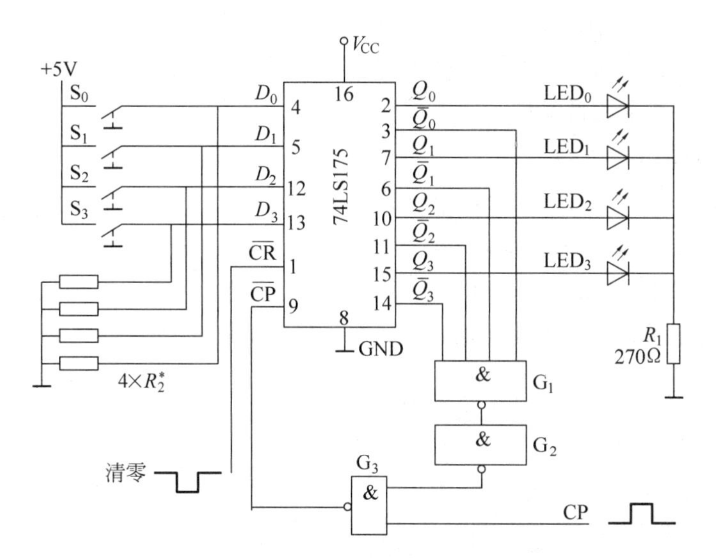

图 7.3.2 74LS175 构成的 4 人抢答电路

号无效，寄存器输出端呈高阻态，则不影响与寄存器输出端相连的数据线的状态。

集成三态输出的四位寄存器 74LS173 的引脚排列图如图 7.3.3 所示。各引脚功能如下：CR 为异步清零端，高电平有效；CP 为时钟脉冲输入端，上升沿有效；$D_0 \sim D_3$ 是并行数据输入端；$Q_0 \sim Q_3$ 是并行数据输出端；$\overline{IE}_1$、$\overline{IE}_2$ 是数据选通输入端，低电平有效；$\overline{OE}_1$、$\overline{OE}_2$ 是三态使能控制端，低电平有效。74LS173 的逻辑功能表如表 7.3.2 所示。

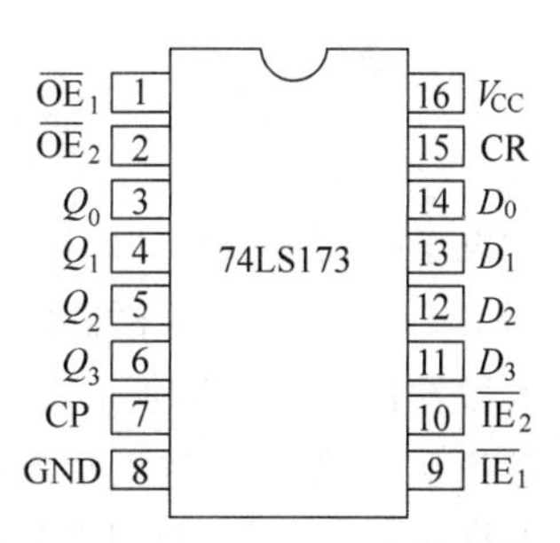

图 7.3.3 74LS173 的引脚图

表 7.3.2 74LS173 的逻辑功能表

输入								输出				功能描述
CR	CP	$\overline{IE}_1$	$\overline{IE}_2$	D_0	D_1	D_2	D_3	Q_0	Q_1	Q_2	Q_3	
1	×	×	×	×	×	×	×	0	0	0	0	异步清零
0	0	×	×	×	×	×	×	保持				数据保持
0	↑	1	×	×	×	×	×	保持				数据保持
0	↑	×	1	×	×	×	×	保持				数据保持
0	↑	0	0	D_0	D_1	D_2	D_3	D_0	D_1	D_2	D_3	数据输入

三态输出寄存器 74LS173 可直接与总线相连。当三态使能控制端$\overline{OE}_1$、$\overline{OE}_2$ 均为低电平时，输出端为正常逻辑状态，可用来驱动总线或负载；当$\overline{OE}_1$ 或$\overline{OE}_2$ 为高电平时，输出为高阻态。数据选通输入端$\overline{IE}_1$、$\overline{IE}_2$ 可控制数据是否进入触发器，当它们均为低电平时，在时钟脉冲 CP 上升沿作用下，数据 $D_0 \sim D_3$ 被送入相应的触发器。

7.3.2 移位寄存器

移位寄存器(shift register)除了具有寄存数码的功能以外，还具有移位功能。所谓移位功能，是指在移位脉冲作用下，寄存器里存储的数码可根据需要向左或向右移动一位。移位寄存器可用来实现数据的串行—并行转换、数值的运算以及数据处理等，是数字系统和计算机中应用很广泛的基本逻辑部件。

1. 左移寄存器

由边沿D触发器组成的四位左移寄存器逻辑电路如图7.3.4所示。数据从串行输入端D_i输入，右边触发器的输出作为左邻触发器的数据输入，各触发器都受时钟CP的控制。由于边沿D触发器的输出状态Q^{n+1}只由CP上升沿到来之前瞬时的输入状态D_n决定，因此每来一个时钟脉冲，右边触发器的输出状态就会移到左邻触发器中去，使数据向左移动1位。

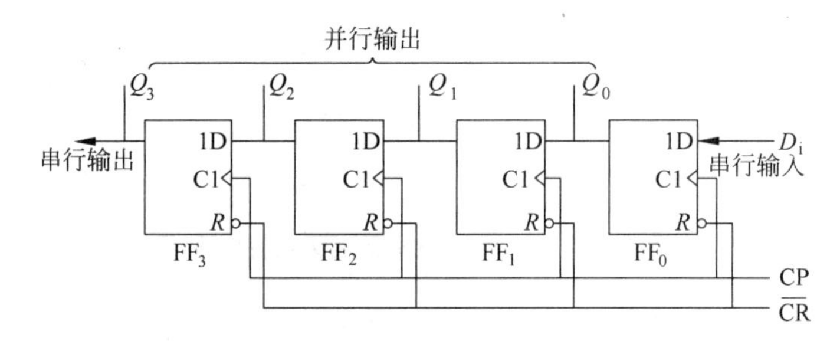

图7.3.4 用D触发器构成的四位左移寄存器

设串行输入数码1101，从高位到低位依次送入D_i端。在移位寄存器开始工作前，在CR端加低电平，使寄存器的初始状态为0000。当第一个时钟脉冲的上升沿到来时，$D_i=1$送入触发器FF_0中，使$Q_0=1, Q_1=Q_0^n=0, Q_2=Q_1^n=0, Q_3=Q_2^n=0$；当第二个时钟脉冲的上升沿到来时，$D_i=1$送入触发器$FF_0$中，使$Q_0=1, Q_1=Q_0^n=1, Q_2=Q_1^n=0, Q_3=Q_2^n=0$。以此类推，在4个移位脉冲作用后，输入的串行数码1101全部存入寄存器中，使$Q_0=1, Q_1=0, Q_2=1, Q_3=1$。四位左移寄存器的状态表如表7.3.3所示。

表7.3.3 左移寄存器的状态表

移位脉冲	输入数码	输　出			
CP	D_i	Q_3	Q_2	Q_1	Q_0
0		0	0	0	0
1	1	0	0	0	1
2	1	0	0	1	1
3	0	0	1	1	0
4	1	1	1	0	1

由表7.3.3可知，经过4个时钟脉冲后，数码1101出现在触发器的输出端$Q_3=1, Q_2=1, Q_1=0, Q_0=1$，这样将由$D_i$端串行输入的数码转换为并行输出的数码。这样可以实现数据的串行输入、并行输出。时序图如图7.3.5所示，由图可知，在第8个时钟脉冲作用后，数码已从Q_3端全部移出寄存器，即数码可由Q_3端串行输出。所以，移位寄存器具有串行输入-并行输出和串行输入-串行输出两种工作方式。

2. 右移寄存器

若将图7.3.4所示电路中各触发器的连接顺序调换一下，让左边触发器的输出作为右

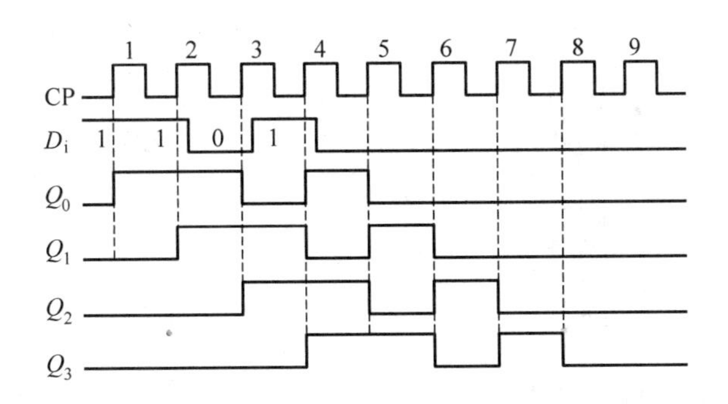

图 7.3.5　左移寄存器的时序图

邻触发器的数据输入，数据从最左边触发器串行输入端 D_i 输入，则可组成图 7.3.6 所示的右移寄存器。右移寄存器与左移寄存器不同的是，数码移入寄存器的顺序是先低位后高位。假设输入数据为 1101，移位情况如表 7.3.4 所示。

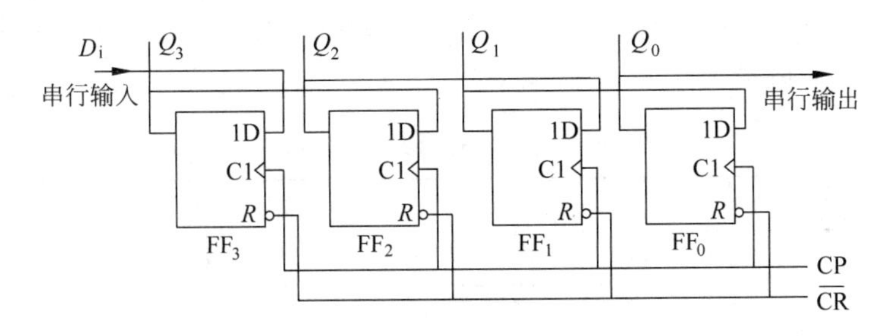

图 7.3.6　用 D 触发器构成的右移寄存器

表 7.3.4　右移寄存器的状态表

移位脉冲	输入数码	输　　出			
CP	D_i	Q_3	Q_2	Q_1	Q_0
0		0	0	0	0
1	1	1	0	0	0
2	0	0	1	0	0
3	1	1	0	1	0
4	1	1	1	0	1

3. 集成移位寄存器

(1) 串入并出移位寄存器 74LS164

74LS164 是八位边沿触发式移位寄存器，串行输入数据，然后并行输出，是串-并转换常用的接口芯片，其引脚图如图 7.3.7 所示。其中 DSA、DSB 为串行数据输入端，数据通过 DSA 或 DSB 之一串行输入，任一输入端可以用作高电平使能端，控制另一个输入端的数据输入。两个输入端要么连接在一起，要么把不用的输入端接高电平，一定不要悬空。Q_0～Q_7 为并行数据输出端，Q_0 是两个数据输入端(DSA 和 DSB)的逻辑与。CP 为时钟输入端，每次时钟信号由低变高(上升沿)时，数据右移一位，输入到 Q_0。$\overline{MR}$为输出清零端，低电平有效，若不需要将输出数据清零，则$\overline{MR}$端接 V_{CC}。

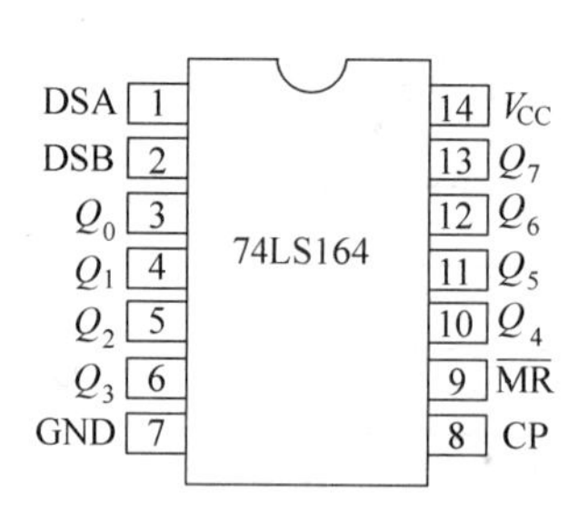

图 7.3.7　74LS164 的引脚图

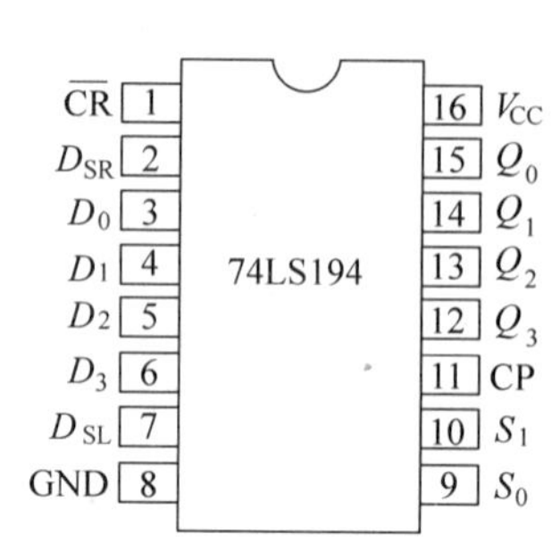

图 7.3.8　74LS194 的引脚图

(2) 双向移位寄存器 74LS194

双向移位寄存器是指能左移又能右移的寄存器。集成双向移位寄存器 74LS194 的引脚排列图如图 7.3.8 所示，该寄存器数据的输入、输出均有并行和串行方式。$\overline{CR}$是清零端；S_0、S_1 是工作状态控制端；D_{SR}是右移串行数据输入端，D_{SL}是左移串行数据输入端；$D_0 \sim D_3$ 是并行数据输入端；$Q_0 \sim Q_3$ 是并行数据输出端；CP 是移位脉冲。双向移位寄存器 74LS194 的功能表如表 7.3.5 所示。

表 7.3.5　74LS194 功能表

输入						输出				功能
$\overline{CR}$	S_1	S_0	D_{SR}	D_{SL}	CP	Q_0^{n+1}	Q_1^{n+1}	Q_2^{n+1}	Q_3^{n+1}	
0	×	×	×	×	×	0	0	0	0	异步清零
1	×	×	×	×	0	Q_0^n	Q_1^n	Q_2^n	Q_3^n	保持
1	0	0	×	×	×	Q_0^n	Q_1^n	Q_2^n	Q_3^n	保持
1	1	1	×	×	↑	D_0	D_1	D_2	D_3	并行输入
1	0	1	D_i	×	↑	D_i	Q_0^n	Q_1^n	Q_2^n	右移输入 D_i
1	1	0	×	D_i	↑	Q_1^n	Q_2^n	Q_3^n	D_i	左移输入 D_i

用 74LS194 可以方便地组成八位双向移位寄存器，图 7.3.9 是用两片 74LS194 构成八位双向移位寄存器的连接图。这时只要将其中一片的 Q_3 接至另一片的 D_{SR}端，而将另一片的 Q_0 接到这一片的 D_{SL} 端，同时把两片的 S_0、S_1、CP 和$\overline{CR}$分别并联起来，即可构成如图 7.3.9 所示的八位双向移位寄存器。

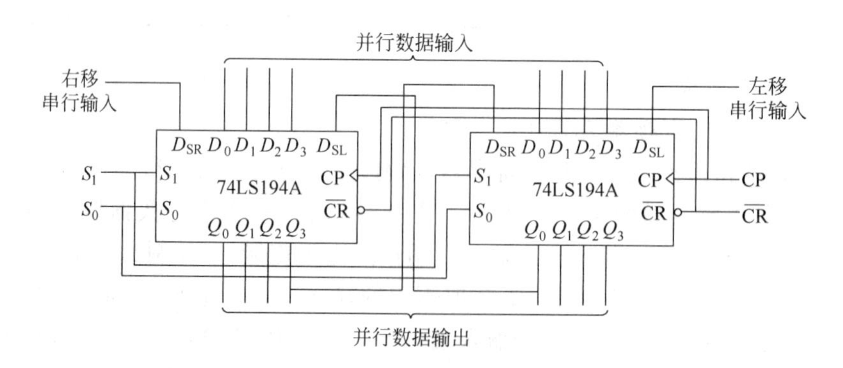

图 7.3.9　用两片 74LS194A 组成 8 位双向移位寄存器

7.4 计数器

计数器是一种对输入脉冲进行计数的时序逻辑电路。计数器不仅可以计数，还可以实现分频、定时、产生脉冲和执行数字运算等功能，是数字系统中用途最广泛的基本部件之一。

计数器的种类很多，可以按照多种方式进行分类。

(1) 按计数器中的触发器是否同步翻转分类，计数器可分为同步计数器(synchronous counter)和异步计数器(asynchronous counter)。在同步计数器中，各个触发器的计数脉冲相同，即电路中各个触发器的时钟信号都连在一起，统一由输入计数脉冲提供。在异步计数器中，各个触发器的计数脉冲不同，即电路中没有统一的计数脉冲来控制电路状态的变化，电路状态改变时，电路中要更新状态的触发器的翻转有先有后，是异步进行的。

(2) 按计数器中进位模数分类，计数器可分为二进制计数器(binary counter)、十进制计数器(decade counter)和任意进制计数器。当输入计数脉冲到来时，按二进制规律进行计数的电路叫做二进制计数器。它的模 $M=2^n$，n 是计数器的位数，这类计数器也常称为 n 位二进制计数器。十进制计数器是按十进制数规律进行计数的电路。

除了二进制和十进制计数器之外的其他进制的计数器都称为任意进制计数器，如七进制计数器、十二进制计数器、六十进制计数器等。

(3) 按计数增减趋势分类，计数器可分为加法计数器、减法计数器和可逆计数器。当输入计数脉冲到来时，按递增规律进行计数的电路叫做加法计数器。当输入计数脉冲到来时，按递减规律进行计数的电路称为减法计数器。在加减信号控制下，既可以递增计数，也可以递减计数的称为可逆计数器。

7.4.1 同步计数器

同步计数器中所有触发器都由同一个计数脉冲触发，因而工作速度较快。目前生产的同步计数器芯片基本上分为二进制和十进制两种，下面分别讨论这两种同步计数器。

1. 同步二进制计数器

由 JK 触发器构成的四位同步二进制加法计数器如图 7.4.1 所示。

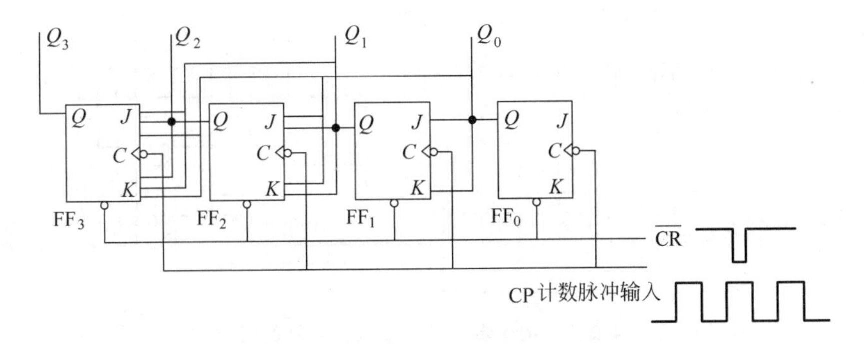

图 7.4.1 四位同步二进制加法计数器

由图 7.4.1 可知,这个电路中 FF_0 触发器接成了 T′型触发器,其他触发器接成了 T 型触发器,它们的驱动方程为

$$\begin{cases} J_0 = K_0 = 1 \\ J_1 = K_1 = Q_0^n \\ J_2 = K_2 = Q_0^n Q_1^n \\ J_3 = K_3 = Q_0^n Q_1^n Q_2^n \end{cases} \tag{7.13}$$

由式(7.13)可知,FF_0 触发器是每来一个 CP 脉冲,触发器翻转一次;FF_1 触发器是每当 $Q_0^n=1$ 时,再来 CP 脉冲,触发器翻转一次;FF_2 触发器是每当 $Q_0^n Q_1^n=1$ 时,再来 CP 脉冲,触发器翻转一次;FF_3 触发器是每当 $Q_0^n Q_1^n Q_2^n=1$ 时,再来 CP 脉冲,触发器翻转一次。根据以上各触发器的翻转条件,可得到表 7.4.1 所示的计数器的状态转移表。

表 7.4.1　四位同步二进制加法计数器的状态转移表

计数脉冲 CP	电路输出状态				等效十进制数	计数脉冲 CP	电路输出状态				等效十进制数
	Q_3	Q_2	Q_1	Q_0			Q_3	Q_2	Q_1	Q_0	
0	0	0	0	0	0	9	1	0	0	1	9
1	0	0	0	1	1	10	1	0	1	0	10
2	0	0	1	0	2	11	1	0	1	1	11
3	0	0	1	1	3	12	1	1	0	0	12
4	0	1	0	0	4	13	1	1	0	1	13
5	0	1	0	1	5	14	1	1	1	0	14
6	0	1	1	0	6	15	1	1	1	1	15
7	0	1	1	1	7	16	0	0	0	0	16
8	1	0	0	0	8						

由表 7.4.1 可看出,电路状态是按照四位二进制加法计数规律变化的,实现了四位二进制加法计数功能。又因为该电路有十六种状态,所以也可以称为十六进制同步加法计数器。根据各触发器翻转条件,可依次画出在 CP 计数脉冲作用下 $Q_3Q_2Q_1Q_0$ 的波形图(时序图),如图 7.4.2 所示。

由图 7.4.2 可以看出,Q_0 的周期是 CP 脉冲的 2 倍,其频率是 CP 脉冲频率的 1/2,即二分频;Q_1 的周期是 CP 脉冲的 4 倍,其频率是 CP 脉冲频率的 1/4,即四分频;Q_2 的周期是 CP 脉冲的 8 倍,其频率是 CP 脉冲频率的 1/8,即八分频;Q_3 的周期是 CP 脉冲的 16 倍,其频率是 CP 脉冲频率的 1/16,即十六分频。

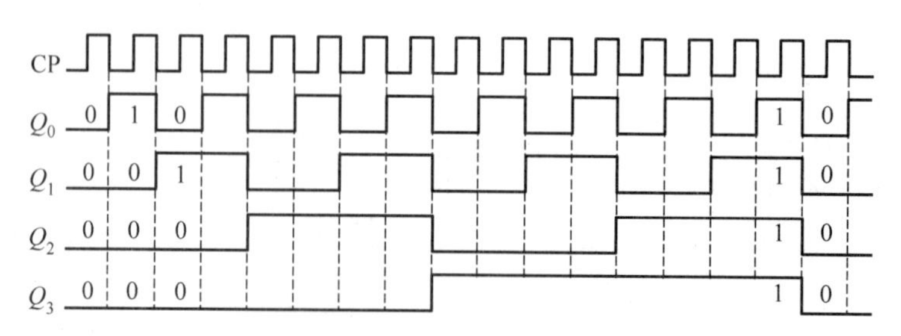

图 7.4.2　四位同步二进制加法计数器的时序图

综上所述,可得出如下结论。

(1) 计数器也是一个分频器。从 Q_0 输出为二分频，从 Q_1 输出为四分频，从 Q_2 输出为八分频，从 Q_3 输出为十六分频。

(2) 计数器的模为 2^n(计数器不重复的状态个数)；

(3) n 位二进制计数器也可称为 2^n 进制计数器。

2. 同步十进制计数器

一种同步十进制计数器的逻辑电路如图 7.4.3 所示，该电路是由一个五进制计数器和一位二进制计数器组成。其中 FF_0 是一位二进制计数器，FF_1～FF_3 组成五进制计数器。二进制计数器输出 Q_0 直接接到后面各触发器的 J 端和 K 端，控制后面五进制计数器的状态变化。当 $Q_0=0$ 时，高位的 J、K 均为 0，再来 CP 脉冲 Q_1～Q_3 保持不变。当 $Q_0=1$ 时，再来 CP 脉冲 $Q_3Q_2Q_1$ 按五进制计数规律变化一次。由此可列出其状态转移表如表 7.4.2 所示。

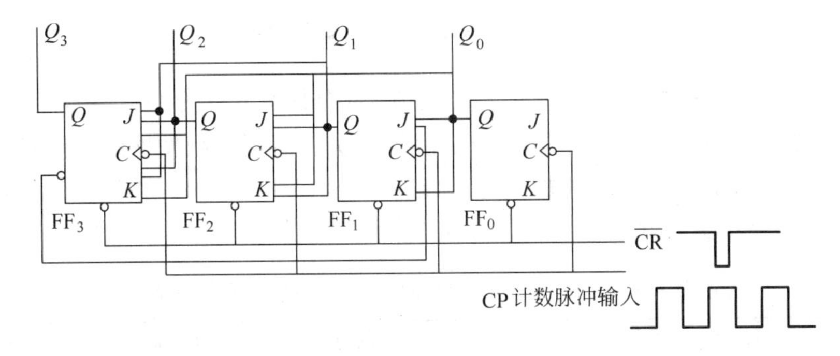

图 7.4.3　十进制同步计数器的电路图

表 7.4.2　十进制同步计数器的状态转移表

计数脉冲 CP	Q_3	Q_2	Q_1	Q_0
0	0	0	0	0
1	0	0	0	1
2	0	0	1	0
3	0	0	1	1
4	0	1	0	0
5	0	1	0	1
6	0	1	1	0
7	0	1	1	1
8	1	0	0	0
9	1	0	0	1
10	0	0	0	0

7.4.2　异步计数器

异步计数器在作“加”1 计数时是采取从低位到高位逐位进位的方式工作的，因此各个触发器不是同步翻转，需要的翻转时间相对同步计数器较长，所以其速度相对较低。如四位二进制计数器由 1111 状态变为 0000 状态时，需要 4 个触发器翻转时间。如果是八位二进制计数器，需要 8 个触发器翻转时间，大大降低了计数器的速度。

1. 异步二进制加法计数器

由 JK 触发器构成的四位异步二进制加法计数器如图 7.4.4 所示。只有最低位触发器 FF_0 的 CP 端接计数脉冲源，其他高位触发器的 CP 端接相邻低位的输出端，即由低位的输出触发高位，所以是异步计数器。

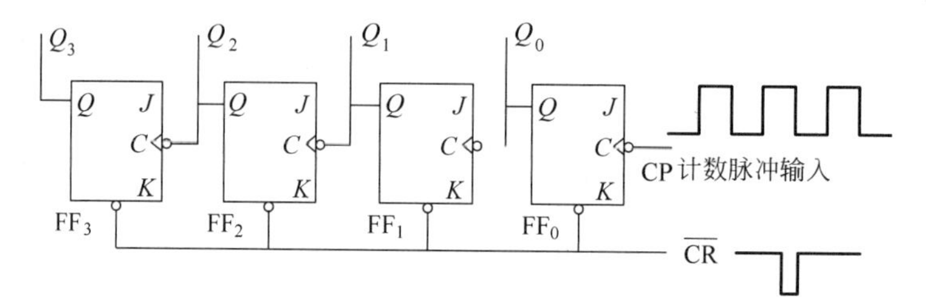

图 7.4.4 四位异步二进制计数器

由图 7.4.4 可知，各触发器都接成了 T′触发器，即状态方程为 $Q^{n+1}=\overline{Q^n}$。$CP_0=CP$，每来一个 CP 计数脉冲，触发器 FF_0 的输出 Q_0 翻转一次。而其他触发器的时钟 $CP_i=Q_{i-1}$，每当 Q_{i-1} 由 1 变 0 时，触发器 FF_i 的输出 Q_i 才翻转一次（$i=1,2,3$）。根据各触发器的翻转条件可列出计数器的状态转移表如表 7.4.3 所示。

表 7.4.3 四位异步二进制加法计数器的状态转移表

计数脉冲 CP	电路输出状态				等效十进制数	计数脉冲 CP	电路输出状态				等效十进制数
	Q_3	Q_2	Q_1	Q_0			Q_3	Q_2	Q_1	Q_0	
0	0	0	0	0	0	9	1	0	0	1	9
1	0	0	0	1	1	10	1	0	1	0	10
2	0	0	1	0	2	11	1	0	1	1	11
3	0	0	1	1	3	12	1	1	0	0	12
4	0	1	0	0	4	13	1	1	0	1	13
5	0	1	0	1	5	14	1	1	1	0	14
6	0	1	1	0	6	15	1	1	1	1	15
7	0	1	1	1	7	16	0	0	0	0	16
8	1	0	0	0	8						

可以看出，表 7.4.3 和表 7.4.1 是相同的，都是按照二进制计数规律变化，但状态变化所需的时间不同。根据各触发器翻转条件，可依次画出在 CP 计数脉冲作用下 $Q_3Q_2Q_1Q_0$ 的波形图（时序图），如图 7.4.5 所示。

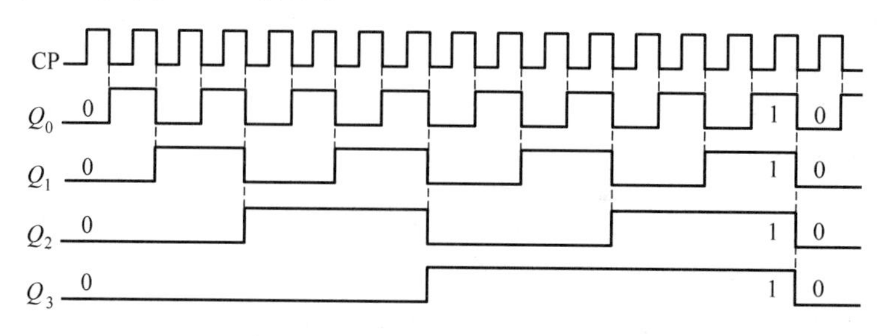

图 7.4.5 四位异步二进制加法计数器的时序图

由D触发器构成的减法计数器如图7.4.6所示，具体工作原理请读者自行分析。

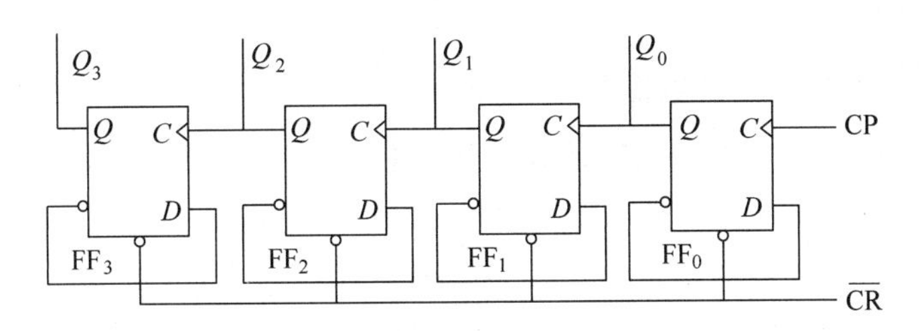

图7.4.6　D触发器构成的四位二进制减法计数器

2. 异步十进制加法计数器

四位8421 BCD码异步十进制计数器如图7.4.7所示。根据前面讨论的计数器分析方法，可得到十进制计数器的状态转移表，如表7.4.4所示。

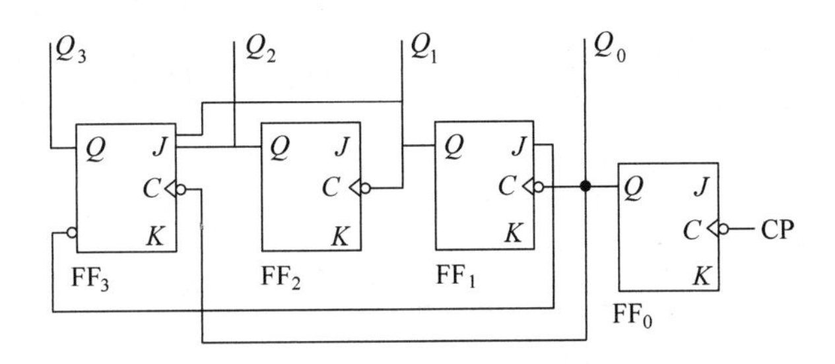

图7.4.7　十进制异步计数器的电路图

表7.4.4　十进制异步计数器的状态转移表

计数脉冲 CP	Q_3	Q_2	Q_1	Q_0
0	0	0	0	0
1	0	0	0	1
2	0	0	1	0
3	0	0	1	1
4	0	1	0	0
5	0	1	0	1
6	0	1	1	0
7	0	1	1	1
8	1	0	0	0
9	1	0	0	1
10	0	0	0	0

由表7.4.4可看出，该电路是按8421 BCD码十进制计数规律变化，所以是一个8421 BCD码十进制计数器。

7.4.3 集成计数器

集成计数器具有功能较完善、通用性强、功耗低、工作速率高且可以自扩展等优点，因而得到广泛应用。目前由 TTL 和 CMOS 电路构成的 MSI 计数器都有许多品种，下面介绍常用的几种集成计数器。

1. 四位二进制同步加法计数器芯片 74LS161

74LS161 是四位二进制同步加法计数器集成芯片。图 7.4.8(a)所示为 74LS161 的引脚排列图，图 7.4.8(b)所示为逻辑功能示意图。图中 CP 是输入计数脉冲，上升沿触发；$\overline{CR}$是清零端，低电平有效，异步清零；$\overline{LD}$是置数控制端，低电平有效，同步置数；CT_P 和 CT_T 是芯片的使能端，控制芯片是否处于计数状态；D_3、D_2、D_1、D_0 是预置数据输入端；CO 是进位信号输出端，它的设置为多片集成计数器的级联提供了方便；Q_3、Q_2、Q_1、Q_0 是计数器状态输出端。

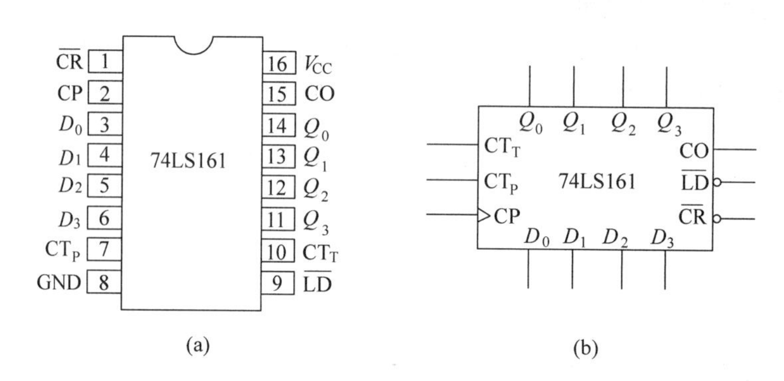

图 7.4.8 74LS161 的引脚排列和逻辑功能示意图

(a) 引脚排列图；(b) 逻辑功能图

表 7.4.5 是 74LS161 的逻辑功能表。

表 7.4.5 74LS161 的逻辑功能表

清零	预置数	使能		时钟	预置数据输入				电路输出状态				工作模式
$\overline{CR}$	$\overline{LD}$	CT_T	CT_P	CP	D_3	D_2	D_1	D_0	Q_3	Q_2	Q_1	Q_0	
0	×	×	×	×	×	×	×	×	0	0	0	0	异步清零
1	0	×	×	↑	D	C	B	A	D	C	B	A	同步置数
1	1	0	×	×	×	×	×	×	保持				数据保持
1	1	×	0	×	×	×	×	×	保持				数据保持
1	1	1	1	↑	×	×	×	×	计数				加法计数

从功能表可以看出：

(1)$\overline{CR}$为清零信号，低电平有效，在 CP 为×，表明$\overline{CR}$为异步清零。注意此处的“异步清零”的“异步”是指清零与时钟信号之间的关系。当$\overline{CR}$为低电平时，$Q_3Q_2Q_1Q_0$ 就被置为 0000，不需要等待 CP 为有效的时钟沿。

(2) $\overline{LD}$为预置数信号，在$\overline{CR}$清零信号无效的前提下，低电平有效。在此处 CP 为↑，表明$\overline{LD}$为同步预置数。“同步预置数”中的“同步”是指$\overline{LD}$与 CP 必须共同作用才能完成置数的功能。例如，当$\overline{LD}$为低电平时，必须要等到 CP 为有效的时钟沿，才能将 $Q_3Q_2Q_1Q_0$ 置为 $D_3D_2D_1D_0$ 送来的数据 $DCBA$。

(3) 在清零信号和预置数信号无效的前提下，若使能端 CT_P 和 CT_T 不同时为 1 时，则 74LS161 处于保持状态，即虽然有效的时钟边沿不断地到来，但是触发器的状态不改变。

(4) 在清零信号和预置数信号无效的前提下，若使能端 CT_P 和 CT_T 同时为 1 时，则 74LS161 处于正常计数状态。

图 7.4.9 是 74LS161 的状态转移图。图 7.4.10 是 74LS161 的时序图。从图 7.4.10 中可以观察出 CO 的规律。$CO=Q_3Q_2Q_1Q_0CT_T$，当 $Q_3=1, Q_2=1, Q_1=1, Q_0=1, CT_T=1$ 时，CO=1。

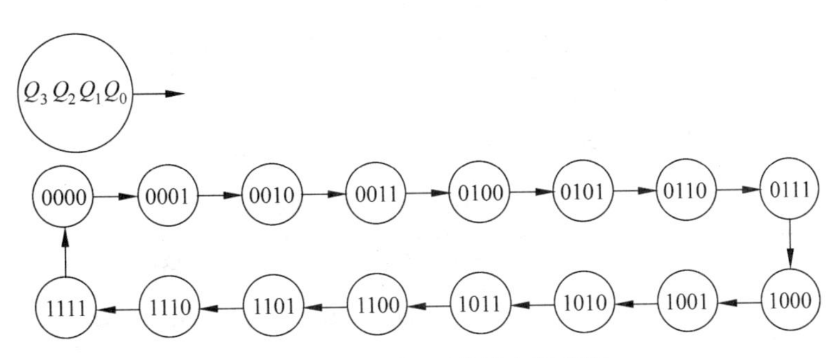

图 7.4.9　74LS161 的状态转移图

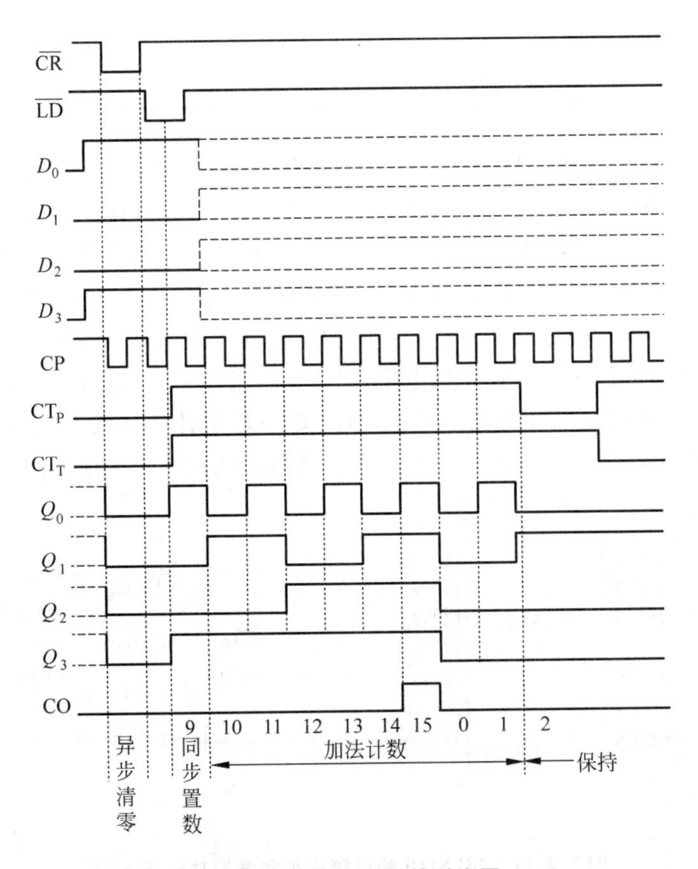

图 7.4.10　74LS161 的时序图

在图 7.4.10 中，首先加入清零信号$\overline{CR}=0$，使各触发器的状态为 0。$\overline{CR}$变为 1 后，加入置数信号$\overline{LD}=0$，该信号要维持到下一个时钟脉冲的上升沿到来，此时各触发器的输出状态与预置的输入数据相同(图 7.4.10 中为 1001)，这就是预置数操作。然后 $CT_P=CT_T=1$，芯片 74LS161 处于计数状态。从 1001 开始计数，直到 CT_P 和 CT_T 中有一个为 0，计数状态结束，转为保持状态，计数器输出保持当前输出状态不变，图中为 0010。

2. 四位二进制同步加法计数器芯片 74LS163

74LS163 也是四位二进制同步加法计数器集成芯片。74LS163 与 74LS161 的功能基本相同，引脚排列完全相同，唯一不同的是 74LS163 采用同步清零方式。当清零端$\overline{CR}$为 0 时，无论$\overline{LD}$、CT_P 和 CT_T 为任何状态，必须在时钟脉冲 CP 的上升沿到来时，所有触发器的输出 $Q_3Q_2Q_1Q_0$ 才被清零。74LS163 的逻辑功能表如表 7.4.6 所示。

表 7.4.6 74LS163 的逻辑功能表

清零	预置数	使能		时钟	预置数据输入				电路输出状态				工作模式
$\overline{CR}$	$\overline{LD}$	CT_T	CT_P	CP	D_3	D_2	D_1	D_0	Q_3	Q_2	Q_1	Q_0	
0	×	×	×	↑	×	×	×	×	0	0	0	0	同步清零
1	0	×	×	↑	D	C	B	A	D	C	B	A	同步置数
1	1	0	×	×	×	×	×	×	保持				数据保持
1	1	×	0	×	×	×	×	×	保持				数据保持
1	1	1	1	↑	×	×	×	×	计数				加法计数

3. 8421 BCD 码同步加法计数器芯片 74LS160

74LS160 是一种 8421 BCD 码十进制同步加法计数器，其引脚排列图如图 7.4.11(a)所示，逻辑符号如图 7.4.11(b)所示。图中 CP 是计数脉冲输入端，上升沿触发；$\overline{CR}$是清零端，低电平有效，异步清零；$\overline{LD}$是置数控制端，低电平有效，同步置数；CT_P 和 CT_T 是芯片的使能端，控制芯片是否处于计数状态；D_3、D_2、D_1、D_0 是预置数据输入端；CO 是进位信号输出端，$CO=CT_TQ_3Q_0$，进位端通常输出低电平，只有当计数端 CT_T 为高电平，且触发器输出端 Q_3 和 Q_0 均为高电平时，CO 才为高电平；Q_3、Q_2、Q_1、Q_0 是计数器状态输出端。74LS160 的状态转移图如图 7.4.12 所示。74LS160 的逻辑功能表如表 7.4.7 所示。

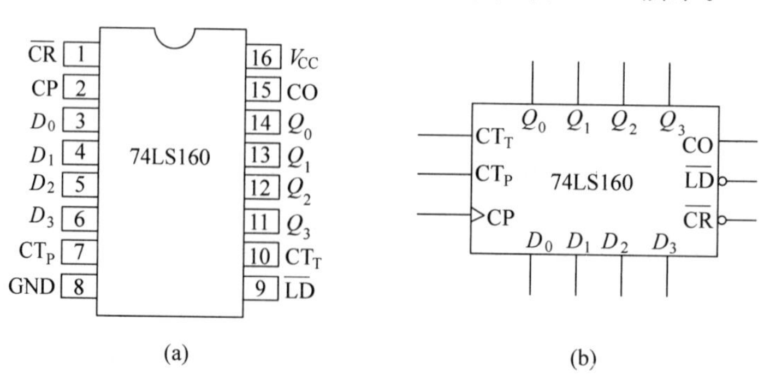

图 7.4.11 74LS160 的引脚排列和逻辑功能示意图

(a) 引脚排列图；(b) 逻辑功能图

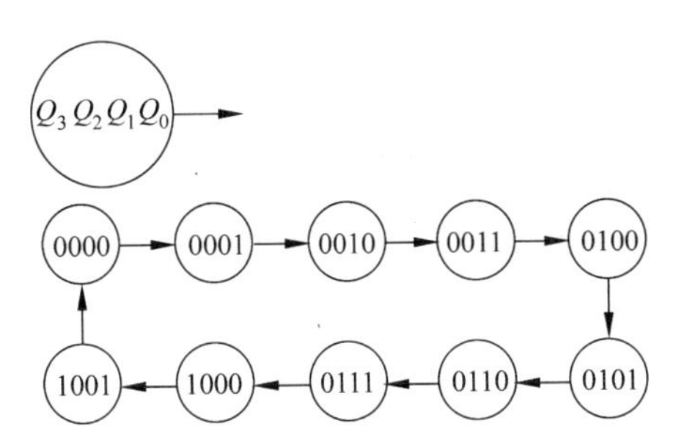

图 7.4.12　74LS160 的状态转移图

表 7.4.7　74LS160 的逻辑功能表

清零	预置数	使能		时钟	预置数据输入				电路输出状态				工作模式
$\overline{CR}$	$\overline{LD}$	CT_T	CT_P	CP	D_3	D_2	D_1	D_0	Q_3	Q_2	Q_1	Q_0	
0	×	×	×	×	×	×	×	×	0	0	0	0	异步清零
1	0	×	×	↑	D	C	B	A	D	C	B	A	同步置数
1	1	0	×	×	×	×	×	×	保持				数据保持
1	1	×	0	×	×	×	×	×	保持				数据保持
1	1	1	1	↑	×	×	×	×	计数				加法计数

前面共介绍了 3 种常用集成计数器芯片，但我们不仅要会使用这 3 种芯片，还要知道这一类芯片的使用方法，要注意这些芯片的清零信号和置数信号是低电平有效还是高电平有效，是异步的还是同步的。表 7.4.8 列举了几种集成计数器产品。

表 7.4.8　几种集成计数器

类型	型号	计 数 模 式	清零方式	预置数方式
同步计数器	74X160	十进制加法计数器	异步(低电平有效)	同步(低电平有效)
	74X161	四位二进制加法计数器	异步(低电平有效)	同步(低电平有效)
	74X162	十进制加法计数器	同步(低电平有效)	同步(低电平有效)
	74X163	四位二进制加法计数器	同步(低电平有效)	同步(低电平有效)
	74X190	单时钟可逆十进制计数器	无	异步(低电平有效)
	74X191	单时钟可逆四位二进制计数器	无	异步(低电平有效)
	74X192	双时钟可逆十进制计数器	异步(高电平有效)	异步(低电平有效)
	74X193	双时钟可逆四位二进制计数器	异步(高电平有效)	异步(低电平有效)
异步计数器	74X290	二-五-十进制加法计数器	异步(高电平有效)	预置 9，异步(高电平有效)
	74X293	二-八-十六进制加法计数器	异步(高电平有效)	无
	74X90	二-五-十进制加法计数器	异步(高电平有效)	预置 9，异步(高电平有效)
	74X92	二-六-十二进制加法计数器	异步(高电平有效)	无
	74X93	二-八-十六进制加法计数器	异步(高电平有效)	无

7.4.4　利用集成计数器构成任意进制计数器

市场上能买到的集成计数器一般为二进制和十进制计数器，如需要其他任意进制计数器时，可利用现有的计数器产品经过外电路的不同连接方式得到。

1. $M<N$ 的情况

用现有的 N 进制计数器去实现 M 进制计数器，因为 $M<N$，所以只需一片 N 进制计数器，使计数器在 N 进制的计数过程中，跳过 $N-M$ 个状态，就可以构成 M 进制计数器。实现跳过的方法有清零法和置数法两种。

(1) 清零法

清零法适用于有清零输入端的计数器。

① 异步清零法

对于有异步清零输入端的计数器，采用异步清零法。工作原理为：设原有的计数器为 N 进制计数器，该计数器从全 0 状态 S_0 开始计数，当计到 S_M 状态时，将 S_M 状态译码产生一个清零信号加到计数器的异步清零输入端，则计数器立刻返回 S_0 状态，这样就可以跳过 $N-M$ 个状态，得到 M 进制计数器。由于电路进入 S_M 状态后立即又被置为 S_0 状态，所以 S_M 状态只在极短的时间出现，是过渡态。计数器的稳定状态为 $S_0\sim S_{M-1}$（共 M 个状态），而 S_M 状态是译码产生异步清零信号的状态。

② 同步清零法

对于有同步清零输入端的计数器，由于清零输入端变为有效电平后计数器并不会立刻被清零，必须等到下一个时钟有效边沿信号到达后，才能将计数器清零，因而应由 S_{M-1} 状态译码产生同步清零信号。而且 S_{M-1} 状态包含在稳定状态的循环当中，计数器的稳定状态为 $S_0\sim S_{M-1}$（共 M 个状态）。

例 7.4 用集成计数器 74LS161 和必要的门电路构成七进制计数器，要求采用清零法。

解 集成计数器 74LS161 本身有 16 个状态，七进制计数器有 7 个状态，至于哪 7 个状态，无所谓，只要状态的数目是 7 个即可。但是题目要求采用清零法，所以状态转移表中必须包括 $Q_3Q_2Q_1Q_0$ 为 0000 的状态。

74LS161 有异步清零功能，因此可以采用异步清零法实现七进制计数器。计数范围是 0～6，计到 7 时异步清零。画出状态转移表如表 7.4.9 所示。

表 7.4.9 例 7.4 的状态转移表（异步清零法）

CP	Q_3	Q_2	Q_1	Q_0	
0	0	0	0	0	←
1	0	0	0	1	
2	0	0	1	0	
3	0	0	1	1	
4	0	1	0	0	
5	0	1	0	1	
6	0	1	1	0	
7	0	1	1	1	产生$\overline{\mathrm{CR}}$信号

表 7.4.9 中，计数器输出 $Q_3Q_2Q_1Q_0$ 的有效状态为 0000～0110，$Q_3Q_2Q_1Q_0$ 为 0111 的状态为过渡态，是产生异步清零信号的状态。由于 74LS161 的清零信号是低电平有效，所以得出 $\overline{\mathrm{CR}}=\overline{Q_2Q_1Q_0}$，即当 $Q_2Q_1Q_0$ 全为高电平时，$\overline{\mathrm{CR}}=0$，使计数器复位到全零状态。其逻辑电路图如图 7.4.13(a)所示，状态转移图如图 7.4.13(b)所示。

例 7.5 用集成计数器 74LS163 和必要的门电路构成七进制计数器，要求采用清零法。

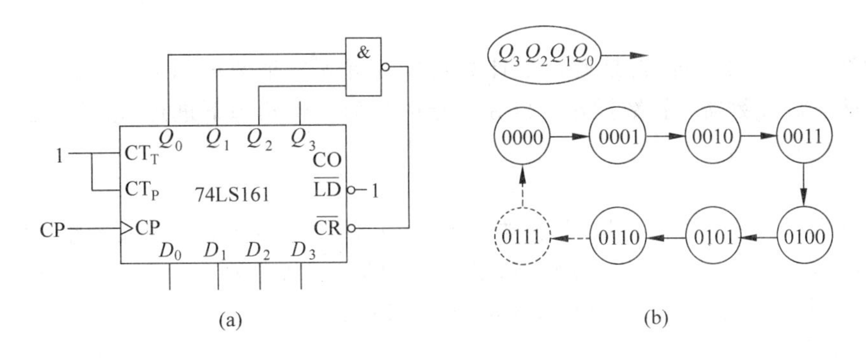

图 7.4.13　例 7.4 的逻辑电路和状态转移图(异步清零法)

(a) 逻辑电路图；(b) 状态转移图

解　集成计数器 74LS163 本身有 16 个状态，七进制计数器有 7 个状态，至于哪 7 个状态，无所谓，只要状态的数目是 7 个即可。但是题目要求采用清零法，所以状态转移表中必须包括 $Q_3Q_2Q_1Q_0$ 为 0000 的状态。

74LS163 有同步清零功能，因此可以采用同步清零法实现七进制计数器。计数范围是 0～6，计到 6 时同步清零。画出状态转移表如表 7.4.10 所示。

表 7.4.10　例 7.5 的状态转移表(同步清零法)

CP	Q_3	Q_2	Q_1	Q_0
0	0	0	0	0
1	0	0	0	1
2	0	0	1	0
3	0	0	1	1
4	0	1	0	0
5	0	1	0	1
6	0	1	1	0

产生$\overline{CR}$信号

表 7.4.10 中，计数器输出 $Q_3Q_2Q_1Q_0$ 的有效状态为 0000～0110，$Q_3Q_2Q_1Q_0$ 为 0110 时产生同步清零信号。由于 74LS163 的清零信号是低电平有效，所以得出 $\overline{CR}=\overline{Q_2Q_1}$，即当 $Q_2Q_1=11$ 时，$\overline{CR}=0$，使计数器复位到全零状态。用 74LS163 实现七进制计数器的逻辑电路图如图 7.4.14(a)所示，状态转移图如图 7.4.14(b)所示。

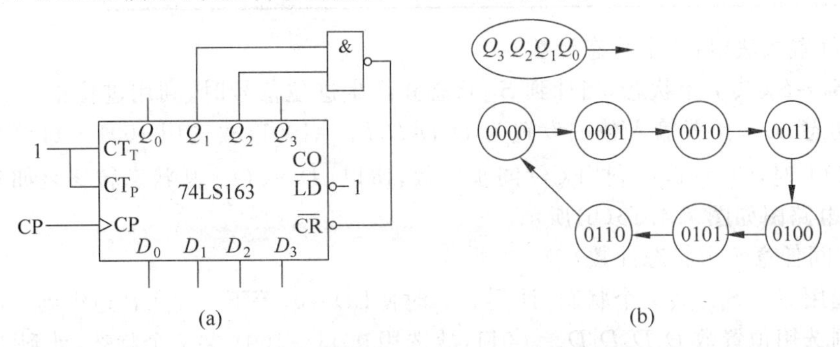

图 7.4.14　例 7.5 的逻辑电路和状态转移图(同步置零法)

(a) 逻辑电路图；(b) 状态转移图

(2) 置数法

置数法与清零法不同，它是通过给计数器重复置入某个数值的方法跳过 $N-M$ 个状态，得到 M 进制计数器。置数操作可以在电路的任何一个状态下进行，这种方法适用于有预置数功能的计数器。

① 异步置数法

对于有异步预置数端的计数器，只要$\overline{LD}$信号有效，立即会将数据置入计数器中，而不受 CP 信号的控制。假设预置数为 S_i 状态，则计数器的稳定状态为 $S_i \sim S_{i+M-1}$，因此$\overline{LD}=0$ 信号应从 S_{i+M}状态译出。S_{i+M}只是在极短的时间出现，稳定的状态循环中不包含这个状态。

② 同步置数法

对于有同步预置数端的计数器，当$\overline{LD}$信号有效时，要等到下一个时钟有效边沿信号到来，才将要置入的数据置入计数器中。假设预置数为 S_i 状态，则计数器的稳定状态为 $S_i \sim S_{i+M-1}$，$\overline{LD}=0$ 信号从 S_{i+M-1}状态译出。

例 7.6 用集成计数器 74LS161 和必要的门电路构成七进制计数器，要求采用置数法。

解 置数法是通过控制同步置数端$\overline{LD}$和预置输入端 $D_3D_2D_1D_0$ 来实现七进制计数器。集成计数器 74LS161 本身有 16 个状态，而置数状态可在 16 个状态中任选，因此实现的方案很多，常用方法有以下 3 种。

(1) 同步置 0 法(前 7 个状态计数)

选用 $S_0 \sim S_6$ 共 7 个状态计数，计到 S_6 时使$\overline{LD}=0$，等下一个 CP 边沿到来时输出端被置 0，即返回 S_0 状态。这种方法必须设置预置输入 $D_3D_2D_1D_0=0000$。本例中 $M=7$，故选用 0000～0110 共 7 个状态，计到 0110 时同步置 0，$\overline{LD}=\overline{Q_2Q_1}$，其状态转移表如表 7.4.11 所示，逻辑电路图如图 7.4.15(a)所示。

表 7.4.11 七进制加法计数器的状态转移表(同步置数法 $D_3D_2D_1D_0=0000$)

CP	Q_3	Q_2	Q_1	Q_0
0	0	0	0	0 ←
1	0	0	0	1
2	0	0	1	0
3	0	0	1	1
4	0	1	0	0
5	0	1	0	1
6	0	1	1	0 产生$\overline{LD}$信号

(2) CO 置数法(后 7 个状态计数)

选用 $S_9 \sim S_{15}$共 7 个状态，当计到 S_{15}状态并产生进位信号时，利用进位信号置数，使计数器返回初态 S_9。预置输入数的设置为 $D_3D_2D_1D_0=1001$，故选用 1001～1111 共 7 个状态，计到 1111 时，CO=1，可利用 CO 同步置数，所以$\overline{LD}=\overline{CO}$。其状态转移表如表 7.4.12 所示，逻辑电路图如图 7.4.15(b)所示。

(3) 中间任意 7 个状态计数

随意选用 $S_i \sim S_{i+6}$共 7 个状态，计到 S_{i+6}时使$\overline{LD}=0$，等下一个 CP 边沿到来时返回 S_i 状态。本例选用预置数 $D_3D_2D_1D_0=0011$，故选用 0011～1001 共 7 个状态，计到 1001 时同步置数，所以$\overline{LD}=\overline{Q_3Q_0}$。其状态转移表如表 7.4.13 所示，逻辑电路图如图 7.4.16 所示。

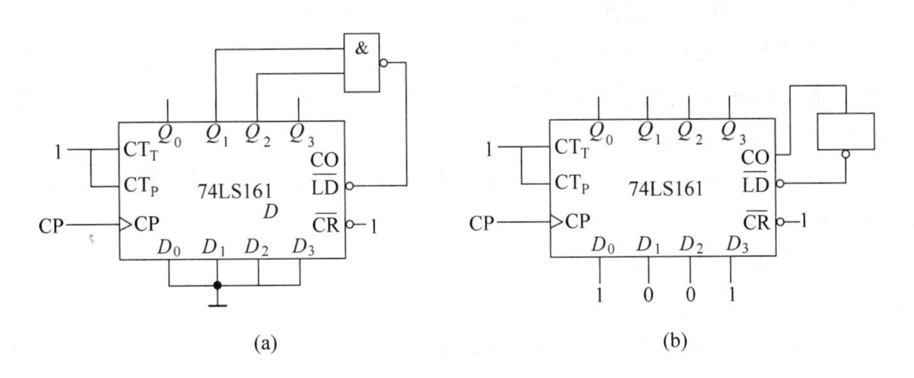

图 7.4.15 例 7.6 的逻辑电路图

(a) 同步置 0 法（前 7 个状态计数）；(b) CO 置数法(后 7 个状态计数)

表 7.4.12 七进制加法计数器的状态转移表(同步置数法 $D_3D_2D_1D_0=1001$)

CP	Q_3	Q_2	Q_1	Q_0
0	1	0	0	1
1	1	0	1	0
2	1	0	1	1
3	1	1	0	0
4	1	1	0	1
5	1	1	1	0
6	1	1	1	1 产生$\overline{LD}$信号

表 7.4.13 七进制加法计数器的状态转移表(同步置数法 $D_3D_2D_1D_0=0011$)

CP	Q_3	Q_2	Q_1	Q_0
0	0	0	1	1
1	0	1	0	0
2	0	1	0	1
3	0	1	1	0
4	0	1	1	1
5	1	0	0	0
6	1	0	0	1 产生$\overline{LD}$信号

2. $M>N$ 的情况

用现有的 N 进制计数器去实现 M 进制计数器，因为 $M>N$，所以必须用多片 N 进制计数器组合起来，才能构成 M 进制计数器。各片 N 进制计数器之间的连接方式有串行进位方式、并行进位方式、整体置零方式和整体置数方式 4 种。

(1) M 为大于 N 的合数

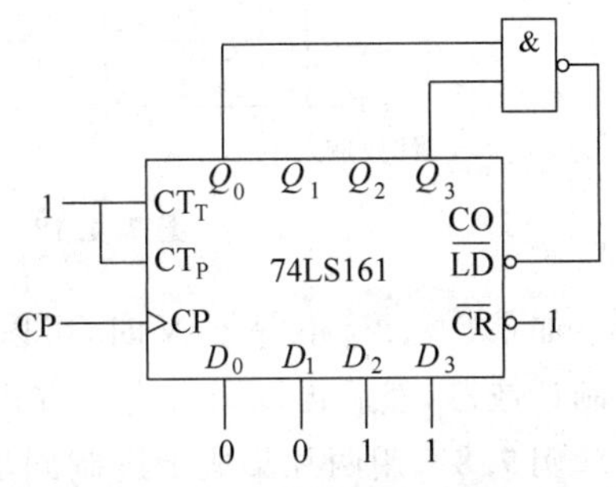

图 7.4.16 例 7.6 的逻辑电路图(同步置数法 $D_3D_2D_1D_0=0011$)

若 M 可以分解为两个小于等于 N 的因数相乘，即 $M=N_1\times N_2$，则可采用串行进位或并行进位方式

将一个 N_1 进制和 N_2 进制计数器连接起来，构成 M 进制计数器。

串行进位方式是以低位芯片的进位输出信号作为高位芯片的时钟输入信号；并行进位方式是以低位芯片的进位输出信号作为高位芯片的计数使能信号（CT_P 和 CT_T），两芯片的 CP 信号输入端同时接计数输入信号。

例 7.7 用两片集成十进制同步计数器 74LS160 和必要的门电路构成百进制计数器。

解 本例中将 M 分解为 $100=10\times10$，$N_1=N_2=10$，将两片 74LS160 直接按串行进位方式或并行进位方式连接就可得到百进制计数器。

图 7.4.17 所示电路是串行进位方式的连接方法，图中第(1)片为低位片，第(2)片为高位片。两片 74LS160 的 CT_P 和 CT_T 恒为 1，都工作在计数状态。第(1)片每计到 1001 时 CO 端输出高电平，经反相器后，第(2)片的 CP 为低电平。下一个计数输入脉冲到来后，低位片(1)变成 0000 状态，CO 端跳回低电平，经反相器给第(2)片的 CP 一个上升沿，于是第(2)片计入 1。

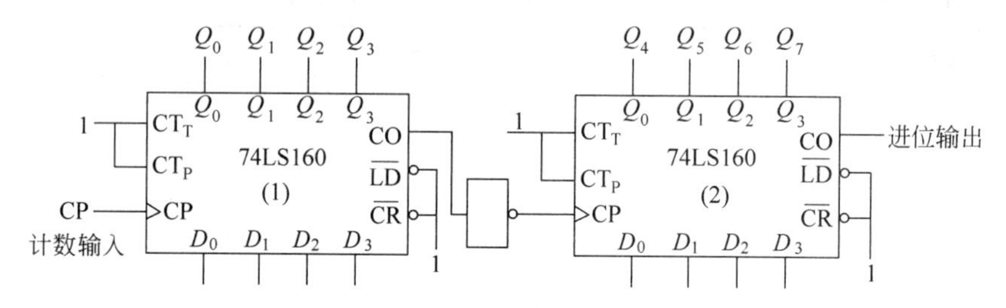

图 7.4.17 例 7.7 的串行进位方式逻辑电路图

图 7.4.18 所示电路是并行进位方式的接法，图中第(1)片为低位片，第(2)片为高位片。以第(1)片的进位输出 CO 作为第(2)片的 CT_P 和 CT_T 输入，每当第(1)片状态为 1001 时，进位输出 CO=1。等到下个计数输入脉冲信号到达，第(2)片的 $CT_P=CT_T=1$，为计数状态，计入 1。由于第(1)片的 CT_P 和 CT_T 恒为 1，始终处于计数状态，故第(1)片状态返回 0000，此时进位输出 CO=0。

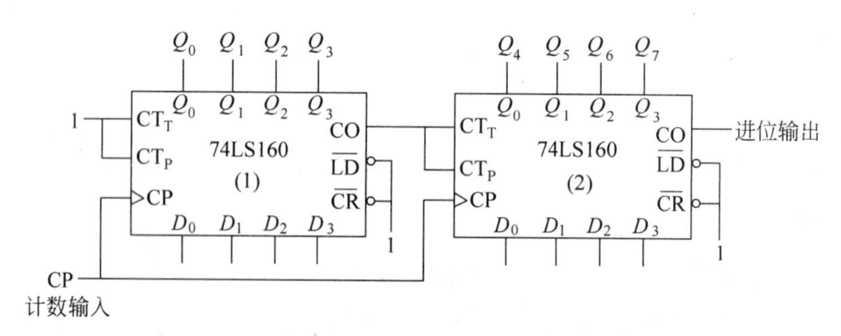

图 7.4.18 例 7.7 的并行进位方式逻辑电路图

如果 N_1、N_2 不等于 N 时，可以先将两个 N 进制计数器分别接成 N_1 进制计数器和 N_2 进制计数器，然后再以串行进位方式或并行进位方式将它们连接起来。

例 7.8 用两片集成十进制同步计数器 74LS160 和必要的门电路构成五十四进制加法计数器。

解 本例中将 M 分解为 $54=6\times9$，$N_1=6$，$N_2=9$，将两片 74LS160 分别接成六进制计

数器和九进制计数器，然后再以串行进位方式或并行进位方式将它们连接起来。其中第(1)片采用同步置数法(CO 置数法)接成六进制计数器，预置输入数的设置为 $D_3D_2D_1D_0=0100$；第(2)片采用同步置数法(CO 置数法)接成九进制计数器，预置输入数的设置为 $D_3D_2D_1D_0=0001$。图 7.4.19 所示电路是串行进位方式的连接方法。图 7.4.20 所示电路是并行进位方式的连接方法。

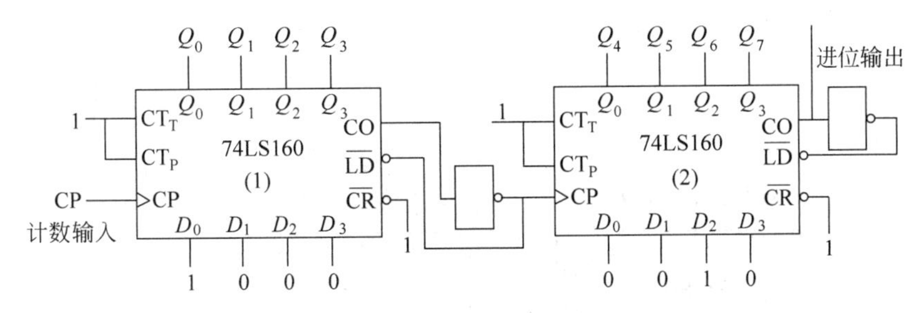

图 7.4.19　例 7.8 的串行进位方式逻辑电路图

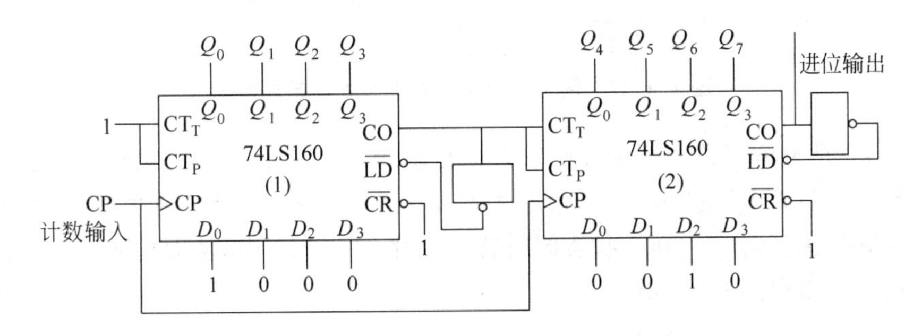

图 7.4.20　例 7.8 的并行进位方式逻辑电路图

(2) M 为大于 N 的素数

若 M 为大于 N 的素数，不能分解成 N_1 和 N_2，就不能用并行进位方式和串行进位方式，而必须采用整体清零方式或整体置数方式构成 M 进制计数器。

整体清零方式是首先将两片 N 进制计数器按照最简单的方式接成一个大于 M 进制的计数器，然后在计数器计到 M 个状态时译码产生清零信号，将两片 N 进制计数器同时清零。这种方式的基本原理与 $M<N$ 时的清零法是相同的。

整体置数法也是首先将两片 N 进制计数器按照最简单的方式接成一个大于 M 进制的计数器，然后在选定的某个状态下译码产生预置数信号，将两个 N 进制计数器同时置入适当的数据，跳过多余的状态，得到 M 进制计数器。这种方式的基本原理与 $M<N$ 时的置数法是一样的。

例 7.9　用两片集成十进制同步计数器 74LS160 和必要的门电路构成三十一进制加法计数器。

解　本例中 $M=31$ 是一个素数，所以必须用整体清零法或整体置数法构成三十一进制计数器。

图 7.4.21 是整体清零方式的接法。首先将两片 74LS160 以并行进位方式连成一个百进制计数器。当计数器从 0000 状态开始计数，计入 31 个脉冲时，经门 G_1 译码产生低电平

信号，立即将两片 74LS160 同时清零，于是便得到了三十一进制计数器。需要注意的是，计数过程中第(2)片 74LS160 不出现 1001 状态，因而它的 CO 端不会输出进位信号，而且门 G_1 输出的脉冲持续时间极短，也不适合作为进位输出信号。如果要求输出进位信号持续时间为一个时钟周期，则应从电路的第 30 个状态译码产生。当电路计入 30 个脉冲后，门 G_2 输出变为低电平；第 31 个计数脉冲到达后，门 G_2 的输出跳变为高电平。

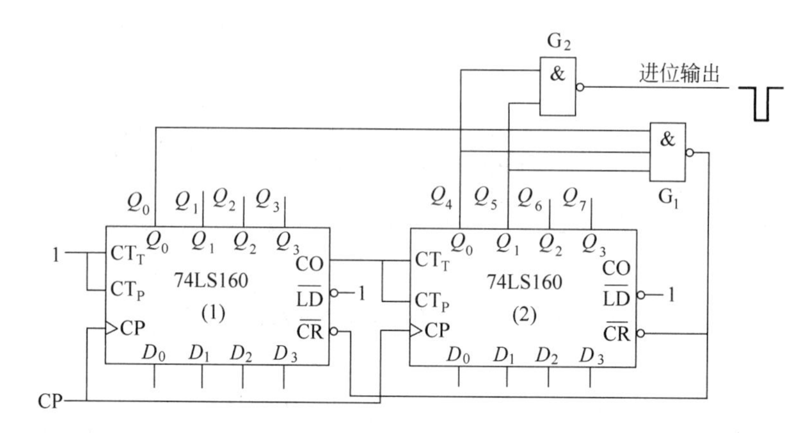

图 7.4.21 例 7.9 的整体置零方式逻辑电路图

图 7.4.22 是整体置数方式的接法。首先将两片 74LS160 以并行进位方式连成一个百进制计数器。然后将电路的第 30 个状态译码成预置数信号，同时加到两片 74LS160 上，在下一个计数脉冲到来时，将 0000 状态同时置入两片 74LS160 中，从而构成三十一进制计数器。进位信号可以由门 G_1 引出。

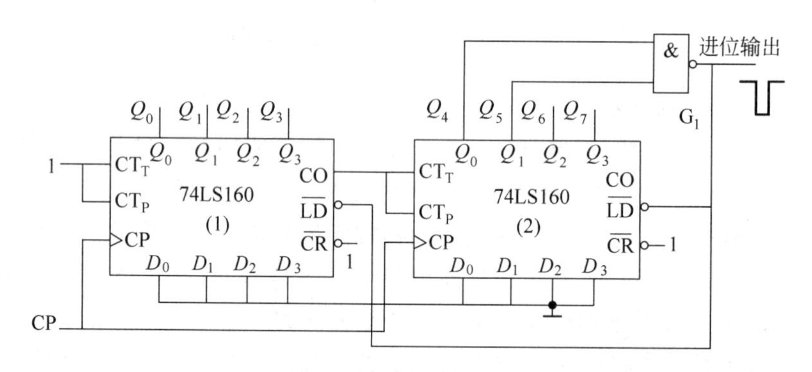

图 7.4.22 例 7.9 的整体置数方式逻辑电路图

当然，当 M 不是素数时，整体清零法和整体置数法也可以使用。读者可以用上面所讲的 4 种方法设计一个四十八进制计数器(用两片 74LS161)。

3. 综合应用举例

(1) 循环彩灯控制电路

循环彩灯是人们为了渲染节日气氛所做的装饰，可以用计数器芯片 74LS161，4 线-16 线译码器 74LS154 和 LED 发光二极管等构成流水线式的循环彩灯控制系统，其原理图如图 7.4.23 所示。74LS161 是四位二进制计数器，状态从 0000～1111 之间循环计数。74LS154 是四位二进制译码器，四位输入码 $A_3A_2A_1A_0$ 来自于 74LS161 计数器输出，从

0000～1111之间循环变化，对任意一组数据，译码器的16个输出中只有一个输出低电平，其他输出都是高电平。例如，当$A_3A_2A_1A_0$=0000时，只有Y_0输出低电平，其他Y_1～Y_{15}均输出高电平，因而只有LED_0是点亮的，其他发光二极管是熄灭的。当输入从0000～1111循环变化时，Y_0～Y_{15}依次输出低电平，因此能依次点亮发光二极管LED_0～LED_{15}。只要控制计数器74LS161输入时钟的频率，就可以控制LED灯的点亮时间。

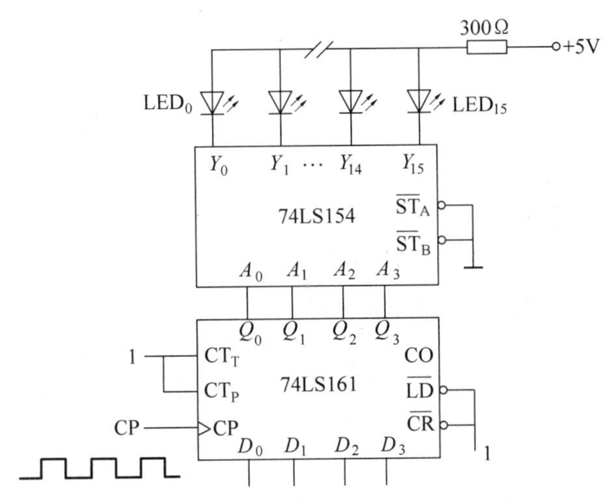

图7.4.23　循环彩灯控制电路图

(2) 脉冲计数显示电路

图7.4.24所示的电路是脉冲计数显示电路。图中，74LS160为十进制计数器；74LS48为显示译码器，它的输入为8421 BCD码，输出为对应的七段共阴极显示器的字形码，输出为高电

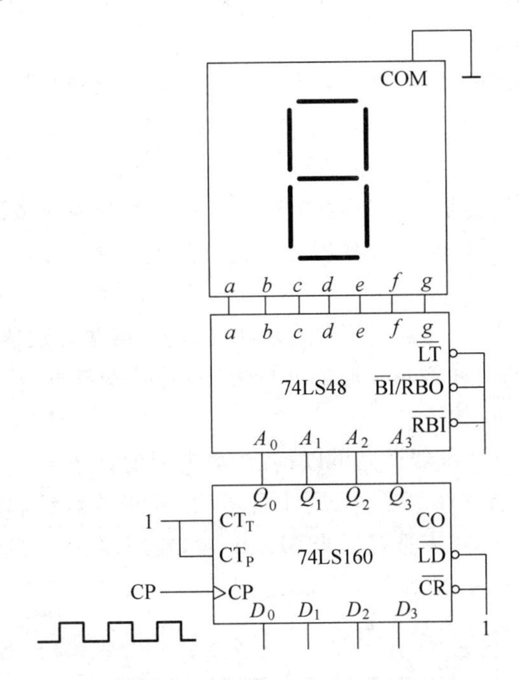

图7.4.24　脉冲计数显示电路

平有效;GEM15101AE为七段共阴极数码管,由七段LED发光二极管(a～g)组成,高电平点亮。该电路通过计数器74LS160对输入脉冲进行计数,计数结果送入显示译码器并驱动数码管,即可用十进制数显示输入脉冲的个数。图7.4.24所示的电路只能显示0～9的数字,如果要显示更多的脉冲个数,可以先将此电路中的计数器级联扩容,然后送出显示。

本章小结

时序逻辑电路是数字系统中非常重要的逻辑电路。本章首先介绍了时序逻辑电路的结构、分类和分析方法,然后介绍了常用时序逻辑电路寄存器和计数器的特点、功能及应用。

(1) 时序逻辑电路的特点是,任一时刻的输出信号不仅取决于当时的输入信号,而且还取决于电路原来的状态。触发器是构成时序逻辑电路的基本单元。

(2) 时序逻辑电路可分为同步时序电路和异步时序电路两类。它们的主要区别是,同步时序电路的所有触发器状态的变化都是在同一时钟脉冲信号控制下同时发生的,而异步时序电路的触发器不是由统一的时钟脉冲来控制其状态的变化。

(3) 时序电路的逻辑功能的描述方法有逻辑方程组(驱动方程、输出方程、状态方程)、状态转移表、状态转移图、时序图(波形图)等,它们的本质是相同的,可以相互转换。时序逻辑电路的分析步骤为:逻辑图→时钟方程(异步)、驱动方程、输出方程→状态方程→状态转移表→状态转移图和时序图→逻辑功能。

(4) 寄存器是一种常用的时序逻辑器件,可分为数码寄存器和移位寄存器两种。数码寄存器用于寄存二进制代码。移位寄存器除了具有寄存数码的功能以外,还具有移位功能。移位寄存器按移位方向可分为左移、右移和双向移位寄存器。集成移位寄存器使用方便、功能全、输入和输出方式灵活。

(5) 计数器也是一种常用的时序逻辑器件。它在计算机和其他数字系统中起着非常重要的作用。计数器不仅能用于统计输入时钟脉冲的个数,还能用于分频、定时、产生节拍脉冲等。

① 按计数器中的触发器是否同步翻转分类,计数器可分为同步计数器和异步计数器。

② 按计数器中进位模数分类,计数器可分为二进制计数器、十进制计数器和任意进制计数器。

③ 按计数增减趋势分类,计数器可分为加法计数器、减法计数器和可逆计数器。

计数器的分析方法与时序逻辑电路的分析方法相同,本章重点介绍了集成计数器的特点、功能和应用。

用已有的N进制集成计数器产品可以构成M进制的计数器。当$M<N$时,只需一片N进制计数器,采用方法有异步置零法、同步置零法、异步置数法和同步置数法,根据集成计数器的清零方式和置数方式来选择。当$M>N$时,要用多片N进制计数器组合起来,才能构成M进制计数器。各片N进制计数器之间的连接方式有串行进位方式、并行进位方式、整体清零方式和整体置数方式4种。

习　　题

7.1　填空题

(1) 在数字电路中，任何时刻电路的输出不仅与该时刻的输入信号有关，还与电路原来的状态有关的逻辑电路，称为________电路。

(2) 移位寄存器可分为________寄存器、________寄存器和________寄存器。

(3) 构成一个六进制计数器最少要采用________个触发器，此时电路有________个无效状态。

(4) 时序逻辑电路一般由________和________两部分组成。

(5) 全面描述一个时序电路的逻辑功能有 3 个方程组，分别是________、________和________。

(6) 数字电路按照是否有记忆功能通常可分为两类：________、________。

7.2　选择题

(1) 在相同的时钟脉冲作用下，同步计数器和异步计数器比较，工作速度________。

A. 较慢　　B. 较快　　C. 不确定　　D. 一样

(2) 下列电路中不属于时序逻辑电路的是________。

A. 计数器　　B. 移位寄存器　　C. 数码寄存器　　D. 译码器

(3) 构成时序电路，存储器电路是________。

A. 必不可少　　B. 可以没有　　C. 可有可无

(4) 要将串行数据转换成并行数据，应选用________。

A. 并入串出　　B. 串入串出　　C. 串入并出　　D. 并入并出

(5) 把一个五进制计数器与一个四进制计数器串联可得到________进制计数器。

A. 4　　B. 5　　C. 9　　D. 20

(6) 同步时序电路和异步时序电路比较，其差异在于后者________。

A. 没有触发器　　B. 没有统一的时钟脉冲控制

C. 没有稳定状态　　D. 输出只与内部状态有关

(7) 某电视机水平-垂直扫描发生器需要一个分频器将 31500Hz 的脉冲转换为 60Hz 的脉冲，欲构成此分频器至少需要________个触发器。

A. 10　　B. 60　　C. 525　　D. 31500

(8) 存储 8 位二进制信息要________个触发器。

A. 2　　B. 3　　C. 4　　D. 8

7.3　判断题(下列各题是否正确，对者打“√”，错者打“×”)

(1) 使用 3 个触发器构成的计数器最多有 6 个有效状态。　(　　)

(2) 时序逻辑电路各个变量之间的逻辑关系一般可由 3 个表达式描述。　(　　)

(3) 同步时序逻辑电路中各触发器的时钟脉冲 CP 是同一个信号。　(　　)

(4) 利用一个 74LS290 可以构成一个十二进制的计数器。　(　　)

(5) 一个计数器在任意初始状态下都能进入到有效循环状态时，称其能自启动。 (　　)

(6) 用移位寄存器可以构成 8421 BCD 码计数器。 (　　)

(7) 异步时序电路的各级触发器类型不同。 (　　)

(8) 把一个五进制计数器与一个十进制计数器串联可得到十五进制计数器。 (　　)

7.4 时序逻辑电路与组合逻辑电路的主要区别是什么？

7.5 同步时序逻辑电路与异步时序逻辑电路的主要区别是什么？

7.6 描述时序电路逻辑功能的方法有哪几种？它们之间有何种关系？

7.7 在题图 7.7(a)中，F_1 和 F_2 均为负边沿型触发器，试根据题图 7.7(b)所示 CP 和 X 信号波形，画出 Q_1、Q_2 的波形（设 F_1、F_2 初始状态均为 0）。

7.8 分析题图 7.8 所示时序逻辑电路的逻辑功能，写出电路的驱动方程、状态方程和输出方程，画出电路的状态转移图和时序图。

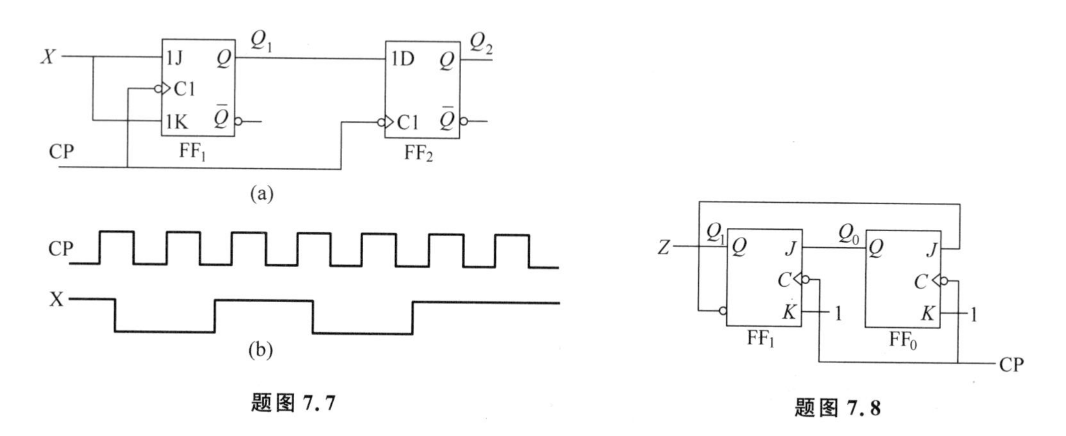

题图 7.7

题图 7.8

7.9 分析题图 7.9 所示时序逻辑电路的逻辑功能，写出电路的驱动方程、状态方程和输出方程，画出电路的状态转移图，并说明该电路能否自启动。

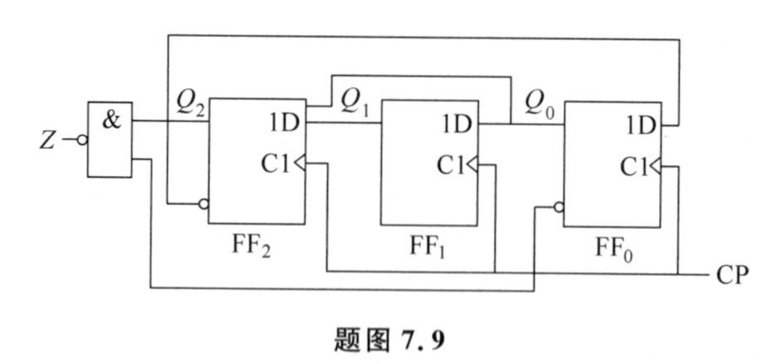

题图 7.9

7.10 数字系统中常需要一种被称为单脉冲发生器的装置，题图 7.10(a)是一个用 JK 触发器组成的单脉冲发生器，用按钮 S 控制脉冲信号的产生。试分析该电路的功能，若输入信号波形如题图 7.10(b)所示，画出 Q_1、Q_2 的波形。

7.11 试分析题图 7.11 所示电路的逻辑功能，写出电路的状态转移表，说明电路的功能。

7.12 试分析如题图 7.12 所示时序电路的逻辑功能，写出电路的驱动方程、状态方程和输出方程，列出状态转移表，画出电路的状态转移图和时序图，并检查能否自启动。

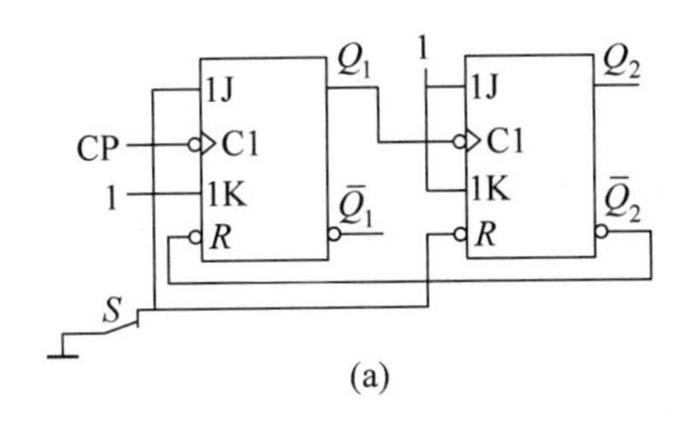

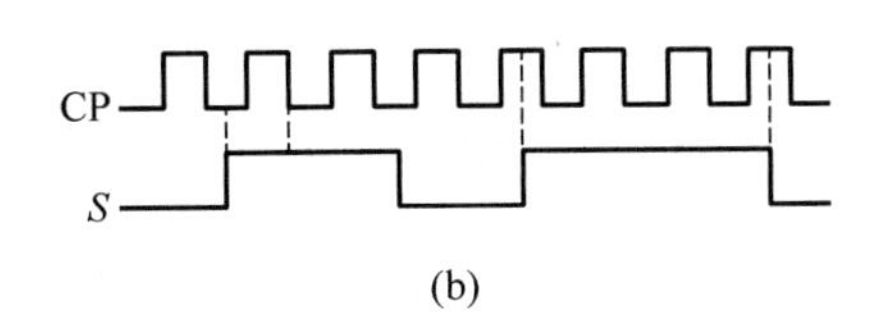

题图 7.10

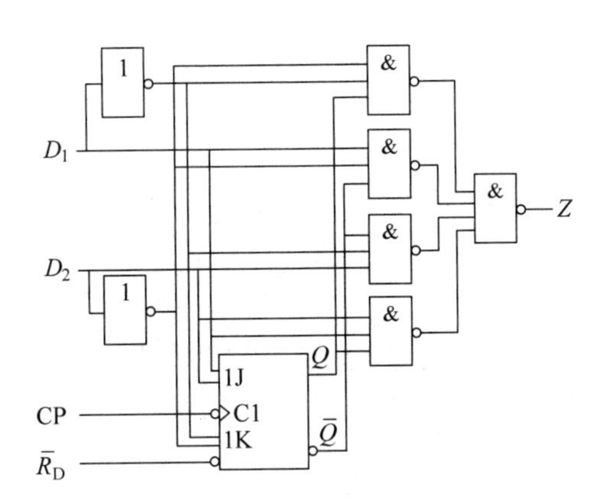

题图 7.11

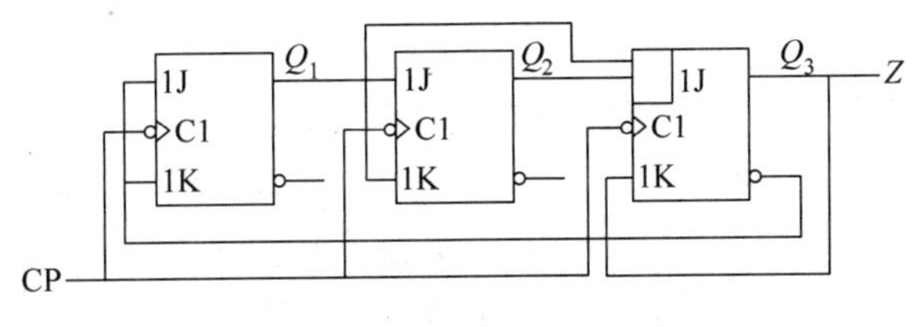

题图 7.12

7.13　分析题图 7.13 所示时序逻辑电路的逻辑功能，写出电路的驱动方程、状态方程和输出方程，画出电路的状态转移图，并说明该电路能否自启动。

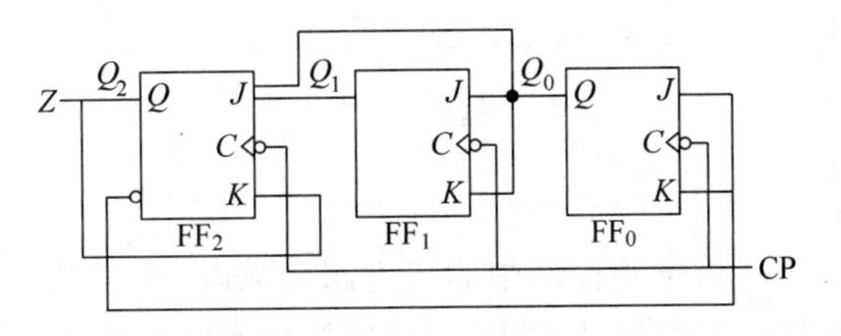

题图 7.13

7.14　分析题图 7.14 所示时序逻辑电路，画出状态转移图，检查电路能否自启动，说明电路实现的功能。A 为输入逻辑变量。

7.15　试分析题图 7.15 所示时序电路，画出全状态转移图，说明电路实现的功能。

7.16　试画出用 4 片 74LS194A 组成的 16 位双向移位寄存器的逻辑图(74LS194A 的功能表见表 7.3.5)。

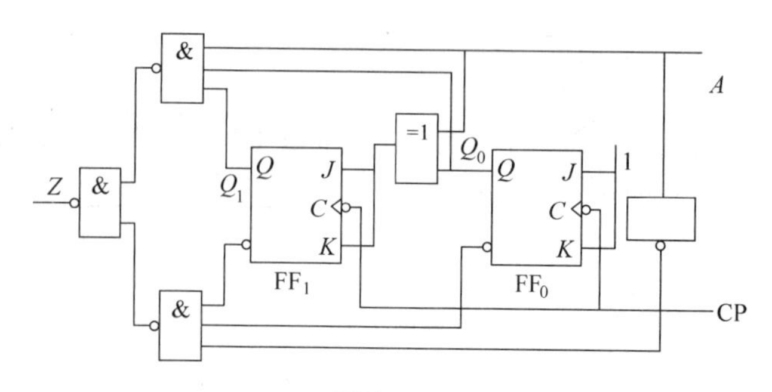

题图 7.14

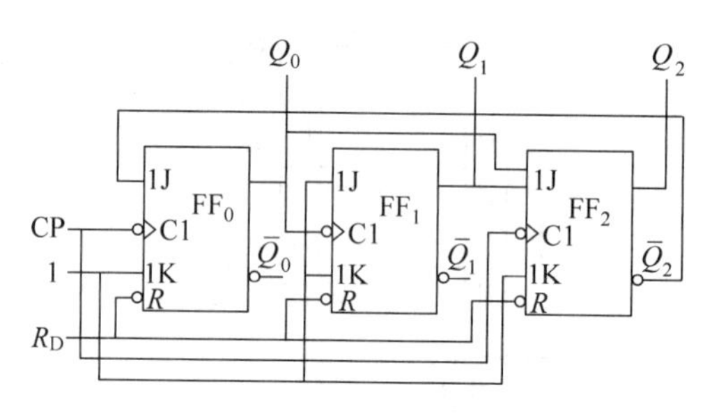

题图 7.15

7.17　在题图 7.17 所示电路中，若两个移位寄存器中的原始数据分别为 $A_3A_2A_1A_0=1001$，$B_3B_2B_1B_0=0011$，CI 的初始值为 0。试问经过 4 个 CP 脉冲作用后，两个寄存器中的数据各为多少？这个电路能实现什么功能？

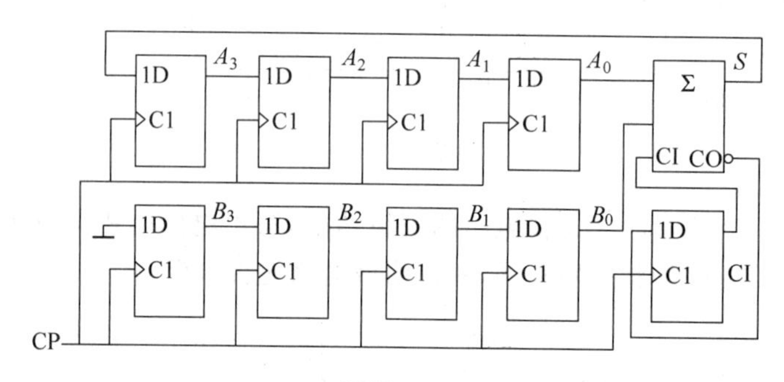

题图 7.17

7.18　回答下列问题：

(1) 欲将一个存放在移位寄存器中的二进制数乘以 16，需要多少个移位脉冲？

(2) 若高位在此移位寄存器的右边，完成所需功能应左移还是右移？

(3) 如果时钟脉冲频率为 50kHz，要完成此动作需要多少时间？

7.19　回答下列问题：

(1) 7 个 T′触发器级联构成计数器，若输入脉冲频率 $f=512\text{kHz}$，则计数器最高位触发器输出的脉冲频率是多少？

(2) 若需要每输入 1024 个脉冲，分频器能输出一个脉冲，则此分频器需要多少个 T′触发器连接而成？

7.20　分析题图 7.20 的计数器电路，说明这是多少进制的计数器（十进制计数器 74LS160 的功能表如表 7.4.7 所示）。

7.21　分析题图 7.21 的计数器电路，画出电路的状态转移图，说明这是几进制的计数器（十六进制计数器 74LS161 的功能表如表 7.4.5 所示）。

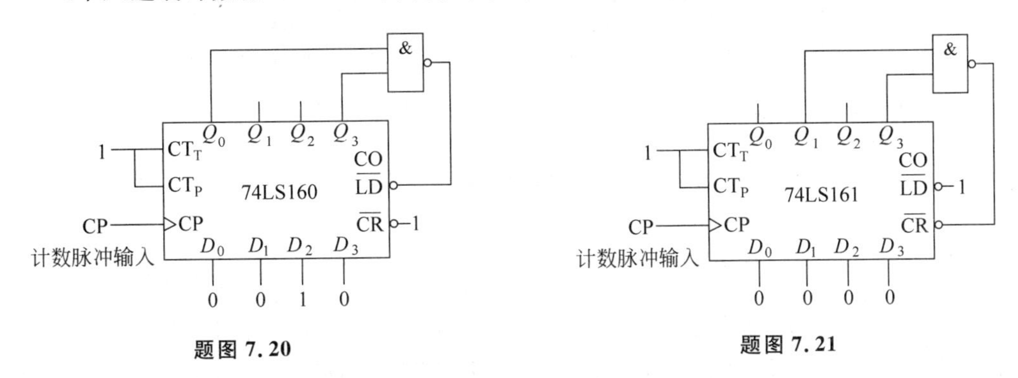

题图 7.20　　　　题图 7.21

7.22　试分析题图 7.22 的计数器在 $M=1$ 和 $M=0$ 时各为几进制（十进制计数器 74LS160 的功能表如表 7.4.7 所示）。

7.23　试用四位同步二进制计数器 74LS161 接成十二进制计数器，标出输入、输出端。可以附加必要的门电路（74LS161 的功能表如表 7.4.5 所示）。

7.24　分析题图 7.24 给出的计数器电路，试列出电路的状态转移表，说明该电路是几进制计数器（74LS163 的功能表如表 7.4.6 所示）。

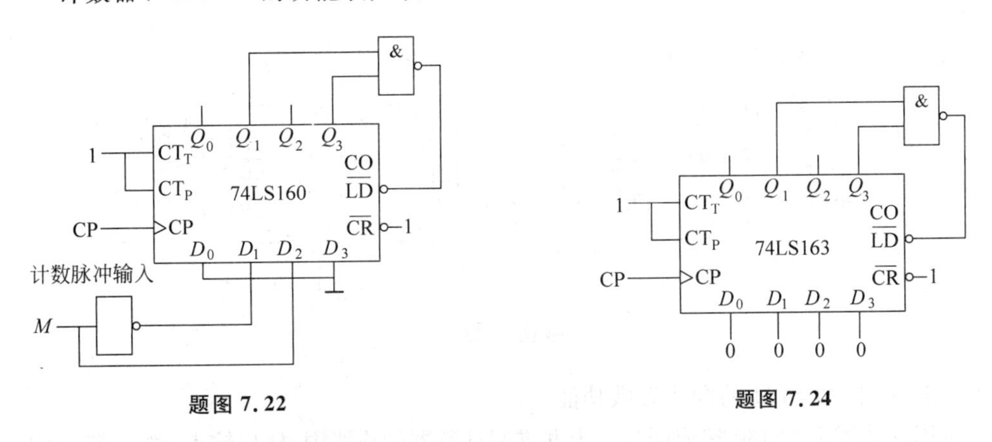

题图 7.22　　　　题图 7.24

7.25　题图 7.25 所示电路是由两片同步十进制计数器 74LS160 组成的计数器，试分析该电路是多少进制的计数器，两片之间是多少进制（74LS160 的功能表如表 7.4.7 所示）。

7.26　题图 7.26 所示电路是由两片四位同步二进制计数器 74LS161 组成的计数器，试分析该电路是多少进制的计数器，两片之间是多少进制（74LS161 的功能表如表 7.4.5 所示）。

7.27　分析题图 7.27 所示计数器电路，试求该电路的分频比（即 Y 与 CP 的频率之比）为多少（74LS161 的功能表如表 7.4.5 所示）。

7.28　分别画出利用下列方法构成八进制计数器的连线图，标出输入、输出端。可以附加必要的门电路（74LS161 的功能表如表 7.4.5 所示）。

(1) 利用 74LS161 的异步清零功能；

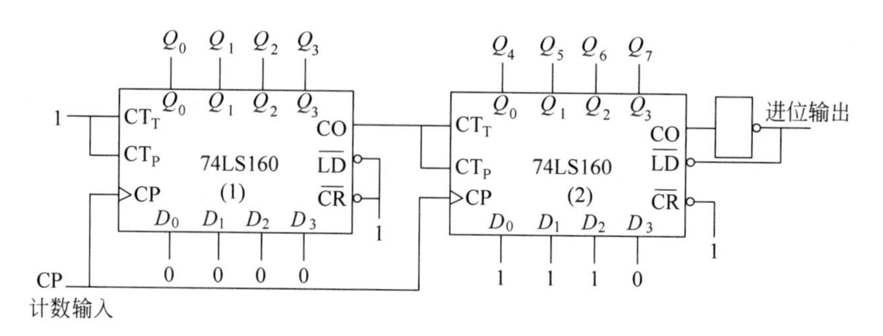

题图 7.25

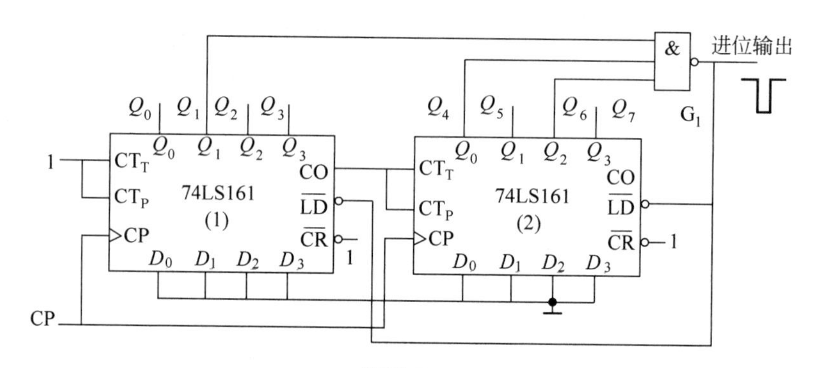

题图 7.26

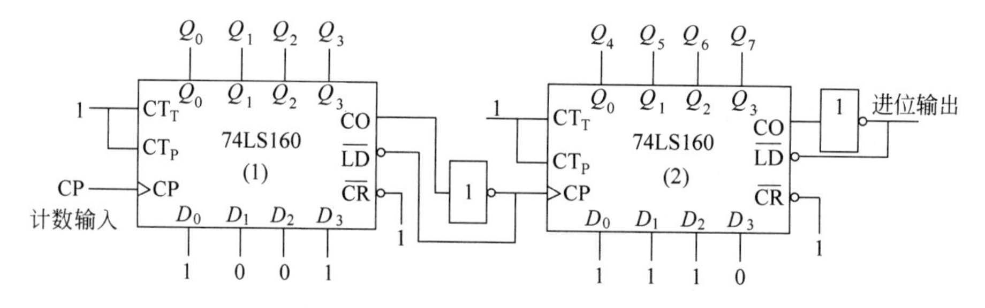

题图 7.27

(2) 利用 74LS161 的同步置数功能。

7.29 试用计数器 74LS160 接成同步二十九进制计数器的连线图，标出输入、输出端。可以附加必要的门电路，要求采用两种不同的方法（74LS160 的功能表如表 7.4.7 所示）。

7.30 试用计数器 74LS160 接成同步一百五十进制计数器的连线图，标出输入、输出端。可以附加必要的门电路，要求采用两种不同的方法（74LS160 的功能表如表 7.4.7 所示）。

第8章

脉冲波形的产生与整形

在数字电路或系统中，常常需要各种脉冲波形，例如时序电路中的时钟信号即为矩形脉冲波，时钟脉冲的特性直接关系着系统能否正常工作。获取矩形脉冲波的途径通常有两种：一种是利用各种形式的多谐振荡器电路直接产生所需要的矩形脉冲；另一种则是通过各种整形电路把已有的周期性变化波形变换为符合要求的矩形脉冲。

在时序系统中，矩形脉冲作为时钟信号控制和协调着整个数字系统的工作。理想的时钟信号是标准的矩形波，不考虑时钟信号的上升时间和下降时间，幅值和周期也是固定不变的。实际的矩形波信号存在上升时间和下降时间，其波形如图 8.0.1 所示。其特性主要由以下几个参数来表征。

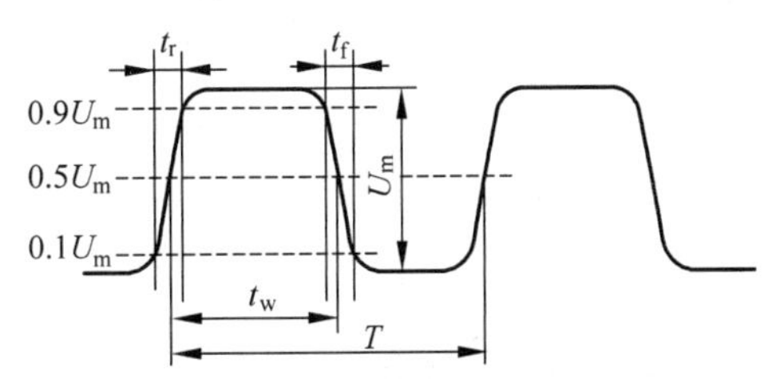

图 8.0.1　矩形脉冲波形的主要参数

(1) 脉冲周期 T：周期性重复的脉冲序列中，两个相邻脉冲间的时间间隔。

(2) 脉冲频率 f：单位时间内脉冲重复的次数，$f=\frac{1}{T}$。

(3) 脉冲幅度 U_m：脉冲电压的最大变化幅度。

(4) 脉冲宽度 t_w：从脉冲前沿上升到 $0.5U_m$ 开始，到脉冲后沿下降到 $0.5U_m$ 为止的一段时间。

(5) 上升时间 t_r：脉冲前沿从 $0.1U_m$ 上升到 $0.9U_m$ 所需要的时间。

(6) 下降时间 t_f：脉冲后沿从 $0.9U_m$ 下降到 $0.1U_m$ 所需要的时间。

(7) 占空比 q：脉冲宽度和脉冲周期的比值，$q=\frac{t_w}{T}$。

理想的矩形波中，$t_r=t_f=0$，t_w、U_m 和 T 也是稳定不变的。实际的矩形波 t_r 和 t_f 都不等于零，t_w、U_m 和 T 也受很多因素影响而不稳定，采取一定的措施后可以使之接近于理想波形。

8.1　施密特触发器

施密特触发器(schmitt trigger)是脉冲波形变换中经常使用的一种电路，它与前面所介绍的各种触发器(如 RS、JK、D 触发器等)是功能完全不同的两种电路，其特点如下。

(1) 具有两个稳定状态，两个状态的维持和转换均与输入电压的大小有关。对于正向增加和减小的输入信号，电路有不同的阈值电压 U_{T+} 和 U_{T-}，也就是引起输出电平两次翻转（1→0 和 0→1）的输入电压不同，其传输具有滞回特性。

(2) 在电路状态转换时，利用电路内部的正反馈过程，使输出电压波形的边沿陡峭，具有整形的功能。

施密特触发器有同相输出和反相输出两种类型。同相输出的施密特触发器是当输入信号正向增加到 U_{T+} 时，输出由 0 态翻转到 1 态；而当输入信号正向减小到 U_{T-} 时，输出由 1 态翻转到 0 态。反相输出只是输出状态转换时与上述相反。它们的电压传输特性和图形符号如图 8.1.1 所示。

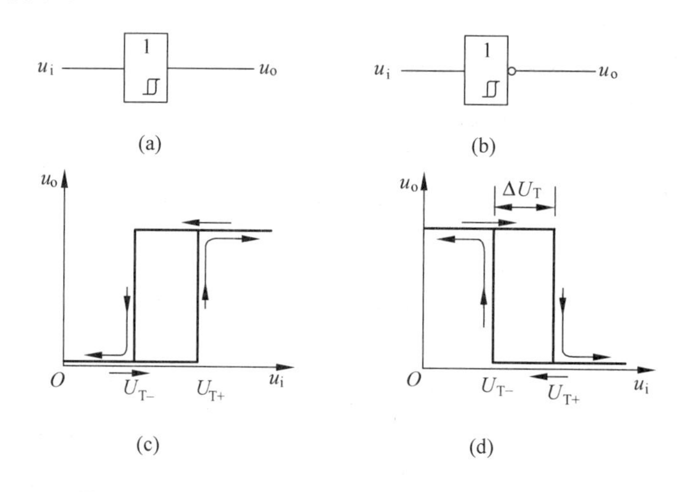

图 8.1.1　施密特触发器的电压传输特性和图形符号

(a) 同相输出的图形符号；(b) 反相输出的图形符号；(c) 同相输出的电压传输特性；(d) 反相输出的电压传输特性

图 8.1.1 中，U_{T+} 是输入（触发）信号在上升过程中引起施密特触发器输出电平翻转的输入电平，称为施密特触发器的正向阈值电压；U_{T-} 是下降过程中引起施密特触发器输出电平翻转的输入电平，称为施密特触发器的负向阈值电压。$\Delta U_T = U_{T+} - U_{T-}$，为施密特触发器的回差电压。$\Delta U_T$ 越大，施密特触发器的抗干扰能力越强，但 ΔU_T 过大会引起施密特触发器的鉴幅能力和触发灵敏度变差，因此实际应用中必须合理设置施密特触发器的回差电压。

施密特触发器具有很强的抗干扰性，广泛用于波形的变换与整形。门电路、555 定时器、运算放大器等均可构成施密特触发器，此外还有集成化的施密特触发器。下面首先介绍由门电路构成的同相输出的施密特触发器。

1. CMOS 门电路构成的施密特触发器

(1) 电路组成

如图 8.1.2 所示，将两级 CMOS 反相器串接，并通过分压电阻 R_2 将输出端的电压反馈到输入端，就构成了施密特触发器，其图形符号见图 8.1.1(a)。

(2) 工作原理

设 CMOS 反相器的阈值电压 $U_{TH} \approx 0.5V_{DD}$，且 $R_1 < R_2$，输入信号 u_i 为三角波，其波形如图 8.1.3 所示。

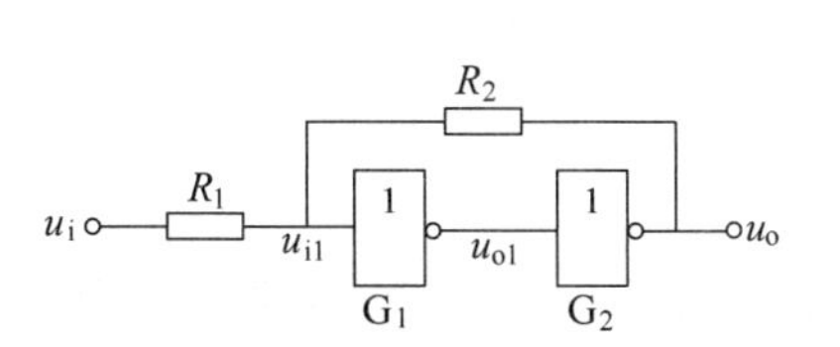

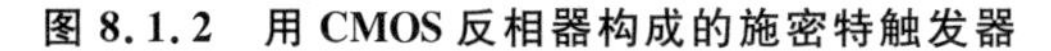
图 8.1.2　用 CMOS 反相器构成的施密特触发器

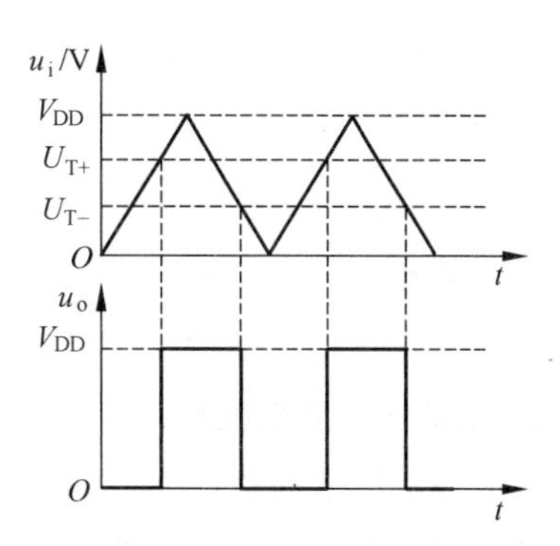

图 8.1.3　施密特触发器工作波形

当 $u_i=0$ 时，门 G_1 截止，门 G_2 导通，输出为 U_{OL}，即 $u_o=0$，电路进入第Ⅰ稳态。u_i 逐渐上升，u_{i1} 也随着上升，但只要满足 $u_{i1}<U_{TH}$，电路就保持在第Ⅰ稳态。

当 u_i 上升到使 $u_{i1}=U_{TH}$ 时，在电路中产生如下正反馈过程：

$$u_i\uparrow \rightarrow u_{i1}\uparrow \rightarrow u_{o1}\downarrow \rightarrow u_o\uparrow$$

在此正反馈过程的作用下，门电路的状态发生翻转，使门 G_1 导通、门 G_2 截止，输出为 U_{OH}，即 $u_o=V_{DD}$，电路进入第Ⅱ稳态。由于电路在 $u_o=0$ 状态期间，所以有

$$u_{i1}=\frac{R_2}{R_1+R_2}u_i \tag{8.1}$$

u_{i1} 升至 $u_{i1}=U_{TH}$ 时的 u_i 为施密特触发器的正向阈值电压 U_{T+}，则

$$U_{T+}=\left(1+\frac{R_1}{R_2}\right)U_{TH} \tag{8.2}$$

以后，即使 u_i 继续上升，只要满足 $u_{i1}>U_{TH}$，电路就保持在第Ⅱ稳态。

若 u_i 由 V_{DD} 下降，u_{i1} 也下降，当 $u_{i1}=U_{TH}$ 时，在电路中再次产生正反馈过程：

$$u_i\downarrow \rightarrow u_{i1}\downarrow \rightarrow u_{o1}\uparrow \rightarrow u_o\downarrow$$

在此正反馈过程的作用下，电路重新进入门 G_1 截止、门 G_2 导通的状态，电路输出为 U_{OL}，即 $u_o=0$，再次翻转到第Ⅰ稳态。

由于电路在 $u_o=V_{DD}$ 状态期间，所以有

$$u_{i1}=\frac{R_2}{R_1+R_2}u_i+\frac{R_1}{R_1+R_2}V_{DD} \tag{8.3}$$

u_{i1} 降至 $u_{i1}=U_{TH}$ 时的 u_i 为施密特触发器的负向阈值电压 U_{T-}，则

$$U_{T-}=\left(1+\frac{R_1}{R_2}\right)\left(U_{TH}-\frac{R_1}{R_1+R_2}V_{DD}\right) \tag{8.4}$$

将 $V_{DD}=2U_{TH}$ 代入式(8.4)，可得

$$U_{T-}=\left(1-\frac{R_1}{R_2}\right)U_{TH} \tag{8.5}$$

若电路已处于第Ⅰ稳态，u_i 继续下降，则施密特触发器仍维持第Ⅰ稳态不变。

在三角波形输入信号 u_i 的作用下，门 G_2 输出的波形 u_o 如图 8.1.3 所示。施密特触发器回差电压为

$$\Delta U_T = \frac{R_1}{R_2} V_{DD} \tag{8.6}$$

通过改变 R_1 和 R_2 的比值可以调节 U_{T+}、U_{T-} 和 ΔU_T 的大小。但 R_1 必须小于 R_2，否则电路将进入自锁状态，不能正常工作。

2. 施密特触发器的应用

施密特触发器的应用十分广泛，不仅可以应用于波形的变换、整形、展宽，还可应用于鉴别脉冲幅度、构成多谐振荡器、单稳态触发器等。下面以反相输出的施密特触发器，即图 8.1.1(b)所示的施密特触发器来举例说明。

（1）波形的变换

施密特触发器能够将边沿缓慢变化的信号波形变换为较理想的矩形脉冲信号波形，即可将正弦波或三角波变换成矩形波。在图 8.1.4(a)中，输入信号为正弦波信号，施密特触发器的输出为矩形波。在图 8.1.4(b)中，输入信号是由直流分量和正弦分量叠加而成的，只要输入信号的幅度大于 U_{T+}，就可在施密特触发器的输出端得到同频率的矩形波脉冲信号，其输出脉宽 t_w 可由回差电压 ΔU_T 调节。

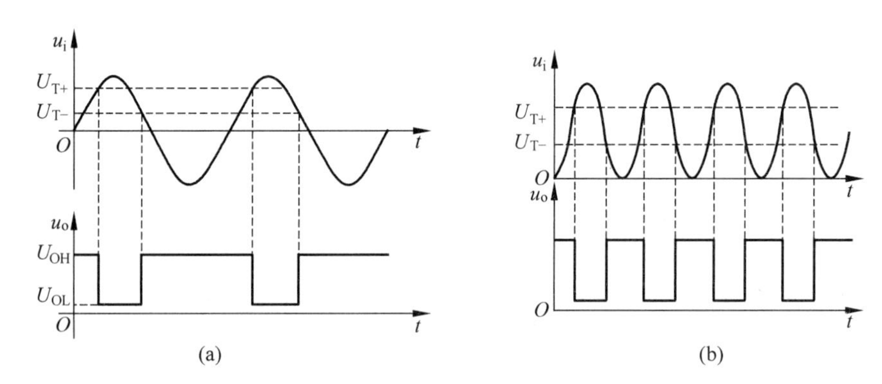

图 8.1.4 施密特触发器的波形变换作用

（2）波形的整形

在数字系统中，矩形脉冲信号经过传输之后往往会发生失真现象或带有干扰信号。当传输线上电容较大时，波形的上升沿和下降沿将明显变坏，如图 8.1.5(a)所示；当传输线较长，而且接收端的阻抗与传输线的阻抗不匹配时，在波形的上升沿和下降沿将产生振荡现象，如图 8.1.5(b)所示。无论出现上述哪一种情况，都可以利用施密特触发器将波形整形

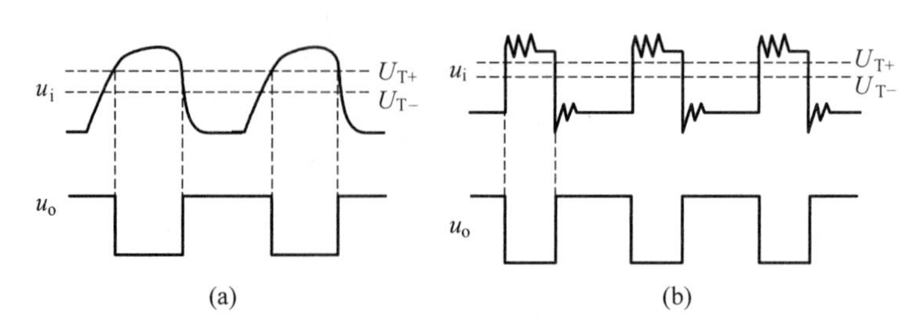

图 8.1.5 施密特触发器的波形整形作用

和去除干扰信号(要求回差电压 ΔU_T 大于干扰信号的幅度),如图 8.1.5 所示。

(3) 幅度鉴别

如果有一串幅度不相等的脉冲信号,要剔除其中幅度不够大的脉冲,可利用施密特触发器构成脉冲幅度鉴别器,如图 8.1.6 所示,可以鉴别幅度大于 U_{T+} 的脉冲信号。

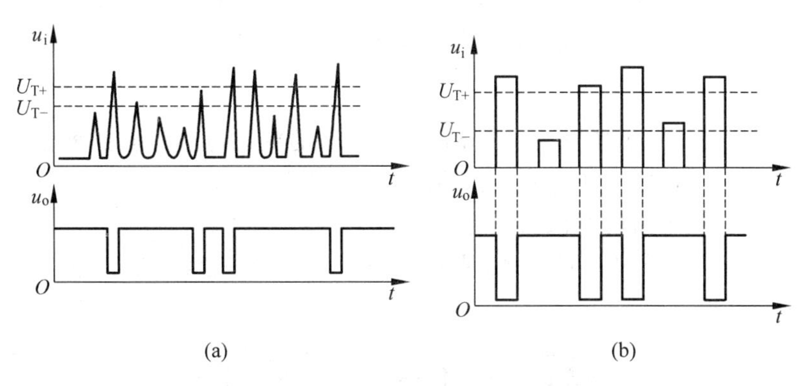

图 8.1.6 施密特触发器的鉴幅作用

8.2 单稳态触发器

在一次触发信号作用下,能在输出端上输出一定宽度矩形脉冲后又恢复到原来稳定状态的电路称为单稳态触发器。单稳态触发器的触发方式主要有负边沿触发和正边沿触发两种。

单稳态触发器具有下列特点。

(1) 它有一个稳定状态和一个暂稳状态;

(2) 在外来触发脉冲作用下,能够由稳定状态翻转到暂稳状态;

(3) 暂稳状态维持一段时间后,自动返回到稳定状态。单稳态触发器的暂态一般利用 *RC* 延迟环节来维持,维持时间的长短只取决于 *RC* 参数而与外部触发脉冲无关。

单稳态触发器在数字系统和装置中,一般用于定时(利用所产生宽度一定的矩形波来进行时间控制)、整形(把不规则波形转换成幅值和宽度都是规则的矩形波)以及延时(将输入信号延迟一定的时间之后输出)等。

单稳态触发器可以由 TTL 或 CMOS 门电路与外接 *RC* 电路组成,也可以通过单片集成单稳态电路外接 *RC* 电路来实现,其中 *RC* 电路称为定时电路。根据 *RC* 电路的不同接法,可以将单稳态触发器分为微分型和积分型两种。

1. CMOS 门电路构成的微分型单稳态触发器

图 8.2.1 是用 CMOS 门电路和 *RC* 微分电路构成的微分型单稳态触发器。

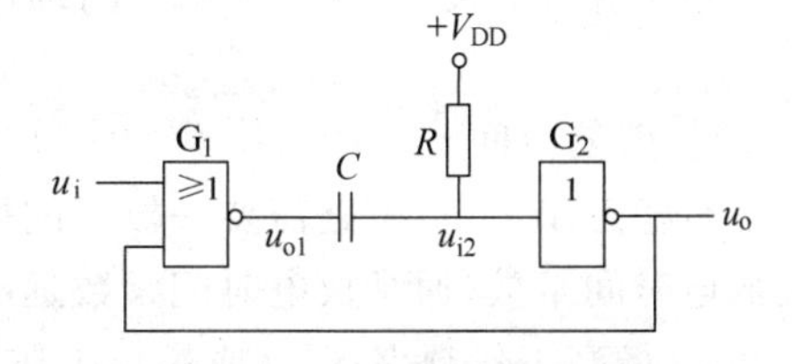

图 8.2.1 微分型单稳态触发器

微分型单稳态触发器的工作过程如下。

(1) 输入信号 $u_i=0$ 时,电路稳态

在稳态下,输入信号 $u_i=0$,$u_{i2}=V_{DD}$,故 $u_o=0$,

$u_{o1}=V_{DD}$，电容 C 上没有电压。

(2) 当外加触发信号时，电路翻转到暂稳态

当 u_i 产生正跳变时，u_{o1} 产生负跳变，经过电容 C 的耦合，使 u_{i2} 产生负跳变，G_2 输出 u_o 产生正跳变；u_o 的正跳变反馈到 G_1 输入端，从而导致如下正反馈过程：

$$u_i\uparrow \longrightarrow u_{o1}\downarrow \longrightarrow u_{i2}\downarrow \longrightarrow u_o\uparrow$$

该正反馈过程使电路迅速变为 G_1 导通、G_2 截止的状态，此时，电路处于 $u_{o1}=0$，$u_o=V_{DD}$ 的状态。然而这一状态是不能长久保持的，故称为暂稳态。

(3) 电容 C 充电，电路由暂稳态自动返回稳态

在暂稳态期间，V_{DD} 经 R 对 C 充电，使 u_{i2} 上升。当 u_{i2} 上升到等于 G_2 的 U_{TH} 时，电路会发生如下正反馈过程：

$$C\text{充电} \longrightarrow u_{i2}\uparrow \longrightarrow u_o\downarrow \longrightarrow u_{o1}\uparrow$$

该正反馈过程使电路迅速由暂稳态返回稳态，$u_o=0$，$u_{o1}=V_{DD}$。从暂稳态自动返回稳态之后，电容 C 将通过电阻 R 放电，使电容上的电压恢复到稳态时的初始值，其工作波形如图 8.2.2 所示。

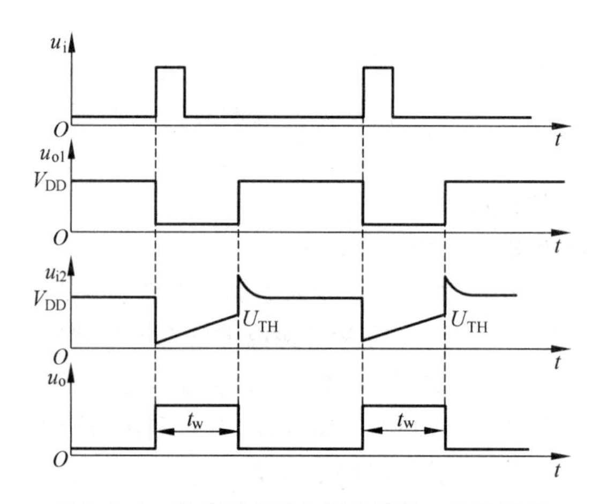

图 8.2.2 微分型单稳态触发器的工作波形图

(4) 微分型单稳态触发器的主要参数

① 输出脉冲宽度 t_w

输出脉冲宽度 t_w 就是暂稳态的维持时间。根据 u_{i2} 的波形可以计算，得

$$t_w \approx 0.69RC \tag{8.7}$$

② 恢复时间 t_{re}

暂稳态结束后，电路需要一段时间恢复到初始状态。一般地，恢复时间 t_{re} 等于 3～5 倍的放电时间常数(通常放电时间常数远小于 RC)。

③ 最高工作频率 f_{max}(或最小工作周期 T_{min})

设触发信号的时间间隔为 T，为了使单稳态触发器能够正常工作，应当满足 $T \geqslant t_w +$

t_{re}的条件，即 $T_{min}=t_w+t_{re}$。

因此，单稳态触发器的最高工作频率为

$$f_{max}=\frac{1}{T_{min}}=\frac{1}{t_w+t_{re}} \tag{8.8}$$

④ 对输入触发脉冲宽度的要求

在使用微分型单稳态触发器时，输入触发脉冲 u_i 的宽度 t_{w1} 应小于输出脉冲的宽度 t_w，即 $t_{w1}<t_w$，否则电路不能正常工作。而且相邻两次触发脉冲之间的时间间隔必须大于 t_w+t_{re}（称为分辨时间 t_d），否则将因为 $u_i=V_{DD}$而引起电路不能正确返回稳态。

为保证微分型单稳态触发器可靠触发，可在触发信号源 u_i 和 G_1 输入端之间接入一个 RC 微分电路，以防触发信号过宽，如图 8.2.3 所示。

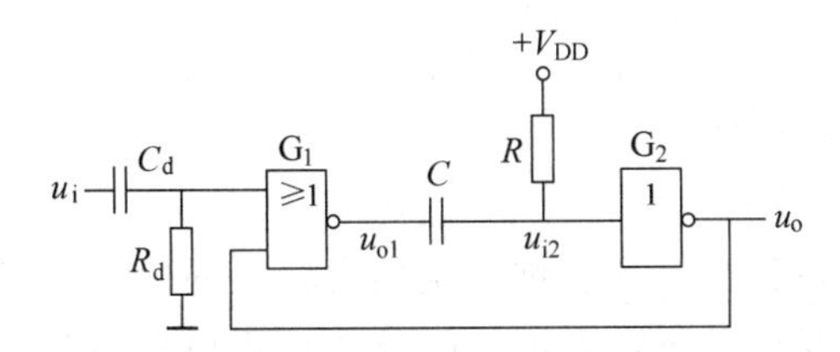

图 8.2.3　微分型单稳态触发器的改进电路

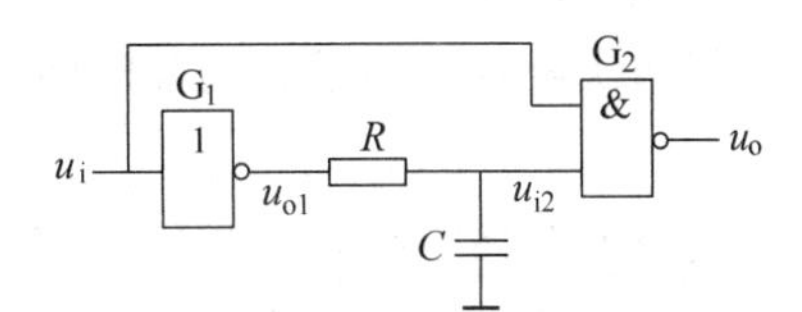

图 8.2.4　积分型单稳态触发器

例 8.1　在图 8.2.1 所示电路中，已知：$R=20\text{k}\Omega$，$C=0.01\mu\text{F}$，试求输出脉冲宽度 t_w。

解　由式(8.7)可知

$$t_w=0.69RC=0.69\times20\times10^3\times0.01\times10^{-6}=138(\mu\text{s})$$

2. CMOS 门电路构成的积分型单稳态触发器

积分型单稳态触发器由 CMOS 门电路和 RC 积分电路组成，如图 8.2.4 所示。为了保证 u_{o1}为低电平时 u_{i2}在 U_{TH}以下，R 的阻值不能取得很大。该电路用正脉冲触发。

CMOS 门电路构成的积分型单稳态触发器的工作过程如下。

(1) 输入信号 $u_i=0$ 时，电路稳态

在稳态下，输入信号 $u_i=0$，$u_{o1}=U_{OH}$，$u_o=U_{OH}$，$u_{i2}=U_{OH}$。

(2) 当外加触发信号时，电路翻转到暂稳态

从 u_i 输入正脉冲信号，u_{o1}跳变为低电平。但由于电容 C 上的电压不能突变，所以在一段时间里，u_{i2}仍在 U_{TH}以上。因此，在这段时间里 G_2 的两个输入端电压均高于 U_{TH}，输出 $u_o=0$，电路进入暂稳态。

(3) 电容 C 放电，电路由暂稳态自动返回稳态

在暂稳态期间，电容 C 开始放电，使 u_{i2}下降。当 u_{i2}下降到 $u_{i2}=U_{TH}$时，首先 u_o 回到高电平，$u_o=U_{OH}$。触发信号撤销前，$u_i\geqslant U_{OH}$，仍有 $u_{o1}=0$，电容 C 一直放电，当触发信号撤销后，$u_i=0$，$u_{o1}=U_{OH}$，电容 C 又被充电，经一定时间恢复至 $u_{i2}=U_{OH}$，电路回到稳态，其工作波形如图 8.2.5 所示。

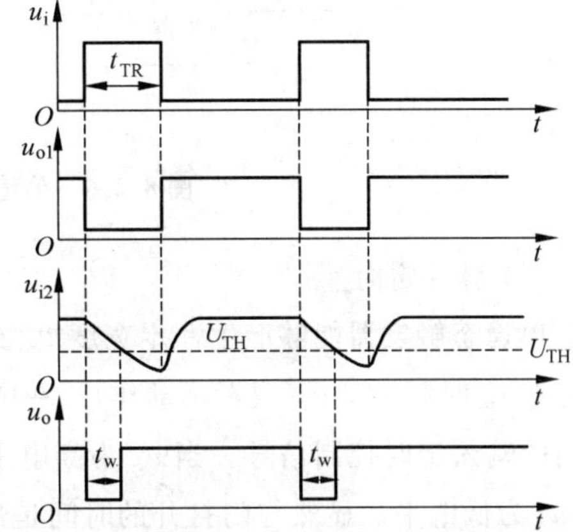

图 8.2.5　积分型单稳态触发器的工作波形图

(4) 积分型单稳态触发器的参数计算

① 输出脉冲宽度 t_w

对应 u_{i2} 从 $u_{i2}=U_{OH}$ 下降到 $u_{i2}=U_{TH}$ 所需的时间，即

$$t_w = (R+R_0)C \cdot \ln \frac{U_{OL}-U_{OH}}{U_{OL}-U_{TH}} \tag{8.9}$$

式中，R_0 是 G_1 输出低电平时的输出电阻。

② 恢复时间 t_{re}

对应 u_{i2} 被充电到 $u_{i2}=U_{TH}$ 所需的时间，一般需要 3～5 倍时间常数，即

$$t_w \approx (3 \sim 5)(R+R'_0)C \tag{8.10}$$

式中，R'_0 是 G_1 输出高电平时的输出电阻。

③ 电路的分辨时间 t_d

相邻两次触发间的最少间隔时间为电路的分辨时间，即

$$t_d = t_{TR} + t_{re} \tag{8.11}$$

与微分型单稳态触发器相比，积分型单稳态触发器具有抗干扰能力较强的优点。因为数字电路中的噪声多为尖峰脉冲的形式(即幅度较大而宽度极窄的脉冲)，而积分型单稳态触发器在这种噪声作用下不会输出足够宽度的脉冲。

积分型单稳态触发器的缺点是输出波形的边沿比较差，另外，这种积分型单稳态触发器必须在触发脉冲的宽度大于输出脉冲宽度时才能正常工作。

3. 单稳态触发器的应用

(1) 脉冲延时

如果需要延迟脉冲的触发时间，可利用单稳电路来实现，如图 8.2.6 所示。图中，u_o 的下降沿比 u_i 的下降沿滞后了时间 t_w，即延迟了 t_w 的时间。单稳态触发器的这种延时作用常被应用于时序控制中。

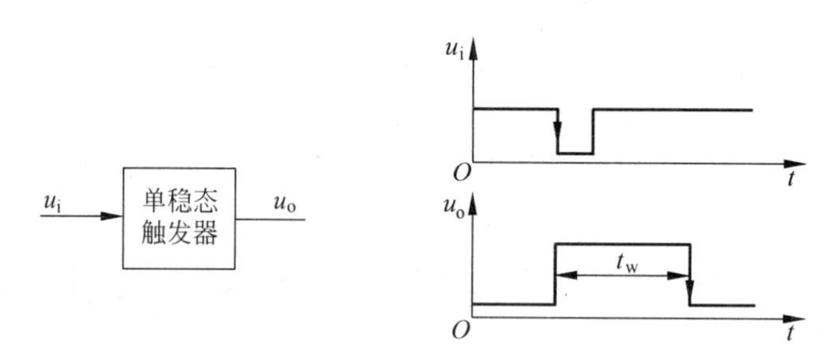

图 8.2.6 单稳态触发器用于脉冲延时

(2) 脉冲定时

单稳态触发器能够产生一定宽度 t_w 的矩形脉冲，利用这个脉冲去控制某一电路，则可使它在 t_w 时间内动作(或者不动作)。在图 8.2.7(a)中，单稳态触发器的输出电压 u_B 用做与门的输入定时控制信号。当 u_B 为高电平时，与门打开，$u_o=u_A$；当 u_B 为低电平时，与门关闭，u_o 为低电平。显然与门打开的时间是恒定不变的，就是单稳态触发器输出脉冲 u_o 的宽度 t_w，其工作波形如图 8.2.7(b)所示。

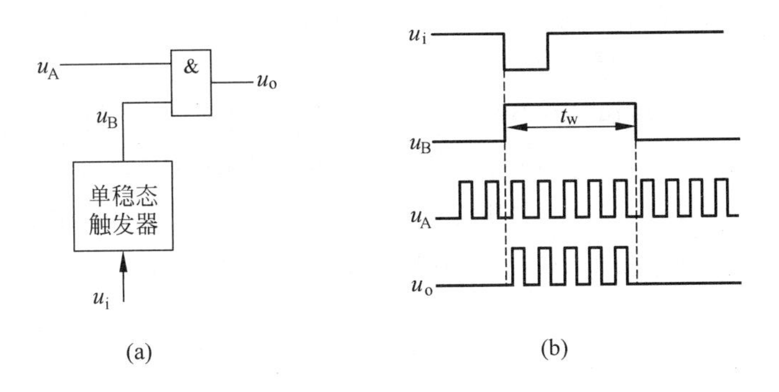

图 8.2.7　稳态触发器用于脉冲定时的电路原理图和工作波形图

(a) 电路原理图；(b) 工作波形

(3) 整形

单稳态触发器能够把不规则的输入信号 u_i 整形成为幅度和宽度都相同的标准矩形脉冲 u_o。u_o 的幅度取决于单稳态电路输出的高、低电平，宽度 t_w 决定于暂稳态时间。图 8.2.8 是单稳态触发器用于波形整形的一个简单例子。

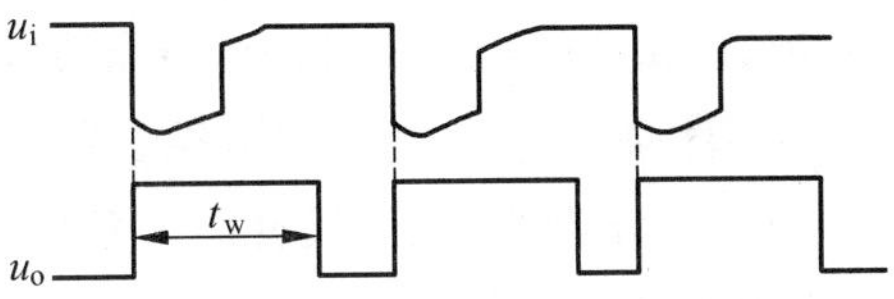

图 8.2.8　单稳态触发器用于波形整形

例 8.2　图 8.2.9 是一个测量电机转速的数字测量系统示意图，测量结果以十进制数显示出来，试说明其工作原理。

解　该测速系统的工作原理如下。

(1) 信号的采集。在电动机转轴上固定一个圆盘，在圆盘上打一个小孔，在圆盘的一侧放置一光源，在圆盘的另一侧放置一个光电元件(如光电二极管或光电三极管)，如图 8.2.9 所示。当电动机每转动一周，光源透过圆盘上的小孔照射光电元件一次，光电元件则发出一个光脉冲。光电元件每秒钟发出的光脉冲个数恰好是电机转动的转数。只要能把光脉冲个数数出来，就可以得到电动机的转速。

(2) 信号的放大与整形。由光电元件转换来的光脉冲，信号不仅弱而且很不规则，脉冲

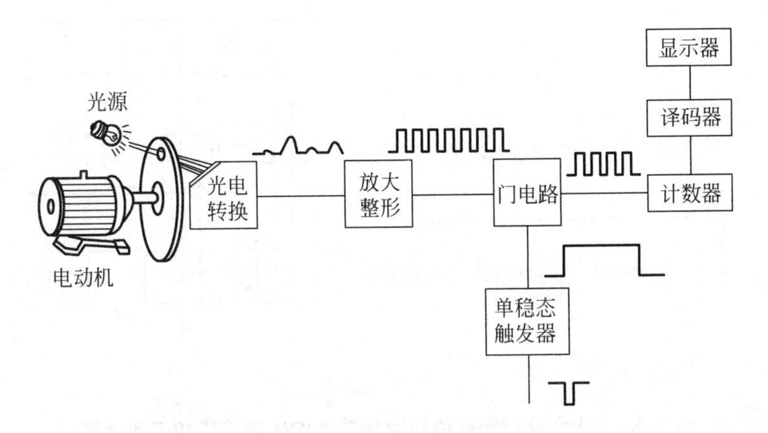

图 8.2.9　例 8.2 的测量电动机转速的示意图

边沿不陡直，不能准确反映电动机转速。必须先进行放大，然后进行脉冲整形，得到边沿陡直且具有一定幅度的脉冲信号。

(3) 定时。为了得到1s内的光脉冲个数，首先用单稳态触发器产生一个脉冲宽度为1s的矩形脉冲，作为定时信号。通过与门电路，把输入的光脉冲控制在1s内通过。

(4) 计数显示。把1s内通过的光脉冲作为计数器的计数脉冲，计数器累计的数就是1s内通过的光脉冲个数，即电动机的转速。将计数器的输出经译码显示，人们就可以直接从显示器上读出电动机的转速。

8.3 多谐振荡器

在数字电路中，常常需要一种不需外加触发脉冲就能够产生具有一定频率和幅度的矩形波的电路。由于矩形波中除基波外，还含有丰富的高次谐波成分，因此称这种电路为多谐振荡器(astable multivibrator)。多谐振荡器也称自激振荡器，是产生矩形脉冲波的典型电路，常用来作脉冲信号源。多谐振荡器没有输入端，接通电源便自激振荡。多谐振荡器一旦起振之后，电路没有稳态，只有两个暂稳态，它们交替变化，输出连续的矩形脉冲信号，因此又称它为无稳态电路。

多谐振荡器可以由TTL/CMOS门电路来构成，主要用于频率要求不高的场合；也可以用石英晶体振荡器构成，主要用于频率要求较高的场合；还可以用555定时器构成。

1. 最简单的环形多谐振荡器

把奇数个非门首尾相接成环状，就组成了简单环形多谐振荡器。图8.3.1(a)为由3个非门构成的多谐振荡器，图中3个非门首尾相接成环形，利用门电路的传输时延，产生自激振荡，获得连续的脉冲信号。当u_o的某个随机状态为高电平，经过三级倒相后，u_o跳转为低电平，考虑到传输门电路的平均延迟时间t_{pd}，u_o输出信号的周期为$6t_{pd}$。图8.3.1(b)为各点波形图。

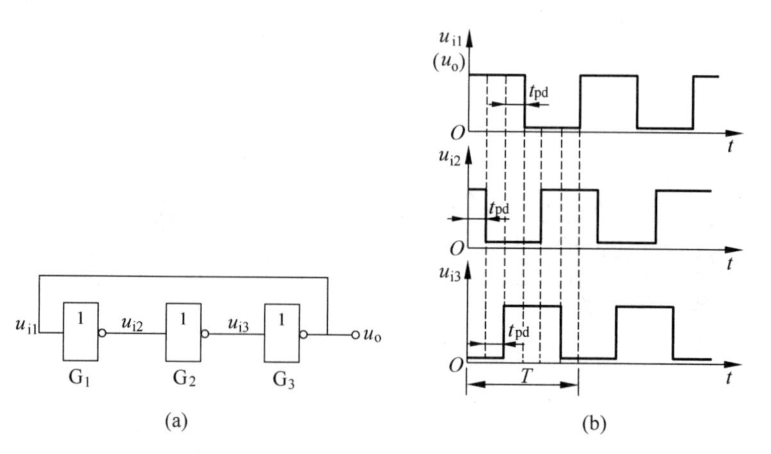

图8.3.1 3个非门构成的多谐振荡器的电路结构和工作波形

(a) 电路结构；(b) 工作波形

这种最简单的环形振荡器结构很简单，但是振荡频率固定，且周期很短，为 ns 级。

这种最简单的环形多谐振荡器的振荡周期取决于 t_{pd}，此值较小（ns 级）且不可调。所以，产生的脉冲信号频率较高且无法控制，因而没有实用价值。改进方法是通过附加一个 RC 延迟电路，不仅可以降低振荡频率，并能通过参数 R、C 控制振荡频率。

2. *RC* 环形多谐振荡器

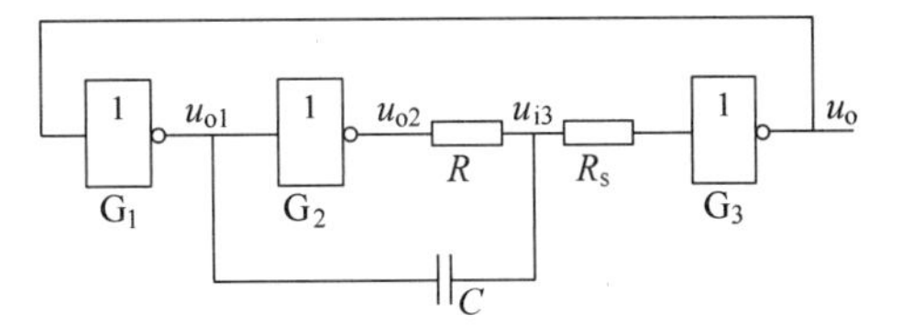

图 8.3.2　*RC* 环形多谐振荡器的电路结构图

如图 8.3.2 所示，RC 环形多谐振荡器由 3 个非门（G_1、G_2、G_3）、两个电阻（R、R_S）和一个电容 C 组成。电阻 R_S 是非门 G_3 的限流保护电阻，一般为 100Ω 左右；R、C 为定时器件，R 的值要小于非门的关门电阻，一般在 700Ω 以下，否则，电路无法正常工作。此时，由于 RC 的值较大，从 u_{o1} 到 u_{i3} 的传输时间大大增加，基本上由 RC 的参数决定，门延迟时间 t_{pd} 可以忽略不计。

(1) 工作原理

设电源刚接通时，电路输出端 u_o 为高电平，由于此时电容器 C 尚未充电，其两端电压为零，则 u_{o1}、u_{i3} 为低电平，电路处于第 1 暂稳态。随着 u_{o2} 高电平通过电阻 R 对电容 C 充电，u_{i3} 电位逐渐升高。

当 u_{i3} 超过 G_3 的输入阈值电平 U_{TH} 时，G_3 翻转，u_o 变为低电平，使 G_1 也翻转，u_{o1} 变为高电平，由于电容电压不能突变，u_{i3} 也有一个正突跳，保持 G_3 输出为低电平，此时电路进入第 2 暂稳态。随着 u_{o1} 高电平对电容 C 并经电阻 R 的反向充电，u_{i3} 电位逐渐下降，当 u_{i3} 低于 U_{TH} 时，G_3 再次翻转，电路又回到第 1 暂稳态。如此循环，形成连续振荡。电路各点的工作波形如图 8.3.3 所示。

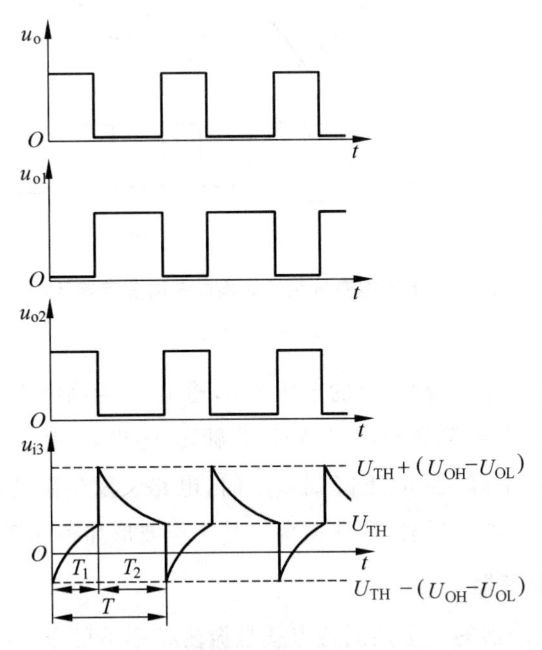

图 8.3.3　图 8.3.2 所示电路的工作波形

(2) 振荡周期 T 的估算(忽略门的传输延迟时间)

振荡周期包括充电时间(T_1)和放电时间(T_2)两部分,根据 RC 电路的基本工作原理,利用三要素法,若 $R_1+R_S \gg R$,R_1 为 G_3 输入级的基极电阻,$U_{OL}=0V$,可以得到充电时间 T_1 为

$$T_1 \approx RC\ln\frac{2U_{OH}-U_{TH}}{U_{OH}-U_{TH}} \tag{8.12}$$

同理,求得放电时间 T_2 为

$$T_2 \approx RC\ln\frac{U_{OH}+U_{TH}}{U_{TH}} \tag{8.13}$$

则图 8.3.2 所示电路的振荡周期近似为:

$$T = T_1 + T_2 \approx RC\ln\left(\frac{2U_{OH}-U_{TH}}{U_{OH}-U_{TH}} \cdot \frac{U_{OH}+U_{TH}}{U_{TH}}\right) \tag{8.14}$$

假定 $U_{OH}=3V$,$U_{TH}=1.4V$,代入式(8.14)后得到

$$T \approx 2.2RC \tag{8.15}$$

从以上分析看出,要改变振荡周期,可以通过改变定时元件 R 和 C 来实现。使用公式(8.15)时应注意它的假定条件是否满足,否则计算结果会有较大误差。

3. 施密特触发器构成多谐振荡器

施密特触发器的特点是电压传输具有滞后特性。如果能使它的输入电压在 U_{T+} 与 U_{T-} 之间不停地往复变化,在输出端即可得到矩形脉冲,因此,利用施密特触发器外接 RC 电路就可以构成多谐振荡器,电路如图 8.3.4(a)所示。

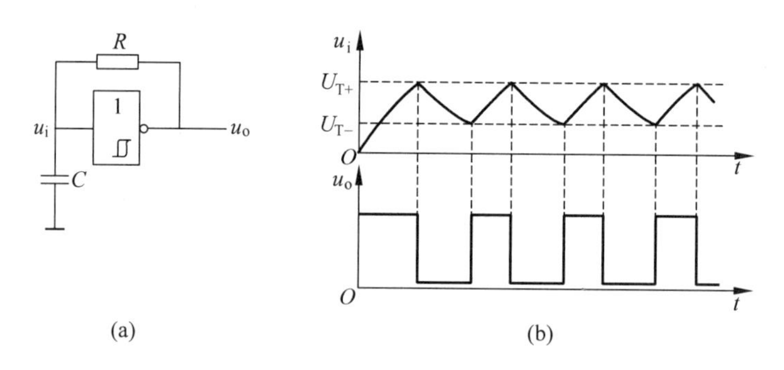

图 8.3.4 反相输出的施密特触发器构成多谐振荡器及其工作波形

(a) 结构图;(b) 工作波形

工作过程:接通电源后,电容 C 上的电压为 0,输出 u_o 为高电平,u_o 的高电平通过电阻 R 对 C 充电,使 u_i 上升,当 u_i 到达 U_{T+} 时,触发器翻转,输出 u_o 由高电平变为低电平。然后 C 经 R 到 u_o 放电,使 u_i 下降,当 u_i 下降到 U_{T-} 时,电路又发生翻转,输出 u_o 变为高电平,u_o 再次通过 R 对 C 充电,如此反复,形成振荡。其工作波形如图 8.3.4(b)所示。

4. 石英晶体多谐振荡器

上面介绍的多谐振荡器的一个共同特点就是振荡频率不稳定,容易受温度、电源电压波动和 RC 参数误差的影响。

在数字系统中，矩形脉冲信号常用作时钟信号来控制和协调整个系统的工作。因此，控制信号频率不稳定会直接影响到系统的工作。显然，前面讨论的多谐振荡器是不能满足要求的，必须采用频率稳定度很高的石英晶体多谐振荡器。

石英晶体具有很好的选频特性。当振荡信号的频率和石英晶体的固有谐振频率 f_0 相同时，石英晶体呈现很低的阻抗，信号很容易通过，而其他频率的信号则被衰减掉。石英晶体的电抗频率特性如图 8.3.5 所示。因此，将石英晶体串接在多谐振荡器的回路中就可以组成石英晶体振荡器，这时，振荡频率只取决于石英晶体的固有谐振频率 f_0，而与 RC 无关。

在对称式多谐振荡器的基础上，串接一块石英晶体，就可以构成一个石英晶体振荡器电路，如图 8.3.6 所示。该电路将产生稳定度极高的矩形脉冲，其振荡频率由石英晶体的串联谐振频率 f_0 决定。

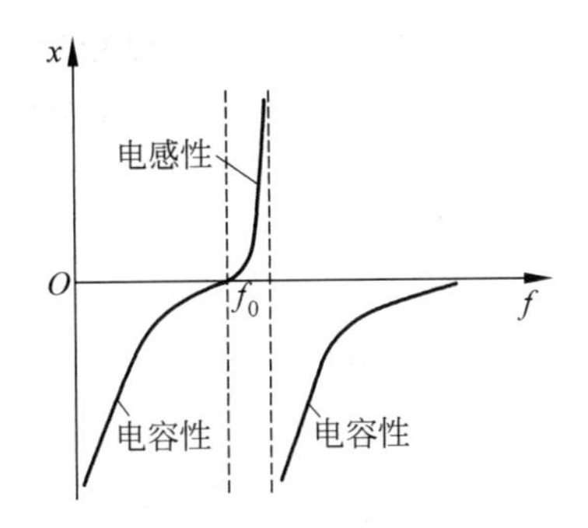

图 8.3.5 石英晶体的电抗频率特性

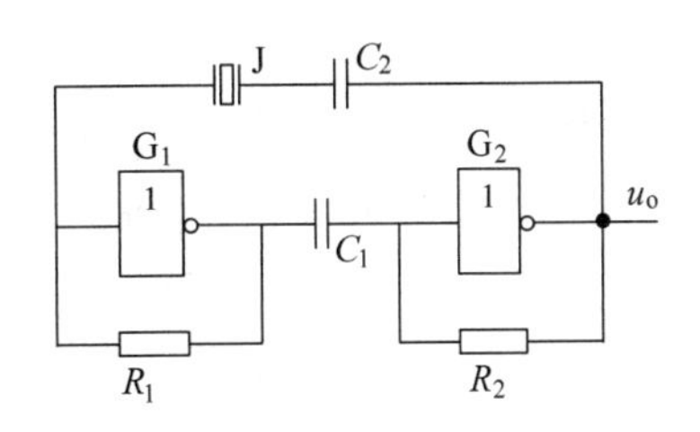

图 8.3.6 石英晶体振荡器电路

目前，家用电子钟几乎都采用具有石英晶体振荡器的矩形波发生器。由于它的频率稳定度很高，所以走时很准。

通常选用振荡频率为 32768Hz 的石英晶体谐振器，因为 $32768=2^{15}$，将 32768Hz 经过 15 次二分频，即可得到 1Hz 的时钟脉冲作为计时标准，如图 8.3.7 所示。

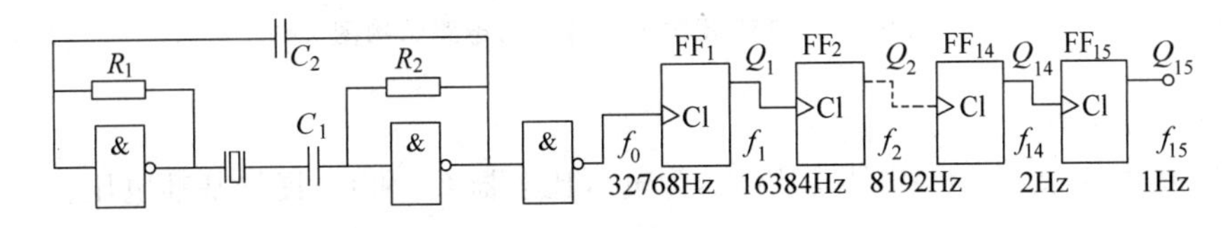

图 8.3.7 秒脉冲发生器

8.4 555 定时器及其应用

555 定时器是一种多用途的单片集成电路，它不但本身可以组成定时电路，而且在外部配上少许元件便可以构成施密特触发器、单稳态触发器、多谐振荡器等电路。由于它性能优良、应用灵活，所以 555 定时器在波形的产生与变换、测量与控制、家用电器、电子玩具等许多领域中得到了应用。

555 定时器是一种产生时间延迟和多种脉冲信号的电路，由于内部电压标准使用了 3 个 5kΩ 电阻，故取名 555 电路。其电路类型有双极型(TTL 型)和单极型(CMOS)型两大类，两者的结构与工作原理类似。一般 TTL 型产品型号最后的 3 位数码都是 555 或 556，而 CMOS 产品型号最后 4 位数码都是 7555 或 7556，两者的逻辑功能和引脚排列完全相同，易于互换。555 芯片和 7555 芯片是单定时器，556 芯片和 7556 芯片是双定时器。TTL 型的电源电压 $V_{CC}=+5\sim+15V$，输出的最大电流可达 200mA，CMOS 型的电源电压为 $+3\sim+18V$，最大负载电流在 4mA 以下，能直接驱动小型电机、继电器和低阻抗扬声器。

8.4.1 555 定时器的结构与工作原理

1. 555 定时器的内部电路结构和工作原理

图 8.4.1 是双极型 555 器件的内部电路结构图。由图 8.4.1 可看出，该电路由电阻分压器、电压比较器、基本 RS 触发器、直接复位端、放电管 VT 和输出缓冲器等 6 部分组成。

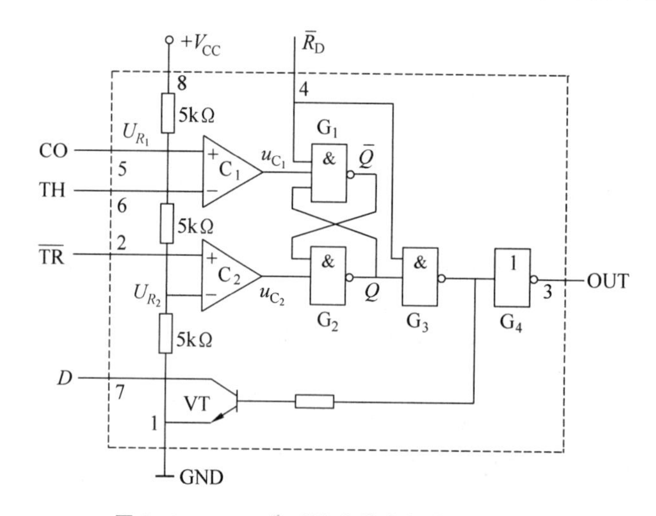

图 8.4.1 555 定时器芯片内部电路结构图

(1) 电阻分压器

分压电路由 3 个 5kΩ 的电阻 R 组成，为电压比较器 C_1 和 C_2 提供基准电压。第 5 引脚 CO 为电压控制端，该端可外加控制电压改变参考电压值。当悬空时，$U_{R_1}=\frac{2}{3}V_{CC}$，$U_{R_2}=\frac{1}{3}V_{CC}$；如果第 5 引脚外接控制电压 U_{CO}，则 $U_{R_1}=U_{CO}$，$U_{R_2}=\frac{1}{2}U_{CO}$。CO 端不用时，一般外接0.01$\mu$F 的去耦电容，以消除干扰，保证参考电压不变。

(2) 电压比较器 C_1 和 C_2

电压比较器有两个输入端，同相端的电压用 U_+ 表示，反相端电压用 U_- 表示。当 $U_+>U_-$ 时，电压比较器输出为高电平；当 $U_+<U_-$ 时，电压比较器输出为低电平。图 8.4.1 中有两个相同的电压比较器 C_1 和 C_2。其中 C_1 的同相端接基准电压；反相端接外触发输入电压，称高触发端 TH。电压比较器 C_2 的反相端接基准电压；其同相端接外触发电压，称低触发

发端$\overline{TR}$。

(3) 基本RS触发器

基本RS触发器由交叉耦合的两个与非门组成。比较器C_1的输出作为基本RS触发器的复位输入,比较器C_2的输出作为基本RS触发器的置位输入。

(4) 直接复位端$\bar{R}_D$

$\bar{R}_D$是低电平有效的直接复位输入端。当$\bar{R}_D=0$时,555芯片的第3引脚输出端$U_{OUT}=0$,处于复位状态。正常工作时,$\bar{R}_D$端应该接高电平。

(5) 放电管VT

三极管VT相当于一个受控电子开关,G_3门的输出控制三极管VT的状态。当输出端$U_{OUT}=0$时,G_3门的输出为高电平,三极管VT导通,三极管的集电极(555芯片的7脚)为地电位。当输出端$U_{OUT}=1$时,G_3门的输出为低电平,三极管VT截止,三极管的集电极(555芯片的7脚)悬空。

(6) 输出缓冲器

输出缓冲器就是接在输出端的反相器G_4,其作用是提高定时器的带负载能力和隔离负载对定时器的影响。

根据图8.4.1所示电路和原理分析,可得555定时器的功能表如表8.4.1所示。

表8.4.1 555定时器的功能表

输入			输出	
$\bar{R}_D$	$\overline{TR}$	TH	U_{OUT}	放电管VT
0	×	×	0	导通
1	$0\left(小于\frac{1}{3}V_{CC}\right)$	0	1	截止
1	1	$1\left(大于\frac{2}{3}V_{CC}\right)$	0	导通
1	1	0	保持不变	保持不变

注:此表是在1脚接地、8脚接电源、5脚悬空的条件下得到的。分析555定时器的逻辑功能时,应重点关注2脚和6脚。

2. 555定时器的引脚功能

555定时器的引脚排列图如图8.4.2(a)所示,其图形符号如图8.4.2(b)所示,各引脚功能如下。

1脚GND:接地端。

2脚$\overline{TR}$:置位控制端,也称低电平触发端。当该脚输入电压低于$\frac{1}{3}V_{CC}$时触发有效,使基本RS触发器置1,即3脚输出高电平。

3脚OUT:输出端。

4脚$\bar{R}_D$:直接复位端,低电平有效。正常工作时该引脚应接高电平。

5脚CO:电压控制端。外接控制电压时,可以改变比较器C_1和C_2的参考电压。不用时经$0.01\mu F$的电容接地,以防止干扰电压引入。

6脚TH:复位控制端,也称高电平触发端。当该脚输入电压高于$\frac{2}{3}V_{CC}$时触发有效,使

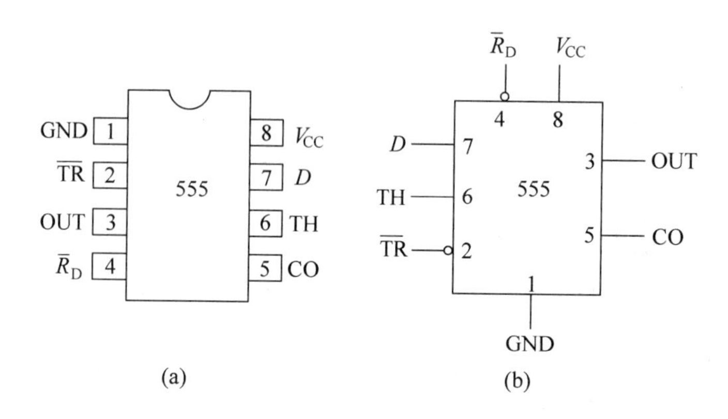

图 8.4.2 555 定时器的引脚排列和图形符号图

(a) 引脚排列图；(b) 图形符号图

基本 RS 触发器置 0，即 3 脚输出低电平。

7 脚 D：放电端。当输出端为 0 时，放电管 VT 导通(7 脚与接地端相连)，外接电容器通过 VT 放电。当输出端为 1 时，7 端与接地端之间断路。

8 脚 V_{CC}：电源端，接 5V 电源。

3. 555 定时器应用举例

例 8.3 图 8.4.3 是 5G 555 定时器接成的逻辑电平分析仪，待测信号为 u_i，调节 5G 555 的 CO 端电压 $u_A=3V$。试问：

(1) 当 $u_i>3V$ 时，哪个发光二极管亮？

(2) 当 u_i 小于多少伏时，该逻辑电平仪表示低电平输入？这时哪一个发光二极管亮？

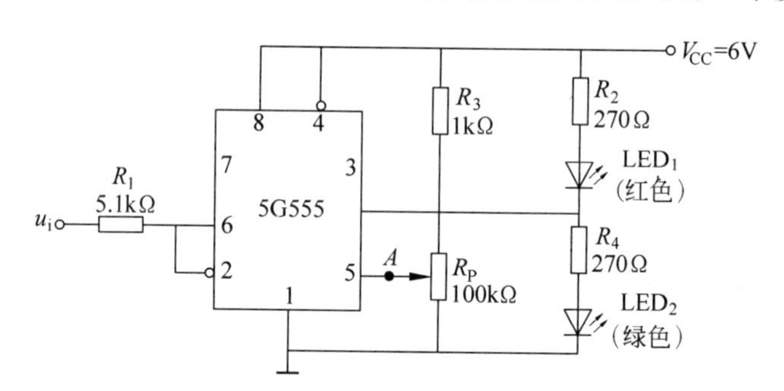

图 8.4.3 例 8.3 的电路原理图

解 由图 8.4.3 和表 8.4.1 可知，由于电压控制端 CO 外加控制电压 $u_A=3V$，改变了 5G 555 的比较器 C_1 和 C_2 的参考电压值，使之分别变为 3V(高电平触发端 TH 参考电压)和 1.5V(低电平触发端 $\overline{TR}$ 参考电压)。由于图 8.4.3 电路中的 TH 端(6 脚)和 $\overline{TR}$ 端(2 脚)接在一起，因此：

(1) 当 $u_i>3V$ 时，输出端 OUT 为低电平，LED$_1$ 亮，即红灯亮；

(2) 当 $u_i<1.5V$ 时，该逻辑电平仪表示低电平输入，此时电路输出端 OUT 为高电平，LED$_2$ 亮，即绿灯亮。

8.4.2　555 定时器构成的施密特触发器

施密特触发器是一种双稳态触发器，它的特点是：输出电压具有回差特性，即上升过程和下降过程有不同的阈值电压 U_{T+} 和 U_{T-}。那么用 555 定时器如何构成施密特触发器呢？由图 8.4.1 可知，555 定时器的内部比较器有两个不同的基准电压 U_{R_1} 和 U_{R_2}，将基准电压 U_{R_1}、U_{R_2} 与阈值电压 U_{T+}、U_{T-} 联系起来，就可以实现用 555 定时器构成施密特触发器。

1. 电路结构

将 555 芯片的低电平触发端 $\overline{TR}$ 和高电平触发端 TH 连接在一起，作为信号输入端 u_i，555 芯片的 3 脚作为输出信号端 u_o，便构成了施密特触发器电路，电路如图 8.4.4(a)所示。因为 5 脚悬空，所以这时施密特触发器的 $U_{T+}=\frac{2}{3}V_{CC}$，$U_{T-}=\frac{1}{3}V_{CC}$。如果在 U_{IC} 加上控制电压，可以改变电路的 U_{T+} 和 U_{T-}。

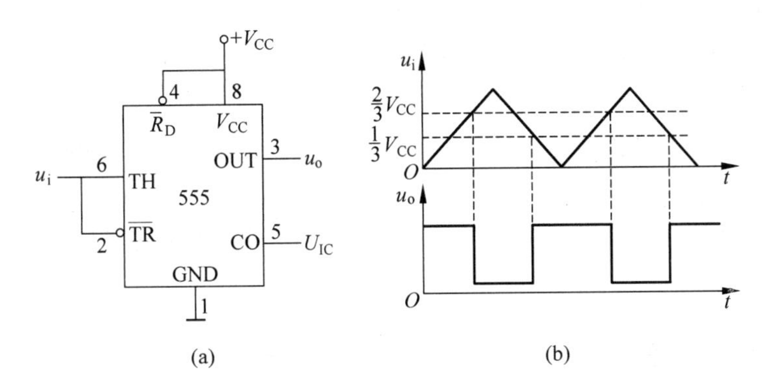

图 8.4.4　555 定时器构成的施密特触发器电路和工作波形图

(a) 电路图；(b) 工作波形图

2. 工作原理

设输入电压 u_i 为图 8.4.4(b)所示的三角波信号。

(1) 当输入电压 $u_i<\frac{1}{3}V_{CC}$ 时，置位控制端 2 脚为低电平有效信号，使输出 $u_o=1$。

(2) 当输入电压 u_i 增大，但只要是在 $\frac{1}{3}V_{CC}<u_i<\frac{2}{3}V_{CC}$ 范围内，置位控制端 2 脚为高电平信号，复位控制端 6 脚为低电平信号，输出 $u_o=1$ 保持不变。

(3) 当输入电压 u_i 继续增大到 $u_i>\frac{2}{3}V_{CC}$ 时，复位控制端 6 脚为高电平，输出发生反转，使输出 $u_o=0$。

(4) 当输入电压 u_i 越过最大值，开始减小，只要 $u_i>\frac{1}{3}V_{CC}$，置位控制端 2 脚为高电平，输出 $u_o=0$ 保持不变。

(5) 当输入电压 u_i 继续减小，到 $u_i<\frac{1}{3}V_{CC}$ 时，置位控制端 2 脚为低电平，输出发生反转，使输出 $u_o=1$。

根据以上分析可知，施密特触发器可以将缓慢变化的输入信号整形为矩形波信号，如图 8.4.4(b)所示。

8.4.3 555 定时器构成的单稳态触发器

单稳态触发器的特点是：电路有一个稳态和一个暂稳态。在不加有效触发信号时，电路处于稳态。当外加有效触发信号时，电路由稳态翻转为暂稳态，然后在外加电容作用下，暂稳态持续一段时间 t_w 后，自动返回到原来的稳态。

用 555 定时器构成单稳态触发器的设计思路如下。

(1) 得到负脉冲

外触发：使高电平触发复位端 TH 有效→暂稳态 0；

自动返回：通过电容 C 的充放电使低电平触发置 1 端 $\overline{\text{TR}}$ 有效→稳态 1。

(2) 得到正脉冲

外触发：使低电平触发置 1 端 $\overline{\text{TR}}$ 有效→暂稳态 1；

自动返回：通过电容 C 的充放电使高电平触发复位端 TH 有效→稳态 0。

1. 电路组成

图 8.4.5(a)是由 555 定时器构成的单稳态触发器。输入信号 u_i 接置位控制端 2 脚，复位控制端 6 脚与放电端 7 脚接在一起，然后接定时元件 R 和 C。为了提高定时器的比较电路参考电压的稳定性，通常在 5 脚与地之间接有 0.01μF 的滤波电容，以消除干扰。

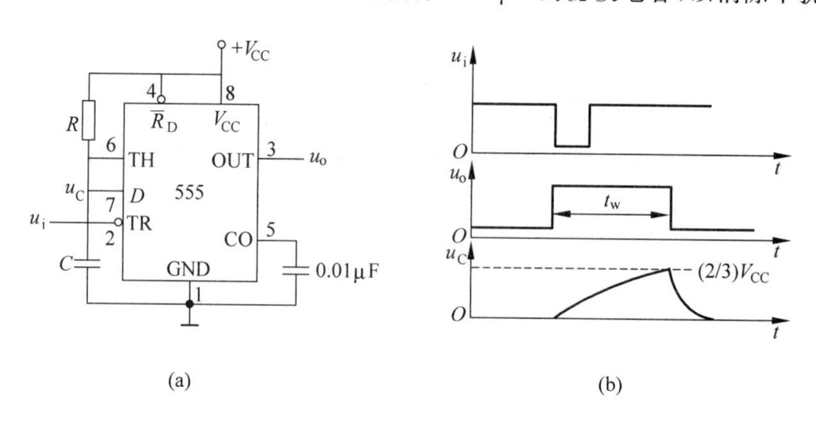

图 8.4.5 555 定时器构成的单稳态触发器电路和工作波形

(a) 电路图；(b) 工作波形

2. 工作原理

(1) 当触发脉冲 u_i 为高电平时，低电平触发端 $\overline{\text{TR}}$ 为高电平，V_{CC} 通过 R 对 C 充电，当 $\text{TH}=u_C\geqslant\frac{2}{3}V_{CC}$ 时，高电平触发端 TH 有效，输出 u_o 为 0 状态。此时，放电管 VT 导通，C 放电，$\text{TH}=u_C=0$，输出 u_o 保持 0 状态不变。所以稳态为 0 状态。

(2) 当触发脉冲 u_i 下降沿到来时，低电平触发端 $\overline{\text{TR}}$ 为低电平，输出发生反转，使输出 $u_o=1$，电路进入暂稳态。

(3) 输出 $u_o=1$ 时，放电管 VT 截止，V_{CC} 通过 R 对 C 充电。当 $\text{TH}=u_C\geqslant\frac{2}{3}V_{CC}$ 时，高

电平触发端 TH 有效，输出 u_o 为 0 状态，电路自动返回稳态，此时放电管 VT 导通。

(4) 电路返回稳态后，C 通过导通的放电管 VT 放电，使电路迅速恢复到初始状态，为下一次触发做好准备。

当第二个触发信号到来时，重复上述工作过程。其工作波形如图 8.4.5(b)所示。

3. 输出脉宽 t_w 的计算

输出脉宽 t_w 等于电容 C 上的电压 u_C 从零升高到 $\frac{2}{3}V_{CC}$ 所需要的时间，根据一阶 RC 电路的三要素法可求得 t_w，即

$$t_w = RC\ln\frac{V_{CC}-0}{V_{CC}-\frac{2}{3}V_{CC}} = 1.1RC \tag{8.16}$$

可以看出，输出脉宽 t_w 仅与定时元件 R、C 值有关，与输入信号无关。但为了保证电路正常工作，要求输入的触发信号的负脉冲宽度小于 t_w，且低电平小于 $\frac{1}{3}V_{CC}$。

例 8.4　图 8.4.6 所示电路是一个定时灯控制电路。其中 J 是继电器线圈，VD 是续流二极管，F 是照明灯。

(1) 试说明其工作原理；

(2) 试求出每按一次电灯亮的时间。

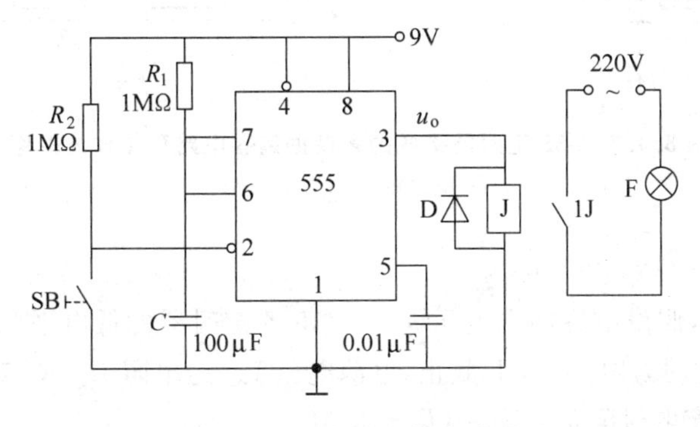

图 8.4.6　例 8.4 的电路图

解　(1) 该电路是由 555 定时器构成的单稳态触发器。如果没有人去按动按钮 SB，则低电平触发端 2 脚为高电平，是无效电平，单稳态触发器处于稳态——0 态。继电器线圈不通电，动合触点断开，电灯不亮。当有人按动按钮 SB 时，低电平触发端 2 脚为低电平，是有效电平，单稳态触发器处于暂稳态——1 态。继电器线圈通电，动合触点闭合，电灯亮。此时松开按钮，由于高电平触发端 6 脚还是低电平，不起作用，电灯仍然亮，一直持续到 6 脚为高电平为止。

(2) 电灯亮的时间就是单稳态触发器输出高电平的时间，也就是输出脉宽 t_w。由式(8.16)可得

$$t_w = 1.1R_1C = 1.1\times10^6\times100\times10^{-6} = 110(\text{s})$$

可知，每按动一次按钮，电灯可持续亮 110s。

8.4.4 555 定时器构成的多谐振荡器

多谐振荡器输出的 0 态和 1 态都是暂稳态，两个暂稳态不断地交替，是无稳态触发器。用 555 定时器构成多谐振荡器的设计思想：利用放电管 VT 作为一个受控电子开关，使电容充电、放电而改变 TH 和$\overline{\mathrm{TR}}$，则电路交替清 0、置 1。

1. 电路组成

图 8.4.7(a)是由 555 定时器构成的多谐振荡器，其中 R_1、R_2 及电容 C 是外接元件，其大小根据振荡频率要求来决定。电容 C 经 R_2、555 定时器的放电管 VT(7 脚)构成放电回路，而电容 C 的充电回路却由 R_1 和 R_2 串联组成。为了提高定时器的比较电路参考电压的稳定性，通常在 5 脚与地之间接有 0.01μF 的滤波电容，以消除干扰。

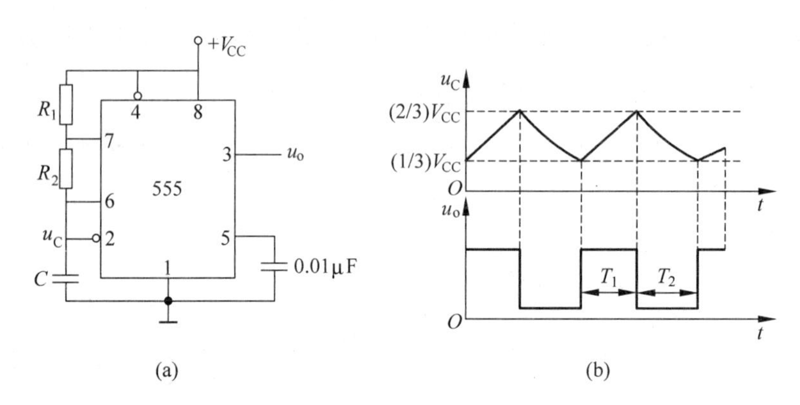

图 8.4.7 555 定时器构成的多谐振荡器电路和工作波形图

(a) 电路图；(b) 工作波形

2. 工作原理

(1) 接通电源后，假设电容两端电压 u_C 为 0，555 定时器的低电平触发端 2 脚为有效信号，使输出端置 1。此时，放电管 VT 截止，电源电压 V_{CC}经电阻 R_1、R_2 对电容 C 充电，电容两端电压 u_C 升高。充电时间常数 $\tau_1=(R_1+R_2)C$。

(2) 当电容两端电压 $u_C\geqslant\frac{2}{3}V_{CC}$，555 定时器的高电平触发端 6 脚为有效信号，使输出端清零。输出清零后，放电管导通，电容两端电压 u_C 经电阻 R_2 和放电管 VT 放电，使 u_C 降低。放电时间常数为 $\tau_2=R_2C$。

(3) 当电容两端电压 $u_C\leqslant\frac{1}{3}V_{CC}$时，555 定时器的低电平触发端 2 脚为有效信号，再次是输出端置 1。

这样周而复始地振荡，输出按照一定频率进行高电平和低电平交换，输出矩形波，其工作波形如图 8.4.7(b)所示。

3. 振荡频率的计算

由图 8.4.7(b)所示的多谐振荡器工作波形可以看出，输出高电平的持续时间 T_1 就是 u_C 从$\frac{1}{3}V_{CC}$充电上升到$\frac{2}{3}V_{CC}$所需的时间，它决定于电容 C 充电的时间。输出低电平持续时

间 T_2 是 u_C 从 $\frac{2}{3}V_{CC}$ 放电下降到 $\frac{1}{3}V_{CC}$ 所需的时间，它决定于电容 C 放电的时间。多谐振荡器的振荡周期 $T=T_1+T_2$。根据 RC 电路暂态过程三要素分析法可求得电容 C 的充电时间 T_1 和放电时间 T_2 各为

$$T_1=(R_1+R_2)C\ln\frac{V_{CC}-\frac{1}{3}V_{CC}}{V_{CC}-\frac{2}{3}V_{CC}}\approx 0.7(R_1+R_2)C \tag{8.17}$$

$$T_2=R_2C\ln\frac{0-\frac{2}{3}V_{CC}}{0-\frac{1}{3}V_{CC}}\approx 0.7R_2C \tag{8.18}$$

则电路的振荡周期为

$$T=T_1+T_2\approx 0.7(R_1+2R_2)C \tag{8.19}$$

振荡频率为

$$f=\frac{1}{T}\approx\frac{1.44}{(R_1+2R_2)C} \tag{8.20}$$

通过改变 R 和 C 的参数即可改变振荡频率。用 555 振荡器组成的多谐振荡器可产生 1Hz～300kHz 的矩形波。因此在频率范围方面有较大的局限性，高频的多谐振荡器仍然需要使用高速门电路构成。

由式(8.17)和式(8.19)可求出图 8.4.8(a)所示电路输出脉冲的占空比为

$$q=\frac{T_1}{T}=\frac{R_1+R_2}{R_1+2R_2} \tag{8.21}$$

由式(8.21)可知，无论如何调节电路参数 R_1 和 R_2，占空比 q 总是大于 50%。而且在调节占空比的同时，振荡频率也将改变。

4. 占空比可调多谐振荡器

在图 8.4.7(a)所示的电路中，由于充电时间 T_1 总是大于放电时间 T_2，u_o 的波形不仅不可能对称，而且占空比 q 不易调节。利用半导体二极管的单向导电特性，把电容 C 充电和放电回路隔离开来，再加上一个电位器，便可构成占空比可调的多谐振荡器，如图 8.4.8 所示。

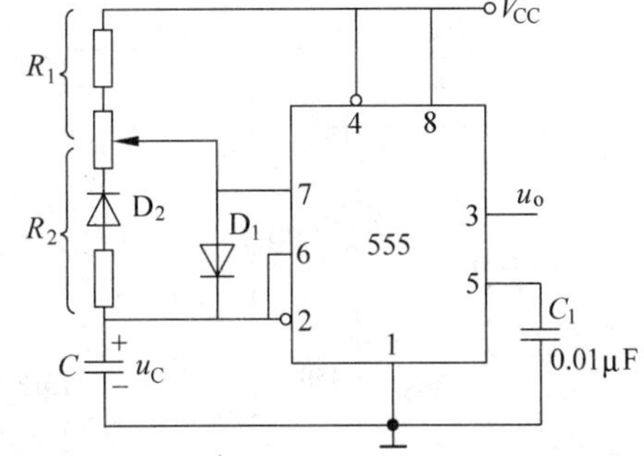

图 8.4.8　占空比可调的多谐振荡器

充电回路：$V_{CC}\to R_1\to D_1\to C\to$地。输出高电平时间为 $T_1\approx 0.7R_1C$。

放电回路：$C\to D_2\to R_2\to$ VT→地。输出低电平的时间为 $T_2\approx 0.7R_2C$。

振荡频率为 $f=\frac{1}{0.7(R_1+R_2)C}$，占空比为 $q=\frac{R_1}{R_1+R_2}$。调节滑动变阻器的滑动触点，可改变 R_1 和 R_2 的值，从而可以调节占空比的大小，而 R_1+R_2 总和不变，因而其频率不变。

5. 多谐振荡器的应用实例

(1) 简易温控报警器

图 8.4.9 是利用多谐振荡器构成的简易温控报警器电路。图中，555 定时器构成可控

音频振荡电路，扬声器用来发声报警，该电路可用于火警或热水温度报警，电路简单、调试方便。

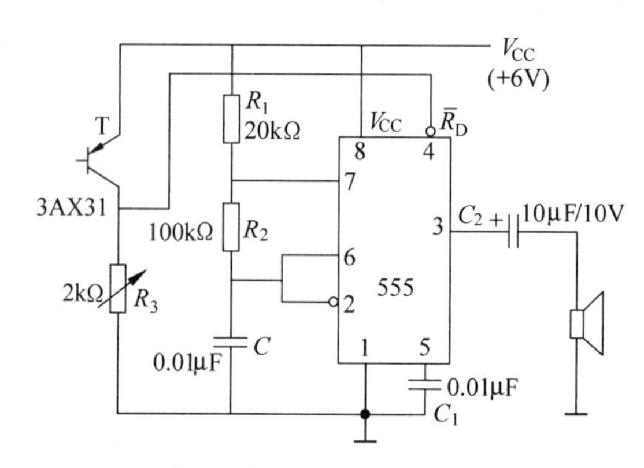

图 8.4.9 用多谐振荡器构成的简易温控报警器电路

图中，晶体管 T 可选用 3AX31、3AX81 或 3AG 类锗管，也可选用 3DU 型光敏管。3AX31 等锗管在常温下，集电极和发射极之间的穿透电流 I_{CEO} 一般为 10～50μA，且随温度升高而增大较快。当温度低于设定温度值时，晶体管 T 的穿透电流 I_{CEO} 较小，555 复位端 $\bar{R}_D$(4 脚)的电压较低，电路工作在复位状态，多谐振荡器停振，扬声器不发声。当温度升高到设定温度值时，晶体管 T 的穿透电流 I_{CEO} 较大，555 复位端 $\bar{R}_D$ 的电压升高到解除复位状态的电位，多谐振荡器开始振荡，扬声器发出报警声。

需要指出的是，不同的晶体管，其 I_{CEO} 值相差较大，故需改变 R_3 的阻值来调节控温点。方法是先把测温元件 T 置于要求报警的温度下，调节 R_1 使电路刚发出报警声。报警的音调取决于多谐振荡器的振荡频率，由元件 R_1、R_2 和 C 决定，改变这些元件值，可改变音调，但要求 R_2 大于 1kΩ。

(2) 双音门铃

图 8.4.10 是用多谐振荡器构成的电子双音门铃电路。

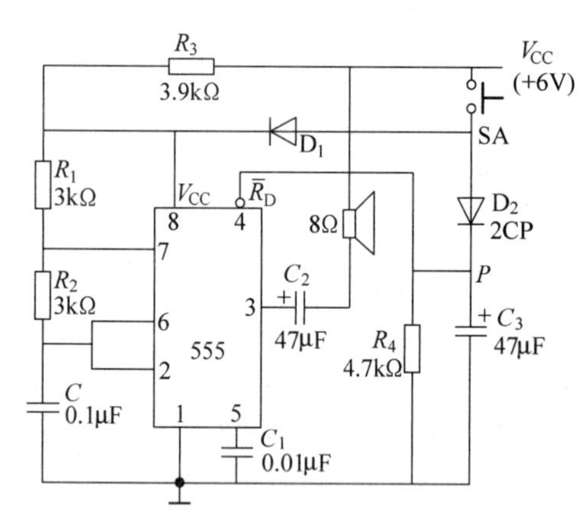

图 8.4.10 用多谐振荡器构成的双音门铃电路

当按钮开关 SA 按下时，开关闭合，V_{CC} 经 D_2 向 C_3 充电，P 点(4 脚)电位迅速充至 V_{CC}，复位信号无效；由于 D_1 将 R_3 旁路，V_{CC} 经 D_1、R_1、R_2 向 C 充电，充电时间常数为 $(R_1+R_2)C$，放电时间常数为 R_2C，多谐振荡器产生高频振荡，喇叭发出高音。

当按钮开关 SA 松开时，开关断开，由于电容 C_3 储存的电荷经 R_4 放电要维持一段时间，在 P 点电位降至复位电平之前，电路将继续维持振荡；但此时 V_{CC} 经 R_3、R_1、R_2 向 C 充电，充电时间常数增加为 $(R_1+R_2+R_3)C$，放电时间常数仍为 R_2C，多谐振荡器产生低频振荡，喇叭发出低音。

当电容 C_3 持续放电，使 P 点电位降至 555 定时器的复位电平以下时，多谐振荡器停止振荡，喇叭停止发声。调节相关参数，可以改变高、低音发声频率以及低音维持时间。

例 8.5　分析图 8.4.11 所示电路的功能。若要求扬声器在开关 S 按下后以 1.1kHz 的频率持续响 10s，则图中 R_1、R_2 的阻值为多少？

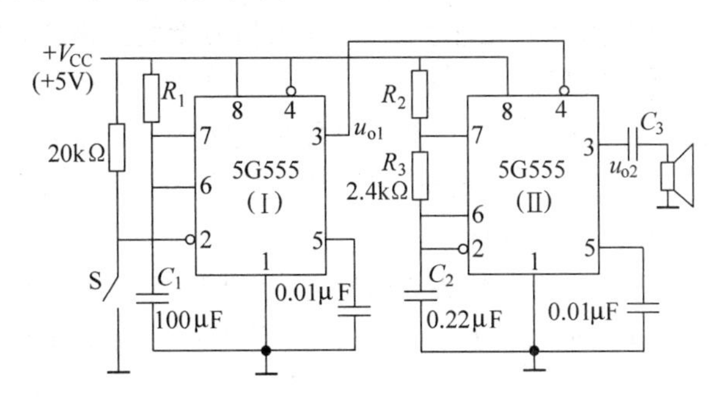

图 8.4.11　例 8.6 的电路图

解　由图 8.4.11 可知，5G 555(Ⅰ)构成单稳态触发器，用来定时，定时时间为脉冲宽度 t_w；5G 555(Ⅱ)构成多谐振荡器，从 u_{o2} 输出频率为 f 的脉冲方波，用来使扬声器发出声音。图中，5G 555(Ⅰ)的输出 u_{o1} 接到 5G 555(Ⅱ)的复位端(4 脚)，当 u_{o1} 为高电平时 5G 555(Ⅱ)振荡，驱动扬声器发出声音；当 u_{o1} 为低电平时 5G 555(Ⅱ)停振。所以该电路实现的功能是可控定时报警器。当开关 S 按下时，扬声器发出某种频率的报警声音，开关 S 断开后，该报警声音持续 t_w 时间。

若要求扬声器在开关 S 按下后以 1.1kHz 的频率持续响 10s，则由式(8.16)可知

$$t_w = 1.1R_1C_1 = 10$$

则有

$$R_1 = \frac{10}{1.1 \times 100 \times 10^{-6}} = 91(\text{k}\Omega)$$

由式(8.20)可知

$$f = \frac{1.44}{(R_2 + 2R_3)C_2} = 1.1 \times 10^3$$

则有

$$R_2 = 1.15(\text{k}\Omega)$$

由 555 定时器构成的多谐振荡器，具有结构简单、使用灵活、电源电压范围宽、价格便宜等优点，应用非常广泛。但缺点是输出频率稳定性较低，不适合对频率稳定性要求高的场合，如钟表的时基信号。

本 章 小 结

脉冲信号是数字电路中重要的组成部分，本章介绍了产生和变换矩形脉冲的部分电路以及 555 定时器及其应用。

(1) 施密特触发器和单稳态触发器是最常用的两种整形电路，它们能将其他形状的周期信号变换为所要求的矩形脉冲信号。

施密特触发器的功能相当于第 3 章介绍的滞回比较器。它有两种稳态，但状态的维持

与翻转受输入信号电平的控制，所以输出脉冲的宽度是由输入信号决定的。

单稳态触发器只有一个稳态，在外加触发脉冲作用下，能够从稳态翻转为暂稳态。但暂稳态的持续时间取决于电路内部的元件参数，与输入信号无关。因此，单稳态触发器可以用于产生脉宽固定的矩形脉冲波形。

(2) 多谐振荡器也称自激振荡器，它不需要外加输入信号，只要接通供电电源，就自动产生矩形脉冲信号。多谐振荡器没有稳态，只有两个暂稳态。两个暂稳态之间的转换，是由电路内部电容的充、放电作用自动进行的。

(3) 555 定时器是一种用途很广的集成电路，除了能构成施密特触发器、单稳态触发器和多谐振荡器以外，还可以接成各种应用电路。读者可参阅有关书籍自行设计出所需的电路。

本章要求熟悉施密特触发器、单稳态触发器和多谐振荡器的结构和工作原理，熟悉 555 定时器的结构、原理及其逻辑功能。掌握由 555 定时器配合外接电阻、电容元件构成的单稳态触发器、多谐振荡器及施密特触发器的结构、原理及功能，掌握脉冲信号的产生、定时和整形等实际应用电路。

习　　题

8.1　填空题

(1) 施密特触发器主要用于脉冲波形的________、________和________。

(2) 利用 555 定时器构成的施密特触发器，若无外加电压控制，定时器的电源电压为 +12V，则电路的回差电压为________。

(3) 常见的脉冲产生电路有________，常见的脉冲整形电路有________和________。

(4) 获得脉冲波形的方法主要有两种：一种是________；另一种是________。

(5) 施密特触发器有两个________状态，单稳态触发器有一个________态和________态，多谐振荡器只有两个________态。

(6) 555 定时器的最后数码为 555 的是________产品，为 7555 的是________产品。

8.2　选择题

(1) 当 555 定时器的 TH 端电平小于$\frac{2}{3}V_{CC}$，$\overline{TR}$端电平大于$\frac{1}{3}V_{CC}$时，定时器输出端的状态是________。

A. 0 态　　B. 1 态　　C. 保持原态不变

(2) 将正弦波变为同频率的矩形波应选用________。

A. 移位寄存器　　B. 施密特触发器　　C. 单稳态电路

(3) 改变 555 定时电路的电压控制端(引脚 5)CO 的电压值，可改变________。

A. 555 定时电路的高、低输出电平　　B. 开关放电管的开关电平

C. 高输入端、低输入端的电平值　　D. 置 0 端 $\overline{R}_D$ 的电平值

(4) 多谐振荡器可产生________。

A. 正弦波　　B. 矩形脉冲　　C. 三角波　　D. 锯齿波

(5) 石英晶体多谐振荡器的突出优点是________。

A. 速度高　　B. 电路简单

C. 振荡频率稳定　　D. 输出波形边沿陡峭

(6) 以下各电路中，________可以用于脉冲定时。

A. 多谐振荡器　　B. 单稳态触发器

C. 施密特触发器　　D. 石英晶体振荡器

8.3 判断题(下列各题是否正确，对者打"√"，错者打"×")

(1) 555 定时器的输出只能出现两个状态稳定的逻辑电平之一。 (　)

(2) 施密特触发器采用的是电平触发方式，不是脉冲触发方式。 (　)

(3) 施密特触发器可用于将三角波变换成正弦波。 (　)

(4) 多谐振荡器的输出信号的周期与阻容元件的参数成正比。 (　)

(5) 单稳态触发器的暂稳态时间与输入触发脉冲宽度成正比。 (　)

(6) 采用不可重触发单稳态触发器时，若在触发器进入暂稳态期间再次受到触发，输出脉宽可在此前暂稳态时间的基础上再展宽 t_w。 (　)

8.4 什么是回差电压？施密特触发器的回差电压如何确定？

8.5 试说明 555 集成定时器的基本组成及各引脚的用途。

8.6 由 555 定时器构成的多谐振荡器中电容充放电通路分别经过哪几个元件？如何确定其振荡周期？

8.7 将题图 8.7 所示电压波形接于施密特反相器的输入端，画其输出电压波形。已知施密特反相器的工作电压 $V_{CC}=15V$，正向阈值电压 $U_{T+}=10V$，负向阈值电压 $U_{T-}=5V$。

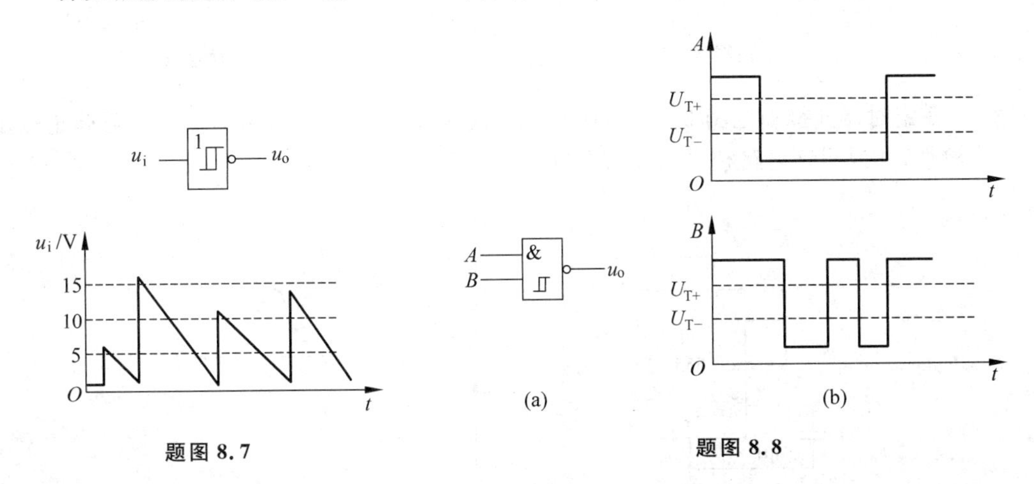

题图 8.7　　题图 8.8

8.8 题图 8.8(a)所示是具有施密特功能的 TTL 与非门，如在输入端 A、B 加入题图 8.8(b)所示的波形，试画出输出 u_o 的波形。

8.9 题图 8.9 所示为由 CMOS 与非门和反相器构成的微分型单稳态触发器。已知输入脉宽 $t_{wi}=20\mu s$，电源电压 $V_{DD}=10V$，$U_{TH}=5V$。试：

(1) 分析电路工作原理，画出各点电压波形；

(2) 估算输出脉冲宽度 t_{wo}；

(3) 分析如果 $t_{wi}>t_{wo}$，电路能否工作？

8.10 题图 8.10 所示是 CMOS 反相器构成的多谐振荡器。其中 $R_S=160\text{k}\Omega$，$R=82\text{k}\Omega$，$C=220\mu\text{F}$。试简明叙述其振荡原理，并估算振荡频率。

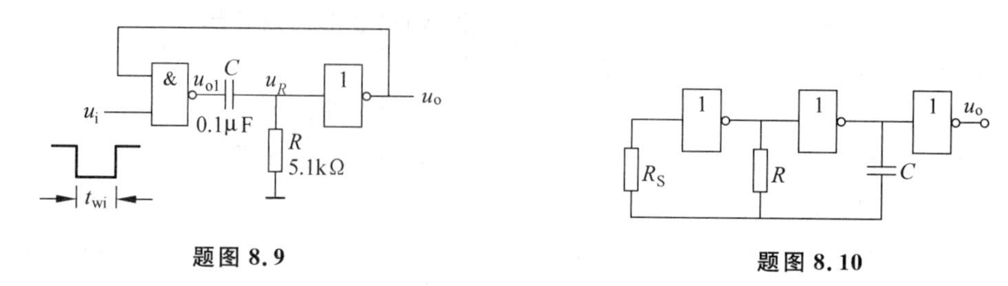

题图 8.9　　　　题图 8.10

8.11 555 定时器组成的施密特触发器如题图 8.11 所示，试求电路的正向阈值电平 U_{T+} 和负向阈值电平 U_{T-}，并根据输入电压 u_i 的波形画输出电压 u_o 的波形（已知电源电压 $V_{CC}=9\text{V}$）。

8.12 题图 8.12 是用 555 定时器接成的开机延时电路。若给定 $C=25\mu\text{F}$，$R=91\text{k}\Omega$，$V_{CC}=12\text{V}$。试计算动断开关 S 断开以后经过多长的延迟时间 u_o 才跳变为高电平。

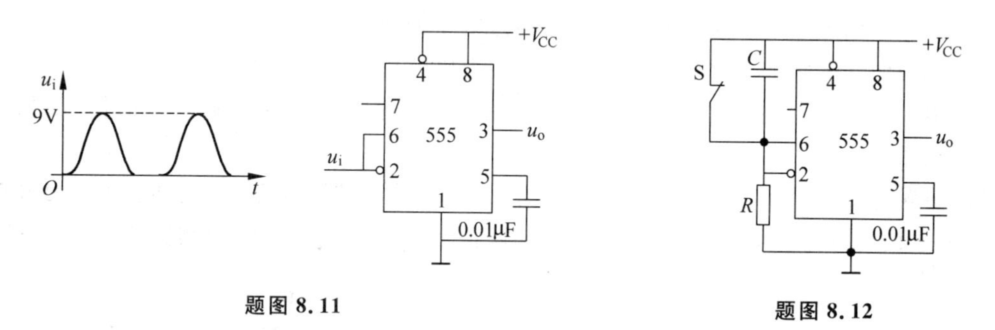

题图 8.11　　　　题图 8.12

8.13 555 定时器连接如题图 8.13(a)所示，试根据题图 8.13(b)所示的输入波形确定输出波形，并说明该电路相当于什么器件。

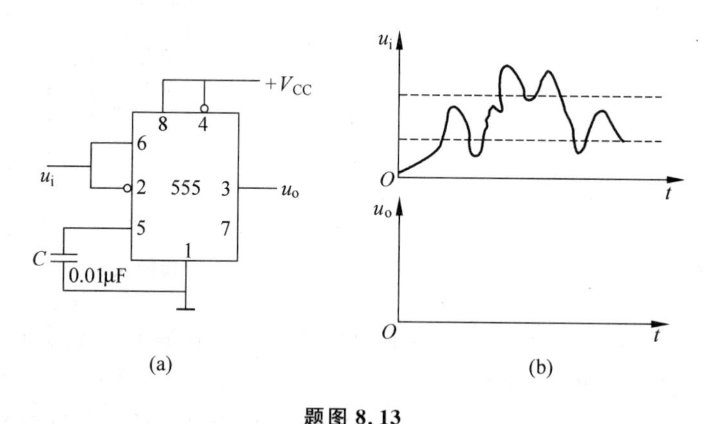

题图 8.13

8.14 555 定时器构成的单稳态触发器如题图 8.14(a)所示，输入电压波形如题图 8.14(b)所示。试画出电容电压 u_C 和输出电压 u_o 的波形。

8.15 555 定时器连接如题图 8.15(a)所示，试根据题图 8.15(b)所示的输入波形确定输出波形，并说明该电路相当于什么器件。

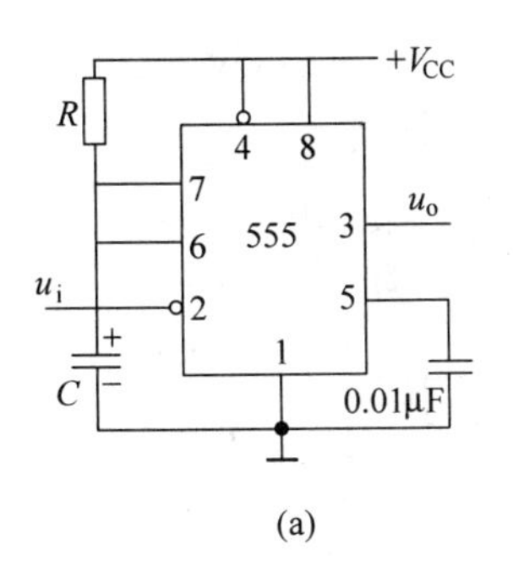

(a)

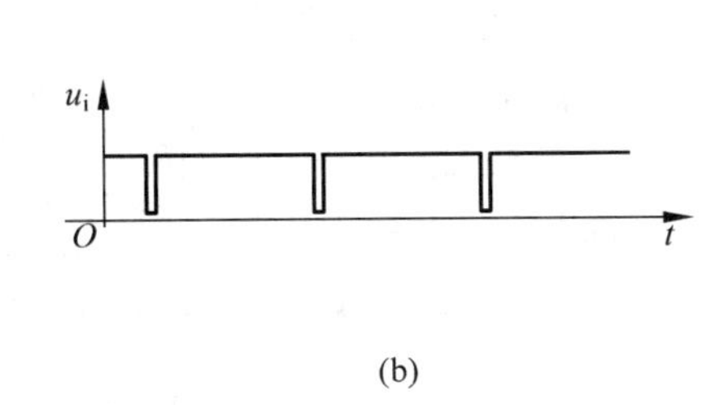

(b)

题图 8.14

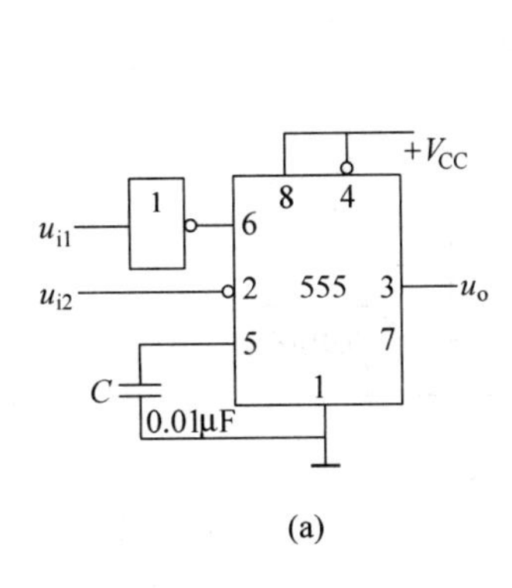

(a)

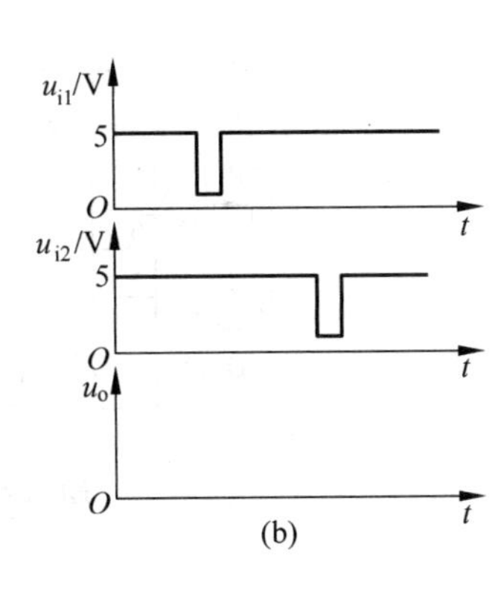

(b)

题图 8.15

8.16　题图 8.16 所示为过压监视电路，当电压 U_X 超过一定值时发光二极管会发出闪光报警信号。试：

(1) 分析工作原理；

(2) 计算出闪光频率(设滑动变阻器在中间位置)。

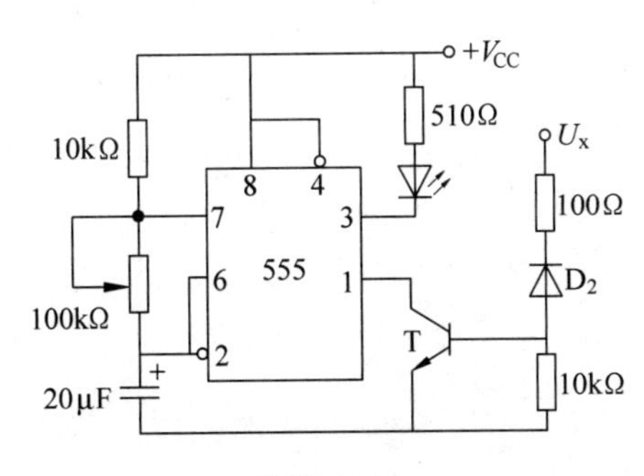

题图 8.16

8.17　题图 8.17 是救护车扬声器发音电路。在图中给出的电路参数下，试计算扬声器发出的高音、低音的持续时间 T_H、T_L 以及高音、低音的频率 f_H、f_L。已知，当电源电压 $V_{CC}=12V$ 时，555 定时器输出的高、低电平分别为 11V 和 0.2V，输出电阻小于 100Ω。

8.18　由 555 集成定时器构成的多谐振荡器如题图 8.18 所示，已知：$V_{CC}=5V$，$R_1=2k\Omega$，$R_2=15k\Omega$，$R_3=2k\Omega$，$C=0.1\mu F$。试求电路工作频率 f 和占空比 q 的变化范围。

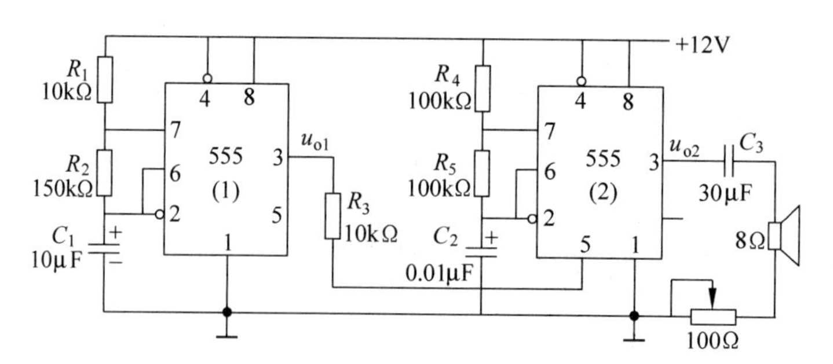
+12V
R_1
10kΩ
R_2
150kΩ
C_1
10μF
555
(1)
u_{o1}
R_3
10kΩ
R_4
100kΩ
R_5
100kΩ
C_2
0.01μF
555
(2)
u_{o2}
C_3
30μF
8Ω
100Ω

题图 8.17

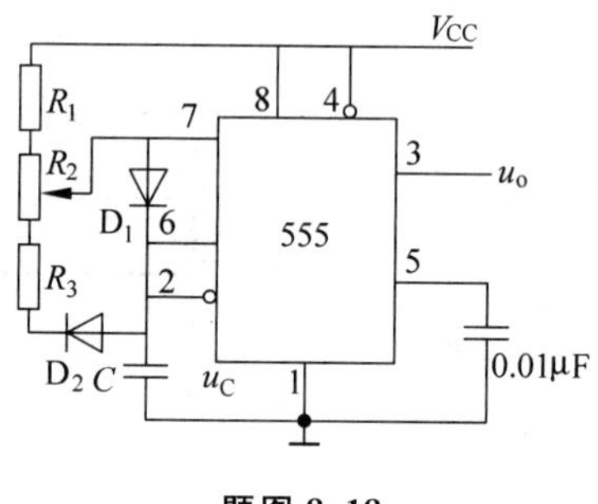
V_{CC}
R_1
R_2
R_3
D_1
D_2
C
u_C
555
u_o
0.01μF

题图 8.18

第9章

大规模集成电路

随着数字系统复杂度的提高，中小规模集成电路的使用存在一定的局限性，设计时需要大量的芯片及连线，导致系统可靠性差、体积大、设计困难。随着集成电路设计和制造工艺的不断改进和完善，集成电路产品不仅在提高开关速度、减低功耗等方面有了很大的发展，电路的集成度也得到了迅速的提高。目前，大规模集成电路（large scale integrated circuit，LSI）和超大规模集成电路（very large scale integrated circuit，VLSI）已得到了广泛的应用。

从应用角度来看，LSI 可分为通用型集成电路（GSIC）和专用型集成电路（ASIC）。通用型集成电路是指已被定型的标准化、系列化产品，其价格便宜，可以批量生产，在不同的数字电路或系统中均可使用。例如前面介绍的 74 系列的集成电路都属于中小规模通用型集成电路。专用型集成电路是指为某种特殊用途专门设计制作的电路，只能用在一些专用的场合。

本章以数模转换器、模数转换器和半导体存储器为例介绍大规模集成电路的应用技术。

9.1 数模转换器

随着电子技术的发展和计算机的应用，数字系统在自动控制、自动检测以及许多其他的领域中广泛应用。数字系统只能对数字量进行处理，而自然界中的物理量多是模拟量，如电压、电流、温度、压力、速度、声音、流量等。因此需要将这些模拟量转换为数字量，才能送到数字系统处理，这种将模拟量转换为数字量的过程称为模数转换，也称 A/D 转换（analog to digital conversion），完成模数转换功能的集成电路称为模数转换器（analog to digital converter，ADC）。经过处理得到的数字量也经常需要再被转化成模拟量，送回控制系统，对系统的物理量进行控制与调节。这种将数字量转换为模拟量的过程称为数模转换器，也称 D/A 转换（digital to analog conversion），完成数模转换功能的集成电路称为数模转换器（digital to analog converter，DAC）。

图 9.1.1 是数字控制系统组成框图，由图可知 A/D 转换器和 D/A 转换器是数字控制系统与控制对象之间的接口电路，也是数字控制系统的重要组成部分。

为了将数字量转换成模拟量，就需要对每一位的数码按照其权的大小转换成对应的模拟量，然后，将这些模拟量相加，即可得到与数字量成正比的模拟量。数模转换从某种意义上讲就是将输入的一个 n 位二进制数转换成与之成比例的模拟量（电压或电流）。D/A 转换框图如图 9.1.2 所示。

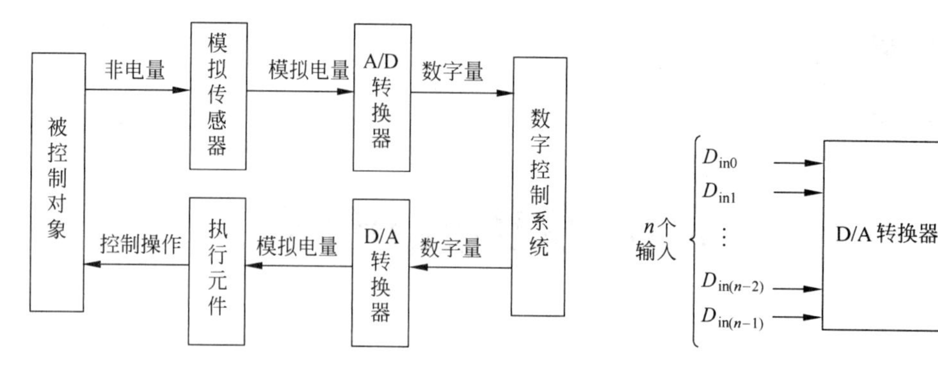

图 9.1.1 数字控制系统组成框图 **图 9.1.2 D/A 转换框图**

1. 数模转换的基本原理

数模转换器一般由数码缓冲寄存器、模拟电子开关、参考电压、解码网络和求和电路等组成。数字量输入后存储在数码缓冲寄存器中，对应位数上的数控模拟开关由缓冲寄存器的输出控制，在解码网络中获得相应位数的权值后送入求和电路，由求和电路将各位权值相加，输出即是要转换的模拟量。n 位 D/A 转换器原理方框图如图 9.1.3 所示。

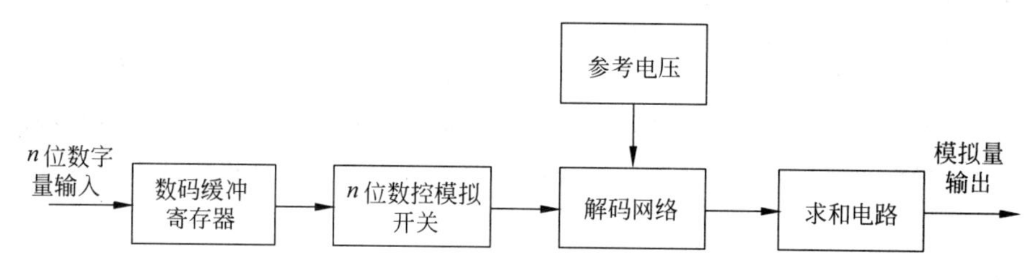

图 9.1.3 n 位 D/A 转换器原理方框图

DAC 按解码网络分，可分为权电阻网络 DAC、倒 T 型电阻网络 DAC、权电流型 DAC、权电容网络 DAC 以及开关树型 DAC 等几种类型。本章仅介绍权电阻网络 DAC 的工作原理。

DAC 按电子开关类型分，可分为 CMOS 开关型 DAC(速度低)、双极型 DAC（速度高)、电流开关型 DAC(速度高)和 ECL 电流开关型 DAC（速度最高)。

图 9.1.4 是 4 位权电阻网络 DAC 的原理图，它由权电阻网络、4 个电子开关和 1 个求和放大器组成。

S_3、S_2、S_1 和 S_0 是 4 个电子开关，它们的状态分别受输入代码 D_3、D_2、D_1 和 D_0 的取值控制，代码为 1 时开关接到参考电压 U_{REF} 上，代码为 0 时开关接地。所以 $D_i=1$ 时有支路电流 I_i，$D_i=0$ 时支路电流为零。

求和放大器 A 是负反馈运算放大器，为了简化分析计算，可假设 A 为理想放大器，即它的开环放大倍数 $A_{uod}\to\infty$，输入电流 $i_i=0$，输出电阻 $r_o=0$。根据理想运算放大器的“虚短”和“虚断”有：$U_-\approx U_+=0$，$i_i=0$，则

$$u_o=-R_F I_{\Sigma}=-R_F(I_3+I_2+I_1+I_0) \tag{9.1}$$

由于 $U_-=0$，各支路电流分别为 $I_3=\frac{U_{REF}}{R}D_3\left(D_3=1 \text{ 时 } I_3=\frac{U_{REF}}{R}, D_3=0 \text{ 时 } I_3=0\right)$，

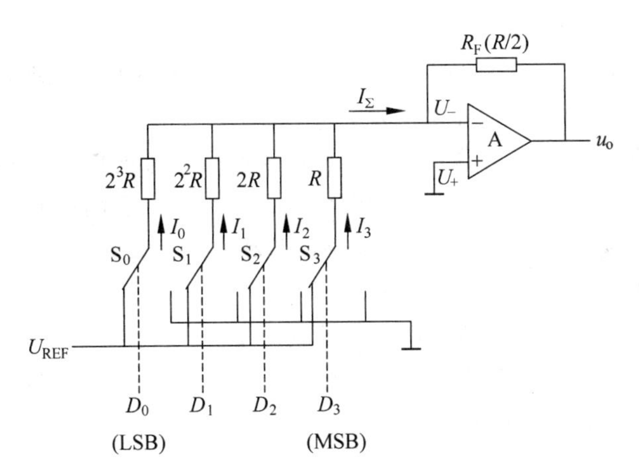

图 9.1.4　4 位权电阻网络 DAC 的原理图

$I_2=\dfrac{U_{REF}}{2R}D_2$，$I_1=\dfrac{U_{REF}}{2^2R}D_1$，$I_0=\dfrac{U_{REF}}{2^3R}D_0$。将它们代入式(9.1)，并取 $R_F=R/2$，则得

$$u_o=-\frac{U_{REF}}{2^4}(D_3 2^3+D_2 2^2+D_1 2^1+D_0 2^0) \tag{9.2}$$

对于 n 位的权电阻网络 DAC，当反馈电阻 R_F 取为 $R/2$ 时，输出电压的计算公式可写成

$$u_o=-\frac{U_{REF}}{2^n}(D_{n-1}2^{n-1}+D_{n-2}2^{n-2}+\cdots+D_1 2^1+D_0 2^0)=-\frac{U_{REF}}{2^n}\sum_{i=0}^{n-1}D_i 2^i \tag{9.3}$$

上式表明，当 $D_{n-1}D_{n-2}\cdots D_1D_0=00\cdots00$ 时，$u_o=0$；当 $D_{n-1}D_{n-2}\cdots D_1D_0=11\cdots11$ 时，$u_o=-\dfrac{2^n-1}{2^n}U_{REF}$，所以 u_o 的最大变化范围是 $0\sim-\dfrac{2^n-1}{2^n}U_{REF}$，且输出电压 u_o 与参考电压 U_{REF} 的极性相反。

2. DAC 的主要技术指标

目前 DAC 的种类是比较多的，制作工艺也不相同。按输入数据字长也分为 8 位、10 位、12 位及 16 位等；按输出形式可分为电压型和电流型等；按结构可分为有数据锁存器和无数据锁存器两类。不同类型的 DAC 在性能上的差异较大，适用的场合也不尽相同。因此，须清楚了解 DAC 的一些技术参数。

(1) 分辨率(resolution)

分辨率是指数字信号中最低位发生变化时对应输出电压变化量 Δu 与满刻度输出电压之比。分辨率是 DAC 对输入量变化敏感程度的描述，与输入数字量的位数有关。在分辨率为 n 的 DAC 中，从输出模拟电压的大小应能区分出输入代码从 00…00～11…11 全部 2^n 个不同的状态，给出 2^n 个不同等级的输出电压。分辨率可表示为$\dfrac{1}{2^n-1}$。

对于 8 位数模转换器，其分辨率为$\dfrac{1}{2^8-1}\approx0.004$，若 $U_{REF}=10V$，能分辨的最小输出电压时 0.04V=40mV。对于 10 位数模转换器，分辨率为$\dfrac{1}{2^{10}-1}\approx0.001$，若 $U_{REF}=10V$，能分辨的最小输出电压为 0.01V=10mV。显然位数越高，分辨最小输出电压的能力越强。所以也用输入数码的位数来表示分辨率。如 10 位数模转换器的分辨率为 10 位。

(2) 转换误差(conversion offset error)

由于 DAC 的各个环节的参数在性能上和理论值之间不可避免地存在着差异,所以实际能达到的转换精度要由转换误差来决定。

转换误差是指转换器的实际误差,造成的原因包括参考电位 U_{REF} 的波动、运算放大器的零点漂移、模拟开关的导通内阻和导通压降、电阻网络中电阻阻值的偏移以及三极管特性的不一致等。转换误差有比例系数误差、失调误差和非线性误差等。

转换误差可以用输出满刻度电压 FSR(full scale range)的百分数表示。如转换误差为 0.2%FSR,就表示转换误差与满刻度电压之比为 0.2%。转换误差也可以用最低有效位的倍数来表示。如给出为 1/2LSB,即表示输出模拟电压与理论值之间的绝对误差不大于当输入为 00…01 时的输出电压的 1/2。

(3) DAC 的转换速度

转换速度是指从送入数字信号起,到输出电流或电压达到最终误差±0.5LSB 并稳定为止所需要的时间。通常用建立时间 t_{set} 来定量描述 DAC 的转换速度。不同类型的 DAC 转换速度差别较大,通常为几十纳秒到几微秒,一般电流型 DAC 较电压型 DAC 速度快一些,但总的来说,DAC 的转换速度远高于 ADC 的转换速度。

DAC 的技术指标还包括:线性度,输入编码形式,输入高、低逻辑电平值,温度系数,输出电压范围,功率消耗以及工作环境条件等。

3. 集成 D/A 转换器 DAC0832 及其应用

DAC0832 是采用 CMOS 工艺制成的单片电流输出型 8 位数模转换器。单电源供电,从 +5~+15V 均可正常工作。基准电压的范围为±10V,电流建立时间为 1μs,低功耗 20mW。

DAC0832 内部结构图如图 9.1.5(b)所示。由图中可知,DAC0832 由 8 位输入寄存器、8 位 DAC 寄存器、8 位 D/A 转换器及转换控制电路构成。其控制引脚可以直接与微处理器的控制线相连。DAC0832 是电流输出型数模转换器,实际应用时需要用运算放大器将输出电流转换为输出电压。电压的输出可分单极性输出和双极性输出两种。

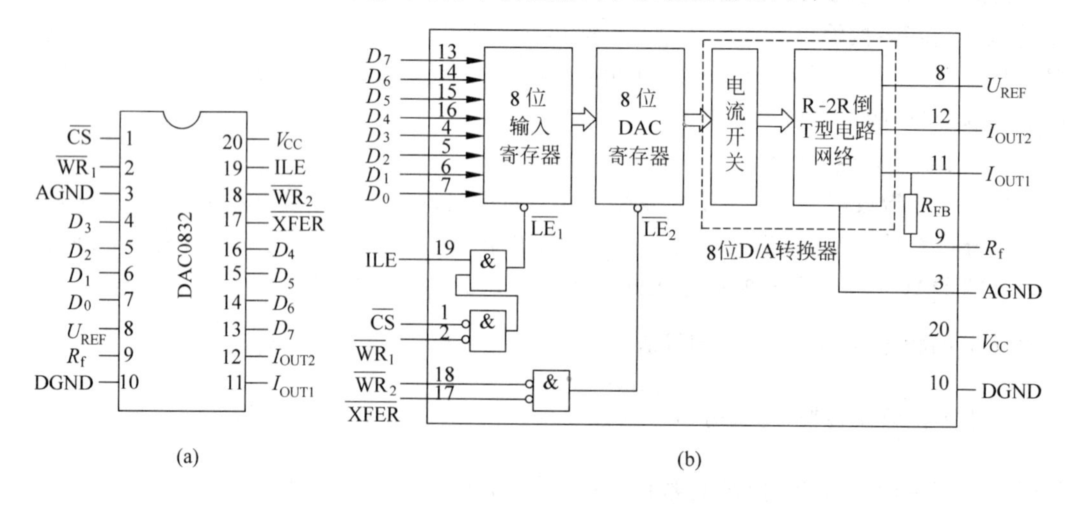

图 9.1.5 集成 D/A 转换器 DAC0832 引脚排列及内部结构图

(a) 引脚排列;(b) 内部结构

DAC0832 引脚排列图如图 9.1.5(a)所示。

DAC0832 的引脚功能如下。

(1) V_{CC}：电源输入端，+5～+15V。

(2) U_{REF}：参考电压端，－10～+10V。

(3) DGND：数字量地。

(4) AGND：模拟量地。

(5) D_0～D_7：数据输入端。

(6) R_f：15kΩ 反馈电阻引出端，在芯片内部。

(7) I_{OUT1}：模拟电流输出端 1，应用时，一般接运算放大器的反相输入端。

(8) I_{OUT2}：模拟电流输出端 2，应用时，一般接运算放大器的同相输入端。

(9) $\overline{CS}$：输入寄存器选通信号端，低电平有效。

(10) ILE：数据输入使能端，高电平有效。

(11) $\overline{XFER}$：数据传送使能端，低电平有效，用于控制 $\overline{WR_2}$ 是否被选通。

(12) $\overline{WR_1}$：输入寄存器写信号端，控制数字量输入到 8 位输入寄存器，低电平有效，上升沿锁存。当 ILE、$\overline{CS}$和$\overline{WR_1}$同时有效时，数字量写入输入寄存器，在$\overline{WR_1}$的上升沿数据被锁存，不随输入数据变化而变化。

(13) $\overline{WR_2}$：DAC 寄存器写信号端，用来将输入寄存器中的数据写入 8 位 DAC 寄存器中，低电平有效。当$\overline{XFER}$和$\overline{WR_2}$同时有效时，数字量才写入 DAC 寄存器，并在$\overline{WR_2}$的上升沿数据被锁存到 DAC 寄存器中。

由图 9.1.5(b)可知，DAC0832 内部有输入寄存器和 DAC 寄存器两个寄存器。因此根据两个寄存器选通端的连接方法，DAC0832 可以工作于直通方式、单缓冲方式和双缓冲方式。

(1) 直通工作方式

图 9.1.6 是直通工作方式的电路连接图。由图可知，$\overline{CS}$、ILE、$\overline{XFER}$、$\overline{WR_1}$ 和 $\overline{WR_2}$ 都处于有效状态，此时，输入寄存器和 DAC 寄存器的输出随数字量的变化而变化。一般直通型工作方式常用于模拟量能直接迅速地反映数字量变化的系统。

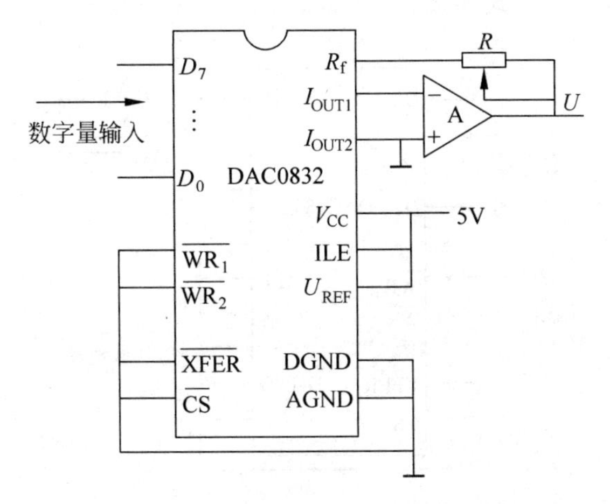

图 9.1.6　DAC0832 直通工作方式的电路连接图

(2) 单缓冲工作方式

所谓单缓冲工作方式就是使 DAC0832 的输入寄存器和 DAC 寄存器中有一个处于直通方式,而另一个处于受控的锁存方式,连接图如图 9.1.7(a)所示;或者说两级寄存器的控制信号并在一起,输入数据在控制信号的作用下,直接输入 DAC 寄存器,未使用输入寄存器这级缓冲,连接图如图 9.1.7(b)所示。在实际应用中,如果只有一路模拟量输出,或者虽有几路模拟量但并不要求同步输出时,就可以采用单缓冲方式。

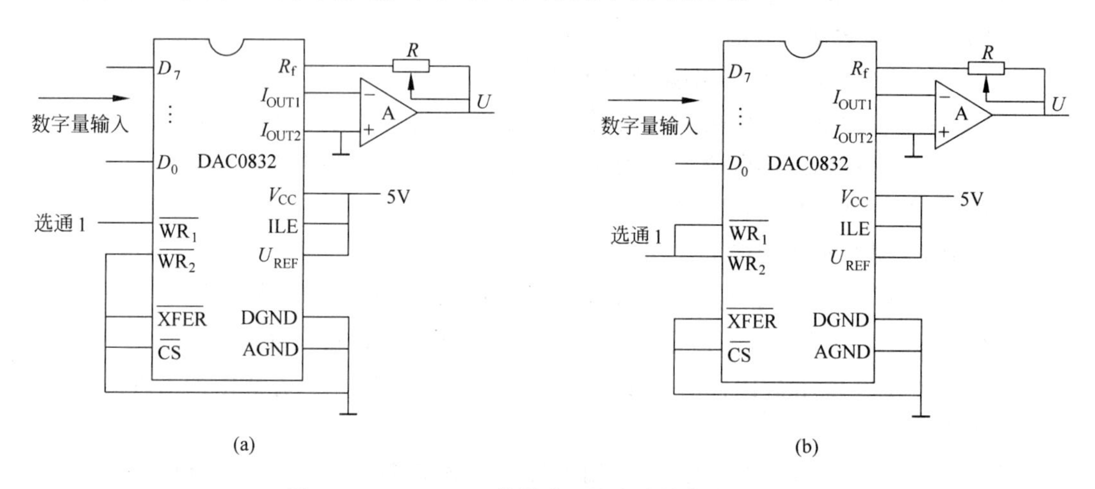

图 9.1.7　DAC0832 单缓冲工作方式的电路连接图

(a) 方法一;(b) 方法二

(3) 双缓冲工作方式

所谓双缓冲工作方式就是两个寄存器可以同时保存两组数据,8 位数字量输入可以先保存在输入寄存器中,然后再将此数据由输入寄存器送到 DAC 寄存器中锁存并进行 D/A 转换,这样就可以避免在输入下一次数字量的时候对模拟信号输出的干扰。而且,在进行 D/A 转换的同时输入下一次数字量也可以提高 D/A 转换的速度。

双缓冲工作方式的电路连接图如图 9.1.8 所示,就是把 DAC0832 的输入寄存器和 DAC 寄存器都接成受控锁存方式。在实际应用中,如果需要两路以上的模拟量同步输出,则 DAC0832 必须按双缓冲方式连接。

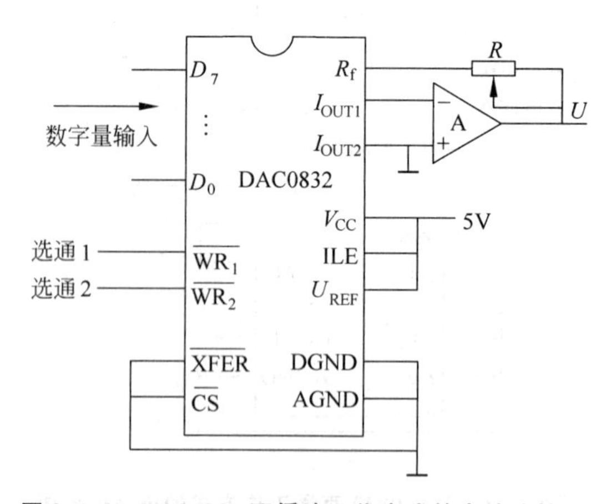

图 9.1.8　DAC0832 双缓冲工作方式的电路连接图

9.2 模数转换器

模数(A/D)转换器是将模拟信号转换为数字信号的器件,简称 ADC。ADC 的种类有很多,有并行比较型、双积分型和逐次逼近型等。它们各有优点和不足。并行比较型 ADC 的转换速度快,但用的器件较多,分辨率较低。双积分型 ADC 工作可靠,抗干扰能力强,转换精度高,但转换速度慢,多用在测量系统中。逐次逼近型 ADC 转换速度较快,用的器件较少,在集成电路中得到广泛应用。本章仅介绍逐次逼近型 ADC。

1. A/D 转换的基本原理

A/D 转换可以将输入的模拟量(电压或电流)转换为与之成比例的二进制代码。整个 A/D 转换过程通常包括采样、保持、量化和编码 4 个过程,如图 9.2.1 所示。

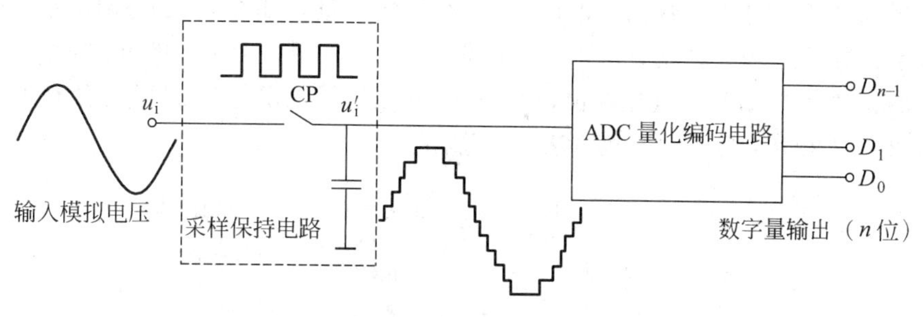

图 9.2.1　模数转换的 4 个过程

(1) 采样(sample)

所谓采样是指周期地采取模拟信号的瞬间值,得到一系列的脉冲样值。图 9.2.2 表明了采样的过程,图中 u_i 和 u_s 分别为输入信号和采样后信号。为了使采样输出信号能不失真地代表输入的模拟信号,对于一个频率有限的模拟信号,可以由采样定理确定其采样频率,即

$$f_s \geqslant 2f_{imax} \tag{9.4}$$

式中,f_s 为采样频率;f_{imax} 为输入模拟信号频率的最高值。

通常选择采样频率 $f_s=(3\sim5)f_{imax}$。

(2) 保持(hold)

在两次采样之间,为了使前一次采样所得信号保持不变,以便量化(数字化)和编码,需要将其保存起来。这就要求在采样电路后面加上保持电路。采样保持电路种类很多,图 9.2.3 是基本采样保持电路,它由采样开关、保持电容和缓冲放大器组成。

在图 9.2.3 中,采样开关由场效应管构成,并受采样脉冲 $S(t)$ 控制。在 $S(t)$ 为高电平期间,场效应管导通,相当于开关 T 导通。若忽略导通压降,则电容 C 相当于直接与 $u_i(t)$ 相连,$u_o(t)$ 随 $u_i(t)$ 变化。当 $S(t)$ 由高电平变为低电平时,场效应管截止,相当于开关 T 断开。若 A 为理想运放,则流入运放 A 输入端的电流为 0,所以场效应管截止期间电容无放电回路,电容保持上一次采样结束时的输入电压瞬时值,直到下一个采样脉冲的到来。然后,场效应管重新导通,$u_o(t)$ 和 $u_C(t)$ 又重新跟随 $u_i(t)$ 变化。

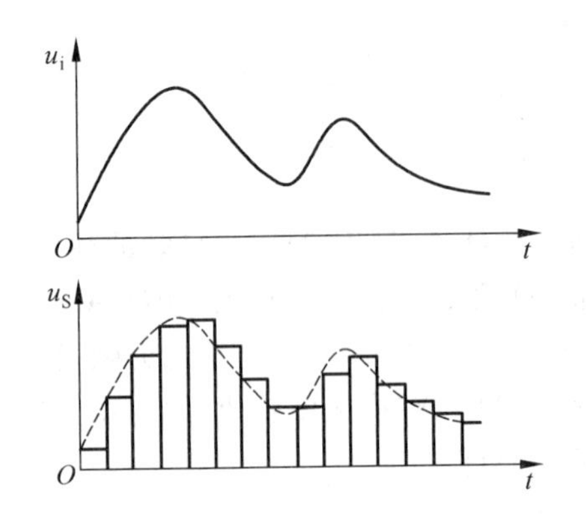

图 9.2.2 对输入模拟信号的采样波形图

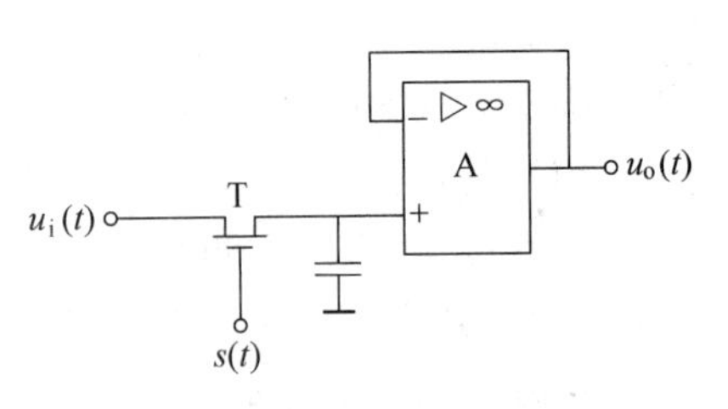

图 9.2.3 基本采样保持电路

(3) 量化和编码

经采样保持所得电压信号仍是模拟信号,不是数字量。那么量化和编码就是从模拟信号产生数字信号的过程。量化方法一般有两种,一种是采用只舍不入的方法,另一种是采用四舍五入的方法。假设 Δ 为量化单位,则只舍不入法的量化误差为 Δ,而有舍有入法的量化误差为 Δ/2。图 9.2.4 为两种量化方法的示意图。

输入模拟信号 (a)	二进制编码 (a)	输入模拟信号 (b)	二进制编码 (b)
8V		8V	
	111		111
7V		104/15V	
	110		110
6V		88/15V	
	101		101
5V		72/15V	
	100		100
4V		56/15V	
	011		011
3V		40/15V	
	010		010
2V		24/15V	
	001		001
1V		8/15V	
	000		000
0V		0V	

(a) (b)

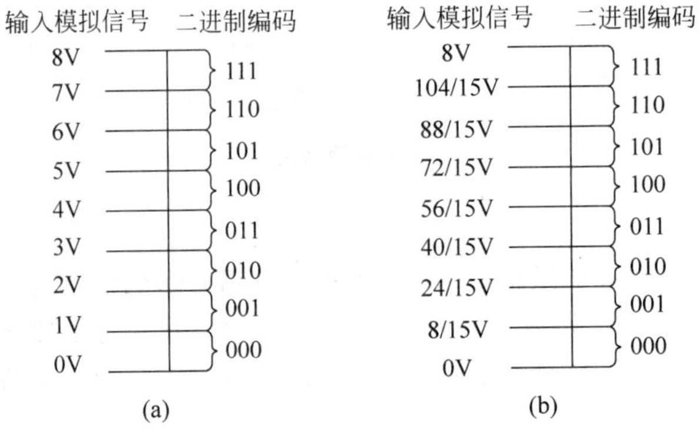

图 9.2.4 两种量化方法的示意图

(a) Δ=1V; (b) Δ=16/15V

量化是将时间上离散、幅值上连续的采样信号进行幅值离散处理(取整)的过程,即将采样脉冲电平转换为与之相近的离散数字电平的过程。把量化的数值用二进制代码表示,称为编码。量化利用比较器完成,编码用触发器和编码器完成。

2. 逐次逼近型 ADC

逐次渐进型 ADC 是目前集成 ADC 产品中用得最多的一种电路。其基本思想是取一个数字量加到 ADC 上,于是得到一个对应的输出模拟电压,将这个模拟电压和输入的模拟电压信号相比较。如果两者不相等,则调整所取的数字量,直到两个模拟电压相等为止,最后所取的这个数字量即是要求的转换结果。

图 9.2.5 是逐次逼近型 ADC 的电路结构框图,这种转换器的电路包含比较器、DAC、寄存器、时钟脉冲源和控制逻辑等 5 个组成部分。

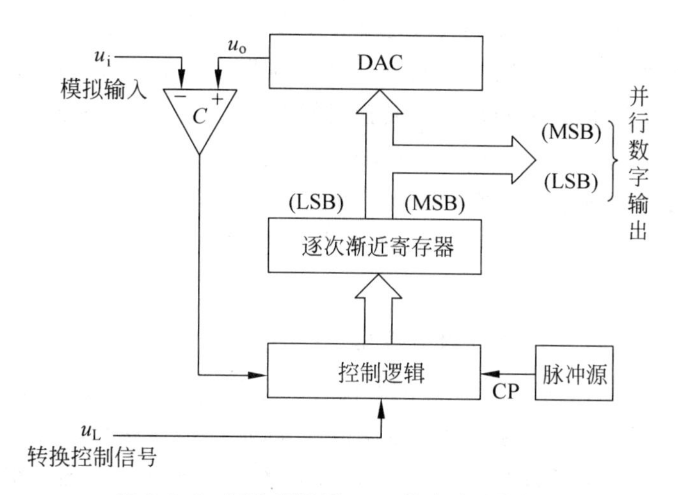

图 9.2.5　逐次逼近型 ADC 的电路结构框图

转换开始前先将寄存器清零，所以加给 DAC 的数字量也全是 0。转换控制信号变为高电平时开始转换，时钟信号首先将寄存器的最高位置 1，使寄存器的输出为 100…00。这个数字量被 DAC 转换成相应的模拟电压 u_o，并送到比较器与输入信号 u_i 进行比较。如果 $u_o > u_i$，说明数字量过大，则这个 1 应去掉；如果 $u_o < u_i$，说明数字量还不够大，这个 1 应予保留。然后，再按同样的方法将次高位置 1，并比较 u_o 与 u_i 的大小，以确定这一位的 1 是否应当保留。这样逐位比较下去，直到最低位比较完为止。这时寄存器里所存的数码即是要求的输出数字量。

3. ADC 的主要技术指标

(1) 分辨率

ADC 的分辨率是指 ADC 能够分辨最小量化信号的能力，也称分解度。定义为：输出数字量变化一个最低有效位(LSB)所对应的输入模拟电压的变化量。对 n 位 ADC 的分辨率为 $U_{imax}/(2^n-1)$，其中 U_{imax} 为输入电压最大值。例如，输入模拟电压为 0～10V，对于 8 位 ADC，可分辨的最小输入电压变化量为 $10V/(2^8-1)=40mV$；若输入模拟电压为 0～10V，对于 10 位 ADC，可分辨的最小输入电压变化量为 $10V/(2^{10}-1)=9.77mV$。可见，在最大输入电压相同的情况下，ADC 的位数越多，所能分辨的电压越小，误差越小，分辨率越高。所以常以 ADC 输出二进制代码的位数来表示分辨率的高低，如 ADC0809 的分辨率为 8 位。

(2) 转换误差

转换误差通常以输出最大误差给出，它表示实际输出的数字量和理论上输出的数字量之间的差别，一般多以最低有效位的倍数给出。例如，转换误差不大于±0.5LSB，表明实际输出的数字量和理论上输出的数字量之间的误差不大于最低位的 0.5 倍。有时也用满量程输出的百分数给出转换误差。

(3) 转换时间

转换时间是指从接到转换控制信号开始，到输出端得到稳定的数字输出信号所需要的时间。通常用完成一次 A/D 转换操作所需时间来表示转换速度。例如，某 ADC 的转换时

间 T 为 0.1ms，则该 A/D 转换器的转换速度为 $1/T=10000$ 次/s。

不同类型的转换器转换速度相差甚远。其中并联比较型 A/D 转换器转换速度最高，8 位二进制输出的单片集成 A/D 转换器转换时间可达 50ns 以内；逐次逼近型 A/D 转换器次之，它们多数转换时间在 10～50μs 之间，也有达几百纳秒的；间接 A/D 转换器的速度最慢，如双积分型 A/D 转换器的转换时间大都在几十毫秒至几百毫秒之间。在实际应用中，应从系统数据总的位数、精度要求、输入模拟信号的范围及输入信号极性等方面综合考虑 A/D 转换器的选用。

4. 集成 A/D 转换器 ADC0809 及其应用

ADC0809 是采用 CMOS 工艺制造的 8 位逐次逼近型 A/D 转换器，它的内部结构图如图 9.2.6(a)所示。ADC0809 内部由 8 路模拟开关、地址锁存器和译码器、比较器、电阻网络、树状电子开关、逐次逼近寄存器、控制与定时电路、三态输出锁存器等组成。地址锁存与译码电路为 8 路模拟开关提供地址，从 8 路输入模拟电压信号中选择 1 路模拟量转换为 8 位数字量，送入三态输出锁存缓冲器输出。

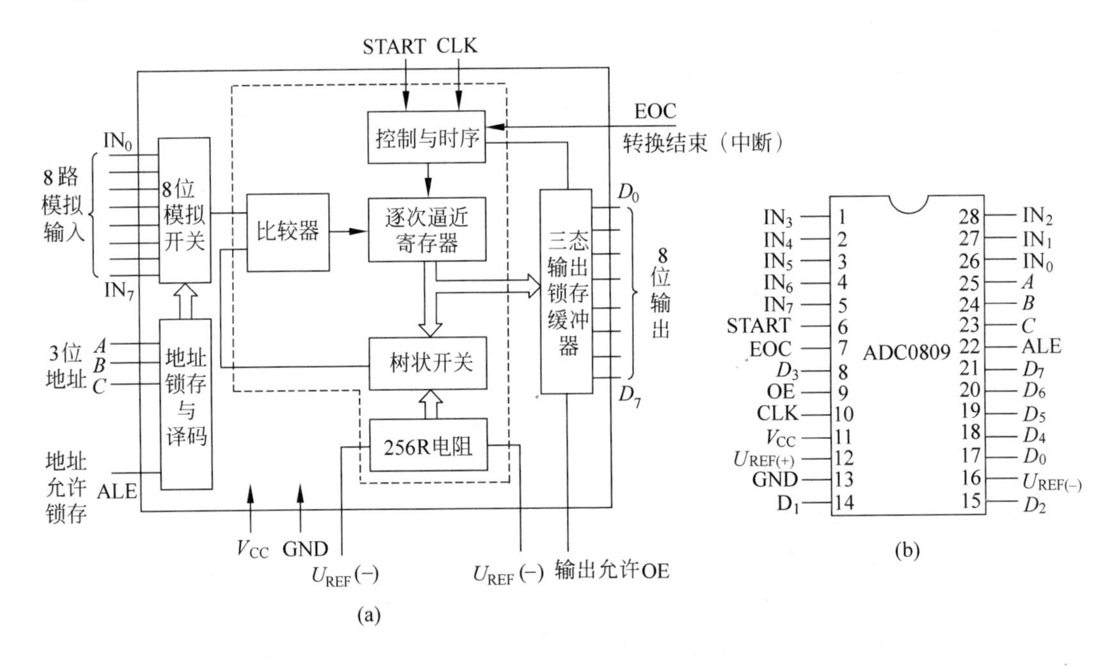

图 9.2.6 ADC0809 内部逻辑结构和引脚排列图

(a) 内部逻辑结构；(b) 引脚排列

ADC0809 采用双列直插式封装，共有 28 根引脚。其引脚排列图如图 9.2.6(b)所示，各引脚功能如下。

(1) IN_0～IN_7：8 路模拟电压输入端，在多路开关控制下，任一瞬间只能有一路模拟量经相应通道输入到 A/D 转换器中的比较器。

(2) A、B、C：8 路模拟量输入通道的地址选择线，其 8 种编码分别对应 IN_0～IN_7，对应关系如表 9.2.1 所示。

表 9.2.1 ADC0809 通道地址选择表

C	B	A	选择通道	C	B	A	选择通道
0	0	0	IN_0	1	0	0	IN_4
0	0	1	IN_1	1	0	1	IN_5
0	1	0	IN_2	1	1	0	IN_6
0	1	1	IN_3	1	1	1	IN_7

(3) ALE：地址锁存允许信号，该信号的上升沿将地址选择信号 A、B、C 地址状态锁存至地址寄存器。

(4) START：模数转换启动信号，正脉冲有效。其上升沿用以清除 ADC 内部寄存器，其下降沿用以启动内部控制逻辑，开始进行模数转换。

(5) CLK：时钟脉冲输入端，它的频率决定了 A/D 转换器的转换速度，其频率为 10～1280kHz。典型值为 640kHz，对应转换时间等于 64μs。

(6) $D_0 \sim D_7$：8 位数字量输出端，可直接接入微型机的数据总线。

(7) OE：输出允许控制端，高电平有效。有效时能打开三态门，将 8 位转换后的数据送到数据输出线上。

(8) EOC：A/D 转换结束信号，高电平有效。当转换进行时，EOC 输出低电平；转换结束后，EOC 输出高电平。一般作为通知数据接收设备取走已转换完的数据的信号。ADC0809 的工作时序图如图 9.2.7 所示。

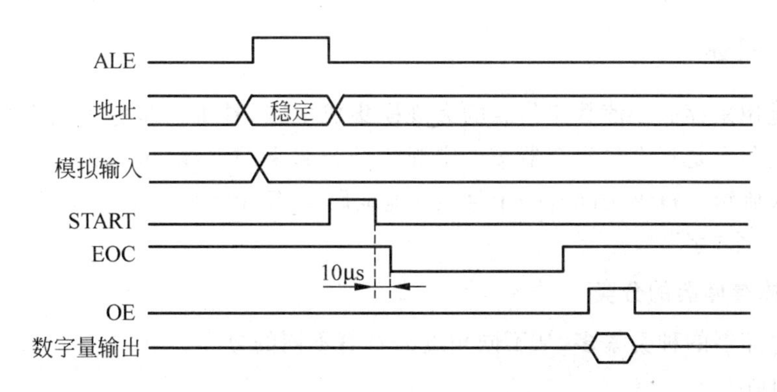

图 9.2.7 ADC0809 的工作时序图

(9) $U_{REF(+)}$、$U_{REF(-)}$：内部 DAC 的参考电压输入端。

(10) V_{CC}：+5V 电源输入端。

(11) GND：接地端。

若只有一路模拟电压，可固定地址码 A、B、C 为 000，输入转换电压接在 IN_0 端。为了正常转换和输出，将 START、ALE、OE 端都接高电平，$U_{REF(+)}$ 和 V_{CC} 接 5V 电源，$U_{REF(-)}$ 和 GND 接地。其电路如图 9.2.8 所示。

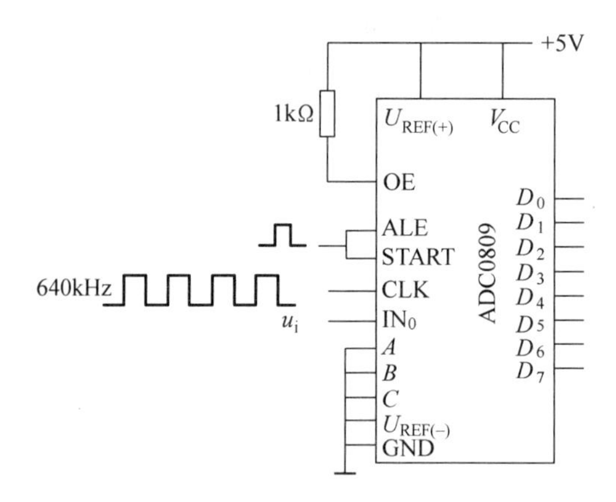

图 9.2.8 ADC0809 的一般应用电路图

9.3 半导体存储器

数字信息在运算或处理过程中,需要使用专门的存储器进行较长时间的存储,正是因为有了存储器,计算机才有了对信息的记忆功能。存储器的种类很多,本节主要讨论半导体存储器。半导体存储器以其品种多、容量大、速度快、耗电省、体积小、操作方便、维护容易等优点,在数字设备中得到广泛应用。目前,微型计算机的内存普遍采用了大容量的半导体存储器。

9.3.1 概述

存储器是用来存储二值数字信息的大规模集成电路,是进一步完善数字系统功能的重要部件。它实际上是将大量寄存器按一定规律结合起来的整体,可以被比喻为一个由许多房间组成的大旅馆。每个房间有一个号码(地址码),每个房间内有一定内容(一个二进制数码,又称为一个"字")。

1. 半导体存储器的分类

半导体存储器的种类繁多,从不同角度来看有不同的分类。

(1) 从制造工艺分类

半导体存储器按其制造工艺的不同,可以分为双极型半导体存储器和单极型半导体存储器。双极型半导体存储器是用双极型半导体三极管工艺制成的存储器,其特点是工作速度快、功耗不大、集成度低,计算机中的高速缓冲存储器经常采用双极型半导体存储器。单极型半导体存储器是用 MOS 电路工艺制成的存储器,其特点是集成度高、功耗低、价格便宜,而且随着半导体集成工艺和技术的发展,目前这种 MOS 存储器的工作速度已经可以和双极型半导体存储器相媲美。

(2) 从读写功能分类

半导体存储器按照其读写功能可分为只读存储器(read only memory,ROM)和随机存储器(random access memory,RAM)。只读存储器的内容只能读出不能写入,存储的数据不会因断电而消失,即具有非易失性。只读存储器分为掩膜型只读存储器 MROM(masked ROM)、可编程只读存储器 PROM(programmable ROM)、可擦除可编程只读存储器 EPROM(erasable programmable ROM)、用电可擦除可编程的只读存储器 E^2PROM(electrically erasable programmable ROM)。近年来出现了的快擦型存储器 Flash Memory,它具有 E^2PROM 的特点,而速度比 E^2PROM 快得多。随机存取存储器,也叫做读写存储器,既能方便地读出所存数据,又能随时写入新的数据。RAM 的缺点是数据的易失性,即一旦掉电,所存的数据全部丢失。按照存储机理的不同,RAM 又可分为静态 RAM(以触发器原理寄存信息)和动态 RAM(以电容充放电原理寄存信息)。具体分类如图 9.3.1 所示。

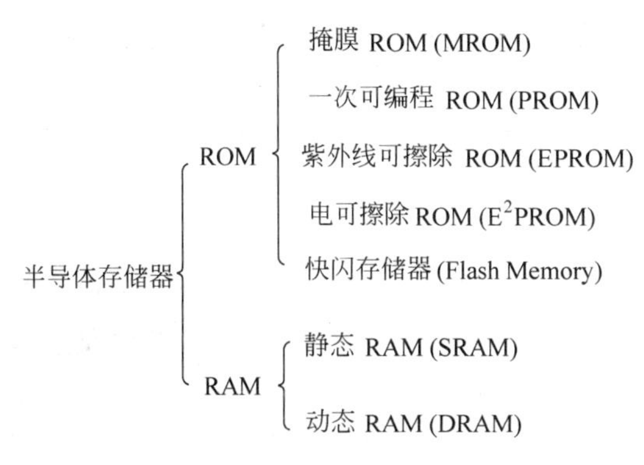

图 9.3.1 存储器的分类

2. 存储器主要的技术指标

存储器的技术指标包括存储容量、存取速度、可靠性、功耗、工作温度范围、体积等。而衡量一个半导体存储器芯片性能优劣的性能指标一般有 4 种:存储容量、存取速度、可靠性和性价比。从经济角度看,可靠性和性价比希望越高越好,也就是要用最低价格购买性能最好又最可靠的芯片。这里主要要掌握半导体存储器芯片的存储容量的表示法,以及存取速度的意义。

(1) 存储容量

存储容量是反映一个半导体存储器能存储二进制数码的位数的技术指标,单位为位(bit)。通常用多少存储单元,每个单元多少位代码表示,即用其存储单元数与存储单元字长乘积表示:容量=字数×位数。例如,SRAM 6116 芯片的存储容量表示为 2K×8 位($1K=2^{10}=1024$),表明该芯片有 2K 个存储单元(即 2024 个字),每个存储单元可以存放 8 位二进制代码,即该芯片能存储 16K 位二进制代码。而另一个芯片的存储容量表示为 4K×4 位,表示该芯片有 4K 个存储单元(即 4096 个字),每个存储单元可以存放 4 位二进制代码,即该芯片也能存储 16K 位二进制代码。虽然两者都能存储 16K 位二进制代码的信息,但两者的用法完全不同。

(2) 存取速度

存取速度通常用存取时间表示,存取时间越短,存储速度越快,性能越好。存取时间定义为从启动一次存储器操作到完成该操作所经历的时间,其上限值称为最大存取时间。超高速存储器的最大存取时间小于 20ns,中速存储器的最大存取时间为 100~200ns,低速存储器的最大存取时间在 300ns 以上。

9.3.2 只读存储器

只读存储器(ROM)因工作时其内容只能读出而得名，常用于存储数字系统及计算机中不需改写的数据，其特点是存储的数据不会因断电而消失，即具有非易失性。

1. ROM 的分类

ROM 一般需由专用装置写入数据。按照数据写入方式特点不同，ROM 可分为以下几种：

(1) 掩膜 ROM，也称固定 ROM。这种 ROM 在制造时，厂家利用掩膜技术直接把数据写入存储器中，ROM 制成后，其存储的数据也就固定不变了，用户对这类芯片无法进行任何修改。

(2) 一次性可编程 ROM(PROM)。PROM 在出厂时，存储内容全为 1(或全为 0)，用户可根据自己的需要，利用编程器将某些单元改写为 0(或 1)。PROM 一旦进行了编程，就不能再修改了。

(3) 紫外线可擦除可编程 ROM(EPROM)。EPROM 是采用浮栅技术生产的可编程存储器，它的存储单元多采用 N 沟道叠栅 MOS 管，信息的存储是通过 MOS 管浮栅上的电荷分布来决定的，编程过程就是一个电荷注入过程。编程结束后，尽管撤除了电源，但是，由于绝缘层的包围，注入到浮栅上的电荷无法泄漏，因此电荷分布维持不变，EPROM 也就成为非易失性存储器件了。

当外部能源(如紫外线光源)加到 EPROM 上时，EPROM 内部的电荷分布才会被破坏，此时聚集在 MOS 管浮栅上的电荷在紫外线照射下形成光电流被泄漏掉，使电路恢复到初始状态，从而擦除了所有写入的信息。这样 EPROM 又可以写入新的信息。

(4) 电可擦除可编程 ROM(E^2PROM)。E^2PROM 也是采用浮栅技术生产的可编程 ROM，但是构成其存储单元的是隧道 MOS 管，隧道 MOS 管也是利用浮栅是否存有电荷来存储二值数据的，不同的是隧道 MOS 管是用电擦除的，并且擦除的速度要快得多(一般为毫秒数量级)。

E^2PROM 的电擦除过程就是改写过程，它具有 ROM 的非易失性，又具备类似 RAM 的功能，可以随时改写(可重复擦写 10000 次以上)。目前，大多数 E^2PROM 芯片内部都备有升压电路。因此，只需提供单电源供电，便可进行读、擦除/写操作，这为数字系统的设计和在线调试提供了极大方便。

(5) 快闪存储器(flash memory)，简称闪存。它是在 EPROM 工艺的基础上增添了芯片整体电擦除和可再编程功能，使其成为容量大、性价比高、可靠性高、擦写快、非易失的 E^2PROM。闪存具有高速编程、高速存储访问的特点，可重复擦写/编程 10000 次，并且很多闪存内部集成有 DC/DC 变换器，使读、擦除、编程使用单一电压，从而使在系统编程(ISP)成为可能。由于闪存具有以上优点，市场应用越来越广，有的厂家将 MCU、DMA 及数兆字节的闪存集成在一片小卡上，称为 compact flash card，简称 CF 卡。

2. ROM 的结构

ROM 由地址译码器和存储矩阵组成，图 9.3.2 所示是 ROM 的内部结构示意图。

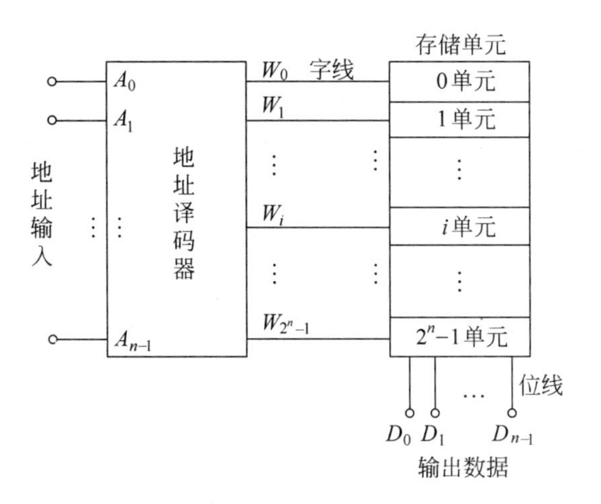

图 9.3.2 ROM 的内部结构示意图

3. 常用的 EPROM、E^2PROM、闪存集成芯片

(1) 常用 EPROM 芯片介绍

典型 EPROM 芯片是 27 系列产品，例如 2764(8K×8 位)、27128(16K×8 位)、27256(32K×8 位)、27512(64K×8 位)。“27”后面的数字表示其位存储容量。图 9.3.3 是标准 28 脚双列直插 EPROM 2764 的引脚排列图。图 9.3.4 是 Intel 2764 EPROM 的图形符号和引脚功能。集成芯片 2764 的工作方式选择表如表 9.3.1 所示。

表 9.3.1 集成芯片 2764 的工作方式选择表

工作方式	$\overline{CE}$	$\overline{OE}$	V_{PP}	V_{CC}	$D_0 \sim D_7$	工作方式	$\overline{CE}$	$\overline{OE}$	V_{PP}	V_{CC}	$D_0 \sim D_7$
读	0	0	5V	5V	输出(在线)	编程校验	0	0	25V	5V	输出
维持	1	×	5V	5V	高阻	编程禁止	0	1	25V	5V	高阻
编程	1	1	25V	5V	输入(离线)						

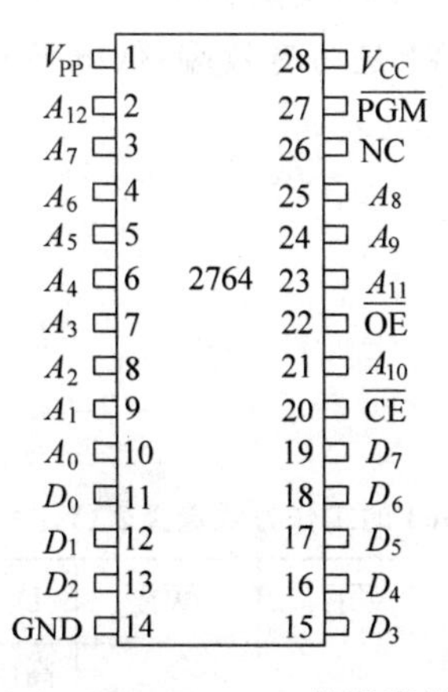

图 9.3.3 EPROM 2764 的引脚排列图

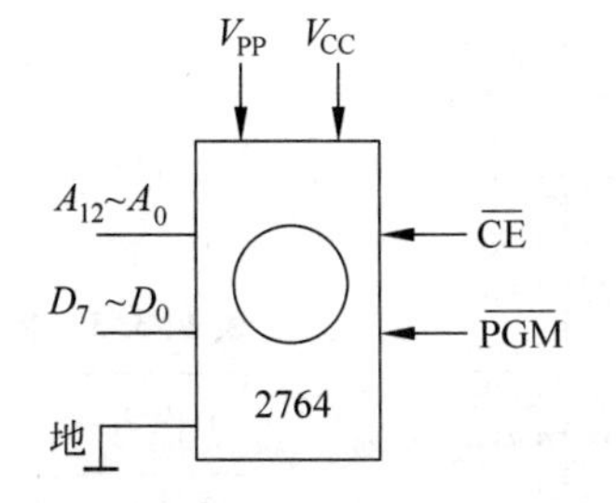

引脚	功能
A_{12}~A_0	地址输入
D_7~D_0	数　据
$\overline{CE}$	芯片使能
$\overline{PGM}$	编程脉冲
V_{PP}　V_{CC}	电压输入

图 9.3.4 Intel 2764 EPROM 的外形和引脚信号

由表 9.3.1 可知，在正常使用时，V_{CC}＝＋5V、V_{PP}引脚接＋5V、$\overline{PGM}$引脚接高电平，数据由数据总线输出；在进行编程时，$\overline{PGM}$引脚接低电平，V_{PP}引脚接高电平(编程电平＋25V)，数据

由数据总线输入。

$\overline{OE}$：输出使能端，用来决定是否将 ROM 的输出送到数据总线上去。当$\overline{OE}$=0 时，输出可以被使能，当$\overline{OE}$=1 时，输出被禁止，ROM 数据输出端为高阻态。

$\overline{CE}$：片选端，用来决定该片 ROM 是否工作。当$\overline{CE}$=0 时，ROM 工作，当$\overline{CE}$=1 时，ROM 停止工作，且输出为高阻态(无论$\overline{OE}$为何值)。

由表 9.3.1 可知，ROM 输出能否被使能决定于$\overline{CE}+\overline{OE}$的结果，当$\overline{CE}+\overline{OE}=0$ 时，ROM 输出使能，否则将被禁止，输出端为高阻态。另外，当$\overline{CE}$=1 时，还会停止对 ROM 内部的译码器等电路供电，其功耗降低到 ROM 工作时的 10%以下。这样会使整个系统中 ROM 芯片的总功耗大大降低。

(2) 常用 E^2PROM 芯片介绍

目前，常用的 E^2PROM 芯片如表 9.3.2 所示，它们有如下共同特点。

① 单+5V 供电，电可擦除可改写；

② 使用次数为 10000 次，信息保存时间 10 年；

③ 读出时间为 ns 级，写入时间为 ms 级；

④ 芯片引脚信号与相应 RAM(6×××)和 EPROM(27×××)芯片兼容。

表 9.3.2 几种常用的 E^2PROM 芯片

型号	引脚数	容量	引脚兼容的存储器	型号	引脚数	容量	引脚兼容的存储器
2816	24	2K×8 位	2716、6116	28F512	32	64K×8 位	27C512
2817	28	2K×8 位		28F010	32	128K×8 位	27C010
2864	28	8K×8 位	2764、6264	28F020	32	256K×8 位	27C020
28C256	28	32K×8 位	27C256	28F040	32	512K×8 位	27C040

如 2864 为 8K×8 位 E^2PROM，维持电流为 60mA，典型读出时间为 200～350ns，字节编程写入时间为 10～20ms，芯片内有电压提升电路，编程时不必增高电压，单一+5V 供电。引脚和 6264、2764 兼容，其引脚排列图如图 9.3.5 所示。2864 的引脚功能与 2764 基本相同，不同的仅有 1 脚和 27 脚。1 脚是空脚，没有定义；27 脚$\overline{WE}$是写有效端，低电平有效，当$\overline{WE}$=0 时，允许向存储器写入数据。2864 的工作方式选择表见表 9.3.3。

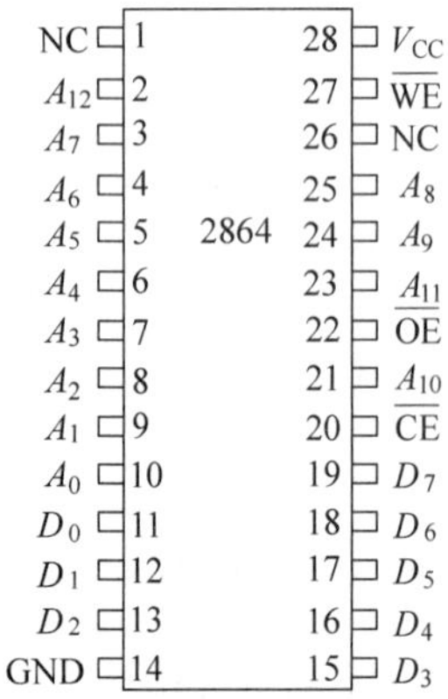

引脚	信号	引脚	信号
1	NC	28	V_{CC}
2	A_{12}	27	$\overline{WE}$
3	A_7	26	NC
4	A_6	25	A_8
5	A_5	24	A_9
6	A_4	23	A_{11}
7	A_3	22	$\overline{OE}$
8	A_2	21	A_{10}
9	A_1	20	$\overline{CE}$
10	A_0	19	D_7
11	D_0	18	D_6
12	D_1	17	D_5
13	D_2	16	D_4
14	GND	15	D_3

2864

图 9.3.5 E^2PROM 2864 的引脚排列图

表 9.3.3 集成芯片 2864 的工作方式选择表(V_{CC}=+5V)

工作方式	$\overline{CE}$	$\overline{OE}$	$\overline{WE}$	$D_0 \sim D_7$
维持	1	×	×	高阻
读	0	0	1	数据输出
写	0	1	0	数据输入
数据查询	0	0	1	数据输出

(3) Flash 存储器芯片 AT29C256 介绍

AT29C256 是 Atmel 公司生产的 CMOS Flash EPROM，容量为 32K×8 位，其性能如下：

① 电可擦除可改写、数据保持；

② 读出时间为 70ns，芯片擦除时间为 10ms，写入时间为 10ms/页(一页为 64B)；

③ 单一＋5V 供电；

④ 重复使用次数大于 10000 次；

⑤ 低功耗，工作电流 50mA，待机电流 300μA。

AT29C256 的引脚图及引脚功能如图 9.3.6 所示。

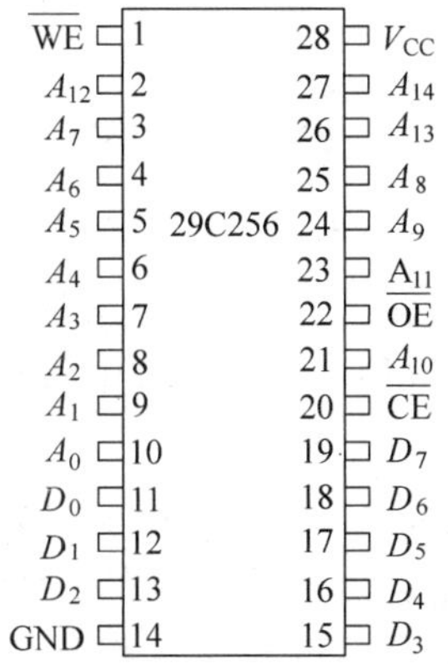

引脚	编号	29C256	编号	引脚
$\overline{WE}$	1		28	V_{CC}
A_{12}	2		27	A_{14}
A_7	3		26	A_{13}
A_6	4		25	A_8
A_5	5		24	A_9
A_4	6		23	A_{11}
A_3	7		22	$\overline{OE}$
A_2	8		21	A_{10}
A_1	9		20	$\overline{CE}$
A_0	10		19	D_7
D_0	11		18	D_6
D_1	12		17	D_5
D_2	13		16	D_4
GND	14		15	D_3

引脚	功能
$A_{12}\sim A_0$	地址线
$D_7\sim D_0$	数据
$\overline{CE}$	芯片使能
$\overline{WE}$	写允许
$\overline{OE}$	输出允许

图 9.3.6　AT29C256 的引脚图及引脚功能

9.3.3　随机存储器

随机存取存储器简称 RAM，也叫做读写存储器，既能方便地读出所存数据，又能随时写入新的数据。RAM 的缺点是数据的易失性，即一旦掉电，所存的数据全部丢失。

1. RAM 的基本结构

随机存储器 RAM 由存储矩阵、地址译码器、读写控制器、输入输出控制、片选控制等几部分组成，其结构示意框图如图 9.3.7 所示。

2. RAM 的存储单元

存储单元是存储器的核心部分。按工作方式不同可分为静态和动态两类，按所用元件类型又可分为双极型和 MOS 型两种，因此存储单元电路形式多种多样。

(1) 六管 NMOS 静态存储单元

图 9.3.8 是六管 NMOS 静态存储单元结构示意图，其中存储单元由六只 NMOS 管($T_1\sim T_6$)组成。T_1 与 T_2 构成一个反相器，T_3 与 T_4 构成另一个反相器，两个反相器的输入与输出交叉连接，构成基本触发器，作为数据存储单元。

T_1 导通、T_3 截止，为 0 状态；T_3 导通、T_1 截止，为 1 状态。

T_5、T_6 是门控管，由 X_i 线控制其导通或截止，它们用来控制触发器输出端与位线之间的连接状态。T_7、T_8 也是门控管，其导通与截止受 Y_j 线控制，它们是用来控制位线与数据

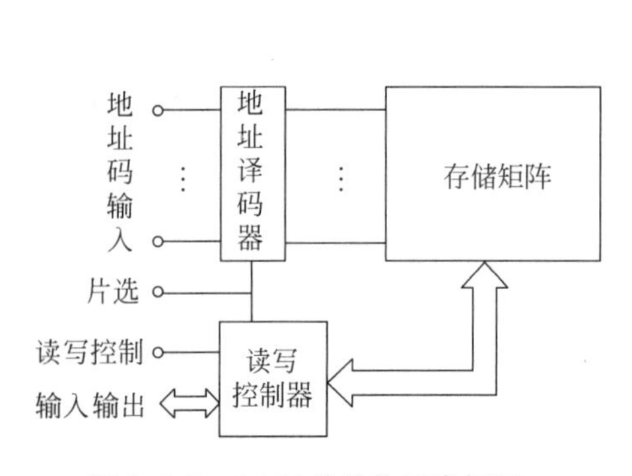

图 9.3.7 RAM 的结构示意框图

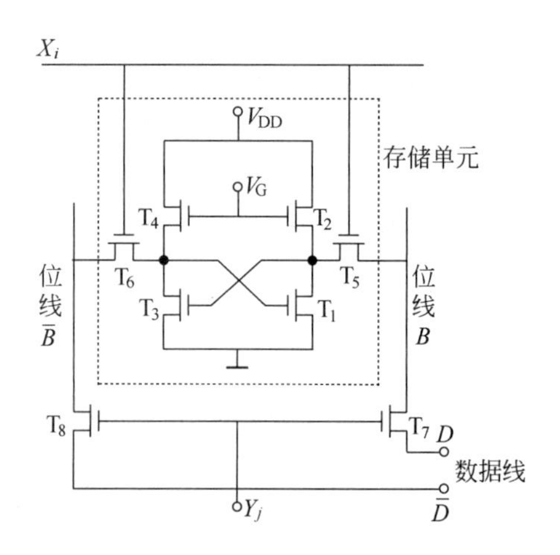

图 9.3.8 六管 NMOS 静态存储单元

线之间的连接状态，工作情况与 T_5、T_6 类似。但并不是每个存储单元都需要这两只管子，而是一列存储单元用两只。所以，只有当存储单元所在的行、列对应的 X_i、Y_j 线均为 1 时，该单元才与数据线接通，才能对它进行读或写，这种情况称为选中状态。

(2) 四管动态 MOS 存储单元

动态 MOS 存储单元存储信息的原理，是利用 MOS 管栅极电容具有暂时存储信息的作用。由于漏电流的存在，栅极电容上存储的电荷不可能长久保持不变，因此为了及时补充漏掉的电荷，避免存储信息丢失，需要定时地给栅极电容补充电荷，通常把这种操作称做刷新或再生。

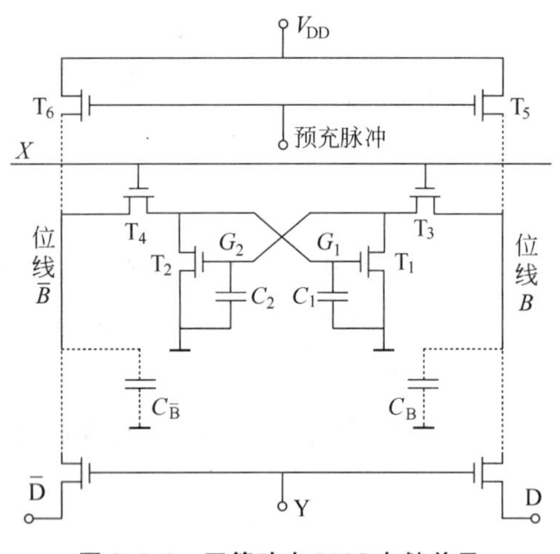

图 9.3.9 四管动态 MOS 存储单元

图 9.3.9 所示是四管动态 MOS 存储单元电路。T_1 和 T_2 交叉连接，信息(电荷)存储在 C_1、C_2 上。C_1、C_2 上的电压控制 T_1、T_2 的导通或截止。当 C_1 充有电荷(电压大于 T_1 的开启电压)、C_2 没有电荷(电压小于 T_2 的开启电压)时，T_1 导通、T_2 截止，称此时存储单元为 0 状态；当 C_2 充有电荷、C_1 没有电荷时，T_2 导通、T_1 截止，则称此时存储单元为 1 状态。T_3 和 T_4 是门控管，控制存储单元与位线的连接。

T_5 和 T_6 组成对位线的预充电电路，并且被一列中所有存储单元所共用。在访问存储器开始时，T_5 和 T_6 栅极上加预充脉冲，T_5、T_6 导通，位线 B 和 $\bar{B}$ 被接到电源 V_{DD} 而变为高电平。当预充脉冲消失后，T_5、T_6 截止，位线与电源 V_{DD} 断开，但由于位线上分布电容 C_B 和 $C_{\bar{B}}$ 的作用，可使位线上的高电平保持一段时间。

在位线保持为高电平期间，当进行读操作时，X 线变为高电平，T_3 和 T_4 导通，若存储单元原来为 0 态，即 T_1 导通、T_2 截止，G_2 点为低电平，G_1 点为高电平，此时 C_B 通过导通的 T_3 和 T_1 放电，使位线 B 变为低电平，而由于 T_2 截止，虽然此时 T_4 导通，位线 $\bar{B}$ 仍保持为高电平，这样就把存储单元的状态读到位线 B 和 $\overline{B}$ 上。如果此时 Y 线亦为高电平，则 B、$\overline{B}$ 的信号将通过数据线被送至 RAM 的输出端。

位线的预充电电路起什么作用呢？在 T_3、T_4 导通期间，如果位线没有事先进行预充电，那么位线 $\overline{B}$ 的高电平只能靠 C_1 通过 T_4 对 $C_{\overline{B}}$ 充电建立，这样 C_1 上将要损失掉一部分电荷。由于位线上连接的元件较多，$C_{\overline{B}}$ 甚至比 C_1 还要大，这就有可能在读一次后便破坏了 G_1 点的高电平，使存储的信息丢失。采用了预充电电路后，由于位线 $\overline{B}$ 的电位比 G_1 点的电位还要高一些，所以在读出时，C_1 上的电荷不但不会损失，反而还会通过 T_4 对 C_1 再充电，使 C_1 上的电荷得到补充，即进行一次刷新。

当进行写操作时，RAM 的数据输入端通过数据线、位线控制存储单元改变状态，把信息存入其中。

3. RAM 集成芯片简介

常用 RAM 组件的类型很多，下面介绍两种：SRAM2114 和 SRAM6116。

(1) RAM 集成芯片 SRAM2114

SRAM 2114 有 10 根地址线、4 根数据线，其容量为 1K×4 位。图 9.3.10 是 2114 的引脚排列图。$A_0 \sim A_9$ 是地址码输入端；$D_0 \sim D_4$ 是数据输出端；$\overline{CS}$是片选端；$R/\overline{W}$ 是读写控制端，当为高电平时允许读出数据，当为低电平时允许写入数据。

(2) RAM 集成芯片 SRAM 6116

SRAM 6116 有 11 根地址线、8 根数据线，其容量为 2K ×8 位。图 9.3.11 是 6116 的引脚排列图。$A_0 \sim A_{10}$是地址码输入端，$D_0 \sim D_7$ 是数据输出端，$\overline{CS}$是片选端，$\overline{OE}$是输出使能端，$\overline{WE}$是写入控制端。表 9.3.4 所列是 6116 的工作方式与控制信号之间的关系，读出和写入线是分开的，而且写入优先。

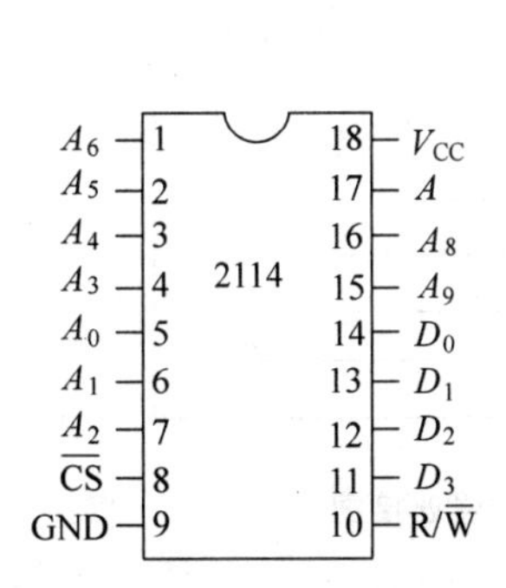

图 9.3.10　SRAM2114 引脚排列图

6116
A7 1
A6 2
A5 3
A4 4
A3 5
A2 6
A1 7
A0 8
D0 9
D1 10
D2 11
GND 12
24 VCC
23 A8
22 A9
21 WR
20 RD
19 A10
18 CS
17 D7
16 D6
15 D5
14 D4
13 D3

图 9.3.11　SRAM6116 引脚排列图

表 9.3.4　静态 RAM6116 工作方式与控制信号之间的关系表

工作方式	$\overline{CS}$	$\overline{OE}$	$\overline{WE}$	$A_0 \sim A_{10}$	$D_0 \sim D_7$
维持	1	×	×	×	高阻
写	0	×	0	稳定	数据输入
读	0	0	1	稳定	数据输出

9.3.4 存储器容量的扩展

当存储器的存储容量不能满足设计要求时，则需要对存储器进行扩展。存储器扩展包括位扩展和字扩展两种方式。

1. 位扩展

当存储器数据位数不满足要求时，需对其进行位扩展，即增加输入输出线数量。多片存储器进行位扩展时，分别将其读写信号控制线、片选线和地址线连在一起，并将数据线并行输出。

例 9.1 试用 EPROM 芯片 2764(8K×8 位)设计一片 8K×16 位的 EPROM。

解 2764 的存储容量为 8K×8 位，即 $2^{13}\times 8$，因此有 13 根地址线($A_0 \sim A_{12}$)和 8 根数据线($D_0 \sim D_7$)。所需设计的 EPROM 的存储容量为 8K×16 位，两者具有相同数量的地址线，但后者的数据线比前者多一倍。一般所需芯片的个数可用如下公式计算：

$$\text{所需芯片数} = \frac{\text{扩展芯片的容量}}{\text{所用芯片的容量}} \tag{9.5}$$

即

$$\text{所需芯片数} = \frac{8\text{K}\times 16\text{ 位}}{8\text{K}\times 8\text{ 位}} = 2$$

因此将两片 2764 进行位扩展，就可获得所需要 8K×16 位的 EPROM，实现电路如图 9.3.12 所示。

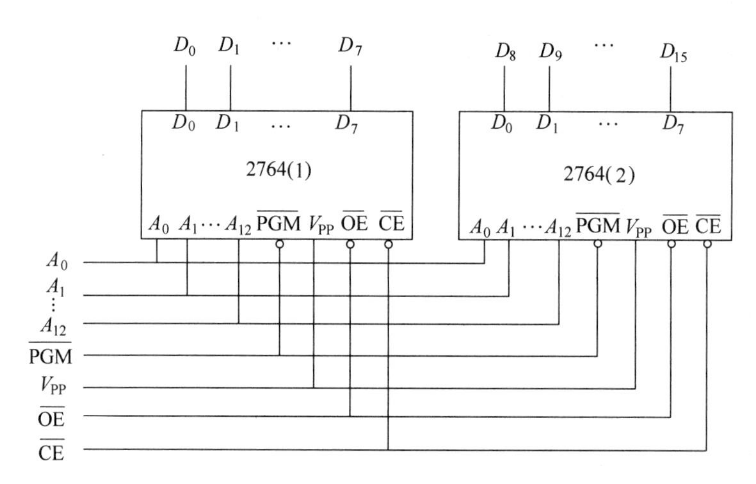

图 9.3.12 例 9.1 用 2764 实现位扩展连接图

例 9.2 试用 SRAM 芯片 2114(1K×4 位)设计一片 1K×8 位的 SRAM。

解 2114 的存储容量为 1K×4 位，即 $2^{10}\times 4$，因此有 10 根地址线($A_0 \sim A_9$)和 4 根数据线($D_0 \sim D_4$)。所需设计的 SRAM 的存储容量为 1K×8 位，两者具有相同数量的地址线，但后者的数据线比前者多一倍。

根据式(9.5)可得

$$\text{所需芯片数} = \frac{1\text{K}\times 8\text{ 位}}{1\text{K}\times 4\text{ 位}} = 2$$

因此将两片 2114 进行位扩展，就可获得所需要的 1K×8 位 SRAM，实现电路如图 9.3.13 所示。

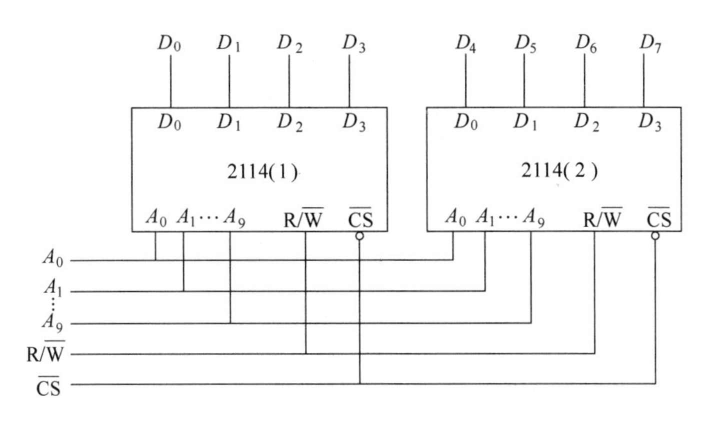

图 9.3.13　例 9.2 用 2114 实现位扩展连接图

2. 字扩展

当存储器的地址线数量不能满足要求时，可采用字扩展方式，即增加地址线数量。字扩展时，将各芯片对应的数据线、读写控制线连接在一起；低位地址线也并联接起来，而高位的地址线，首先通过译码器译码，然后将其输出按高低位接至各片的片选控制端。

例 9.3　试用 EPROM 芯片 2764(8K×8 位)设计一片 16K×8 位的 EPROM。

解　2764 的存储容量为 8K×8 位，即 $2^{13}\times8$，因此有 13 根地址线($A_0\sim A_{12}$)和 8 根数据线($D_0\sim D_7$)。所需设计的 EPROM 的存储容量为 16K×8 位，两者具有相同数量的数据线，但后者的地址线比前者多一根。

根据式(9.5)可得

$$\text{所需芯片数}=\frac{16\text{K}\times8\text{ 位}}{8\text{K}\times8\text{ 位}}=2$$

因此将两片 2764 进行字扩展，就可获得所需要的 16K×8 位 EPROM。实现电路如图 9.3.14 所示，将两片 2764 中的地位地址 $A_0\sim A_{12}$ 对应相连，而高位地址 A_{13} 经非门译码按高低位控制两片 2764 的$\overline{CE}$端。

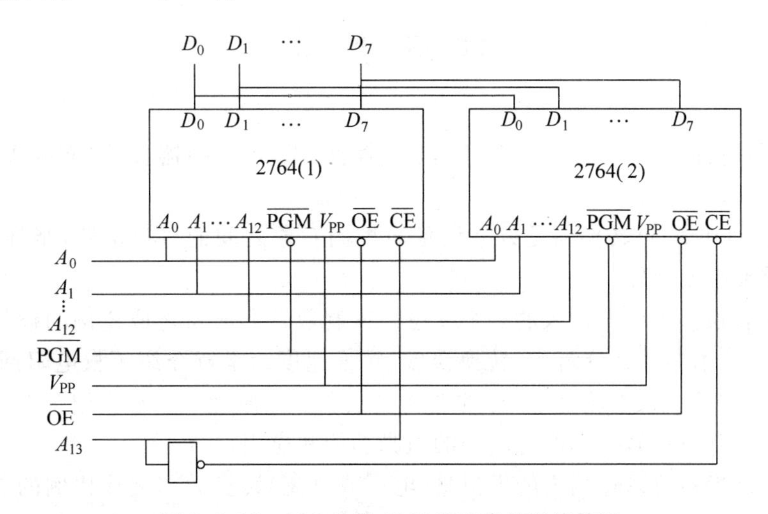

图 9.3.14　例 9.3 用 2764 实现字扩展连接图

3. 位和字同时扩展

当存储器的地址线数量和数据线都不能满足要求时,可同时对其进行位扩展和字扩展。

例 9.4 试用 SRAM 芯片 2114(1K×4 位)设计一片 2K×8 位的 SRAM。

解 2114 的存储容量为 1K×4 位,即 $2^{10}\times4$,因此有 10 根地址线($A_0\sim A_9$)和 4 根数据线($D_0\sim D_4$)。所需设计的 SRAM 的存储容量为 2K×8 位,两者数据线和地址线数量都不相同,后者数据线是前者的一倍,地址线比前者多一根。

根据式(9.5)可得

$$\text{所需芯片数} = \frac{2\text{K}\times 8\text{ 位}}{1\text{K}\times 4\text{ 位}} = 4$$

因此将 4 片 2114 进行位扩展和字扩展,就可获得所需要的 2K×8 位 SRAM。用 4 片 2114 实现位数和字数同时扩展的连接图如图 9.3.15 所示。图中,2114(1)和 2114(2)为一组,进行位扩展;而 2114(3)和 2114(4)为一组,进行位扩展,组成两个 1K×8 位的 SRAM。然后两组间进行字扩展,组成一个 2K×8 位的 SRAM。

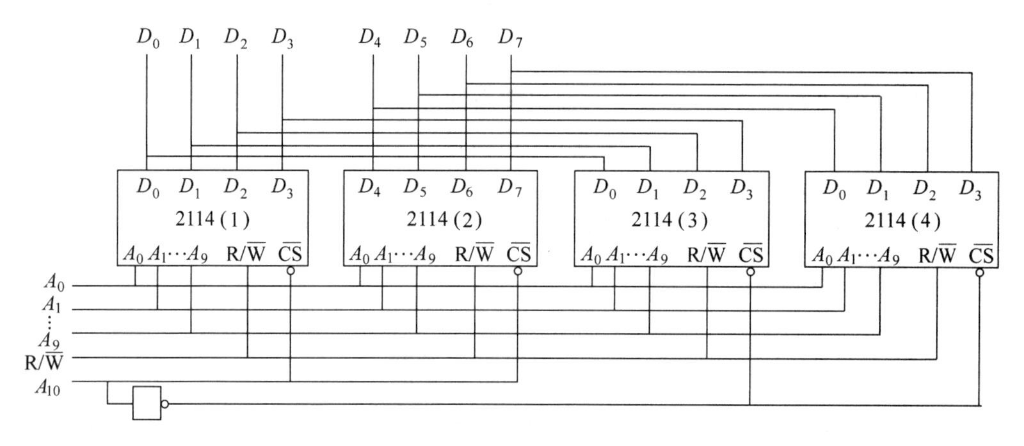

图 9.3.15 例 9.4 用 2114 实现位数和字数同时扩展的连接图

本 章 小 结

本章从逻辑功能上介绍了 3 种大规模集成器件：D/A 转换器、A/D 转换器和半导体存储器。

D/A 转换器和 A/D 转换器是数字设备与控制对象之间的接口电路,半导体存储器是数字系统的重要组成部件。

(1) D/A 转换器可以将输入的一个 n 位二进制数转换成与之成比例的模拟量(电压或电流)。其主要技术参数有分辨率、转换误差、转换速度。本章介绍了权电阻网络 DAC、倒 T 型电阻网络 DAC 和权电流型 DAC 的电路组成和工作原理。重点介绍了 D/A 转换集成芯片 AD7520(10 位)和 DAC0832(8 位)的引脚功能和应用。

(2) A/D 转换器可以将输入的模拟量(电压或电流)转换为与之成比例的二进制代码。其主要技术参数有分辨率、转换误差、转换时间。本章介绍了逐次逼近型 ADC、双积分型

ADC和并行比较型ADC的电路组成和工作原理。重点介绍了A/D转换集成芯片ADC0809(8位逐次逼近型)和CC14433(双积分型)的引脚功能和应用。

(3) 半导体存储器可分为ROM和RAM两大类。

ROM是一种非易失性的存储器,它存储的是固定数据,一般只能被读出。根据数据写入方式的不同,ROM又可分成固定ROM和可编程ROM。后者又可细分为PROM、EPROM、E^2PROM和快闪存储器等,特别是E^2PROM和快闪存储器可以进行电擦写,已兼有了RAM的特性。从逻辑电路构成的角度看,ROM是由与门阵列和或门阵列构成的组合逻辑电路。

RAM是一种易失性的读写存储器。它包含有SRAM和DRAM两种类型,前者用触发器记忆数据,后者靠MOS管栅极电容存储数据。因此,在不停电的情况下,SRAM的数据可以长久保持,而DRAM则必须定期刷新。

多片存储器进行位扩展时,分别将其读写信号控制线、片选线和地址线连在一起,并将数据线并行输出。字扩展时,将各芯片对应的数据线、读写控制线连接在一起;低位地址线也连接在一起;而高位的地址线,首先通过译码器译码,然后将其输出按高低位接至各片的片选控制端。

本章要求了解D/A转换器、A/D转换器、半导体存储器ROM和RAM的工作原理;熟悉常用的DAC、ADC和半导体存储器的集成芯片;掌握DAC0832和ADC0809的应用;能够利用ROM构成各种组合、时序电路,并能对存储器进行位扩展和字扩展。

习　　题

9.1　填空题

(1) DAC的作用是将输入的________转换成输出的________。ADC的作用是将输入的________转换成输出的________。

(2) 整个A/D转换过程包括________、________、________和________4个步骤。

(3) ADC0809是________类型的ADC,其分辨率是________位。

(4) DAC0809的分辨率是________位,其电路可以连接成________、________、________3种工作方式。

(5) 存储器按其存储信息的功能可以分为________和________两大类。

(6) 存储器的扩展方法通常有________扩展、________扩展和________扩展3种方式。

(7) 就逐次逼近型和双积分型两种ADC而言,________的抗干扰能力强,________的转换速度快。

9.2　选择题

(1) n位DAC的分辨率可表示为________。

A. $\frac{1}{2^n}$　　B. $\frac{1}{2^{n-1}}$　　C. $\frac{1}{2^n-1}$　　D. $\frac{1}{2^n+1}$

(2) 与其他ADC相比,双积分型ADC转换速度________。

A. 较慢　　B. 相同　　C. 适中　　D. 很快

(3) DAC 的主要技术参数有________、转换误差、转换速度。

A. 输入电阻　　B. 分辨率　　C. 输出电阻　　D. 参考电压

(4) 8 位 DAC 当输入数字量只有最低位为 1 时，输出电压为 0.02V，若输入数字量只有最高位为 1 时，输出电压为________ V。

A. 0.039　　B. 2.56　　C. 1.27　　D. 都不是

(5) 一片容量为 1024×4 位的存储器，表示有________个地址。

A. 4　　B. 4096　　C. 1024　　D. 8

(6) 一个 ROM 共有 10 根地址线、8 根位线(数据输出线)，则其容量为________。

A. 10×8　　B. $10^2\times8$　　C. $2^8\times10$　　D. $2^{10}\times8$

(7) 为了构成 4096×8 的 RAM，需要________片 1024×2 的 RAM。

A. 8 片　　B. 16 片　　C. 2 片　　D. 4 片

(8) 关于半导体存储器的描述，下列哪种说法是错误的________。

A. RAM 读写方便，但一旦掉电，所存储的内容就会全部丢失

B. ROM 掉电以后数据不会丢失

C. 动态 RAM 不必定时刷新

D. RAM 可分为静态 RAM 和动态 RAM

9.3 DAC 由哪些基本电路组成？

9.4 在应用 ADC 作模数转换的过程中，应注意哪些主要问题？如某人用 10V 的 8 位 ADC 对输入信号为 0.5V 范围内的电压进行模数转换，你认为这样使用正确吗？为什么？

9.5 若存储器的容量为 512K×8 位，则地址代码应取几位？

9.6 某台计算机的内存储器设置有 32 位地址线、16 位并行数据输入输出端，试计算它的最大存储容量。

9.7 4 位逐次逼近型 A/D 转换器如题图 9.7(a)所示，其 4 位 D/A 输出波形 u_o 与输入电压 u_i 分别如题图 9.7(b)和(c)所示。

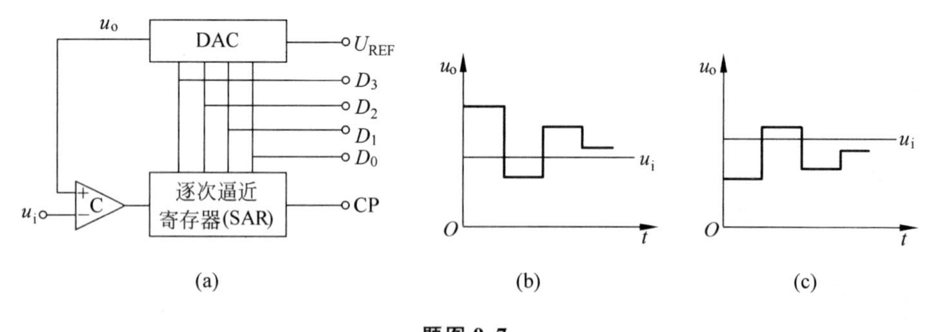

题图 9.7

(1) 转换结束时，题图 9.10(b)、(c)的输出数字量各为多少？

(2) 若 4 位 A/D 转换器的输入满量程电压 $V_{FS}=5V$，估计两种情况下的输入电压范围各为多少？

9.8 D/A 转换器的最小分辨电压 $U_{LSB}=4mV$，最大满刻度输出模拟电压 $U_{OM}=10V$。求

该转换器输入二进制数字量的位数 n。

9.9　在 10 位二进制数 D/A 转换器中，已知其最大满刻度输出模拟电压 $U_{OM}=10V$。求该转换器最小分辨电压 U_{LSB} 和分辨率。

9.10　在存储器结构中，什么是“字”？什么是“位”？如何标注存储器的容量？

9.11　试用 2 片 1024×8 位的 ROM 组成 1024×16 位的存储器，画出电路连接图。

9.12　试用 4 片 4K×8 位的 RAM 接成 16K×8 位的存储器，画出电路连接图。

9.13　试用 8 片 2114(1024×4 位的 RAM)和 3 线-8 线译码 74HC138 接成一个 4096×8 位的 RAM，画出电路连接图。

参 考 文 献

[1] 康华光,邹寿彬.电子技术基础(模拟部分)[M]. 5版.北京:高等教育出版社,2005.

[2] 童诗白,华成英.模拟电子技术基础[M]. 4版.北京:高等教育出版社,2006.

[3] 阎石.数字电子技术基础[M]. 5版. 北京:高等教育出版社,2006.

[4] 徐安静.电工学Ⅱ(模拟电子技术)[M]. 北京:清华大学出版社,2008.

[5] 朱传琴,高安芹.电子技术基础[M].北京:中国电力出版社,2005.

[6] 李月乔.电子技术基础[M]. 北京:中国电力出版社,2010.

[7] 王金花,王树梅,孙卫锋.电子技术[M].北京:人民邮电出版社,2010.

[8] 姜桥.电子技术基础[M].北京:人民邮电出版社,2009.

[9] 李庆常.数字电子技术基础[M]. 3版.北京:机械工业出版社,2008.

[10] Floyd T L,Buchla D M.电子技术基础(数字部分)[M].王东,伍薇,译.北京:清华大学出版社,2006.

[11] 梁龙学.数字电子技术[M].北京:人民邮电出版社,2010.

[12] 沈尚贤. 电子技术导论(下册)[M]. 北京:高等教育出版社,1986.

[13] 王成安. 现代电子技术基础[M]. 北京:机械工业出版社,2004.

[14] 铃木雅臣. 晶体管电路设计[M]. 北京:科学出版社,2010.

[15] 徐安静. 数字电路技术(电工学Ⅲ)[M]. 北京:清华大学出版社,2008.